中国海域甲藻 II
（膝沟藻目）

Dinoflagellates in the China's Seas II
(Gonyaulacales)

杨世民　　李瑞香　　董树刚　　著
Yang Shimin　Li Ruixiang　Dong Shugang

海洋出版社
China Ocean Press
2016 年·北京
2016·Beijing

内 容 简 介

　　本书记述了我国海域甲藻门甲藻纲的一个大目——膝沟藻目的海洋甲藻，共 8 科 16 属 175 种。详细描述了各种的形态特征、地理分布、生态特点和出现时间，对于相似的物种进行了比较区分，对于不同的分类观点也给予了讨论。每个物种都附有手绘图片，绝大多数物种还摄有实物照片和扫描电子显微镜图片。书后附有学名索引和国内外参考文献。

　　本书可对植物学、藻类学、生态学等领域的科研工作者，以及大专院校生物、水产、环境生态等专业的师生提供参考。

图书在版编目(CIP)数据

中国海域甲藻. Ⅱ, 膝沟藻目 / 杨世民, 李瑞香,
董树刚著. — 北京 : 海洋出版社, 2016.8
　ISBN 978-7-5027-9577-1

　Ⅰ. ①中… Ⅱ. ①杨… ②李… ③董… Ⅲ. ①海域 –
甲藻门 – 研究 – 中国 Ⅳ. ①Q949.24

中国版本图书馆CIP数据核字(2016)第218395号

责任编辑：于秋涛　王 倩
责任印制：赵麟苏

海洋出版社 出版发行
http://www.oceanpress.com.cn
北京市海淀区大慧寺路 8 号　　邮编：100081
北京画中画印刷有限公司印刷　　新华书店经销
2016 年 8 月第 1 版　2016 年 8 月北京第 1 次印刷
开本：787mm × 1092mm　1 / 16　印张：16.00
字数：396 千字　　定价：168.00 元
发行部：010-62132549　邮购部：010-68038093　总编室：010-62114335

海洋版图书印、装错误可随时退换

序 言
Preface

甲藻是海洋浮游生物的一大类群，其种类和数量仅次于硅藻，在海洋生态系统中占有非常重要的地位。

甲藻的分类学研究至今已有约 200 年历史，1773 年 Muller 首次提出"dinoflagellates"一词，意为"涡动的鞭毛"，源于希腊文，用来描述 Baker 1753 年发现的一种发光的甲藻。直至 1883 年 Stein 首次出版了关于甲藻形态描述的专著，人们才开始真正认识并研究甲藻。随着甲藻分类学研究的逐步深入，Pouchet、Kofoid & Swezy、Lebour、Schiller、Wood、Abé、Dodge、Balech、Taylor、Steindinger、Tangen、Faust 和 Larson 等人相继出版了一系列专著，成为甲藻分类学的经典之著，直至现在仍被广泛的参考引用。中国甲藻分类学研究始于 20 世纪 30 年代，王家楫、倪达书等学者就海南岛近海、厦门港和渤海的甲藻进行了报道和研究，是我国学者早期甲藻分类工作之开端。从 50 年代开始，我国相继开展了多次海洋普查和海区性调查，许多学者参与到甲藻的研究工作中，前后发表了不少甲藻形态分类方面的研究论文。林永水主编的《中国海藻志：甲藻纲角藻科》于 2009 年出版。黄宗国等（1994）在《中国海洋生物种类与分布》一书中收录了 255 种甲藻，2008 年的增订版增加到 260 种，刘瑞玉（2008）编著的《中国海洋生物名录》共有甲藻 302 种，但这些著作只是列出甲藻的种名录，缺乏种的描述和图的信息。黄宗国、林茂（2012）编的《中国海洋物种多样性》汇集了 359 种甲藻，虽在《中国海洋生物图集第一分册》中汇集了甲藻图谱，但缺乏种的描述和其他相关信息。

《中国海域甲藻》是作者基于多年在中国海域采集的甲藻标本而撰写的一部系列著作，本书为膝沟藻目共 175 种继续发表，本书最大的特点是每种甲藻除手绘的轮廓图外，还附有大量的彩色或电镜实物照片，细致地对甲藻形态进行了研究，更易于相关科研和业务监测工作者的参考与把握。

李瑞香教授从事海洋生物学工作 30 余年，参与过多项大洋、南极、黑潮及我国近海等调查，参与并主持多项国家及地方海洋科学调查及研究工作，在海洋生物，海洋生态等研究中开展并报告了大量甲藻分类的成果。杨世民教授是一位年轻的海洋生物工作者，长期从事海洋浮游植物调查研究，本书的内容即是来自他所收集的第一手资料。本专著是作者们多年工作的结晶，内容丰富，种类全面，大可为海洋生态研究及调查的很可靠的参考书。

做为作者们的同事和科学伙伴，我很荣幸有机会为本书做序，并把这一专著向广大海洋工作者推荐。

中国藻类学会副理事长

2015 年 8 月

前 言
Foreword

    膝沟藻目 Gonyaulacales 是甲藻门 Dinophyta 甲藻纲 Dinophyceae 的一个大目。本书中记述了膝沟藻目 8 科 16 属 175 种（包括变种），其中首次记录的物种 44 种。

    本书中样品的采集海域包括辽东湾、渤海湾、莱州湾、渤海中部海域、渤海海峡、黄海北部海域、獐子岛附近海域、山东荣成附近海域、青岛沿海、黄海南部海域、长江口附近海域、浙江舟山群岛附近海域、福建罗源湾、厦门沿海、东海、冲绳海槽西侧海域（东海大陆架边缘海域）、钓鱼岛附近海域、台湾海峡、台湾东部海域、吕宋海峡（本书所述吕宋海峡系吕宋海峡北部、台湾南侧的中国海域）、珠江口附近海域、南海北部海域、三亚沿海、北部湾、东沙群岛附近海域、西沙群岛附近海域、中沙群岛附近海域、黄岩岛附近海域、南沙群岛附近海域。

    样品的采集方法为采水、20 μm 浮游生物网拖网和 76 μm 浮游生物网拖网的方法。大多数样品采上后先在光学显微镜下进行活体细胞拍摄，此项工作是样品采上两小时内在调查船上实验室内完成的。需要进行长期储存的样品则加入 2%～5%中性福尔马林溶液固定保存。本书中每一物种的手绘图片均根据作者观察到的样本绘制。

本书得到海洋公益性行业科研专项"我国海洋浮游生物分类鉴定技术及在生物多样性保护中的应用"（项目号：201005015）和国家自然科学基金青年基金（项目号：41306171）的支持。在样品的采集过程中，承蒙中国海洋大学、厦门大学等的多位海洋调查首席科学家的大力支持与协助，李艳、徐宗军、孙萍等也参与了部分工作，在此表示衷心的感谢。另外，还要特别对中国海洋大学"东方红 2"、"天使 1"调查船全体工作人员的鼓励与帮助表示诚挚的谢意。

对于甲藻门甲藻纲其他目的物种，作者将在今后的工作中逐步研究补充记述。

由于作者水平有限，难免有错误和疏漏之处，敬请批评指正。

著　者

2015 年 5 月

目 录
Contents

甲藻门 Dinophyta ················· 1

甲藻纲 Dinophyceae ················· 1

　膝沟藻目 Gonyaulacales ················· 1

　　双顶藻科 Amphidomataceae ················· 2

　　　双顶藻属 *Amphidoma* ················· 2

　　角藻科 Ceratiaceae ················· 4

　　　新角藻属 *Neoceratium* ················· 4

　　角甲藻科 Ceratocoryaceae ················· 133

　　　角甲藻属 *Ceratocorys* ················· 133

　　刺板藻科 Cladopyxidaceae ················· 141

　　　刺板藻属 *Cladopyxis* ················· 141

　　　小棘藻属 *Micracanthodinium* ················· 143

　　　古秃藻属 *Palaeophalacroma* ················· 145

　　　围鞭藻属 *Peridiniella* ················· 149

　　屋甲藻科 Goniodomataceae ················· 151

　　　屋甲藻属 *Goniodoma* ················· 151

　　膝沟藻科 Gonyaulacaceae ················· 156

　　　亚历山大藻属 *Alexandrium* ················· 156

　　　淀粉藻属 *Amylax* ················· 167

　　　膝沟藻属 *Gonyaulax* ················· 169

　　　舌甲藻属 *Lingulodinium* ················· 202

　　　原角藻属 *Protoceratium* ················· 204

　　异甲藻科 Heterodiniaceae ················· 208

　　　异甲藻属 *Heterodinium* ················· 208

　　　长甲藻属 *Dolichodinium* ················· 225

　　扁甲藻科 Pyrophacaceae ················· 227

　　　扁甲藻属 *Pyrophacus* ················· 227

参考文献 ················· 232

学名索引 ················· 244

甲藻门 Dinophyta

甲藻纲 Dinophyceae（＝Dinoflagellata）

膝沟藻目 Gonyaulacales Taylor, 1980

本目甲板排列不对称，从细胞顶端至底端依次为：

顶孔复合结构 APC（apical pore complex）：包括顶孔板 Po（apical pore plate），顶盖板 Pc（canopy plate）等结构。

顶板′（apical plate）：指与顶孔复合结构相接的甲板，但在有些属的物种中，第一顶板 1′与顶孔复合结构分离。

前沟板″（precingular plate）：位于上壳，围绕横沟上缘并且不与顶孔复合结构相接的甲板。

前间插板 a（anterior intercalary plate）：位于顶板和前沟板之间的甲板。

横沟板 c（cingular plate）

纵沟板 s（sulcal plate）

后沟板‴（postcingular plate）：位于下壳，围绕横沟下缘的甲板。

后间插板 p（posterior intercalary plate）：位于后沟板和底板之间的甲板。

底板⁗（antapical plate）：位于细胞底部的甲板。Balech 认为底板是与纵沟板相接但不与横沟板相连的甲板，本书中采纳了 Balech 的这一观点。

本书所记载的各属的甲板数量见表 1。

表 1　本书记载膝沟藻目各属甲板数量

属		Po	′	a	″	c	s	‴	p	⁗
双顶藻属	*Amphidoma*	+	4~6	0	6	5~6	5?	6	0	2
新角藻属	*Neoceratium*	+	4	0	6	5	2+?	6	0	2
角甲藻属	*Ceratocorys*	+	3	1	5	6	6	5	0	2
刺板藻属	*Cladopyxis*	+	3	3~4	7	6	7	6	0	2
小棘藻属	*Micracanthodinium*	+	4	0	7	7	?	6	0	2
古秃藻属	*Palaeophalacroma*	+	4	3	7	6	6	6	0	2
围鞭藻属	*Peridiniella*	+	4	3~4	7	6	6~7	6	0	2
屋甲藻属	*Goniodoma*	+	4	0	6	6	6	6	0	2
亚历山大藻属	*Alexandrium*	+	4	0	6	6	9~10	5	0	2
淀粉藻属	*Amylax*	+	3	3	6	6	7~8	6	0	2
膝沟藻属	*Gonyaulax*	+	3	2	6	6	7~9	6	0	2
舌甲藻属	*Lingulodinium*	+	3	3	6	6	7	6	0	2
原角藻属	*Protoceratium*	+	3	0~1	6	6	6	6	0	2
异甲藻属	*Heterodinium*	+	3	2	6	6	?	5	0	2
长甲藻属	*Dolichodinium*	+	4	1	6	6	?	5	0	2
扁甲藻属	*Pyrophacus*	+	5~9	0~9	7~15	9~16	8	8~17	1~11	3

双顶藻科 Amphidomataceae Sournia, 1984

双顶藻属 *Amphidoma* Stein, 1883

本属藻体细胞较小，双锥形至椭圆形，横沟左旋，下降小于1倍横沟宽度，多数物种底部生有一个尖锥形凸起。壳面平滑或具网纹结构（reticulation）。Balech（1971）、Dodge & Saunders（1985）、Tomas（1997）、Tillmann等（2012）均未明确本属的纵沟甲板数量，但Tillmann等在本属物种 *Amphidoma languida* 中找到5块纵沟甲板，作者再结合以前学者的研究结果，认为本属的甲板公式为：Po, 4~6′, 0a, 6″, 5~6c, 5s(?), 6‴, 2⁗。

本属共11种，本书记述1种，为中国首次记录。

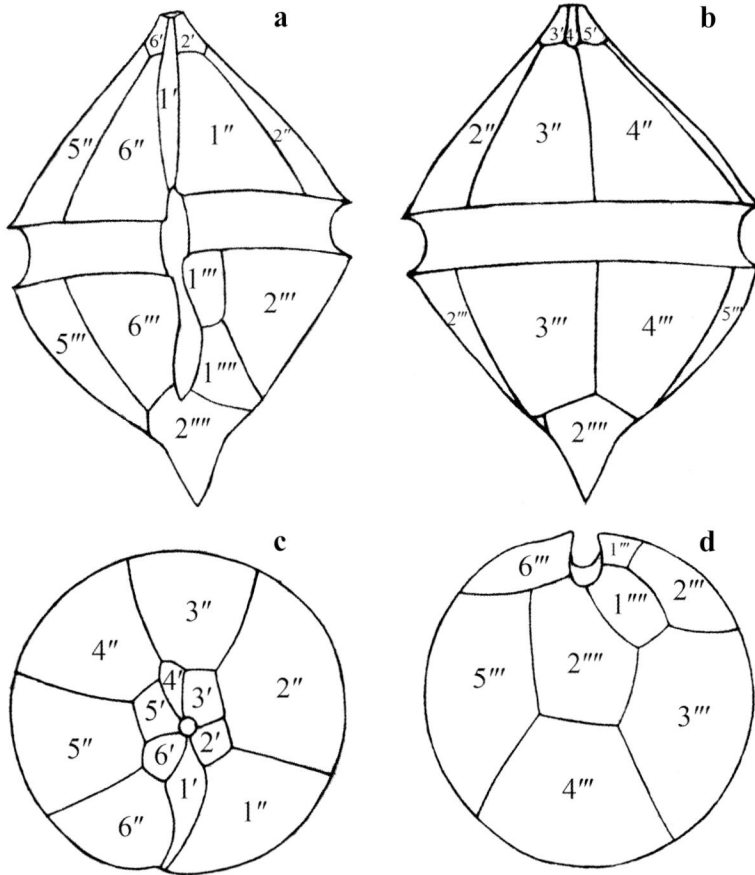

图1 双顶藻属结构示意图
a.腹面观；b.背面观；c.顶面观；d.底面观

坚果双顶藻 *Amphidoma nucula* Stein, 1883

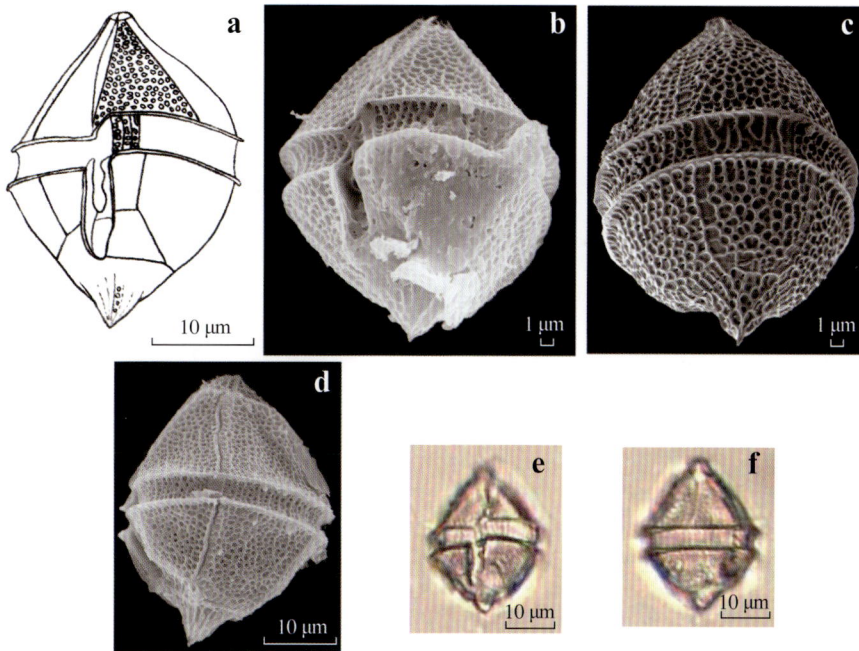

图 2　坚果双顶藻 *Amphidoma nucula* Stein, 1883
a, b, e. 腹面观；c, f. 背面观；d. 左侧面观；b–d. SEM

Stein 1883, t. 4, fig. 21–24; Schiller 1935, 316, fig. 332a–d; Silva 1955, 154, t. 6, fig. 1–2; Balech 1971, 35, t. 9, fig. 168–174; Taylor 1976, 96, fig. 263; Dodge 1985, 85; Dodge & Saunders 1985, 90, fig. 2–7; Tomas 1997, 504.

同种异名：*Murrayella spinosa* Kofoid, 1907: Kofoid 1907b, 192, fig. 57.

Amphidoma spinosa (Kofoid) Kofoid & Michener, 1911: Kofoid & Michener 1911, 275; Schiller 1935, 316, fig. 333.

Gonyaulax rouchii Rampi, 1948: Rampi 1948, 4, fig. 4.

藻体细胞小，双锥形，长 31～41 μm，宽 22～30 μm，宽：长 0.7～0.75。上壳较下壳长，两侧边稍凸，具顶孔。顶角短，末端圆钝。第一顶板 1′ 细长。横沟宽，左旋，下降约 0.5 倍横沟宽度。纵沟较窄，向下延伸的距离约等于 2 倍横沟宽度。下壳较短，底部生一个三角形的尖锥，尖锥上具数条脊状纵条纹。壳面网纹结构细密而坚实，网纹内具孔。

本种与斯氏双顶藻 *A. steinii* 极为相似，但后者壳面孔呈线性排列，底部无明显的尖锥状突出（Taylor, 1976），宽：长的值较高，为 0.85 以上，而本种宽：长的值为 0.67～0.75。

样品 2008 年 6 月采自三亚近岸海域、2012 年 5 月采自南海北部海域，数量稀少，系中国首次记录。

热带、亚热带种。东太平洋、大西洋、印度南部海域有记录。

角藻科 Ceratiaceae Kofoid, 1907

新角藻属 *Neoceratium* Gómez, Moreira & López–Garcia, 2010

同属异名：角藻属 *Ceratium* Schrank, 1793

本属藻体细胞小至大型，梭状、叉状至锚状，单独生活或形成链状群体，背腹略扁。上壳近三角形或膨大呈椭圆形至近圆形，多数物种具一个顶角（apical horn）。下壳具两个底角（antapical horns），有些物种左底角发达，右底角退化。壳面具脊状条纹（ridge）、透明翼（wing）、网格（reticulation）、孔（pore）等结构，有时在顶角或两底角基部还生有棘状小刺。细胞腹区由 3 块很薄的甲板（6″、5c、6‴）组成，纵沟在其左侧，纵沟甲板的数量至今不明，本属的甲板公式为：Po, 4′, 6″, 5c, 2+s(?), 6‴, 2⁗。

以前有学者先将本属分为几个亚属，再分组阐述，作者不作亚属的区分，直接依据藻体的形态将本属分为 9 个组进行阐述。

本属（新角藻属 + 角藻属）约有 170 余种（包括变种和变型），本书记述了 95 种（包括变种），其中首次记录 12 种。

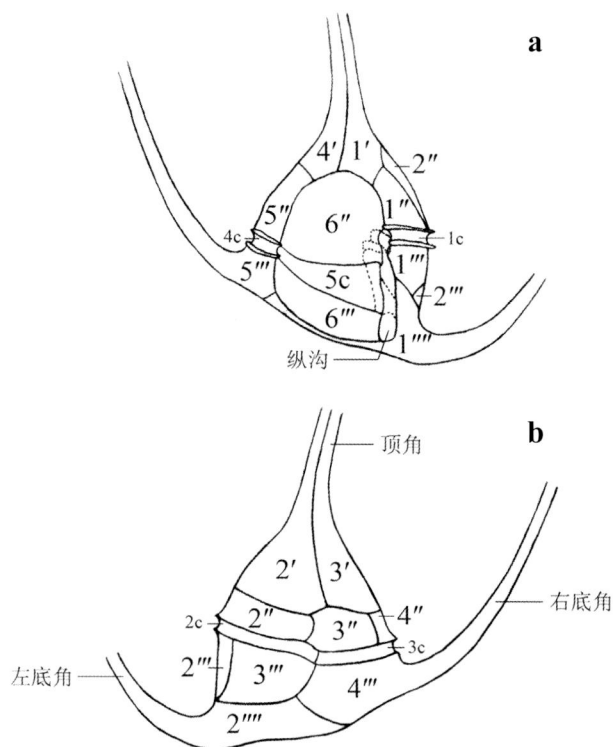

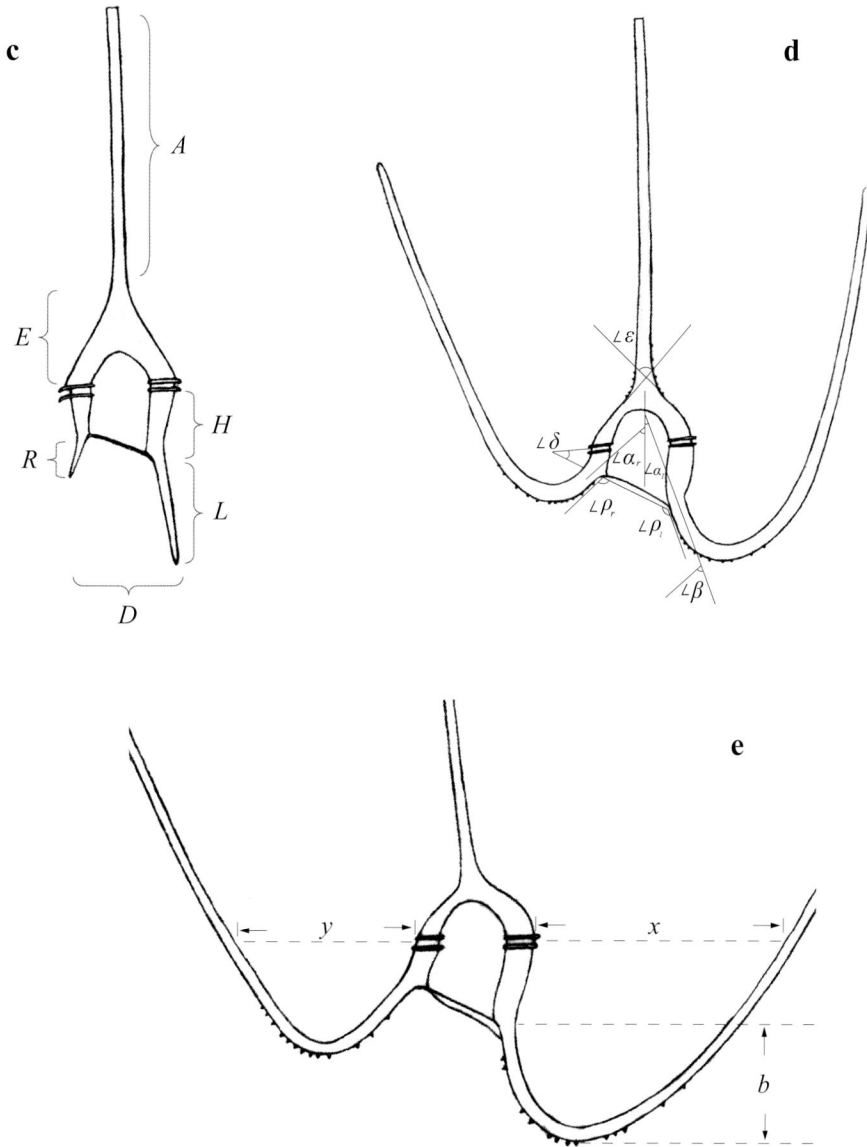

图 3　新角藻属结构示意图

a.腹面观；b.背面观；c-e.新角藻属细胞各项参数；a, b.仿 Evitt & Wall（1975）

A——顶角长度；E——上壳长度；H——下壳长度；D——横沟宽（不包括突出的边翅）；L——左底角长度；
R——右底角长度；$\angle\varepsilon$——上壳两侧边夹角；$\angle\delta$——底边与横沟夹角；$\angle\alpha_l$——左底角基部中央直线与通过顶角方向
的直线所成的角；$\angle\alpha_r$——右底角基部中央直线与通过顶角方向的直线所成的角；$\angle\rho_l$——底边与左底角基部所成的角；
$\angle\rho_r$——底边与右底角基部所成的角；$\angle\beta$——左、右底角基部中央直线夹角；x——横沟至左底角的距离；
y——横沟至右底角的距离；b——左底角自基部起向下弯曲的深度

Neoceratium gravidum 组：无顶角，上壳较宽扁。

脑形新角藻 *Neoceratium cephalotum* (Lemmermann) Gómez, Moreira & López-Garcia, 2010

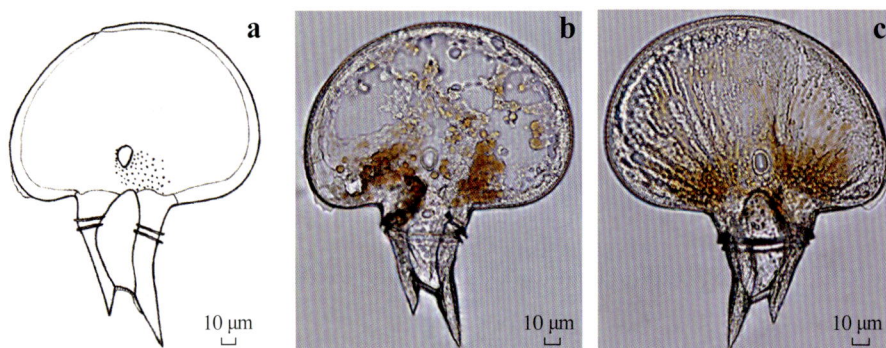

图 4 脑形新角藻 *Neoceratium cephalotum* (Lemmermann) Gómez, Moreira & López-Garcia, 2010
a,b.腹面观；c.背面观；b,c.活体

Gómez, Moreira & López-Garcia 2010, 45; 杨世民和李瑞香 2014, 64.

同种异名：脑形角藻 *Ceratium cephalotum* (Lemmermann) Jörgensen, 1911: Jörgensen 1911, 10, fig. 10; Steemann Nielsen 1934, 7, fig. 2; Schiller 1937, 356, fig. 388; Wood 1954, 271, fig. 185; Yamaji 1966, 91, t. 44, fig. 2; Sournia 1968, 388, t. 1, fig. 2; Subrahmanyan 1968, 14, fig. 7; Taylor 1976, 56, fig. 106; 郭玉洁等 1983, 71, fig. 1, t. 1, fig. 2; Balech 1988, 127, lam. 54, fig. 2; Koening et al. 2005, 393, fig. 13; 林永水 2009, 2, fig. 1; Omura et al. 2012, 87.

Ceratium gravidum var. *cephalotum* Lemmermann, 1900: Lemmermann 1900, 349, t. 1, fig. 15; Karsten 1907, 243.

藻体细胞大型，背腹扁平。上壳非常膨大，顶端圆钝无顶角，顶孔位于顶端偏右侧，上壳中部最宽大，至横沟上缘处急剧缩小，环孔椭圆形。横沟窄而平直，具横沟边翅。下壳较短，约为上壳长度的1/3，两侧边直或稍弯，左、右两底角粗短且直，末端尖，与细胞纵轴平行方向伸出，左底角长度约为右底角的两倍。上壳边缘处具许多短而细小的脊状条纹，壳面孔细密。

$D = 47 \sim 55$ μm，$E = 119 \sim 136$ μm，$H = 28 \sim 36$ μm，$L = 27 \sim 32$ μm，$R = 15 \sim 19$ μm，$\angle\delta = 20° \sim 29°$，上壳宽 141～192 μm。

东海、南海、吕宋海峡有分布。样品 2003 年秋季采自东海、2007 年 2 月采自台湾北部海域、2008 年 5 月采自三亚附近海域、2009 年 3 月采自台湾东南部海域、2010 年 8 月和 2011 年 4 月采自吕宋海峡。

热带大洋性种。太平洋热带海域、大西洋、印度洋、澳大利亚东部海域、巴西东部海域有记录。

趾状新角藻 *Neoceratium digitatum* (Schütt) Gómez, Moreira & López–Garcia, 2010

Gómez, Moreira & López–Garcia 2010, 37, fig. 2j–l.

同种异名：趾状角藻 *Ceratium digitatum* Schütt, 1895: Schütt 1895, t. 12, fig. 42; Jörgensen 1911, 12, fig. 13; Jörgensen 1920, 6, fig. 1; Peters 1932, 28, t. 4, fig. 19; Steemann Nielsen 1934, 8, fig. 5; Schiller 1937, 358, fig. 392; Graham et Bronikovsky 1944, 16, fig. 5a–e; Gaarder 1954, 11, fig. 12; Wood 1963a, 39, fig. 144; Yamaji 1966, 93, t. 44, fig. 19; Subrahmanyan 1968, 16, fig. 13–15; Wood 1968, 27, fig. 52; Taylor 1976, 57, fig. 105; Balech 1988, 197, lam. 54, fig. 7; 陈国蔚 1989, 233, fig. 4a–b; Koening et al. 2005, 393, fig. 21; 林永水 2009, 3, fig. 2; Omura et al. 2012, 87.

藻体细胞大型，上壳明显长于下壳。上壳近横沟处两侧边直，自横沟向上至上壳 1/3 处开始急剧向背面弯转，弯转部分如舌状，上壳顶端圆钝，无明显顶角，顶孔稍凸，无环孔。横沟较宽，横沟边翅窄，其上具肋刺支撑。下壳短，左侧边凹，右侧边直。左底角长且粗壮，自下壳生出后先沿细胞纵轴方向伸出一小段距离，然后急剧弯向背面，末端略向下弯曲，使整个左底角呈 S 形（陈国蔚，1989）；右底角窄而短，直向下伸出，两底角末端均较尖。上、下壳侧边具横条纹，孔明显且排列不规则，左底角上生有许多粗刺。

$D = 39 \sim 57\ \mu m$，$E = 96 \sim 123\ \mu m$，$H = 15 \sim 19\ \mu m$，$L = 68 \sim 77\ \mu m$，$R = 27 \sim 35\ \mu m$。

西沙群岛附近海域有记录。样品 2012 年 4 月采自南海北部海域，数量稀少。

热带大洋嗜阴性种。西太平洋热带海域、大西洋、印度洋、地中海、加勒比海、安达曼海、孟加拉湾、巴西东部海域有记录。

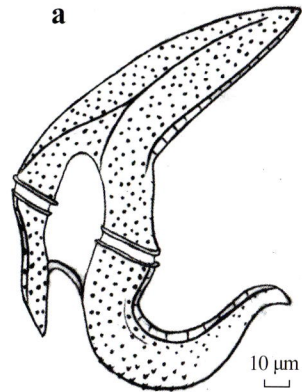

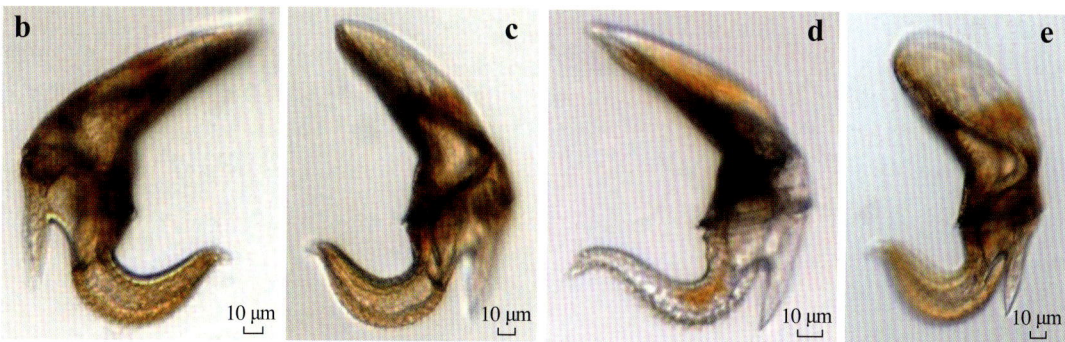

图 5　趾状新角藻 *Neoceratium digitatum* (Schütt) Gómez, Moreira & López–Garcia, 2010
a, b. 腹面观；c, d. 背面观；e. 右侧面观；b–e. 活体

圆头新角藻 *Neoceratium gravidum* (Gourret) Gómez, Moreira & López-Garcia, 2010

Gómez, Moreira & López-Garcia 2010, 37, fig. 2i; 杨世民和李瑞香 2014, 65.

同种异名：圆头角藻 *Ceratium gravidum* Gourret, 1883: Gourret 1883, 58, t. 1, fig. 15; Schütt 1895, t. 11, fig. 41; Jörgensen 1911, 10, fig. 8–12; Jörgensen 1920, 8, fig. 4; Peters 1932, 28, t. 2, fig. 12g; Steemann Nielsen 1934, 8, fig. 3–4; Pavillard 1937, 11; Schiller 1937, 357, fig. 389; Rampi 1939, 301, fig. 1; Graham et Bronikovsky 1944, 15, fig. 3a–o, 4p–u; Wood 1954, 272, fig. 186a–c; Silva 1955, 49, t. 7, fig. 1; Kato 1957, 11, t. 3, fig. 1; Halim 1960a, t. 4, fig. 21; Margalef 1961b, 142, fig. 2/12; Wood 1963, 40, fig. 146; Margalef 1964, fig. 2e; Toriumi 1964, 24, t. 3, fig. 10; Yamaji 1966, 91, t. 44, fig. 3–5; Halim 1967, 719, t. 1, fig. 9–10; Sournia 1968, 388, t. 1, fig. 3; Subrahmanyan 1968, 14, fig. 10–11; Wood 1968, 31, fig. 62; Reinecke 1971, 88, fig. 3a–b; Taylor 1973, fig. 4f; Ricard 1974, 132, fig. 30–33; Taylor 1976, 57, fig. 99–100, 101a–b; Dodge 1982, 227, fig. 28b; 郭玉洁等 1983, 72, fig. 2a–f, t. 1, fig. 1a–f; 林金美 1984, 30, t. 1, fig. 8; Dodge 1985, 98; Balech 1988, 127, lam. 54, fig. 1; Hernández-Becerril 1989, 35, fig. 2; Tomas 1997, 474, t. 25; 林永水 2009, 5, fig. 4, t. 1, fig. 1a–b, t. 8, fig. 1a–c; Omura et al. 2012, 87.

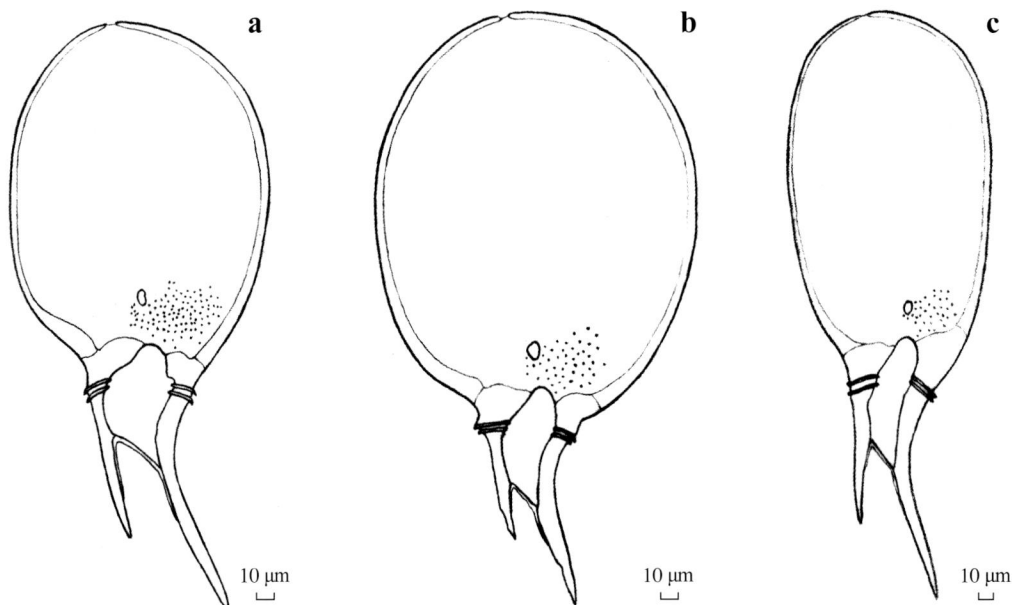

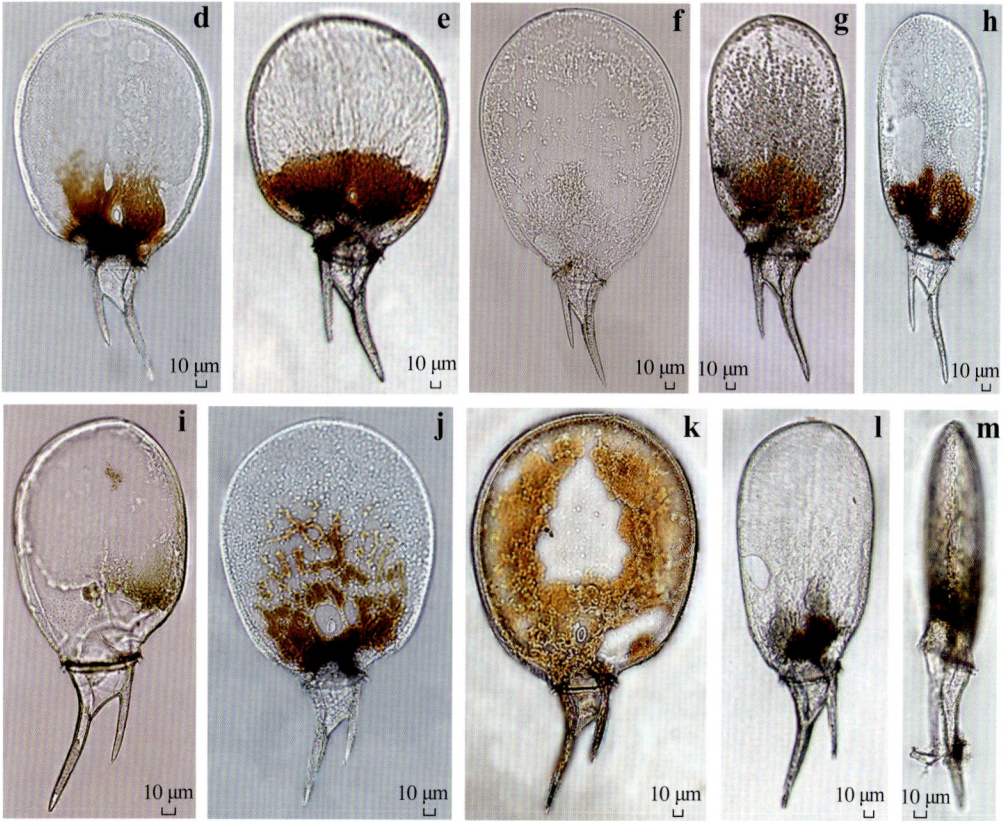

图 6　圆头新角藻 *Neoceratium gravidum* (Gourret) Gómez, Moreira & López-Garcia, 2010
a–h. 腹面观；i–l. 背面观；m. 左侧面观；d, e, g, h, j, k. 活体

圆头角藻宽变种 *Ceratium gravidum* var. *latum* Jörgensen, 1911: Jörgensen 1911, 11, fig. 12; 林金美 1984, 30, t. 1, fig. 9.

圆头角藻窄变种 *Ceratium gravidum* var. *angustum* Jörgensen, 1920: Jörgensen 1920, 10.

藻体细胞大型，背腹甚扁。上壳膨大，呈近圆形至卵圆形，顶端圆钝无顶角，顶孔位于顶端偏右侧，上壳在横沟上缘处急剧缩小，环孔椭圆形。横沟平直，横沟边翅窄。下壳短，约为上壳长度的 1/7~1/5，右侧边较直，左侧边稍弯，底边斜直。两底角均呈尖锥形，直或稍弯，左底角长约为右底角的 2 倍。壳面较平滑，无明显的脊状条纹，孔细密清晰。

$D = 48 \sim 69\,\mu m$，$E = 210 \sim 296\,\mu m$，$H = 42 \sim 53\,\mu m$，$L = 66 \sim 106\,\mu m$，$R = 44 \sim 67\,\mu m$，$\angle\delta = 40° \sim 50°$，上壳宽 $133 \sim 227\,\mu m$。

东海、南海、吕宋海峡均有分布。样品 2003 年秋季采自东海、2007 年 2 月采自钓鱼岛附近海域、2007 年 11 月采自冲绳海槽西侧海域、2009 年 3 月采自台湾东南部海域、2009 年 7 月采自南海北部海域、2010 年 8 月和 2011 年 4 月采自吕宋海峡，较为常见。

热带大洋嗜阴性种，世界广布。太平洋、大西洋、印度洋、地中海、加勒比海、佛罗里达海峡、加利福尼亚附近海域、不列颠群岛、巴西东南部附近海域均有记录。

矛形新角藻 *Neoceratium lanceolatum* (Kofoid) Gómez, Moreira & López-Garcia, 2010

10 µm

图7　矛形新角藻 *Neoceratium lanceolatum* (Kofoid) Gómez, Moreira & López-Garcia, 2010
腹面观

Gómez, Moreira & López-Garcia 2010, 47.

同种异名：矛形角藻 *Ceratium lanceolatum* Kofoid, 1907: Kofoid 1907b, 172, t. 3, fig. 17; Jörgensen 1911, 13, fig. 15; Schiller 1937, 357, fig. 390; Subrahmanyan 1968, 87, fig. 152; Wood 1968, 33, fig. 70; Gómez et al. 2008, 35, fig. 73–75; 林永水 2009, 6, fig. 5, t. 1, fig. 2; Omura et al. 2012, 87.

藻体细胞小型，背腹略扁。上壳长，呈宽矛状，近横沟处两侧边直或稍凸，也有左侧边稍凹的（Kofoid, 1907b），两侧边自横沟向上至上壳 2/3 处开始向内逐渐收拢，顶端较尖，无明显顶角，顶孔斜。横沟宽，横沟边翅甚窄。下壳长度约为上壳的 1/3，左侧边稍凹，右侧边直，底边斜直。两底角均沿细胞纵轴方向伸出，左底角基部粗壮，末端陡然变细呈尖锥形；右底角长度约为左底角的 1/2，粗壮且末端稍弯曲。壳面无明显脊状条纹，孔纵向成列。

$D=23$ µm，$E=78$ µm，$H=27$ µm，$L=33$ µm，$R=16$ µm。

中国仅南沙海域有记录。

热带性种。太平洋、大西洋、印度洋、地中海、秘鲁西部海域、巴西北部海域有记录。

长头新角藻 *Neoceratium praeolongum* (Lemmermann) Gómez, Moreira & López-Garcia, 2010

Gómez, Moreira & López-Garcia 2010, 47; 杨世民和李瑞香 2014, 66.

同种异名：长头角藻 *Ceratium praelongum* (Lemmermann) Kofoid et Jörgensen, 1911: Kofoid et Jörgensen 1911, 9, fig. 9; Okamura 1912, 3, fig. 48a–b; Steemann Nielsen 1934, 7, fig. 1; Schiller 1937, 356, fig. 387; Graham et Bronikovsky 1944, 14, fig. 1a–d; Silva 1958, 32, t. 3, fig. 4; Wood 1963a, 40, fig. 148; Yamaji 1966, 91, t. 44, fig. 1; Halim 1967, 723, t. 3, fig. 43; Sournia 1968, 386, t. 1, fig. 1; Subrahmanyan 1968, 14, fig. 8–9; Wood 1968, 38, fig. 83; Steidinger 1970, fig. 159; Taylor 1976, 58, fig. 102–103; 郭玉洁等 1983, 73, fig. 3, t. 1, fig. 3; 林金美 1984, 31, t. 1, fig. 10; Balech 1988, 127, lam. 54, fig. 3; 林永水和周近明 1993, 56, t. 50; Tomas 1997, 477, t. 25; Koening et al. 2005, 393, fig. 18; 林永水 2009, 6, fig. 6, t. 1, fig. 3, t. 8, fig. 2; Omura et al. 2012, 87.

藻体细胞大型，背腹较扁，上壳远长于下壳。上壳如舌状，长约为宽的 2.5 倍，两侧边直或稍弯向左侧，顶端圆钝，顶孔位于顶端偏右侧，无环孔。横沟平直，横沟边翅窄。下壳短，左侧边稍凹，右侧边直。两底角均呈尖锥形，左底角长约为右底角的 2 倍，较粗壮，斜向外伸出，也有左底角较弯曲的（如图 8g, h）；右底角短直，沿细胞纵轴方向伸出。壳面无明显脊状条纹，孔清晰。

$D = 52 \sim 62\ \mu m$，$E = 138 \sim 196\ \mu m$，$H = 45 \sim 61\ \mu m$，$L = 56 \sim 83\ \mu m$，$R = 29 \sim 46\ \mu m$。

本种与圆头新角藻 *N. gravidum* 相似，但本种上壳近横沟处宽与前端相近，而后者近横沟处明显窄于前端。

东海、南海、吕宋海峡有分布。样品 2008 年 6 月采自三亚附近海域、2009 年 7 月采自南海北部海域、2010 年 8 月采自吕宋海峡，数量少。

热带大洋嗜阴性种。太平洋、大西洋、印度洋、加勒比海、莫桑比克海峡、关岛、日本附近海域、加利福尼亚附近海域、巴西东部海域、佛罗里达附近海域有记录。

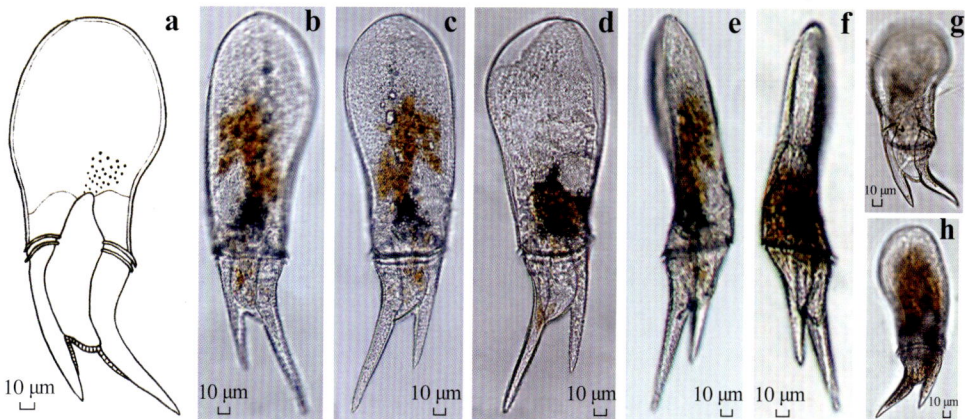

图 8 长头新角藻 *Neoceratium praeolongum* (Lemmermann) Gómez, Moreira & López-Garcia, 2010
a, b, g. 腹面观；c, d, h. 背面观；e. 左侧面观；f. 右侧面观；b–f, h. 活体

锥形新角藻 *Neoceratium schroeteri* (Schröder) Gómez, Moreira & López–Garcia, 2010

Gómez, Moreira & López–Garcia 2010, 48.

同种异名：锥形角藻 *Ceratium schroeteri* Schröder, 1906: Schröder 1906, 368, fig. 43; Kofoid 1907b, 173, t. 3, fig. 18–19; Jörgensen 1911, 12, fig. 14; Jörgensen 1920, 8, fig. 3; Pavillard 1931, 67, t. 2, fig. 15; Schiller 1937, 358, fig. 391; Silva 1956, 67, t. 12, fig. 1–3; Wood 1963a, 42, fig. 150; Yamaji 1966, 92, t. 44, fig. 7; Steidinger et al. 1967b, 36, t. 5, fig. d; Subrahmanyan 1968, 16, fig. 12; Steidinger & Williams 1970, 47, t. 41, fig. 154; Léger 1972, 27, fig. 9–10; Taylor 1976, 58, fig. 104; 郭玉洁等 1983, 73, fig. 4, t. 1, fig. 5; 林永水 2009, 7, fig. 7, t. 1, fig. 4; Omura et al. 2012, 87.

藻体细胞大型，上壳远长于下壳。上壳长锥形，自横沟向上逐渐变细，顶端较尖且向左侧、背侧倾斜，末端开口，已有形成顶角的趋势（郭玉洁等，1983），背面近横沟处呈波状，腹面略呈 S 形弯曲，近横沟处略扭转。横沟较平直，横沟边翅窄。下壳短，左侧边稍凹，右侧边直，底边斜，直或稍弯。左底角长，向左侧、背侧弯曲，其左侧细胞壁明显加厚；右底角短，沿细胞纵轴方向伸出，末端稍弯向内侧。壳面脊状条纹不明显，孔散布，左、右底角上均生有许多小刺。

$D=51\ \mu m$，$E=224\ \mu m$，$H=43\ \mu m$，$L=106\ \mu m$，$R=69\ \mu m$。

本种与趾状新角藻 *N. digitatum* 相似，但本种左底角不如后者粗壮，弯曲程度也不若后者明显。

东海、西沙群岛、南沙群岛附近海域有记录。样品 2009 年 3 月采自台湾东南部海域，数量稀少。

热带大洋性种。太平洋、大西洋、印度洋、墨西哥湾、孟加拉湾有记录。

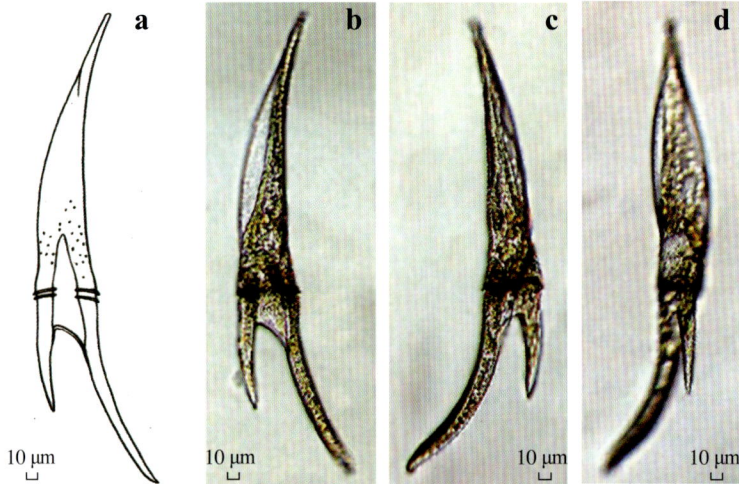

图 9　锥形新角藻 *Neoceratium schroeteri* (Schröder) Gómez, Moreira & López–Garcia, 2010
a, b. 腹面观；c. 背面观；d. 右侧面观；b–d. 活体

Neoceratium furca 组：藻体叉状，左右底角均沿细胞纵轴方向伸展，左底角长于右底角。

披针新角藻 *Neoceratium belone* (Cleve) Gómez, Moreira & López–Garcia, 2010

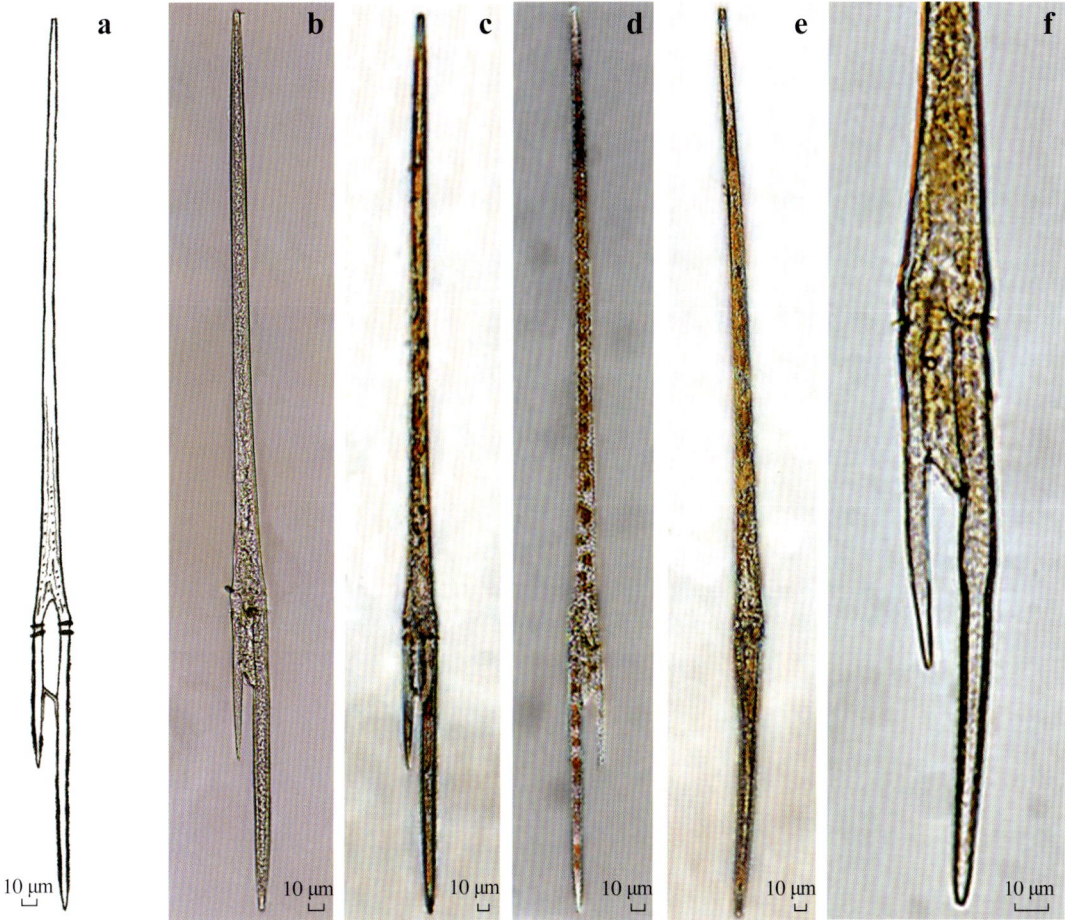

图 10　披针新角藻 *Neoceratium belone* (Cleve) Gómez, Moreira & López–Garcia, 2010
a–c. 腹面观；d. 背面观；e. 右侧面观；f. 示腹区；c–f. 活体

Gómez, Moreira & López–Garcia 2010, 45.

同种异名：针角藻 *Ceratium belone* Cleve, 1900: Cleve 1900, 3, t. 7, fig. 13; Jörgensen 1911, 19, fig. 28a–b; Jörgensen 1920, 22, fig. 14; Paulsen 1930, 76; Candeias 1930, 30, t. 3, fig. 60; Peters 1932, 29, t. 3, fig. 14d; Steemann Nielsen 1934, 10, fig. 10; Schiller 1937, 369, fig. 407a; Rampi 1942, 222, fig. 2; Graham et Bronikovsky 1944, 19, fig. 8a–i; Margalef 1948, 49, fig. 2f; Silva 1949, 354, t. 6, fig. 20; Wood 1954, 275; Halim 1960a, 191, t. 4, fig. 6; Yamaji 1966, 92, t. 44, fig. 9; Sournia 1968, 399, fig. 22; Subrahmanyan 1968, 20, fig. 30; Wood 1968, 24, fig. 40; Steidinger & Williams 1970, 44, t. 4, fig. 10; Taylor 1976, 58, fig. 119; 郭玉洁等 1983, 74, fig. 5a–b, t. 1, fig. 6; 林金美 1984, 31, t. 1, fig. 11–12; Balech 1988, 132, lam. 56, fig. 1; Hernández–Becerril 1989, 35, fig. 3; 林永水 2009, 8, fig. 8, t. 1, fig. 5; Omura et al. 2012, 88.

藻体细胞细长，大型。上壳自横沟向上至顶孔均匀变细，形成细长的顶角，顶角直或略弯，末端平截，开口，上壳与顶角间界限不明显。横沟平直，横沟边翅窄。下壳短，两侧边直，几近平行，底边斜直。左底角长约为右底角的 2.5～3 倍，两底角均沿细胞纵轴方向向下伸出，末端较尖锐。壳面脊状条纹细长，孔散布，两底角上有时生有小刺。

$D = 23 \sim 29$ μm，$E + A = 356 \sim 487$ μm，$H = 46 \sim 54$ μm，$L = 127 \sim 166$ μm，$R = 53 \sim 64$ μm。

南黄海、东海、南海、吕宋海峡均有分布。样品 2003 年秋季采自东海、2007 年 2 月采自台湾北部海域、2010 年 8 月和 2011 年 4 月采自吕宋海峡。

热带大洋性种，习见于海域上层。太平洋、大西洋、印度洋、地中海、加勒比海、安达曼海、佛罗里达海峡、安哥拉西部海域、巴西北部及东南部海域有记录。

波氏新角藻 *Neoceratium boehmii* (Graham et Bronikovsky)

同种异名：波氏角藻 *Ceratium boehmii* Graham et Bronikovsky, 1944: Graham et Bronikovsky 1944, 22, fig. 12a–c; Taylor 1976, 59, fig. 122–123; 林金美 1984, 31, t. 1, fig. 13, t. 2, fig. 1; 林永水 2009, 9, fig. 9, t. 1, fig. 6; Omura et al. 2012, 88; 杨世民和李瑞香 2014, 71.

藻体细胞小型，上壳稍长于下壳。上壳腹面观近似等腰三角形，两侧边直或稍凸。顶角细长且直，基部略粗，末端开口，平截。横沟宽且平直，横沟边翅甚窄。下壳两侧边均稍向内侧倾斜，底边斜，直或稍凹。两底角皆为细长坚实的刺状，均沿细胞纵轴方向向下近平行伸出，左底角长度约为右底角的 2 倍。壳面脊状条纹清晰，左底角常生有小刺。

$D=21\sim24$ μm，$E=18\sim21$ μm，$H=15\sim18$ μm，$A=78\sim125$ μm，$L=33\sim39$ μm，$R=13\sim15$ μm，$\angle\varepsilon=48°\sim52°$，$\angle\delta=32°\sim36°$。

关于本种与科氏新角藻 *N. kofoidii* 的分类，一直以来有不同的观点，有学者认为二者应合并为一种（Sournia, 1968; Subrahmanyan, 1968; Gómez et al., 2010），Taylor（1976）则认为二者在藻体形态、两底角伸展方向上都有明显差别，应属不同的种。作者通过对比二者的样本、测量其藻体参数，并对照 Graham et Bronikovsky 建立本种和 Jörgensen 建立科氏新角藻的图示及说明后认为，二者存在以下 3 点主要区别：

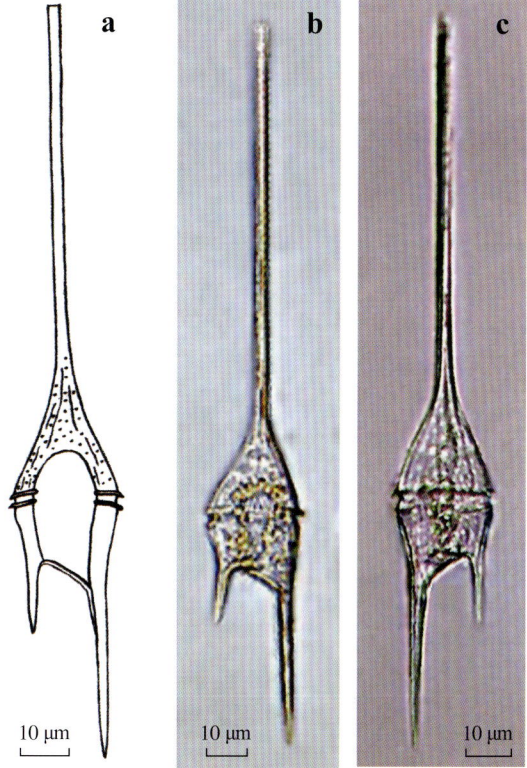

图 11　波氏新角藻 *Neoceratium boehmii*
(Graham et Bronikovsky)
a, b. 腹面观；c. 背面观

1. 本种藻体相对于科氏新角藻更加细长些，相应的本种上壳两侧边夹角 $\angle\varepsilon$ 小于后者。

2. 本种下壳底边较后者更斜，相应的底边与横沟的夹角 $\angle\delta$ 大于后者。

3. 本种两底角明显长于后者，均约为后者的 2 倍甚至更长，且近平行伸出，而科氏新角藻右底角甚短且常常稍向外分歧，这也是二者最主要的区别。

鉴于以上不同，作者同意 Taylor 的观点，即二者应定义为不同的种，并基于此对原先的命名进行了修订。

东海、南海、吕宋海峡均有分布。样品 2003 年秋季采自东海、2007 年 2 月采自台湾北部海域、2008 年 6 月采自三亚附近海域、2010 年 8 月采自吕宋海峡、2011 年 9 月采自南海北部海域。

暖水性种。太平洋热带海域、印度洋、安达曼海、孟加拉湾、莫桑比克海峡有记录。

蜡台新角藻 *Neoceratium candelabrum* (Ehrenberg) Gómez, Moreira & López-Garcia, 2010

Gómez, Moreira & López–Garcia 2010, 37, fig. 2a; 杨世民和李瑞香 2014, 67.

同种异名: 蜡台角藻 *Ceratium* candelabrum (Ehrenberg) Stein, 1883: Stein 1883, 15, fig. 14–16; Schütt 1895, t. 9, fig. 38; Entz 1905, fig. 53–54; Paulsen 1908, 88, fig. 120; Jörgensen 1911, 16, t. 1, fig. 4–5, t. 2, fig. 21; Lebour et al. 1925, 143, fig. 45b–c; Böhm 1931b, 8, fig. 3; Peters 1932, 29, t. 3, fig. 14b; Steemann Nielsen 1934, 8, fig. 6; Nie 1936, 30, fig. 1a–c; Schiller 1937, 364, fig. 401a–b; Graham et Bronikovsky 1944, 17, fig. 6a–k; Margalef 1948, 49, fig. 2c; Silva 1949, 354, t. 9, fig. 1; Kato 1957, 12, t. 3, fig. 2; Halim 1963, 496, fig. 1; Toriumi 1964, 24, t. 3, fig. 13; Yamaji 1966, 93, t. 45, fig. 1–2; Halim 1967, 713, t. 2, fig. 18; Sournia 1968, 390, fig. 14–17; Subrahmanyan 1968, 17, fig. 16–20; Wood 1968, 25, fig. 44; Taylor 1976, 59, fig. 124; Burns & Mitchell 1980, 149, fig. 1–2; Dodge 1982, 227, fig. 28a, t. 7d; 郭玉洁等 1983, 75, fig. 6a–c, t. 1, fig. 10a–b; Dodge 1985, 94; Balech 1988, 128, lam. 57, fig. 4–5; 林永水和周近明 1993, 57–58, t. 51–52; Tomas 1997, 471, t. 26; Koening et al. 2005, 394, fig. 8; 林永水 2009, 9, fig. 10, t. 9, fig. 1a–b.

Peridinium candelabrum Ehrenberg, 1859: Ehrenberg 1859, 792; Ehrenberg 1873, 3, fig. 2–3; Wood 1954, 273, fig. 187a.

Ceratium globatum Gourret, 1883: Gourret 1883, 47, t. 4, fig. 67.

藻体部宽大于长，中型，单独生活或形成短链。上壳近扁锥形，略向左侧倾斜，使得右侧边稍长于左侧边，两侧边均直或稍凸。顶角细，直或略弯，末端开口，平截。横沟直，横沟边翅窄。下壳近三角形，右侧边甚短，左侧边明显向内侧倾斜，底边斜，直或稍凹。右底角沿细胞纵轴方向伸出，左底角与其平行或稍稍向外分歧，两底角末端亦平截开口。壳面脊状条纹如蚯蚓状蜿蜒清晰，孔散布，两底角有时生有小刺。

$D = 62 \sim 95$ μm, $E = 20 \sim 31$ μm, $H = 26 \sim 35$ μm, $A = 53 \sim 179$ μm, $L = 38 \sim 57$ μm, $R = 26 \sim 48$ μm, $\angle \varepsilon = 92° \sim 125°$, $\angle \delta = 15° \sim 25°$, $\angle \alpha_l = 6° \sim 13°$。

黄海、东海、南海、吕宋海峡均有分布。样品 2001 年秋季采自冲绳海槽西侧海域、2003 年秋季采自东海、2007 年 2 月采自台湾北部海域、2007 年 11 月采自东海、2008 年 6 月采自三亚附近海域、2010 年 8 月采自吕宋海峡、2012 年 4 月采自南海北部海域。

暖温带至热带大洋性种。广泛分布于太平洋、大西洋、印度洋的热带、亚热带、暖温带海域，较为常见。

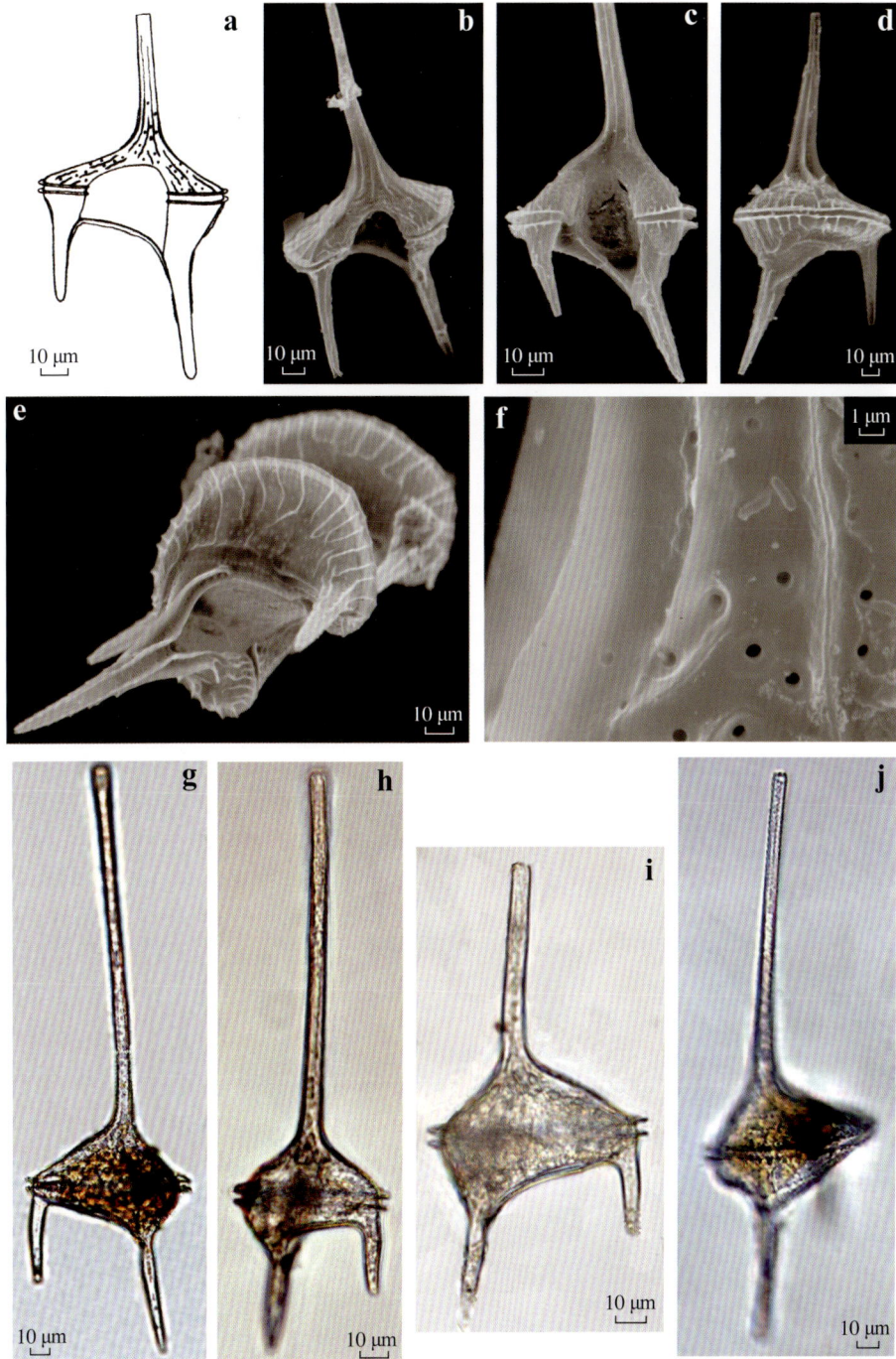

图 12　蜡台新角藻 *Neoceratium candelabrum* (Ehrenberg) Gómez, Moreira & López–Garcia, 2010
a–c, g. 腹面观；d, h, i. 背面观；e. 底面观；f. 示壳面脊状条纹及孔；
j. 左侧面观；e. 群体；g, j. 活体；b–f. SEM

蜡台新角藻宽扁变种 *Neoceratium candelabrum* var. *depressum* (Pouchet) Yang & Li, 2014

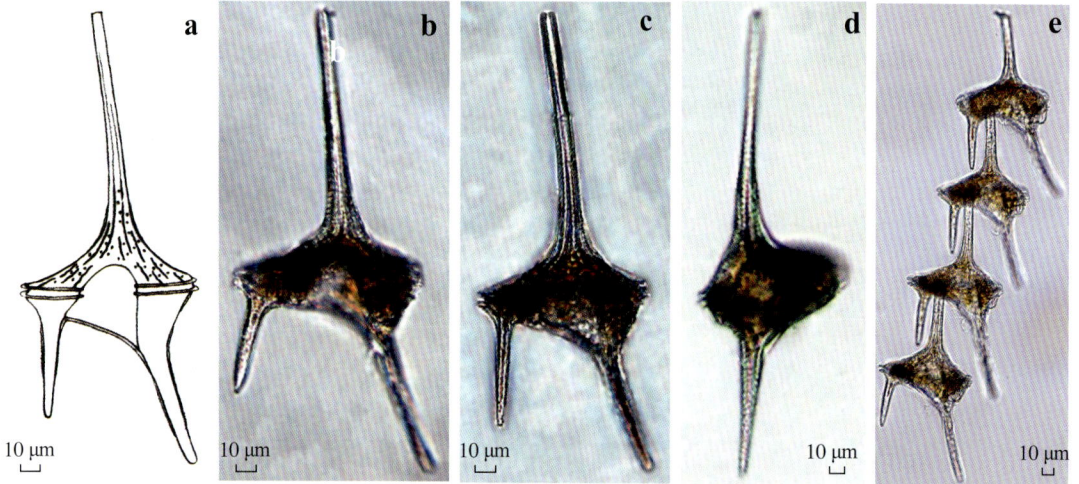

图 13 蜡台新角藻宽扁变种 *Neoceratium candelabrum* var. *depressum* (Pouchet) Yang & Li, 2014
a–c, e. 腹面观；d. 左侧面观；e. 群体；b–d. 活体

杨世民和李瑞香 2014, 68.

同种异名：蜡台角藻宽扁变种 *Ceratium candelabrum* var. *depressum* (Pouchet) Jörgensen, 1920: Jörgensen 1920, 11, fig. 5; Steemann Nielsen 1934, 8, fig. 7; Schiller 1937, 366, fig. 403; Wood 1954, 273, fig. 187b; Kato 1957, 12, t. 3, fig. 3; Steidinger & Williams 1970, 44, t. 41, fig. 153; Taylor 1976, 59, fig. 125; Couté & Iltis 1985, 71, t. 3, fig. 1-4; Hernández-Becerril 1989, 35, fig. 1; 林永水 2009, 10, fig. 11, t. 1, fig. 8.

Ceratium candelabrum var. *dilatatum* (Gourret) Jörgensen, 1911: Jörgensen 1911, 16, t. 1, fig. 4-5, t. 2, fig. 22; Jörgensen 1920, 11, fig. 6; Lebour et al. 1925, t. 30, fig. 2; Nie 1936, 31, fig. 2.

本变种与原种 *N. candelabrum* 的区别在于本变种较后者左底角更加向外分歧，相应的左底角基部中线与顶角延长线夹角 $\angle\alpha_l$ 较大，在 20° 以上，而原种 $\angle\alpha_l$ 通常不超过 10°。另外，作者通过对藻体参数的测量发现，本变种的左底角相对原种更长些，这也与 Taylor（1976）的观点相符。

$D = 77 \sim 98$ μm，$E = 19 \sim 22$ μm，$H = 27 \sim 31$ μm，$A = 52 \sim 112$ μm，$L = 60 \sim 82$ μm，$R = 39 \sim 51$ μm，$\angle\varepsilon = 120° \sim 132°$，$\angle\delta = 21° \sim 27°$，$\angle\alpha_l = 20° \sim 24°$。

东海、南海均有分布。样品 2003 年秋季采自东海、2007 年 2 月采自钓鱼岛附近海域、2009 年 7 月采自南海北部海域。

暖水性种。太平洋、印度洋、地中海、加利福尼亚湾、墨西哥湾有记录。

埃氏新角藻 *Neoceratium ehrenbergii* (Kofoid)

同种异名：埃氏角藻 *Ceratium ehrenbergii* Kofoid, 1907: Kofoid 1907b, 171, t. 2, fig. 16; Jörgensen 1911, t. 4, fig. 80; Nie 1936, 38, fig. 9a–b; Taylor 1976, 60, fig. 116; 林永水 2009, 11, fig. 12.

藻体细胞中型，轮廓圆，背腹扁平，背面稍凸，腹面内凹。上壳明显向右侧倾斜，使得左侧边明显长于右侧边，两侧边均稍凸，顶角较短，直或顶端略斜向左侧，末端平截。横沟较宽，平直，横沟边翅窄。下壳稍长于上壳或上、下壳近等长，左侧边稍凸，明显斜向内侧，右侧边短而直，底边斜直。左底角长于右底角，两底角通常向外分歧，偶尔沿细胞纵轴方向平行伸出，末端圆钝。壳面具许多短的蠕虫形脊状条纹，也有少数脊状条纹细长，孔散布，两底角具小刺。

$D = 42 \sim 45\ \mu m$，$E = 22 \sim 26\ \mu m$，$H = 29 \sim 34\ \mu m$，$A = 28 \sim 39\ \mu m$，$L = 18 \sim 25\ \mu m$，$R = 9 \sim 15\ \mu m$，$\angle \varepsilon = 65° \sim 80°$，$\angle \delta = 37° \sim 40°$。

东海、南海北部海域有分布。样品 2009 年 7 月采自南海北部海域、2013 年 7 月采自冲绳海槽西侧海域，数量稀少。

热带、亚热带稀有种。太平洋、大西洋、印度洋有记录。

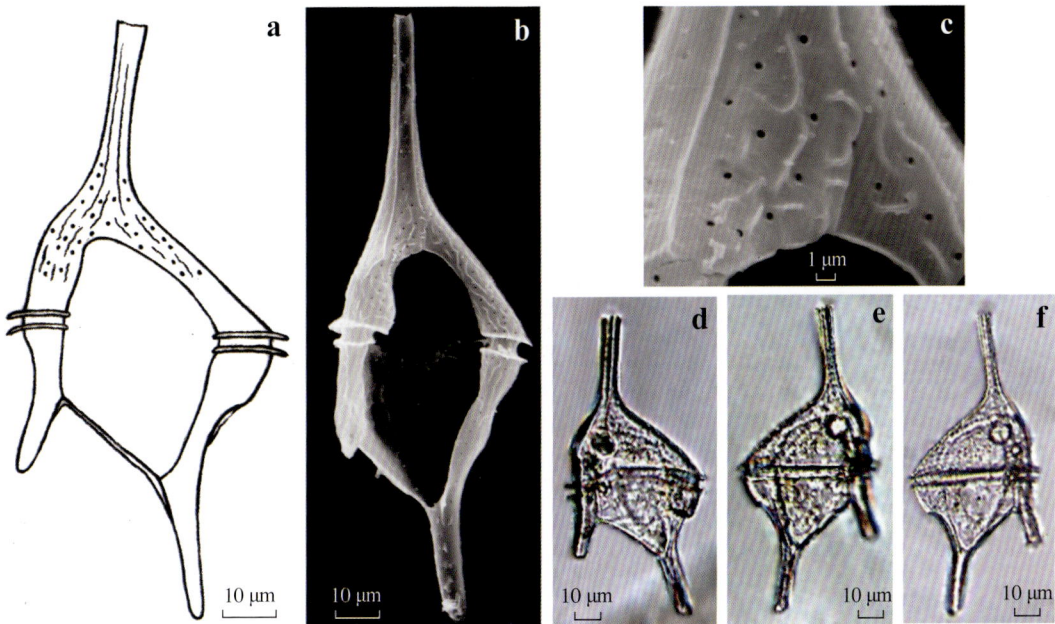

图 14　埃氏新角藻 *Neoceratium ehrenbergii* (Kofoid)
a, b, d. 腹面观；c. 示壳面脊状条纹及孔；e, f. 背面观；b, c. SEM

叉状新角藻 *Neoceratium furca* (Ehrenberg) Gómez, Moreira & López–Garcia, 2010

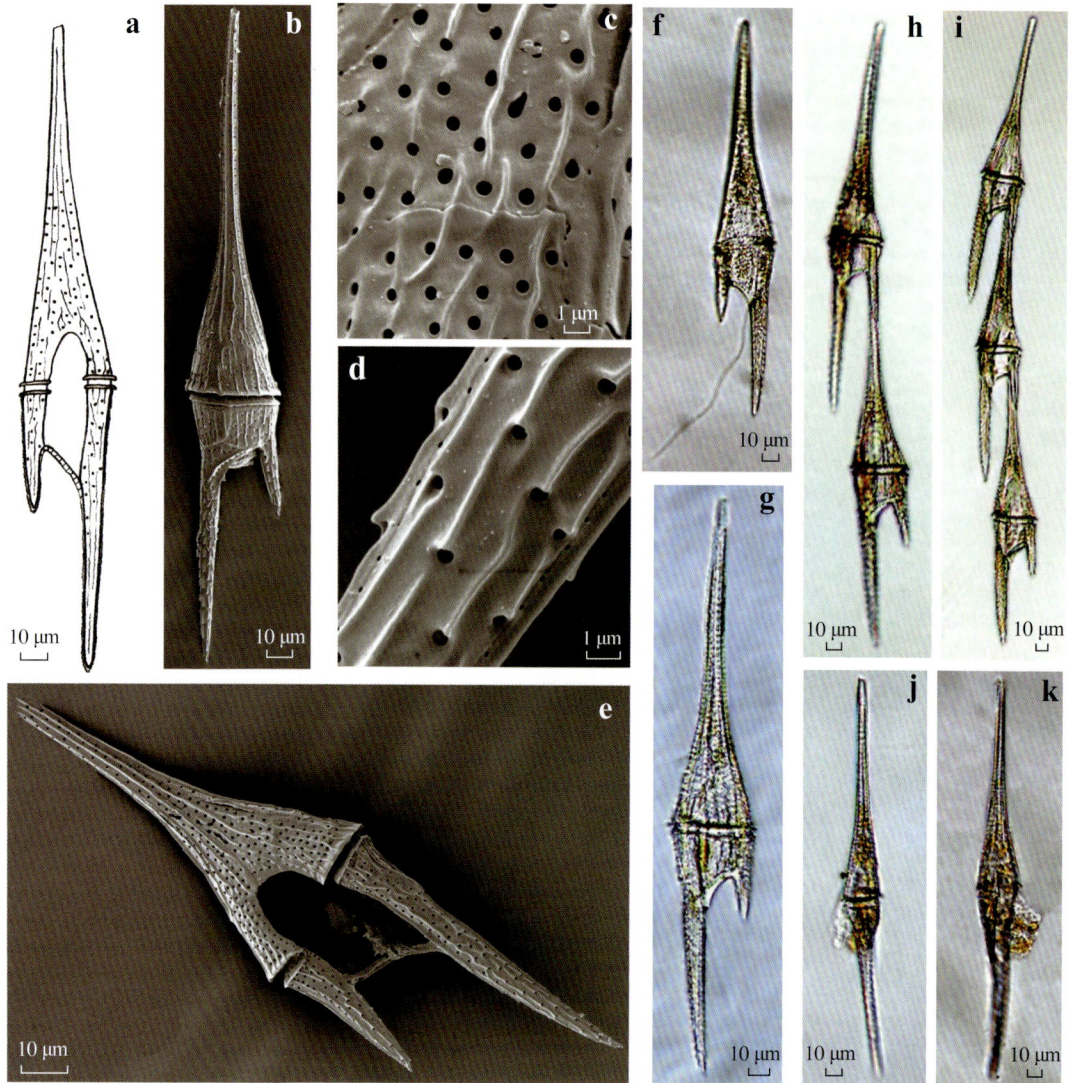

图 15 叉状新角藻 *Neoceratium furca* (Ehrenberg) Gómez, Moreira & López–Garcia, 2010
a, e, f. 腹面观；b, g–i. 背面观；c. 示壳面脊状条纹及孔；d. 示底角小刺；j. 左侧面观；k. 右侧面观；h, i. 群体；
f, g. 活体（示纵鞭毛）；b–e. SEM

Gómez, Moreira & López–Garcia 2010, 37, fig. 2b, 3e–g, 7i–j; 杨世民和李瑞香 2014, 69.

同种异名：叉状角藻 *Ceratium furca* (Ehrenberg) Claparède et Lachmann, 1859: Claparède et Lachmann 1859, 399, t. 19, fig. 5, 2; Gourret 1883, 48, t. 1, fig. 14, t. 4, fig. 60; Stein 1883, t. 15, fig. 7–9, t. 25, fig. 8–10; Schütt 1896, t. 9, fig. 37; Paulsen 1908, 90, fig. 122; Jörgensen 1911, 17, t. 2, fig. 23a–b; Jörgensen 1920, 17, fig. 7–11; Lebour et al. 1925, 145, t. 30, fig. 3; Wailes 1928, t. 1, fig. 8, t. 2, fig. 10; Böhm 1931b, 8, fig. 4–8; Wang et Nie 1932, 297, fig. 10–11; Peters 1932, 29, t. 2, fig. 11a, t. 3, fig. 14c, 15e, t. 4, fig. 17c; Steemann Nielsen 1934, 9, fig. 8–9; Nie 1936, 32, fig. 3a–b, 4a–b; Schiller 1937, 367, fig. 404, 405b; Wailes 1939, 44, fig. 131; Rampi 1939, 302, fig. 8; Graham et Bronikovsky 1944, 18, fig. 7c–h; Margalef 1948, 49, fig. 2d; Silva et Pinto 1948, 171, t. 2, fig. 10; Hasle et Nordli 1951, fig. 5a; Kato 1957, 12, t. 3, fig. 4a–b; Margalef 1957, 91, fig. 1g–i; Curl 1959, 305, fig. 115; Halim 1960a, 186, t. 4, fig. 7; Cassie 1961, t. 7, fig. 15; Halim 1963, fig. 2; Yamaji 1966, 92, t. 44, fig. 10–11; Halim 1967, 716, t. 1, fig. 6; Hada 1967, 20, fig. 31b; Silva 1968, t. 5, fig. 3; Sournia 1968, 395, fig. 18–20; Subrahmanyan 1968, 20, fig. 21–24, 26–28, t. 2, fig. 7–8, 11; Wood 1968, 29, fig. 57; Steidinger & Williams 1970, 45, t. 7, fig. 20a–b; Ricard 1970, t.2, fig. h; Hermosilla 1973a, 17, t. 2, fig. 1; Hermosilla 1973b, 63, t. 33, fig. 1–2, 7–8; Taylor 1976, 60, fig. 109; Burns & Mitchell 1980, 150, fig. 4–10; Dodge 1982, 228, fig. 28c, t. 8e; 郭玉洁等 1983, 76, fig. 7a–b, t. 1, fig. 8; Dodge 1985, 96; Couté & Iltis 1985, 71, t. 3, fig. 5–6; Balech 1988, 131, lam. 56, fig. 4–6; Alfinito & Bazzichelli 1988, 363, t. 3, fig. 28; Hernández–Becerril 1989, 35, fig. 4, 45; 福代康夫等 1990, 80, fig. a–f; Tomas 1997, 472, t. 25; 林永水等 2001, 27, fig. 79; Vargas-Montero & Freer 2004, 116, fig. 1c–d; 林永水 2009, 12, fig. 13, t. 1, fig. 9, t. 9, fig. 2a–b; Al–Kandari et al. 2009, 160, t. 9a; Omura et al. 2012, 88.

Peridinium furca Ehrenberg, 1833: Ehrenberg, 1833, 270.

Ceratophorus furca (Ehrenberg) Diesing, 1850: Diesing 1850, 102.

藻体细胞中型，个体瘦长，背腹较扁平，单独生活或形成短链。上壳腹面观近等腰三角形，两侧边直或稍凹，向上均匀变细形成较粗壮的顶角，顶角末端开口，平截。横沟宽而平直，横沟边翅窄。下壳两侧边直或稍弯，均略向内侧倾斜，底边斜，直或稍凹，其上有时生有透明翼。两底角沿细胞纵轴方向近平行伸出，均粗壮坚实，左底角长度为右底角的2倍以上。壳面脊状条纹粗大清晰，孔散布，两底角通常生有小刺。

$D = 34 \sim 48$ μm，$E + A = 99 \sim 169$ μm，$H = 22 \sim 34$ μm，$L = 62 \sim 85$ μm，$R = 27 \sim 38$ μm，$\angle \varepsilon = 25° \sim 34°$，$\angle \delta = 40° \sim 55°$。

本种与线纹新角藻 *N. lineatum* 相似，但本种个体明显大于后者，顶角及两底角也较后者更为粗壮。

中国各海域均有分布。样品采自渤海、青岛沿海、东海、台湾海峡、三亚附近海域、南海北部海域、吕宋海峡。

暖温带性种，世界分布广，从寒带至热带、从近岸至大洋皆能找到。

叉状新角藻矮胖变种 *Neoceratium furca* var. *eugrammum* (Ehrenberg) Yang & Li, 2014

杨世民和李瑞香 2014, 70.

同种异名：叉状角藻矮胖变种 *Ceratium furca* var. *eugrammum* (Ehrenberg) Jörgensen, 1911: Jörgensen 1911, 17, fig. 24–26; Schiller 1937, 367, fig. 405a; Wood 1954, 275, fig. 189b–c; Taylor 1976, 60, fig. 107–108; 林永水等 2001, 27, fig. 78; 林永水等 2009, 13, fig. 14, t. 1, fig. 10.

Peridinium eugrammum Ehrenberg, 1859: Ehrenberg, 1859, 792.

藻体细胞中型，个体较粗短。上壳近三角形，两侧边稍凸。顶角较短，末端开口，平截。横沟宽且平直，横沟边翅窄。下壳两侧边均略向内侧倾斜，底边斜直。两底角粗壮坚实，左底角长度约为右底角的 2 倍。壳面脊状条纹清晰，两底角生有小刺。

$D=36 \sim 43$ μm，$E+A=58 \sim 86$ μm，$H=24 \sim 26$ μm，$L=30 \sim 37$ μm，$R=16 \sim 19$ μm，$\angle\varepsilon=45° \sim 50°$，$\angle\delta=30° \sim 35°$。

本变种与原种 *N. furca* 的区别在于本变种藻体相对原种较矮小，上壳较短，两侧边稍凸，两侧边的夹角 $\angle\varepsilon$ 明显大于原种。而且，本变种下壳底边倾斜程度小于原种，相应的底边与横沟夹角 $\angle\delta$ 略小于后者。另外，本变种的顶角和两底角的长度也明显小于原种，使得藻体占整体长度的比例约为 1/2，明显高于原种的 1/3 ~ 1/4。

Taylor（1976）记载本种在暖温带水域未曾发现，但作者在 2009 年 10 月于青岛沿海也找到了一个细胞，此外，东海、南海均有分布。除青岛采得的样品外，其余样品 2003 年秋季采自东海、2008 年 6 月采自三亚附近海域、2009 年 7 月采自南海北部海域，数量少。

暖水性种。各大洋热带海域均有分布，在热带海域与原种具相同的分布区域。

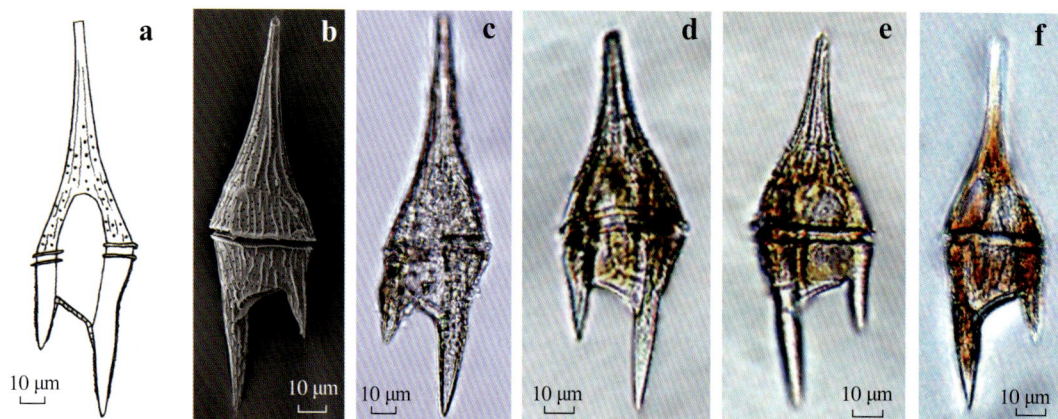

图 16　叉状新角藻矮胖变种 *Neoceratium furca* var. *eugrammum* (Ehrenberg) Yang & Li, 2014
a, c, d. 腹面观；b, e, f. 背面观；d–f. 活体；b. SEM

叉状新角藻细小变种 *Neoceratium furca* var. *nannofurca* (Jörgensen)

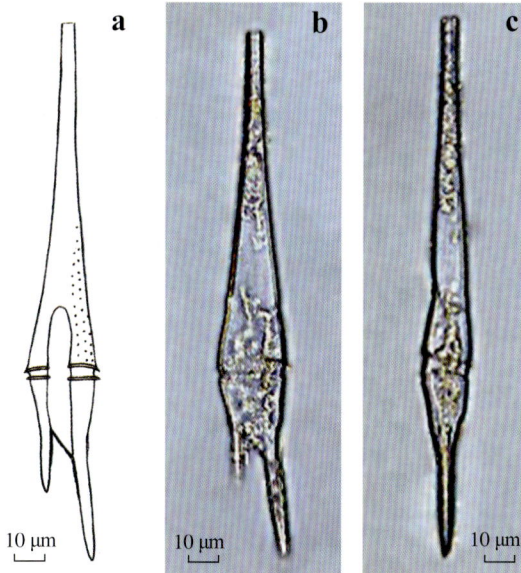

图17 叉状新角藻细小变种 *Neoceratium furca* var. *nannofurca* (Jörgensen)
a, b. 腹面观；c. 左侧面观

同种异名：叉状角藻细小变型 *Ceratium furca* f. *nannofurca* Jörgensen, 1920: Jörgensen 1920, 21, fig. 12.

藻体细胞小至中型，较为狭长。上壳腹面观呈高等腰三角形，两侧边直或稍弯，自横沟向上均匀变细形成较粗短的顶角，顶角末端开口，平截，上壳与顶角间界限不明显。横沟宽而直，横沟边翅甚窄。下壳两侧边均略向内侧倾斜，底边斜直。右底角沿细胞纵轴方向伸出，左底角则稍向外分歧，左底角长度约为右底角的2倍。壳面较平滑，无明显脊状条纹，两底角有时生有小刺。

$D = 22\ \mu m$，$E + A = 108\ \mu m$，$H = 27\ \mu m$，$L = 32\ \mu m$，$R = 15\ \mu m$，$\angle \varepsilon = 15°$，$\angle \delta = 50°$。

本变种与原种 *N. furca* 和矮胖变种 *N. furca* var. *eugrammum* 相比较均有明显的区别。和后二者相比，本变种藻体相对细弱，更加狭长，横沟宽 D 较小，上壳两侧边夹角 $\angle \varepsilon$ 仅为15°，明显小于后二者。而且，本变种藻体占整体长度的比例约为2/3，较原种和矮胖变种更高。另外，本变种两底角也较细弱，不类后二者的粗壮坚实。

本变种原为种下的变型，但其藻体形态结构特征较鲜明，因此作者的观点将其列为变种，并依此对原先的命名进行了修订。

样品2010年8月采自吕宋海峡，数量稀少，系中国首次记录。

热带大洋性种。地中海有分布。

羊角新角藻 *Neoceratium hircus* (Schröder) Gómez, Moreira & López–Garcia, 2010

Gómez, Moreira & López–Garcia 2010, 46.

同种异名：羊角角藻 *Ceratium hircus* Schröder, 1909: Schröder 1909, 211, fig. 2a–d; Jörgensen 1911, 18, fig. 27; Nie 1936, 34, fig. 5a–b; Schiller 1937, 369, fig. 406; Taylor 1966, 463; Steidinger & Williams 1970, 45, t. 9, fig. 24a–b; 林永水 2009, 13, fig. 15.

Ceratium furca var. *hircus* (Schröder) Margalef & Sournia, 1973: Margalef & Sournia 1973, 9; Balech 1988, 196, lam. 69, fig. 6.

藻体细胞中型，长明显大于宽，背腹较扁。上壳较长，锥形，稍稍向左侧倾斜，两侧边直或稍凸，顶角直，较纤细，末端平截。横沟较宽，近平直，横沟边翅窄。下壳较短，两侧边稍斜向内侧，底边斜直。左底角较长，沿细胞纵轴方向伸出一小段距离后即弯向左侧；右底角较短，其基部与左底角平行，随即弯向腹侧和右侧，使得两底角末端明显分歧，两底角末端尖锐。壳面脊状条纹清晰，孔散布，顶角及两底角均具小刺。

$D = 41 \sim 45$ μm，$E = 34 \sim 36$ μm，$H = 23 \sim 25$ μm，$A = 70 \sim 81$ μm，$L = 40 \sim 59$ μm，$R = 33 \sim 37$ μm，$\angle \varepsilon = \sim 42° \sim 45°$，$\angle \delta = 25° \sim 30°$。

本种与叉状新角藻 *N. furca* 相似，但本种两底角末端分歧，右底角相对较长，约为左底角的 1/2～4/5，而叉状新角藻右底角长度仅约为左底角的 1/3，另外，本种上壳两侧边夹角 $\angle \varepsilon$ 也明显大于后者。

广东江门、海南三亚、清澜、新村有记录。样品 2009 年 7 月采自南海北部海域、2014 年 8 月采自北部湾。

暖水性种。西印度洋沿海、墨西哥湾有记录。

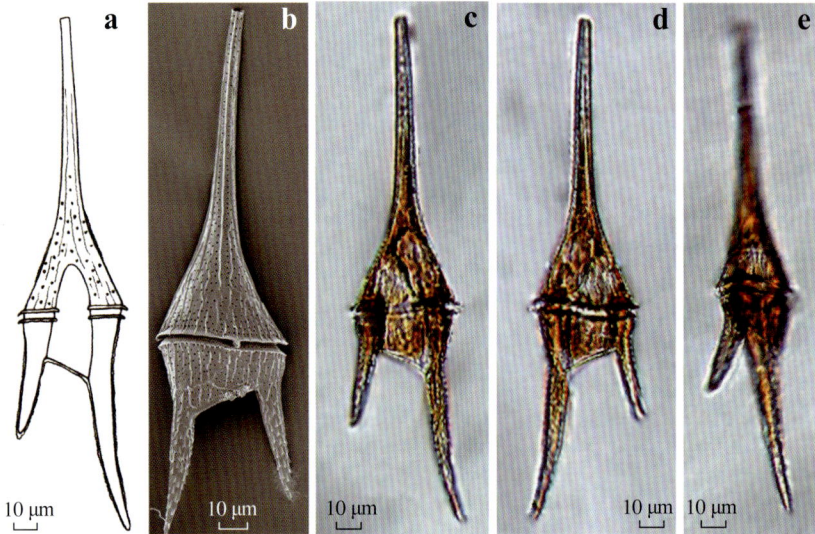

图 18　羊角新角藻 *Neoceratium hircus* (Schröder) Gómez, Moreira & López–Garcia, 2010
a, c. 腹面观；b, d. 背面观；e. 左侧面观；c–e. 活体；b. SEM

剑锋新角藻 *Neoceratium incisum* (Karsten) Gómez, Moreira & López–Garcia, 2010

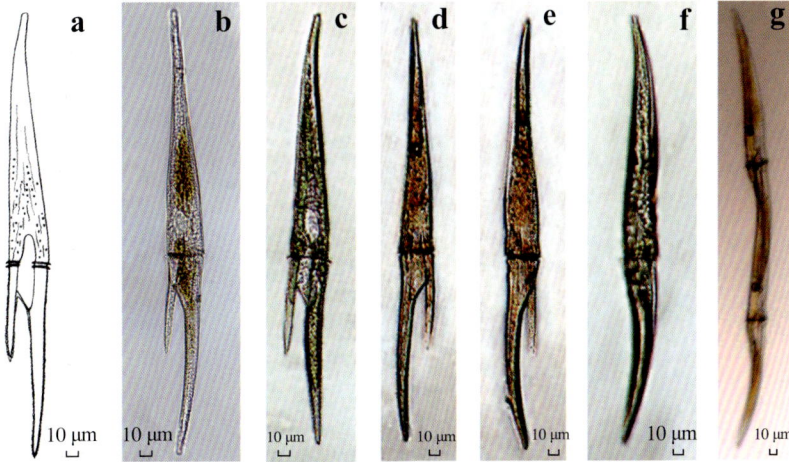

图 19 剑锋新角藻 *Neoceratium incisum* (Karsten) Gómez, Moreira & López–Garcia, 2010
a–c.腹面观；d.背面观；e.左侧面观；f.右侧面观；g.群体；c–g.活体

Gómez, Moreira & López–Garcia 2010, 46.

同种异名：剑锋角藻 *Ceratium incisum* (Karsten) Jörgensen, 1911: Jörgensen 1911, 19, fig. 29–30; Böhm 1931b, 12, fig. 9a; Peters 1932, 29; Steemann Nielsen 1934, 10, fig. 11; Schiller 1937, 370, fig. 407b; Graham et Bronikovsky 1944, 19, fig. 9a–e; Wood 1954, 275, fig. 190; Silva 1955, 50, t. 7, fig. 2; Yamaji 1966, 92, t. 44, fig. 8; Sournia 1968, 400, fig. 21; Subrahmanyan 1968, 21, fig. 31; Wood 1968, 32, fig. 67; Taylor 1976, 61, fig. 118; 郭玉洁等 1983, 77, fig. 8, t. 1, fig. 4; 林金美 1984, 31, t. 2, fig. 2; Balech 1988, 196, lam. 56, fig. 2–3; Hernández–Becerril 1989, 36, fig. 6; Tomas 1997, 474, t. 25; Koening et al. 2005, 393, fig. 9; 林永水 2009, 14, fig. 17, t. 1, fig. 11; Omura et al. 2012, 88.

Ceratium furca var. *incisum* Karsten, 1906: Karsten 1906, 149, t. 23, fig. 6a–b.

藻体细胞大型，单独生活，极少形成短链，侧面观背面稍隆起，腹面呈S形弯曲。上壳长锥形，两侧边较平滑，自横沟向上逐渐变细形成顶角，上壳与顶角间界限不明显，顶角末端开口，平截，稍向左侧、背侧弯曲。横沟平直，横沟边翅窄。下壳短，左侧边稍凹，右侧边直，底边斜直。左底角长且粗壮，自下壳生出后即开始弯曲，有的弯向内侧（右侧），有的弯向外侧（左侧），其末端则向背侧弯曲；右底角窄而短，沿细胞纵轴方向伸出，末端较左底角尖锐。壳面具脊状条纹，孔散布，两底角有时生有小刺。

$D = 32 \sim 38\ \mu m$，$E+A = 216 \sim 228\ \mu m$，$H = 39 \sim 48\ \mu m$，$L = 118 \sim 126\ \mu m$，$R = 46 \sim 57\ \mu m$。

南黄海、东海、南海、吕宋海峡均有分布。样品 2003 年秋季采自东海、2007 年 2 月采自钓鱼岛附近海域、2009 年 3 月采自台湾东南部海域、2009 年 7 月、2010 年 8 月采自吕宋海峡、2012 年 4 月采自南海北部海域。

暖温带至热带大洋性种。太平洋、大西洋、印度洋、地中海、加勒比海、阿拉伯海、红海、莫桑比克海峡、巴西北部及东南部海域均有记录。

科氏新角藻 *Neoceratium kofoidii* (Jörgensen) Gómez, Moreira & López–Garcia, 2010

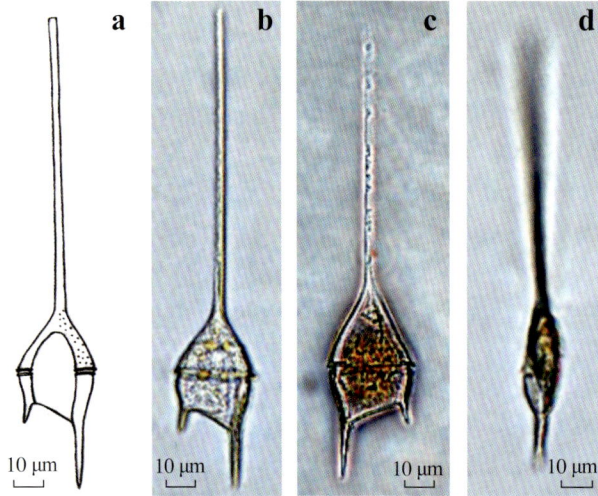

图 20　科氏新角藻 *Neoceratium kofoidii* (Jörgensen) Gómez, Moreira & López–Garcia, 2010
a, b. 腹面观；c. 背面观；d. 左侧面观；b–d. 活体

Gómez, Moreira & López–Garcia 2010, 37, fig. 2c.

同种异名：科氏角藻 *Ceratium kofoidii* Jörgensen, 1911: Jörgensen 1911, 23, t. 2, fig. 38–39; Jörgensen 1920, 33, fig. 20; Schiller 1937, 373, fig. 412a–b; Subrahmanyan 1968, 26, fig. 41–42; Steidinger & Williams 1970, 46, t. 10, fig. 26; Balech 1988, 131, lam. 56, fig. 9; Tomas 1997, 475, t. 25.

　　藻体细胞小型，背腹甚扁，上壳稍长于下壳。上壳腹面观为较扁的三角形，两侧边直或稍凸。顶角细长且直，末端开口，平截。横沟平直，横沟边翅窄。下壳两侧边稍凸，并略向内倾斜，底边斜直。左底角长，尖锥形，沿细胞纵轴方向伸出；右底角甚短，稍向外分歧，少数稍斜向内侧或与左底角近平行。壳面脊状条纹细弱，孔细小。

　　$D = 24 \sim 29$ μm，$E = 20 \sim 26$ μm，$H = 17 \sim 20$ μm，$A = 87 \sim 96$ μm，$L = 17 \sim 19$ μm，$R = 6 \sim 7$ μm，$\angle\varepsilon = 60° \sim 70°$，$\angle\delta = 20° \sim 25°$。

　　本种与波氏新角藻 *N. boehmii* 非常相似，但本种藻体相对后者宽扁些，下壳底边倾斜程度小于后者，两底角长度也明显较后者短，并且右底角常斜向外侧与左底角分歧。另外，二者在分布上也有差异，本种仅出现于东海东部海域和吕宋海峡且数量稀少，而后者广泛分布于东海、南海、吕宋海峡等海域，且较为常见。

　　倪达书先生（Nie, 1936）曾在海南岛记录过本种，但被认为是误定的波氏新角藻（林永水，2009），因此，作者所采得的样本应为中国首次记录。

　　样品 2007 年 1 月采自东海、2010 年 8 月采自吕宋海峡，数量稀少。

　　暖温带至热带大洋性种。地中海、阿拉伯海、墨西哥湾、巴西东南部海域有记录。

线纹新角藻 *Neoceratium lineatum* (Ehrenberg) Gómez, Moreira & López-Garcia, 2010

Gómez, Moreira & López–Garcia 2010, 47.

同种异名：线纹角藻 *Ceratium lineatum* (Ehrenberg) Cleve, 1899: Cleve 1899, 36; Jörgensen 1911, 22, fig. 36–37; Lebour et al. 1925, 145, fig. 45d–e; Wailes 1928, t. 2, fig. 9; Wang 1936, 152, fig. 24; Schiller 1937, 372, fig. 410; Balech 1944, 424, t. 1, fig. 2–3; Graham et Bronikovsky 1944, 22, fig. 11e–g; Silva et Pinto 1948, 171, t. 2, fig. 12; Wood 1954, 277, fig. 192a–b; Cassie 1961, t. 7, fig. 8; Yamaji 1966, 93, t. 44, fig. 16; Hada 1967, 20, fig. 31c; Sournia 1968, 404, fig. 25–26; Subrahmanyan 1968, 24, fig. 36; Margalef 1969, fig. 4i; Taylor 1976, 61, fig. 121; Burns & Mitchell 1980, 150, fig. 11; Dodge 1982, 228, fig. 28d, t. 8f; Dodge 1985, 100; Balech 1988, 130, lam. 56, fig. 10–13; Hernández–Becerril 1989, 36, fig. 5; Tomas 1997, 475, t. 25; Gómez et al. 2008, 35, fig. 65; 林永水 2009, 15, fig. 18, t. 2, fig. 1; Al–Kandari et al. 2009, 161, t. 9c.

Peridinium lineatum Ehrenberg, 1854: Ehrenberg 1854, 240, t. 35a, fig. 24c.

Biceratium lineatum (Ehrenberg) Moses, 1929: Moses 1929, 192.

藻体细胞小型，单独生活，少数形成短链，背腹扁平。上壳腹面观三角形，通常稍向左侧倾斜，两侧边直或稍凸，顶角细长且直，末端开口，平截。横沟平直，横沟边翅窄。下壳短，两侧边均稍向内侧倾斜，底边斜直。两底角皆为尖锥形，左底角长，沿细胞纵轴或稍外侧（左侧）方向伸出；右底角短，斜向外侧（右侧）方向伸出，使得两底角末端明显分歧。壳面脊状条纹清晰，孔散布，底角有时生有小刺。

$D = 25 \sim 31$ μm, $E = 23 \sim 29$ μm, $H = 17 \sim 20$ μm, $A = 42 \sim 61$ μm, $L = 27 \sim 32$ μm, $R = 16 \sim 21$ μm, $\angle \varepsilon = 40° \sim 50°$, $\angle \delta = 16° \sim 20°$。

本种与波氏新角藻 *N. boehmii* 相似，但本种藻体细胞相对后者较大，两底角末端明显分歧。另外，本种与科氏新角藻 *N. kofoidii* 也容易混淆，但本种藻体相对后者更细长些，右底角长度也明显较科氏新角藻长。

中国各海域均有分布，北方海域尤为常见。样品采自渤海、青岛沿海、东海。

世界广布性种。从寒带至热带、从近岸至大洋皆能找到。

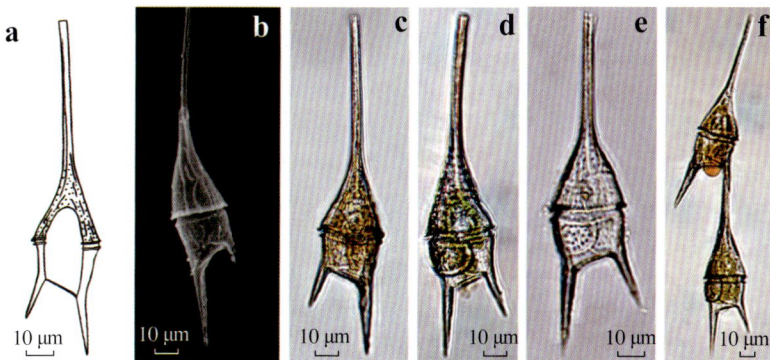

图 21 线纹新角藻 *Neoceratium lineatum* (Ehrenberg) Gómez, Moreira & López–Garcia, 2010
a, c. 腹面观；b, d–f. 背面观；f. 群体；c, f. 活体；b. SEM

微小新角藻 *Neoceratium minutum* (Jörgensen) Gómez, Moreira & López–Garcia, 2010

Gómez, Moreira & López–Garcia 2010, 37, fig. 2d.

同种异名：微小角藻 *Ceratium minutum* Jörgensen, 1920: Jörgensen 1920, 34, fig. 21–23; Lebour et al. 1925, 145, t. 30, fig. 4; Peters 1932, 33; Schiller 1937, 374, fig. 413a–c; Rampi 1942, 223, fig. 6; Margalef et Durán 1953, 37, fig. 9a–c; Halim 1960a, t. 4, fig. 9; Sournia 1968, 406, fig. 27; Subrahmanyan 1968, 27, fig. 39–40; Wood 1968, 36, fig. 79; Taylor 1976, 62, fig. 120; Dodge 1982, 230, fig. 28e, t. 8c; 林永水 2009, 16, fig. 19.

藻体细胞小型，背腹扁平。上壳近三角形，两侧边稍凸，也有两侧边较直的（Jörgensen, 1920），顶角较短，直或稍弯曲，末端开口，平截。横沟平直，横沟边翅窄。下壳两侧边亦稍凸，且向内侧倾斜，底边斜直。左底角为较粗的尖锥形；右底角甚短，齿状，两底角均沿细胞纵轴方向近平行伸出，有时底角末端稍稍分歧。壳面脊状条纹线状，孔清晰。

$D = 30 \sim 32\ \mu m$，$E = 20 \sim 21\ \mu m$，$H = 18 \sim 20\ \mu m$，$A = 16 \sim 26\ \mu m$，$L = 7 \sim 11\ \mu m$，$R = 3 \sim 5\ \mu m$，$\angle \varepsilon = 70° \sim 75°$，$\angle \delta = 35° \sim 40°$。

南黄海、香港和南沙群岛附近海域有分布。样品 2006 年 7 月采自南黄海、2008 年 6 月采自三亚附近海域，数量稀少。

暖水性种。东太平洋、大西洋、印度洋、地中海、不列颠群岛、安哥拉西部海域、巴西北部海域有记录。

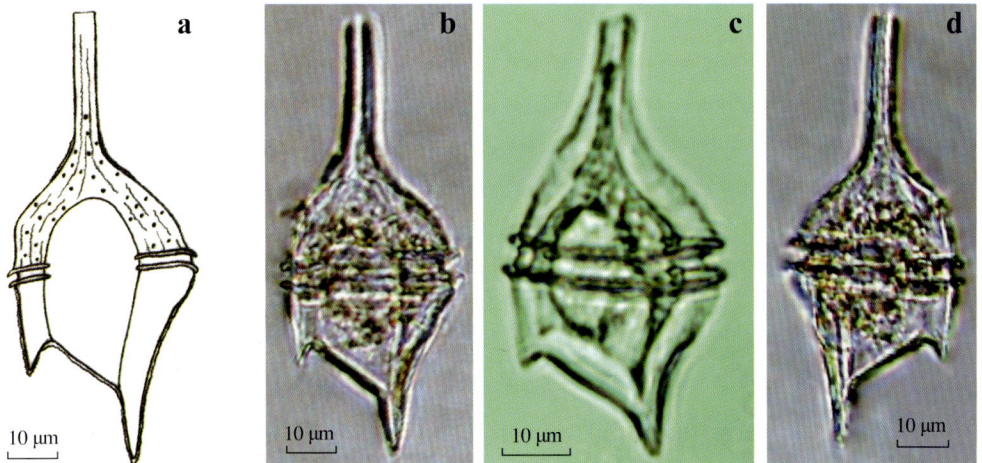

图 22　微小新角藻 *Neoceratium minutum* (Jörgensen) Gómez, Moreira & López–Garcia, 2010
a–c. 腹面观；d. 背面观

五角新角藻 *Neoceratium pentagonum* (Gourret) Gómez, Moreira & López–Garcia, 2010

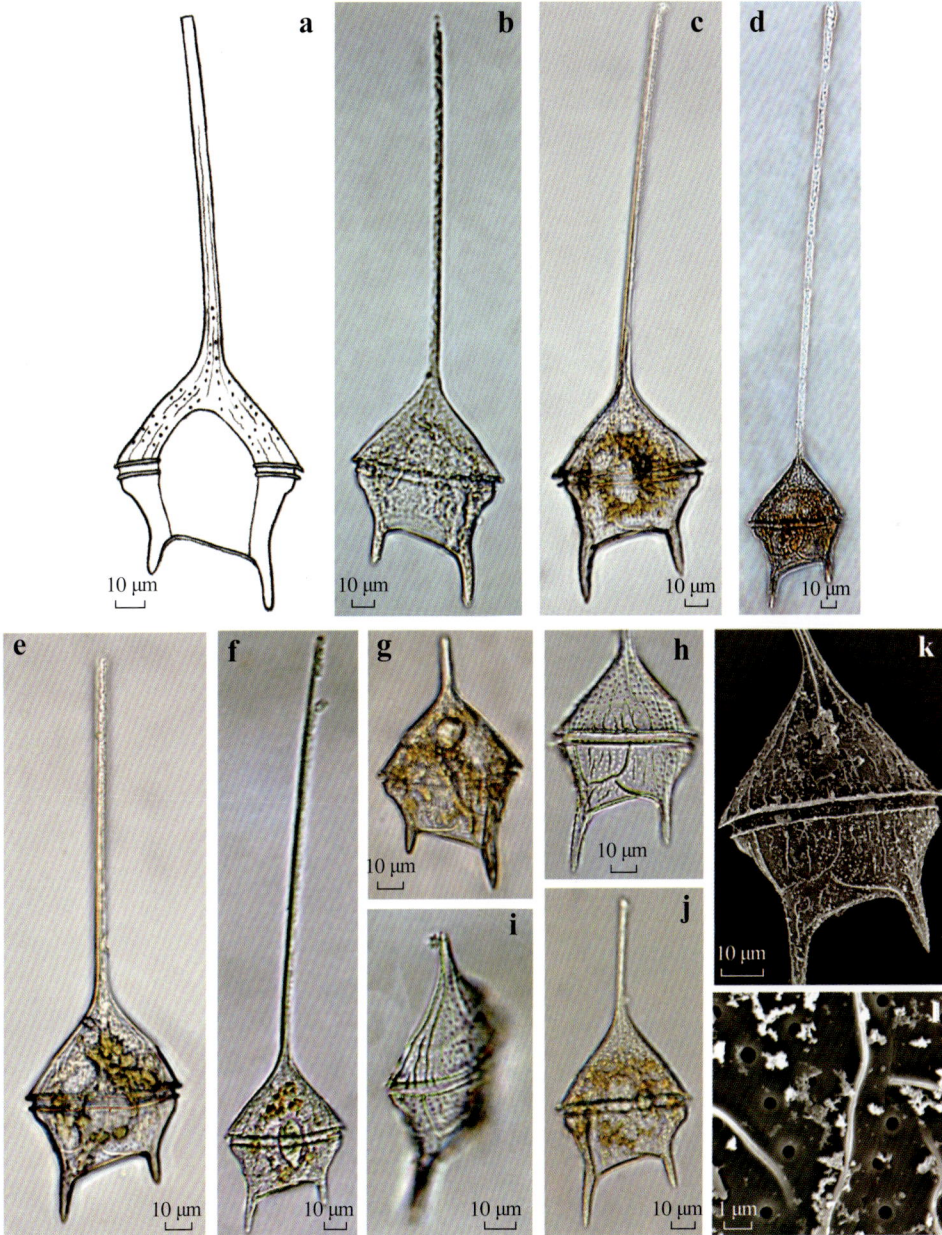

图 23 五角新角藻 *Neoceratium pentagonum* (Gourret) Gómez, Moreira & López–Garcia, 2010
a, b, g. 腹面观；c–f, h, j, k. 背面观；i. 左侧面观；l. 示壳面脊状条纹及孔；d, g, j. 活体；k, l. SEM

Gómez, Moreira & López–Garcia 2010, 37, fig. 2e.

同种异名：五角角藻 *Ceratium pentagonum* Gourret, 1883: Gourret 1883, 45, t. 4, fig. 58; Steemann Nielsen 1934, 11, fig. 12; Graham et Bronikovsky 1944, 20, fig. 10c–d, h–n; Kato 1957, 13, t. 4, fig. 9; Halim 1967, 724, t. 2, fig. 24, t. 5, fig. 60; Subrahmanyan 1968, 23, fig. 32–33; Wood 1968, 37, fig. 82; Dodge 1982, 230, fig. 28f, t. 8d; Dodge 1985, 96; Balech 1988, 129, lam. 56, fig. 15–16; Tomas 1997, 477, t. 26; Omura et al. 2012, 89.

五角角藻长角变种 *Ceratium pentagonum* var. *longisetum* (Ostenfeld & Schmidt) Jörgensen, 1911: Jörgensen 1911, 21, t. 2, fig. 31; Forti 1922, 36, t. 1, fig. 19; Taylor 1976, 62, fig. 113; 郭玉洁等 1983, 78, fig. 9, t. 1, fig. 11; 林永水和周近明 1993, 59, t. 53; 林永水 2009, 16, fig. 20, t. 2, fig. 2a–b, t. 10, fig. 1a–b.

五角角藻细弱变种 *Ceratium pentagonum* var. *tenerum* Jörgensen, 1920: Jörgensen 1920, 26, fig. 16a–b; Schiller 1937, 370, fig. 408c; Gaarder 1954, 15, fig. 14; Wood 1954, 276, fig. 191c; Sournia 1968, 402, fig. 24; Steidinger & Williams 1970, 47, t. 12, fig. 31; Taylor 1976, 62, fig. 112; Balech 1988, 130, lam. 56, fig. 14; Hernández–Becerril 1989, 36, fig. 9.

藻体细胞中型，背腹甚扁，腹面观五边形，单独生活或形成短链。上壳腹面观三角形，两侧边直或稍凸。顶角细，长度变化很大，直或略弯，末端开口，平截。横沟直，横沟边翅甚窄。下壳四边形，两侧边稍凹并均向内侧倾斜，底边斜，直或稍凹。两底角均为短锥形，末端较尖且封闭，沿细胞纵轴方向近平行伸出或稍稍分歧，右底角长度约为左底角的 2/3。成熟细胞壳面的脊状条纹、甲板的连接线及孔均清晰可见，两底角无刺。

$D = 53 \sim 62$ μm，$E = 30 \sim 37$ μm，$H = 25 \sim 28$ μm，$A = 19 \sim 306$ μm，$L = 16 \sim 22$ μm，$R = 9 \sim 16$ μm，$\angle\varepsilon = 77° \sim 85°$，$\angle\delta = 10° \sim 15°$。

本种种下有多个变种，有学者认为其中长角变种 *Ceratium pentagonum* var. *longisetum* 和细弱变种 *Ceratium pentagonum* var. *tenerum* 应该合并（Schiller, 1937），而有学者则认为二者应该分开（Taylor, 1976；郭玉洁等，1983）。作者通过观察不同海域不同时期的样本发现，二者藻体的形态、大小并无明显差异，区别只在顶角的长短，这也是 Taylor 区分二者的主要依据。但是，在链状群体中，顶端细胞的顶角通常很长，而链内或底端细胞的顶角则相对短些，而且，在采样过程中受外力的作用，顶角也很容易折断，因此，作者认为仅以顶角的长短作为区分依据并不充分，建议将二者并入原种。

东海、南海均有分布。样品 2003 年秋季采自东海、2007 年 2 月采自钓鱼岛附近海域、2008 年 6 月采自三亚附近海域、2011 年 9 月采自南海北部海域。

暖温带至热带大洋性种。主要出现在表层水体中，世界分布广。太平洋、大西洋、印度洋、地中海、加勒比海、加利福尼亚湾、墨西哥湾、孟加拉湾、佛罗里达海峡、直布罗陀海峡、不列颠群岛、巴西东南部海域均有分布。

五角新角藻亚粗变种 *Neoceratium pentagonum* var. *subrobustum* (Jörgensen)

同种异名：五角角藻亚粗变种 *Ceratium pentagonum* var. *subrobustum* Jörgensen, 1920: Jörgensen 1920, 26, fig. 15; Peters 1932, 32, t. 3, fig. 15a; Schiller 1937, 370; Taylor 1976, 62, fig. 111.

亚粗角藻 *Ceratium subrobustum* (Jörgensen) Steemann Nielsen, 1934: Steemann Nielsen 1934, 11, fig. 13; Graham et Bronikovsky 1944, 20, fig. 10a–b, e–g.

本变种与原种 *N. pentagonum* 的区别在于本变种较后者藻体细胞更大，两底角更长。另外，本变种藻体更加向右侧倾斜，相应的，下壳右侧边与细胞纵轴的夹角更大，为 32°～43°，而后者只有 20°～25°。

$D = 86 \sim 97$ μm，$E = 44 \sim 53$ μm，$H = 38 \sim 43$ μm，$A = 18 \sim 140$ μm，$L = 33 \sim 36$ μm，$R = 25 \sim 29$ μm，$\angle \varepsilon = 85° \sim 90°$，$\angle \delta = 8° \sim 13°$。

Gómez（2010）认为本变种应与原种合并，但未说明理由。而作者认为二者藻体形态及大小均有明显差异，因此建议将二者分开，并依此对原命名进行了修订。

样品 2003 年秋季采自东海、2009 年 4 月采自台湾西南部海域、2009 年 7 月和 2011 年 9 月采自南海北部海域，数量少，系中国首次记录。

热带大洋性种。太平洋、大西洋、印度洋、地中海、孟加拉湾、莫桑比克海峡有记录。

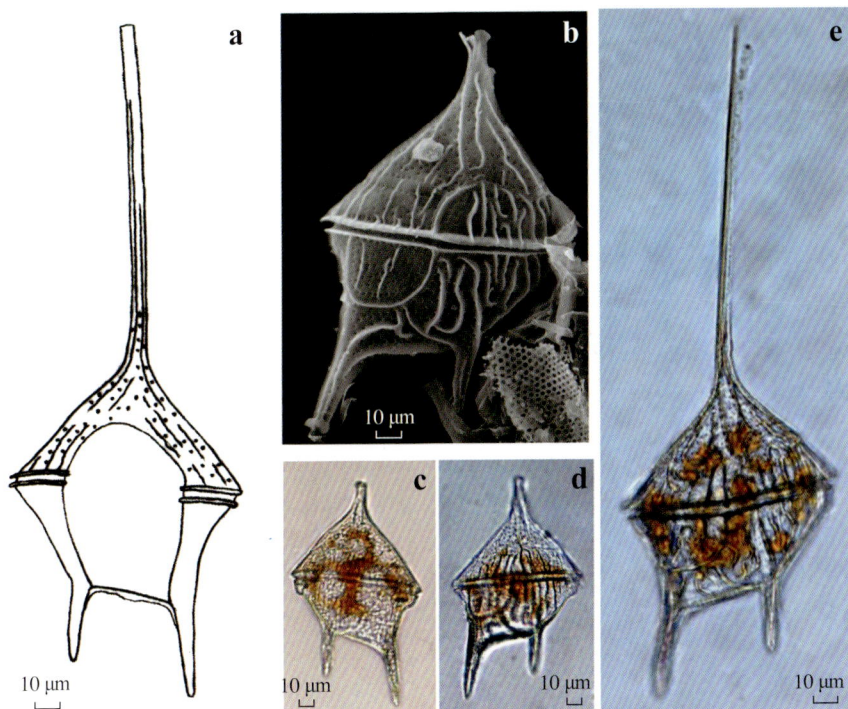

图 24　五角新角藻亚粗变种 *Neoceratium pentagonum* var. *subrobustum* (Jörgensen)
a, c. 腹面观；b, d, e. 背面观；c–e. 活体；b. SEM

刚毛新角藻 *Neoceratium setaceum* (Jörgensen) Gómez, Moreira & López-Garcia, 2010

Gómez, Moreira & López-Garcia 2010, 48; 杨世民和李瑞香 2014, 72.

同种异名：刚毛角藻 *Ceratium setaceum* Jörgensen, 1911: Jörgensen 1911, 23, fig. 40–41; Jörgensen 1920, 31, fig. 19; Schiller 1937, 373, fig. 411; Rampi 1942, 223, fig. 8; Graham et Bronikovsky 1944, 22, fig. 11a; Gaarder 1954, 15; Subrahmanyan 1968, 26, fig. 37–38; Wood 1968, 39, fig. 88; Taylor 1976, 63, fig. 114–115; Burns & Mitchell 1980, 150, fig. 12–14; Dodge 1982, 231, fig. 28g; 林永水 2009, 17, fig. 21, t. 2, fig. 3.

藻体细胞中型，背腹扁平，腹面观近五边形，长大于宽。上壳较长，三角形，左侧边稍凸，右侧边直或稍凹，顶角细长且直，末端开口，平截。横沟宽且平直，略凹，横沟边翅窄。下壳较短，近四边形，右侧边在横沟下缘明显隆起，然后向内侧凹陷，左侧边直且向内倾斜，底边斜直。左底角长度约为右底角的 2 倍甚至更长，尖锥形，稍向外侧（左侧）方向伸出；右底角亦为尖锥形，明显斜向右侧，使得两底角末端分歧。壳面脊状条纹较细弱，孔较小。

$D = 41 \sim 52$ μm，$E = 34 \sim 43$ μm，$H = 23 \sim 29$ μm，$A = 180 \sim 270$ μm，$L = 34 \sim 42$ μm，$R = 17 \sim 20$ μm，$\angle \varepsilon = 55° \sim 65°$，$\angle \delta = 20° \sim 25°$。

本种与五角新角藻 *N. pentagonum* 相似，但本种个体较后者小，左底角长度是右底角的 2 倍或更长，而后者左底角仅比右底角略长一点（Jörgensen, 1920）。

东海、南海有分布。样品 2007 年 1 月采自冲绳海槽西侧海域，数量稀少。

热带性种。太平洋、大西洋、印度洋、地中海、加勒比海、孟加拉湾、亚速尔群岛以南、不列颠群岛、新西兰附近海域、巴西北部海域有记录。

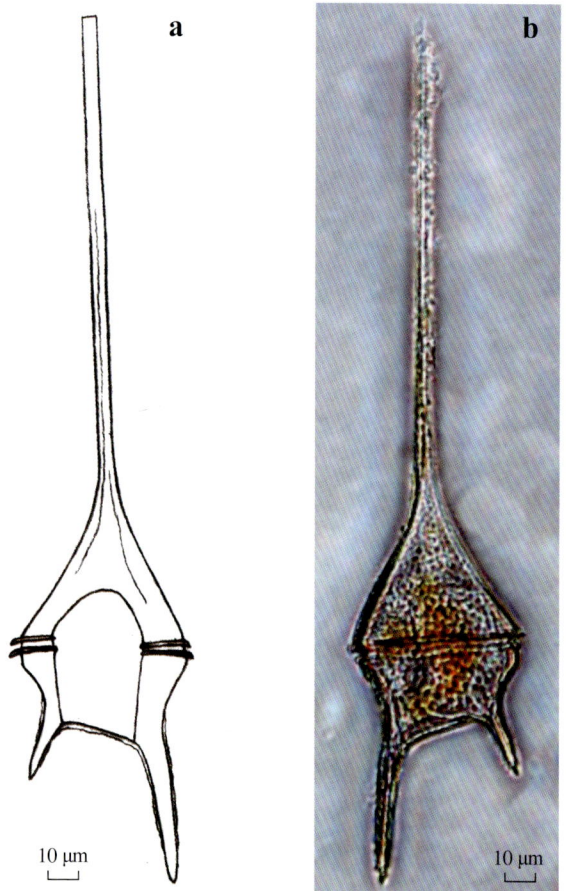

图 25　刚毛新角藻 *Neoceratium setaceum* (Jörgensen) Gómez, Moreira & López-Garcia, 2010
a. 腹面观；b. 背面观

圆柱新角藻 *Neoceratium teres* (Kofoid) Gómez, Moreira & López-Garcia, 2010

Gómez, Moreira & López-Garcia 2010, 48; 杨世民和李瑞香 2014, 73.

同种异名：圆柱角藻 *Ceratium teres* Kofoid, 1907: Kofoid 1907a, 308, t. 29, fig. 34-36; Böhm 1931b, 12, fig. 9d; Peters 1932, 32, t. 3, fig. 14e; Steemann Nielsen 1934, 11, fig. 14; Nie 1936, 36, fig. 7a-b; Schiller 1937, 372, fig. 409a-b; Graham et Bronikovsky 1944, 21, fig. 11b-d; Margalef 1948, 49, fig. 2e; Wood 1954, 277, fig. 193a-b; Margalef et al. 1954, 92, fig. 3a; Halim 1960a, t. 4, fig. 10; Cassie 1961, t. 7, fig. 11; Yamaji 1966, 93, t. 44, fig. 17; Sournia 1968, 405, fig. 28; Subrahmanyan 1968, 24, fig. 34-35; Wood 1968, 40, fig. 90; Steidinger & Williams 1970, 47, t. 13, fig. 35a-b; Taylor 1976, 63, fig. 110, 484; Burns & Mitchell 1980, 150, fig. 15; Dodge 1982, 230, fig. 28j; Balech 1988, 131, lam. 56, fig. 7; Hernández-Becerril 1989, 38, fig. 13; Tomas 1997, 478, t. 26; Koening et al. 2005, 394, fig. 7; 林永水 2009, 18, fig. 22, t. 2, fig. 4, t. 10, fig. 2; Omura et al. 2012, 89.

藻体细胞小型，背腹甚扁，腹面观近纺锤形，长大于宽。上壳较长，三角形，两侧边均稍凸，顶角纤细且直，末端开口，平截。横沟宽阔，平直，横沟边翅几乎不可见。下壳较短，近四边形，两侧边直或稍凸，均明显向内倾斜，底边斜直。左底角长度约为右底角的 2~3 倍，两底角的外缘均向外侧弧形弯曲，皆呈短锥形，末端分歧。壳面通常较平滑，无脊状条纹（杨世民和李瑞香，2014），但在较老的细胞中，壳面也会形成短的脊状条纹（林永水，2009），孔细小，排列规则。

$D = 35 \sim 41$ μm，$E = 28 \sim 33$ μm，$H = 19 \sim 23$ μm，$A = 59 \sim 107$ μm，$L = 18 \sim 23$ μm，$R = 7 \sim 9$ μm，$\angle \varepsilon = 55° \sim 60°$，$\angle \delta = 19° \sim 22°$。

南黄海、东海、南海、吕宋海峡均有分布。样品 2003 年秋季采自东海、2007 年 2 月采自台湾北部海域、2008 年 6 月采自三亚附近海域、2009 年 7 月采自吕宋海峡。

暖温带至热带大洋性种，世界广布但数量不多。太平洋、大西洋、印度洋、地中海、加勒比海、阿拉伯海、安达曼海、墨西哥湾、孟加拉湾、亚速尔群岛、不列颠群岛、澳大利亚、新西兰、葡萄牙、巴西附近海域均有分布。

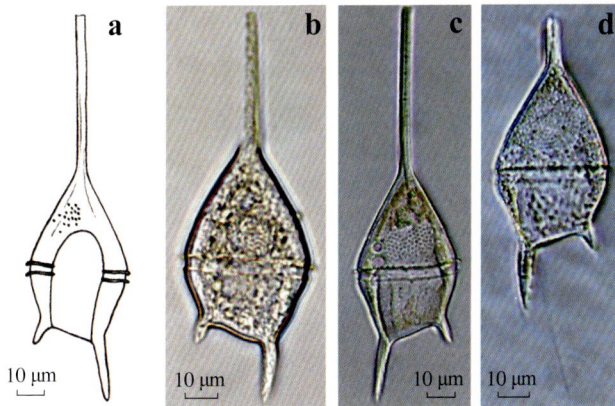

图 26　圆柱新角藻 *Neoceratium teres* (Kofoid) Gómez, Moreira & López-Garcia, 2010
a, b. 腹面观；c, d. 背面观（活体）；d. 示纵鞭毛

Neoceratium fusus 组：藻体细长，左底角异常发达，右底角退化甚至于无。

二裂新角藻 *Neoceratium biceps* (Claparède & Lachmann) Gómez, Moreira & López–Garcia, 2010

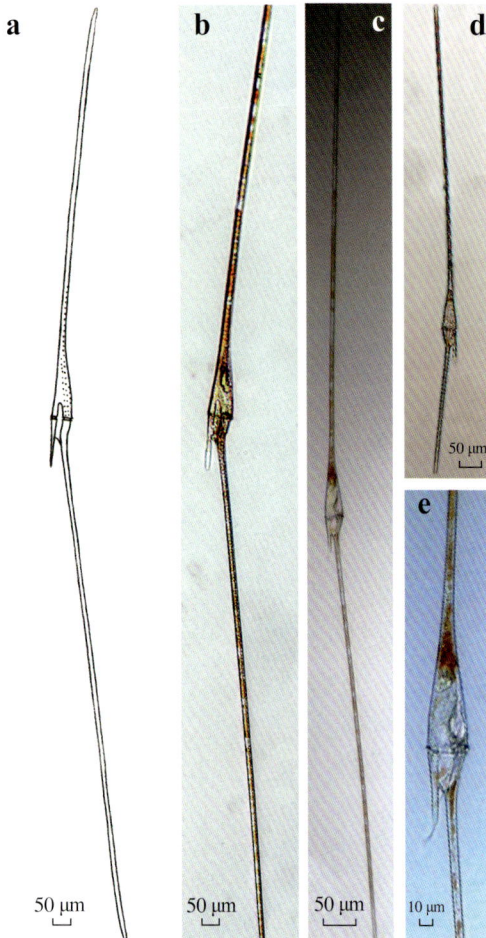

图 27　二裂新角藻 *Neoceratium biceps*
(Claparède & Lachmann) Gómez, Moreira
& López–Garcia, 2010
a–c. 腹面观；d. 背面观（新分裂细胞）；
e. 放大的藻体腹面观（示纵鞭毛）；b, c, e. 活体

Gómez, Moreira & López–Garcia 2010, 45.

同种异名：二裂角藻 *Ceratium biceps* Claparède et Lachmann, 1859: Claparède et Lachmann 1859, 400, t. 19, fig. 8; Kofoid 1908a, 370, fig. 21–24; Taylor 1976, 64, fig. 127–128; 林永水 2009, 19, fig. 23, t. 2, fig. 5; Omura et al. 2012, 89.

藻体极细长，是本属已知物种中最长的。上壳长，近锥形，两侧边直或稍凸，上壳与顶角间界限明显，顶角直且长，粗细均匀，末端开口，平截。横沟明显，横沟边翅甚窄。下壳短，两侧边稍向内倾斜，底边斜直。左底角长，直且粗细均匀，有时会歪向左侧（可能受外力影响）；右底角短，尖锥形，沿细胞纵轴方向伸出。壳面较平滑无明显脊状条纹，孔细密。

$D = 31 \sim 67$ μm，$E + A = 825 \sim 1\,257$ μm，$H + L = 763 \sim 1\,571$ μm，$R = 29 \sim 78$ μm。

南海、吕宋海峡有分布。样品 2009 年 7 月和 2012 年 4 月采自南海北部海域、2010 年 8 月和 2011 年 4 月采自吕宋海峡，数量少。

暖水性种。太平洋、印度洋有记录。

毕氏新角藻 *Neoceratium bigelowii* (Kofoid) Gómez, Moreira & López–Garcia, 2010

Gómez, Moreira & López–Garcia 2010, 45; 杨世民和李瑞香 2014, 74.

同种异名：毕氏角藻 *Ceratium bigelowii* Kofoid, 1907: Kofoid 1907b, 170, t. 3, fig. 22; Jörgensen 1911, 25, fig. 44; Steemann Nielsen 1934, 13, fig. 18a–b; Schiller 1937, 376, fig. 414b; Graham et Bronikovsky 1944, 22, fig. 11i, k–m; Balech 1962, 181, t. 25, fig. 388–392; Wood 1963a, 39, fig. 143; Subrahmanyan 1968, 28, fig. 46–47; Steidinger & Williams 1970, 44, t. 4, fig. 11a–b; Taylor 1976, 65, fig. 134–135; 郭玉洁等 1983, 79, fig. 10a–b, t. 1, fig. 7a–b; 林金美 1984, 32, t. 2, fig. 3–4; Balech 1988, 135, lam. 55, fig. 14–15; 林永水 2009, 20, fig. 24.

藻体细长，大型。上壳长，侧面自横沟以上急剧膨大呈椭圆形至圆形，最宽处达横沟直径的 2～3 倍，上壳与顶角间界限明显，顶角纤细，末端稍向左侧、背侧弯曲。横沟窄，平直，无横沟边翅。下壳甚短，两侧边稍凸，底边斜直。左底角细长，末端明显向左侧、背侧弯曲；右底角短，尖锥形，稍斜向右侧，略与左底角分歧。壳面平滑无脊状条纹，孔细密而规则。

$D = 38 \sim 49$ μm, $E = 122 \sim 131$ μm, $H = 29 \sim 36$ μm, $A = 396 \sim 477$ μm, $L = 465 \sim 515$ μm, $R = 35 \sim 41$ μm。

东海、南海、吕宋海峡有分布。样品 2007 年 2 月采自钓鱼岛附近海域、2010 年 8 月采自吕宋海峡、2012 年 4 月采自南海北部海域，数量稀少。

热带大洋性种，世界罕见。太平洋—印度洋热带海域、墨西哥湾、安达曼海、巴西东南部海域有记录。

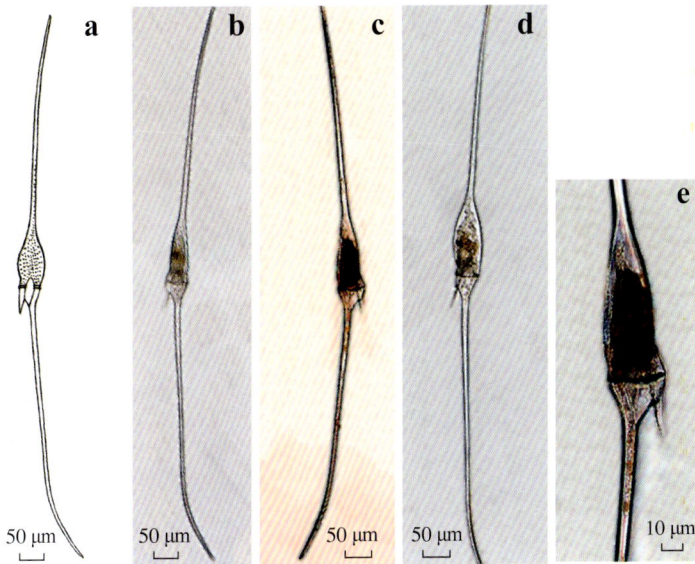

图 28 毕氏新角藻 *Neoceratium bigelowii* (Kofoid) Gómez, Moreira & López–Garcia, 2010
a, b. 腹面观；c. 背面观；d. 右侧面观；e. 放大的藻体背面观

奇长新角藻 *Neoceratium extensum* (Gourret) Gómez, Moreira & López-Garcia, 2010

Gómez, Moreira & López-Garcia 2010, 37, fig. 2g-h.

同种异名：奇长角藻 *Ceratium extensum* (Gourret) Cleve, 1901: Cleve 1901, 215; Jörgensen 1911, 28, t. 3, fig. 50a-b; Jörgensen 1920, 43, fig. 31; Lebour et al. 1925, 146, fig. 46a; Steemann Nielsen 1934, 14, fig. 24; Nie 1936, 41, fig. 11a-c; Schiller 1937, 380, fig. 419a; Rampi 1939, 304, fig. 11; Graham et Bronikovsky 1944, 24, fig. 11bb-dd; Silva 1949, 356, t. 6, fig. 22; Wood 1954, 283, fig. 203a; Kato 1957, 14, t. 4, fig. 10a-c; Halim 1960a, 230, t. 4, fig. 3; Yamaji 1966, 94, t. 45, fig. 8; Subrahmanyan 1968, 32, fig. 56-57; Steidinger & Williams 1970, 45, t. 7, fig. 19; Dodge 1982, 231, fig. 29a; Balech 1988, 133, lam. 55, fig. 1-2; Hernández-Becerril 1989, 40, fig. 11; Polat & Koray 2007, 198, fig. 4.

Ceratium fusus var. *extensum* Gourret, 1883: Gourret 1883, 52, t. 4, fig. 56a.

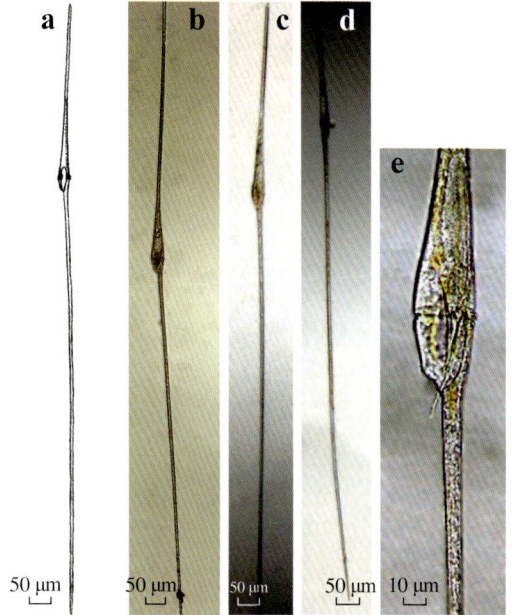

图 29　奇长新角藻 *Neoceratium extensum* (Gourret) Gómez, Moreira & López-Garcia, 2010
a-c. 腹面观；d. 背面观；
e. 放大的藻体腹面观（示纵鞭毛）；c-e. 活体

藻体细长，大型。上壳长，长锥形，自横沟向上逐渐平缓变细形成顶角，顶角粗细均匀，长且直，末端开口，平截。横沟窄，无横沟边翅。下壳短，两侧边稍向内倾斜，呈倒梯形。左底角长且直，粗细均匀，右底角退化。壳面平滑无脊状条纹，孔细小。

$D = 27 \sim 31\ \mu m$，$E + A = 241 \sim 529\ \mu m$，$H + L = 928 \sim 982\ \mu m$。

关于本种与二裂新角藻 *N. biceps* 的分类，国内外学者有的主张将二者合并（Taylor, 1976; 林永水，2009），有的则主张分开（Gómez et al., 2010）。作者通过观察二者的样本，发现二者有以下区别：本种相对后者更纤细些，而二裂新角藻更加粗壮坚实。而且，本种上壳与顶角间界限不如后者明显，上壳长度约为下壳长度的 3 倍甚至更长，而后者上壳长度仅为下壳的 2 倍左右。另外，本种右底角退化，而二裂新角藻右底角坚实明显。因此，作者同意后一种观点，即将二者定义为不同的种。

南黄海、东海、南海均有分布。样品 2007 年 11 月采自东海、2009 年 3 月采自台湾东南部海域、2009 年 4 月采自台湾海峡、2009 年 7 月采自南海北部海域。

暖温带至热带大洋性种。太平洋、大西洋、印度洋、地中海、红海、阿拉伯海、加利福尼亚湾、墨西哥湾、不列颠群岛、日本附近海域、澳大利亚东部海域、新西兰附近海域、巴西东南部海域有记录。

拟镰新角藻 *Neoceratium falcatiforme* (Jörgensen) Gómez, Moreira & López-Garcia, 2010

Gómez, Moreira & López-Garcia 2010, 46.

同种异名：拟镰角藻 *Ceratium falcatiforme* Jörgensen, 1920: Jörgensen 1920, 40, fig. 29; Steemann Nielsen 1934, 14, fig. 23a–b; Schiller 1937, 378, fig. 417b; Gaarder 1954, 11; Wood 1954, 282, fig. 201; Halim 1960a, 191, t. 4, fig. 5; Balech 1962, 181, t. 25, fig. 387; Sournia 1968, 414, fig. 39; Subrahmanyan 1968, 31, fig. 54; Wood 1968, 28, fig. 55; Léger 1973, 23, fig. 8; Taylor 1976, 65, fig. 138–139; 林金美 1984, 33, t. 2, fig. 10; Balech 1988, 133, lam. 55, fig. 16; Hernández–Becerril 1989, 40, fig. 16; 林永水 2009, 21, fig. 25, t. 2, fig. 6; Omura et al. 2012, 90.

Ceratium inflatum var. *falcatiforme* (Jörgensen) Peters, 1934: Peters 1934, 36.

藻体细胞小型。上壳与顶角间界限不明显，自横沟以上向顶端逐渐变细，顶角末端稍向左侧、背侧弯曲。下壳短，底边斜。左底角长且粗壮，自下壳生出后先稍向内侧（右侧）弧形弯曲一段距离，然后逐渐弯向外侧（左侧），左底角末端较钝；右底角短，尖刺状，沿细胞纵轴方向伸出。壳面孔大而明显。

$D = 17 \sim 20 \ \mu m$，$E+A = 127 \sim 138 \ \mu m$，$H+L = 101 \sim 117 \ \mu m$，$R = 11 \sim 13 \ \mu m$。

南黄海、东海、南海有分布。样品 2007 年 1 月采自冲绳海槽西侧海域，数量少。

热带大洋性种。太平洋热带海域、大西洋、印度洋、地中海、加勒比海、安达曼海、加利福尼亚湾、墨西哥湾、孟加拉湾有记录。

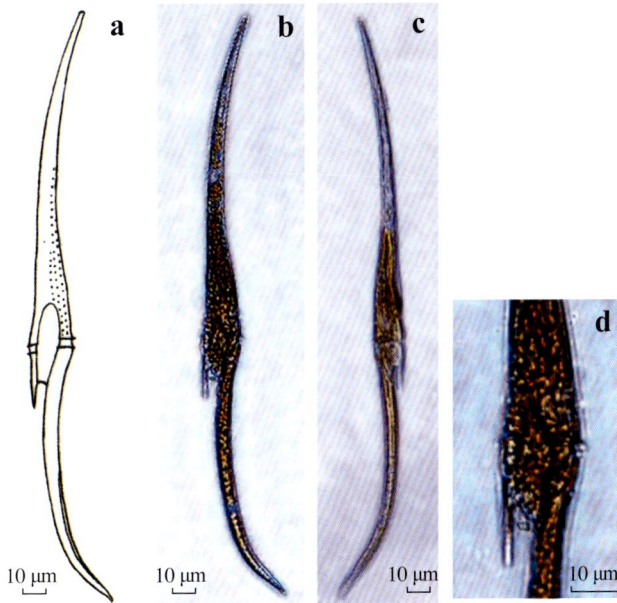

图 30 拟镰新角藻 *Neoceratium falcatiforme* (Jörgensen) Gómez, Moreira & López–Garcia, 2010
a, b. 腹面观；c. 背面观；d. 放大的藻体腹面观；b–d. 活体

镰状新角藻 *Neoceratium falcatum* (Kofoid) Gómez, Moreira & López–Garcia, 2010

Gómez, Moreira & López–Garcia 2010, 46.

同种异名：镰角藻 *Ceratium falcatum* (Kofoid) Jörgensen, 1920: Jörgensen 1920, 39, fig. 28; Forti 1922, t. 2, fig. 26; Pavillard 1931, 73; Steemann Nielsen 1934, 14, fig. 22; Schiller 1937, 377, fig. 417a; Rampi 1939, 303, fig. 14; Graham et Bronikovsky 1944, 24, fig. 11w–aa; Wood 1954, 281, fig. 200; Silva 1955, 57, t. 7, fig. 11; Ballantine 1961, 244, fig. 49; Halim 1963, 496, fig. 7; Sournia 1968, 414, fig. 38; Subrahmanyan 1968, 30, fig. 53; Wood 1968, 29, fig. 56; Steidinger & Williams 1970, 45; Taylor 1976, 65, fig. 133; 郭玉洁等 1983, 80, fig. 11; 林金美 1984, 32, t. 2, fig. 7; Balech 1988, 134, lam. 55, fig. 13; 林永水 2009, 22, fig. 26, t. 2, fig. 7, t. 10, fig. 3; Omura et al. 2012, 89.

Ceratium pennatum f. *falcatum* Kofoid, 1907: Kofoid 1907b, 172, t. 2, fig. 14.

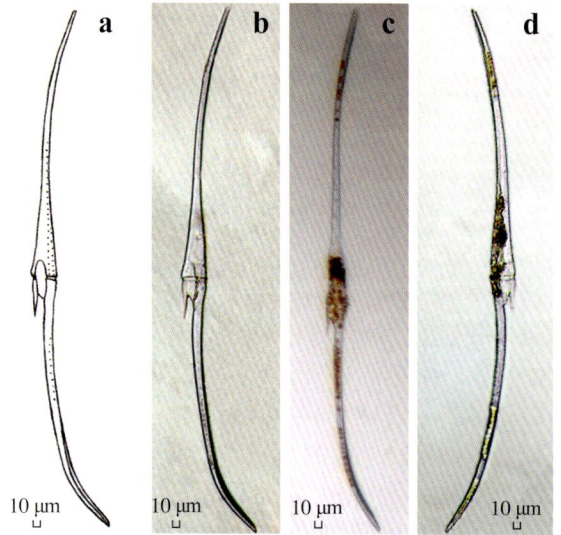

图 31　镰状新角藻 *Neoceratium falcatum* (Kofoid) Gómez, Moreira & López–Garcia, 2010
a–c. 腹面观；d. 背面观；c. 活体

Ceratium inflatum var. *falcatum* (Kofoid) Peters, 1934: Peters 1934, 36.

藻体纤细，中型。上壳长锥形，自横沟以上向顶端逐渐变细，顶角末端直或稍弯向左侧。下壳短，底边斜直。左底角长且粗壮，中后段弯向左侧如镰刀状，其上生有小刺；右底角短刺状，垂直向下伸出。

$D = 26 \sim 32 \, \mu m$，$E + A = 317 \sim 406 \, \mu m$，$H + L = 302 \sim 316 \, \mu m$，$R = 24 \sim 30 \, \mu m$。

本种与拟镰新角藻 *N. falcatiforme* 相似，但本种个体明显大于后者（本种藻体总长通常大于 600 μm，而拟镰新角藻总长不超过 360 μm），且本种上壳与顶角间界限相对后者明显些，另外，本种左底角后段较急剧的弯向左侧，而拟镰新角藻左底角弯曲相对较平缓。

Jörgensen（1920）认为上壳（包括顶角）与下壳（包括左底角）长度的比值，即 Kofoid 指数，是区别本种与拟镰新角藻的依据之一，本种的 Kofoid 指数较高，为 1.42，而后者不超过 1.20（Jörgensen, 1920）。但作者通过对样本的观察发现，不同个体尤其是在新分裂的细胞中，顶角和底角的长度会有变化，因此以 Kofoid 指数作为区分二者的依据容易出现偏差。

南黄海、东海、南海、吕宋海峡有分布。样品 2007 年 2 月采自钓鱼岛附近海域、2008 年 6 月采自三亚附近海域、2010 年 8 月采自吕宋海峡、2012 年 4 月采自南海北部海域。

热带大洋性种。太平洋、大西洋、印度洋、地中海、加勒比海、墨西哥湾、澳大利亚东部海域、新西兰北部海域、巴西北部海域有记录。

梭状新角藻 *Neoceratium fusus* (Ehrenberg) Gómez, Moreira & López–Garcia, 2010

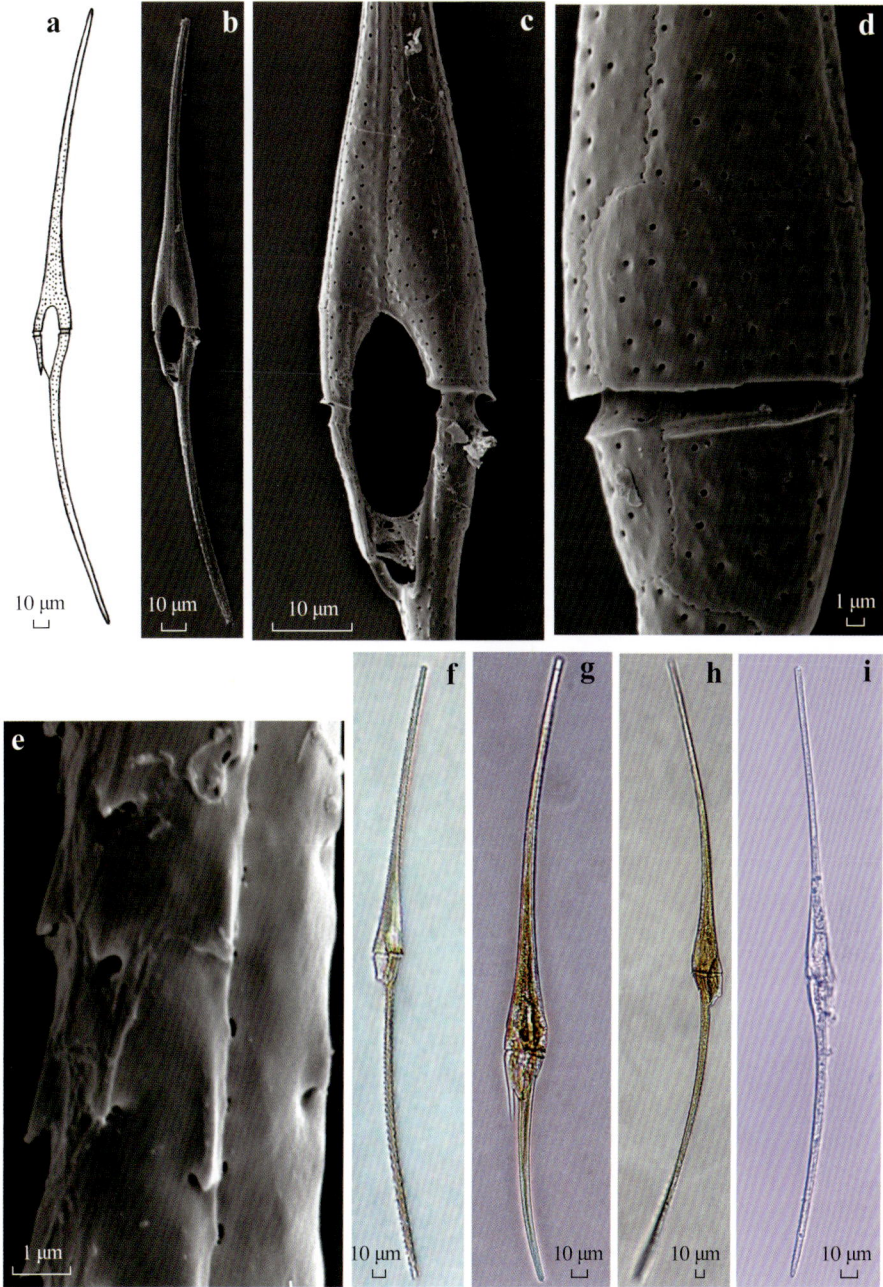

图 32

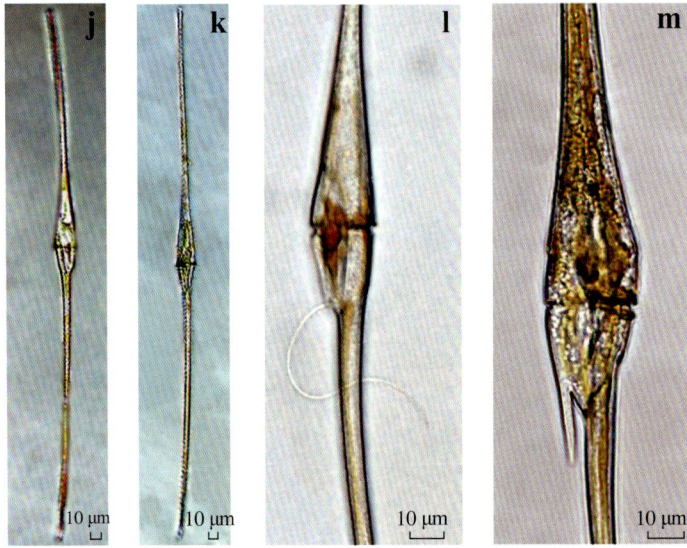

图 32 梭状新角藻 *Neoceratium fusus* (Ehrenberg) Gómez, Moreira & López–Garcia, 2010
a, b, f, g. 腹面观；c, l, m. 放大的藻体腹面观；d. 放大的藻体背面观；e. 示左底角小刺及孔；h–j. 背面观；
k. 右侧面观；f, j–l. 活体；g. 新分裂细胞；l. 示纵鞭毛；b–e. SEM

Gómez, Moreira & López–Garcia 2010, 37, fig. 2f, 3h–i, 7k–l; 杨世民和李瑞香 2014, 75–76.

同种异名：梭角藻 *Ceratium fusus* (Ehrenberg) Dujardin, 1841: Dujardin 1841, 378, Bütschli 1885, t. 54, fig. 2; Schütt 1896, t. 9, fig. 35; Okamura & Nishikawa 1904, 127, t. 6, fig. 22–23; Paulsen 1908, 90, fig. 123; Jörgensen 1911, 29, t. 3, fig. 51–53; Jörgensen 1920, 41, fig. 30; Lebour et al. 1925, 146, t. 31, fig. 1; Martin 1928, 30, t. 6, fig. 7; Steemann Nielsen 1934, 14, fig. 25–26; Nie 1936, 41, fig. 12a–d; Schiller 1937, 378, fig. 418a–b; Graham et Bronikovsky 1944, 25, fig. 11ee, 13a–d; Wood 1954, 282, fig. 202; Gaarder 1954, 12; Kato 1957, 13, t. 3, fig. 5a–c; Margalef 1957, 47, fig. 1j; Halim 1967, 718, t. 3, fig. 33; Subrahmanyan 1968, 31, fig. 55, t. 1, fig. 3–6; Wood 1968, 29, fig. 58; Steidinger & Williams 1970, 45, t. 8, fig. 21a–b; Taylor 1976, 66, fig. 129; Burns & Mitchell 1980, 150, fig. 3; Dodge 1982, 231, fig. 29c; Balech 1988, 132, lam. 54, fig. 8; Hernández–Becerril 1989, 38, fig. 15; 福代康夫等 1990, 82, fig. a–f; Tomas 1997, 472, t. 25; Vargas–Montero & Freer 2004, 116, fig. 1e–f; 林永水 2009, 22, fig. 27, t. 2, fig. 8; Al–Kandari et al. 2009, 160, t. 9b; Omura et al. 2012, 89.

Peridinium fusus Ehrenberg, 1833: Ehrenberg 1833, 271; Ehrenberg 1834, 256, t. 22, fig. 20.

藻体细胞中型，细长。上壳近锥形，自横沟向上逐渐变细形成顶角，顶角末端开口，平截，稍向左侧、背侧弯曲。横沟直，横沟边翅甚窄。下壳短，两侧边向内倾斜，底边短而斜。左底角长且粗壮，末端稍向左侧、背侧弯曲；右底角短刺状或退化。壳面无明显的脊状条纹，孔细密。

$D = 23 \sim 30\ \mu m$，$E + A = 190 \sim 303\ \mu m$，$H + L = 185 \sim 305\ \mu m$。

中国各海域均有分布，为非常常见的物种。样品采自渤海、黄海、青岛沿海、东海、南海、吕宋海峡。

广温广布性种。从近岸到大洋、从寒带至热带均有分布。

舒氏新角藻 *Neoceratium schuettii* (Lemmermann)

同种异名：梭角藻凹腹变种 *Ceratium fusus* var. *schuettii* Lemmermann, 1900: Lemmermann 1900, 376; Jörgensen 1911, 29; Wang 1936, 153, fig. 25; Schiller 1937, 379, fig. 418c; Wood 1954, 282; Taylor 1976, 66, fig. 136–137; 林永水 2009, 23, fig. 28.

藻体细胞小型。上壳明显膨大呈圆锥形，最宽处约 32 μm，自此向上逐渐变细形成顶角，顶角末端稍向左侧、背侧弯曲。下壳短，两侧边明显向内倾斜，底边短而斜。左底角长，末端稍向左侧、背侧弯曲；右底角退化。

$D = 30$ μm，$E + A = 122$ μm，$H + L = 132$ μm。

本种原为梭状新角藻 *N. fusus* 种下的变种，但其藻体形态尤其是上壳具有鲜明的特征，因此作者的观点是将其独立出来，列为不同的种，并据此对原命名进行了修订。

渤海、东海有记录。作者在 2006 年 7 月于黄海南部海域亦采到本种，数量稀少。

可能为冷水性种。大西洋、印度洋、澳大利亚附近海域有记录。

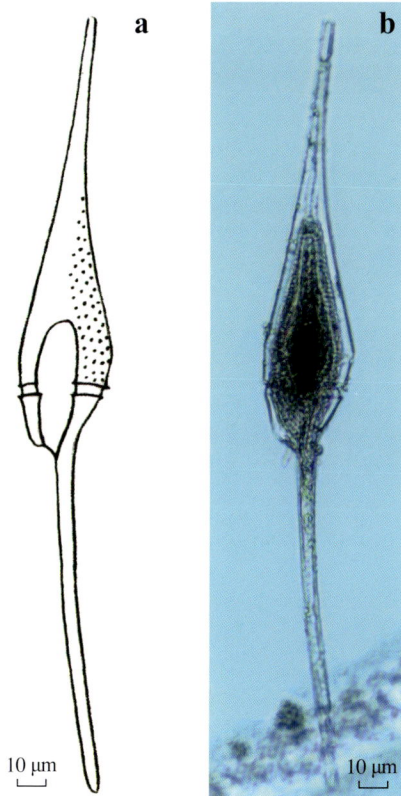

图 33 舒氏新角藻 *Neoceratium schuettii* (Lemmermann)
a, b. 腹面观；b. 示纵鞭毛

针状新角藻 *Neoceratium seta* (Ehrenberg) Yang & Li, 2014

杨世民和李瑞香 2014, 77.

同种异名：梭角藻针状变种 *Ceratium fusus* var. *seta* (Ehrenberg) Jörgensen, 1911: Jörgensen 1911, 29, t. 3, fig. 55; Forti 1922, 44, t. 2, fig. 29; Nie 1936, 43, fig. 13; Schiller 1937, 379, fig. 418d; Wood 1954, 283; Kato 1957, 14, t. 3, fig. 6a–b; Sournia 1968, 409, fig. 33; Taylor 1976, 66, fig. 130; 郭玉洁等 1983, 81, fig. 12; Balech 1988, 132, lam. 54, fig. 5–6; 林永水 2009, 23, fig. 29.

Peridinium seta Ehrenberg, 1859: Ehrenberg 1859, 792.

Ceratium seta Kent, 1881: Kent 1881, 457; Wang & Nie 1932, 299, fig. 12.

本种原为梭状新角藻 *N. fusus* 种下的变种，Gómez（2010）甚至认为本种应该与后者合并为一种，但作者通过对二者样本的对比及对藻体参数的测量后发现，本种相对于后者更纤细些，横沟宽较梭状新角藻小。而且，本种的顶角及左底角几乎与细胞纵轴重合，仅末端非常轻微的弯向背侧，而后者顶角与左底角的弯曲程度较明显。另外，本种右底角退化，而后者多数情况具短刺状的右底角。因此，作者的观点是将二者分开，并且列为不同的种。

$D = 8 \sim 15\ \mu m$，$E + A = 88 \sim 140\ \mu m$，$H + L = 136 \sim 210\ \mu m$。

东海、南海、吕宋海峡均有分布。样品 2010 年 8 月和 2011 年 4 月采自吕宋海峡、2011 年 6 月采自东海。

暖水大洋性种。太平洋、大西洋、印度洋、地中海、澳大利亚东部海域、新西兰附近海域、巴西东南部海域有分布。

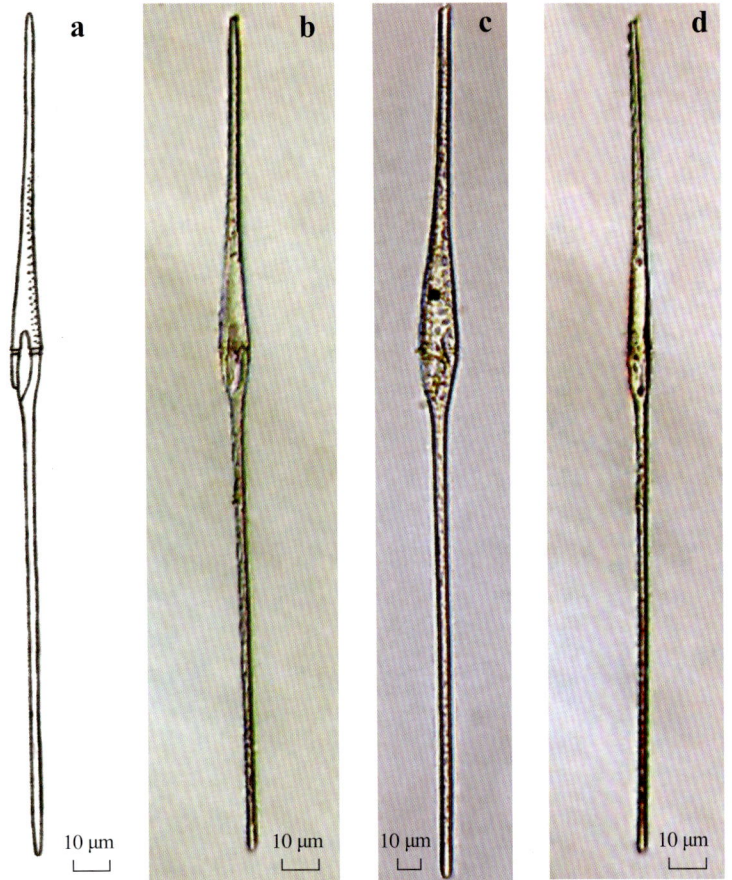

图 34　针状新角藻 *Neoceratium seta* (Ehrenberg) Yang & Li, 2014
a–c. 腹面观；d. 右侧面观；b–d. 活体

曲肘新角藻 *Neoceratium geniculatum* (Lemmermann) Gómez, Moreira & López–Garcia, 2010

Gómez, Moreira & López–Garcia 2010, 46; 杨世民和李瑞香 2014, 78.

同种异名: 曲肘角藻 *Ceratium geniculatum* (Lemmermann) Cleve, 1901: Karsten 1907, t. 1, fig. 3a–b; Jörgensen 1911, 24, fig. 42–43; Jörgensen 1920, 34, fig. 24; Böhm 1931b, 43, fig. 37c–d; Steemann Nielsen 1934, 13, fig. 17; Pavillard 1937, 10; Schiller 1937, 375, fig. 414a; Graham et Bronikovsky 1944, 22, fig. 11j; Silva 1949, 355, t. 9, fig. 2; Wood 1954, 279, fig. 197; Wood 1963a, 40, fig. 145a–b; Yamaji 1966, 92, t. 44, fig. 12; Sournia 1968, 407, fig. 30–31; Subrahmanyan 1968, 28, fig. 43–45; Wood 1968, 30, fig. 60; Taylor 1976, 66, fig. 140a–b; 郭玉洁等 1983, 81, fig. 13; Balech 1988, 132, lam. 54, fig. 4; Hernández–Becerril 1989, 38, fig. 18; 林永水和周近明 1993, 60, t. 54; 林永水 2009, 24, fig. 30; Omura et al. 2012, 90.

Ceratium fusus var. *geniculatum* Lemmermann, 1900: Lemmermann 1900, 349, t. 1, fig. 17.

Ceratium tricarinatum Kofoid, 1907: Kofoid 1907b, 173, t. 3, fig. 20.

藻体弯曲如臂肘状, 中型。上壳和顶角腹面观呈 S 形, 上壳自横沟上方开始弧形向腹侧隆起, 继而弯向背侧, 又在上壳与顶角相接处急剧弯折, 使得顶角斜伸向腹面。上壳在横沟上方一小段距离处缢缩, 然后膨大变粗, 再逐渐变细形成顶角, 顶角末端开口, 平截。横沟窄, 平直, 横沟边翅甚窄。下壳短, 两侧边稍凸, 底边斜直。左底角长且粗壮, 自下壳生出后先向内侧（右侧）、腹侧弧形弯曲一段距离, 然后逐渐弯向外侧（左侧）、背侧；右底角短, 尖锥形, 斜伸向内侧（左侧）。壳面较平滑, 除上壳具 3 条长翼（Taylor, 1976）外, 无明显脊状条纹, 孔散布。

$D = 29 \sim 35 \, \mu m$, $E = 88 \sim 95 \, \mu m$, $H = 21 \sim 26 \, \mu m$, $A = 65 \sim 74 \, \mu m$, $L = 117 \sim 128 \, \mu m$, $R = 21 \sim 24 \, \mu m$。

东海、南海、吕宋海峡有分布。样品 2003 年秋季采自东海、2007 年 2 月采自钓鱼岛附近海域、2009 年 3 月采自台湾东南部海域、2009 年 7 月和 2010 年 8 月采自吕宋海峡。

热带大洋性种。太平洋、大西洋、印度洋、地中海、安达曼海、阿拉伯海、加利福尼亚湾、佛罗里达海峡、巴西北部海域有记录。

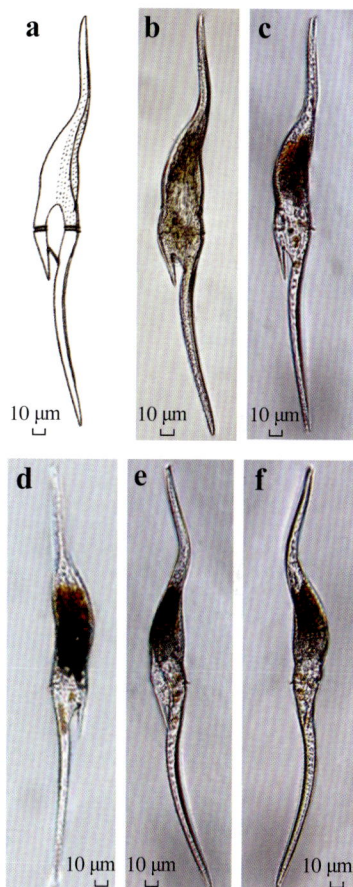

图 35 曲肘新角藻 *Neoceratium geniculatum* (Lemmermann) Gómez, Moreira & López–Garcia, 2010
a–c. 腹面观；d. 背面观；e. 左侧面观；f. 右侧面观；c–f. 活体

膨胀新角藻 *Neoceratium inflatum* (Kofoid) Gómez, Moreira & López-Garcia, 2010

Gómez, Moreira & López-Garcia 2010, 46; 杨世民和李瑞香 2014, 79.

同种异名：膨角藻 *Ceratium inflatum* (Kofoid) Jörgensen, 1911: Jörgensen 1911, 25, t. 3, fig. 45–46, 48a; Jörgensen 1920, 35, fig. 25; Böhm 1931b, 14, fig. 10a–b; Steemann Nielsen 1934, 13, fig. 20; Schiller 1937, 376, fig. 415a–b; Rampi 1939, 303, fig. 15; Graham et Bronikovsky 1944, 23, fig. 11o–s; Gaarder 1954, 12; Wood 1954, 281, fig. 198; Silva 1955, 56, t. 7, fig. 9; Yamaji 1966, 93, t. 45, fig. 6; Halim 1967, 721, t. 3, fig. 38; Sournia 1968, 412, fig. 36; Subrahmanyan 1968, 29, fig. 48–49; Steidinger & Williams 1970, 46, t. 10, fig. 25; Taylor 1976, 67, fig. 132; Dodge 1982, 231, fig. 29b; Balech 1988, 135, lam. 55, fig. 5–9; Tomas 1997, 474, t. 25; 林永水 2009, 25, fig. 31, t. 2, fig. 9; Omura et al. 2012, 90.

Ceratium nipponicum Okamura, 1912: Okamura 1912, 8, t. 3, fig. 44a–e.

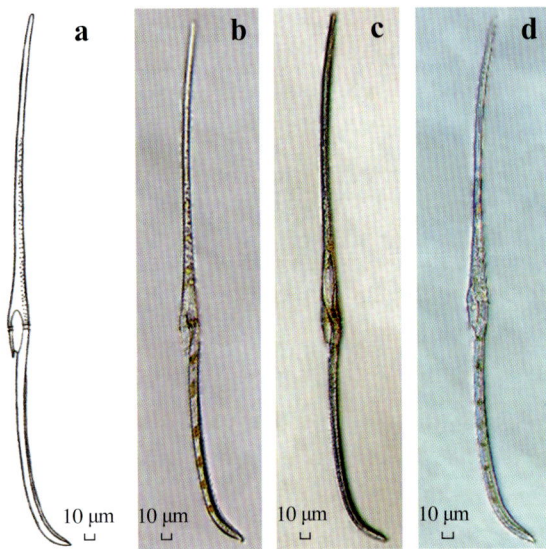

图 36　膨胀新角藻 *Neoceratium inflatum* (Kofoid) Gómez, Moreira & López-Garcia, 2010
a–d. 腹面观；b, c. 活体

藻体细胞中型，细长。上壳（包括顶角）稍长于下壳（包括左底角），上壳自横沟向上逐渐变细，与顶角间界限不明显。顶角细长，末端稍向左侧、背侧弯曲。横沟窄且直，无横沟边翅。下壳两侧边稍向内倾斜，底边短且斜。左底角长，明显较顶角粗壮，自下壳生出后先沿细胞纵轴方向向下延伸，至左底角长度约 3/4 处急剧的弯向左侧，末端较钝或稍尖；右底角甚短，小刺状。壳面较平滑，左底角弯曲处左侧边细胞壁有明显的加厚，孔细小。

$D = 18 \sim 21\ \mu m$，$E + A = 252 \sim 308\ \mu m$，$H + L = 228 \sim 242\ \mu m$，$R = 4 \sim 5\ \mu m$。

本种与镰状新角藻 *N. falcatum* 非常相似，但本种左底角弯曲的位置更靠近末端，弯曲的程度也较后者更大些。

南黄海、东海、南海均有分布。样品 2008 年 6 月采自三亚附近海域、2009 年 7 月采自南海北部海域，数量少。

暖温带至热带大洋性种。太平洋、大西洋、印度洋、地中海、加勒比海、红海、阿拉伯海、墨西哥湾、孟加拉湾、澳大利亚东部海域、巴西东南部海域有记录。

长咀新角藻 *Neoceratium longirostrum* (Gourret) Gómez, Moreira & López-Garcia, 2010

同种异名：长咀角藻 *Ceratium longirostrum* Gourret, 1883: Gourret 1883, 55, t. 4, fig. 65; Jörgensen 1920, 37, fig. 26–27; Candeias 1930, 31, t. 3, fig. 62a–b; Steemann Nielsen 1934, 13, fig. 21; Schiller 1937, 376, fig. 416a–b; Rampi 1939, 303, fig. 9; Graham et Bronikovsky 1944, 24, fig. 11t–v; Margalef 1948, 49, fig. 2g; Margalef et Durán 1953, 40, fig. 10b–c; Wood 1954, 281, fig. 199; Gaarder 1954, 14; Silva 1955, 57, t. 7, fig. 10; Halim 1960a, t. 4, fig. 4; Halim 1963, 496, fig. 6; Halim 1967, 722, t. 3, fig. 40; Sournia 1968, 413, fig. 37; Subrahmanyan 1968, 30, fig. 50–52; Wood 1968, 35, fig. 75; Steidinger & Williams 1970, 46, t. 10, fig. 27; Ricard 1970, t. 2, fig. i; Taylor 1976, 67, fig. 131a–b; Dodge 1982, 231, fig. 29d; 郭玉洁等 1983, 81, fig. 14a–b, t. 1, fig. 9a–b; 林金美 1984, 33, t. 2, fig. 8–9; Balech 1988, 134, lam. 55, fig. 10–11; Hernández-Becerril 1989, 40; 林永水 2009, 26, fig. 32.

藻体细胞中型，细长但坚实。上壳（包括顶角）明显长于下壳（包括左底角），上壳与顶角间界限不明显，自横沟以上向顶端逐渐变细形成顶角，顶角末端平截，稍向左侧、背侧弯曲。横沟直而窄，无横沟边翅。下壳两侧边稍凸，底边斜。左底角长且粗壮，自中段开始逐渐弯向左侧、背侧，但弯曲的程度较顶角大；右底角短刺状，直向下伸出。

$D = 23 \sim 26\ \mu m$，$E + A = 334 \sim 381\ \mu m$，$H + L = 257 \sim 298\ \mu m$，$R = 13 \sim 15\ \mu m$。

本种与镰状新角藻 *N. falcatum* 非常相似，但后者上壳与顶角界限较明显，左底角弯曲程度也较本种更急剧（Taylor, 1976）。

南黄海、东海、南海均有分布。样品 2003 年秋季采自东海、2007 年 2 月采自钓鱼岛附近海域、2009 年 3 月采自台湾东南部海域、2009 年 7 月采自南海北部海域。

热带大洋性种。太平洋、大西洋、印度洋、地中海、安达曼海、加利福尼亚湾、墨西哥湾、孟加拉湾、莫桑比克海峡、不列颠群岛、巴西东南部海域均有分布。

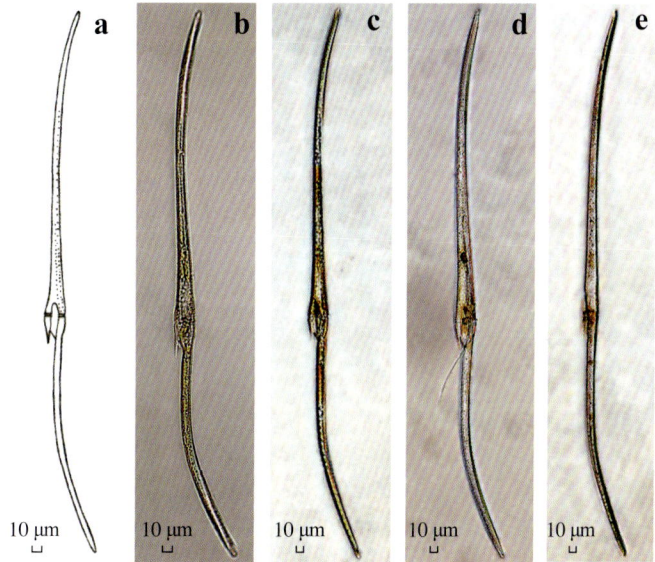

图 37 长咀新角藻 *Neoceratium longirostrum* (Gourret) Gómez, Moreira & López-Garcia, 2010
a–d. 腹面观；e. 左侧面观；c–e. 活体；d. 示纵鞭毛

羽状新角藻 *Neoceratium pennatum* (Kofoid)

同种异名：羽状角藻 *Ceratium pennatum* Kofoid, 1907: Kofoid 1907b, 172, t. 2, fig. 13.

藻体细胞大型，细长。上壳较长，两侧边明显外凸，使得上壳略显膨胀，上壳与顶角间界限明显。顶角纤细，末端稍弯向左侧、背侧。横沟窄，无横沟边翅。下壳两侧边亦凸，并向内侧倾斜，底边斜且稍凹。左底角细长，沿细胞纵轴方向向下延伸至左底角长度的约 3/5 处开始向左侧弯折，弯折部分与细胞纵轴呈 35°~40° 夹角，末端尖；右底角短，尖锥形。壳面平滑，孔细小。

$D=32~41\ \mu m$，$E+A=494~536\ \mu m$，$H+L=478~512\ \mu m$，$R=13~21\ \mu m$。

本种 Kofoid（1907b）建立之初仅将其列为种下的一个变型，即羽状角藻膨胀变型 *Ceratium pennatum* f. *inflata*，而且 Kofoid 并未建立羽状角藻的原种，后来国外学者将本种与膨胀新角藻 *Neoceratium inflatum* 归为同一物种的两种形态（Jörgensen, 1920; Taylor, 1976）。但通过比较不难发现，二者在藻体大小、形态、左底角的粗细、弯曲位置以及弯曲程度上都有明显差异，因此，作者认为应将二者分开独自列为不同的种，故按照最新分类系统将本种修订为羽状新角藻 *Neoceratium pennatum*。

样品 2003 年秋季采自东海、2009 年 7 月采自南海北部海域、2010 年 8 月采自吕宋海峡，数量少，系中国首次记录。

暖温带至热带大洋性种。太平洋、印度洋、地中海有记录。

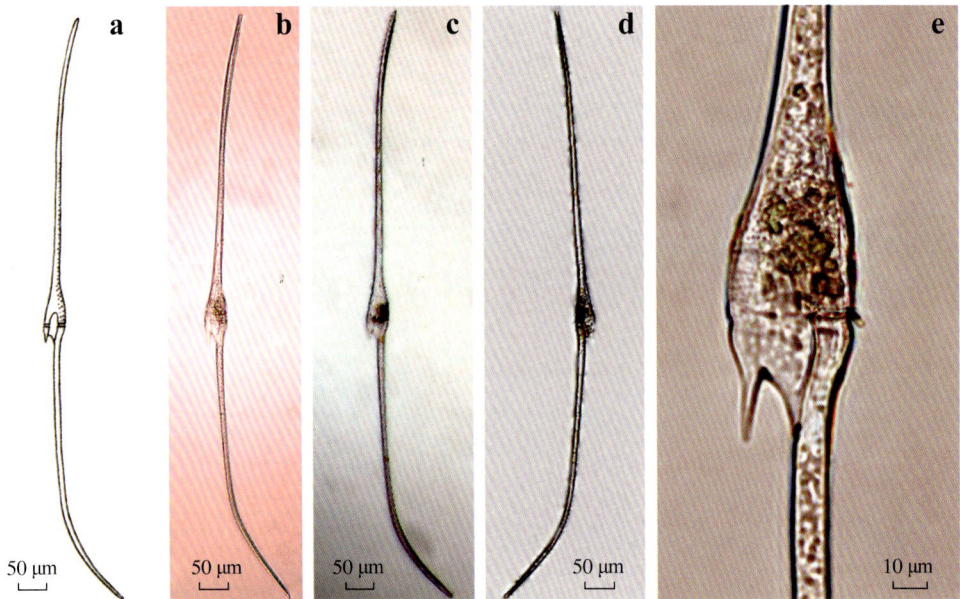

图 38　羽状新角藻 *Neoceratium pennatum* (Kofoid)

a–c. 腹面观；d. 背面观；e. 放大的藻体腹面观

花葶新角藻 *Neoceratium scapiforme* (Kofoid)

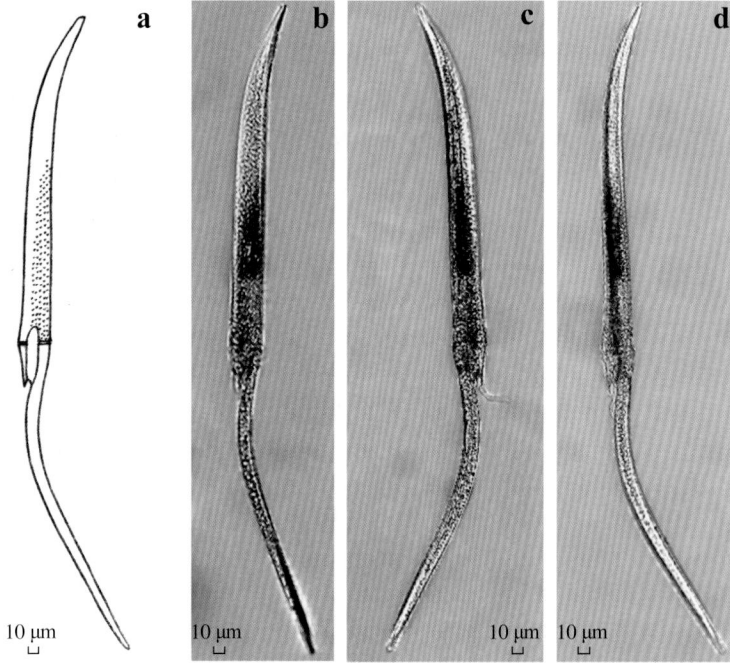

图 39　花葶新角藻 *Neoceratium scapiforme* (Kofoid)
a、b. 腹面观；c. 背面观；d. 左侧面观；b–d. 活体；c. 示纵鞭毛

同种异名：*Ceratium scapiforme* Kofoid, 1907: Kofoid 1907b, 173, t. 3, fig. 23; Steemann Nielsen 1934, 13, fig. 19a–b; Halim 1967, 724, t. 3, fig. 45; Subrahmanyan 1968, 89, fig. 153–154.

Ceratium pennatum var. *scapiforme* (Kofoid) Jörgensen, 1911: Jörgensen 1911, 27, fig. 47a–d.

藻体细胞中型，细长，背腹较扁。上壳长，腹面观呈刀状，两侧边自横沟向上沿细胞纵轴方向近乎平行伸出，直至上壳长度约 3/4 处逐渐向内收缩变细形成顶角，并稍向左侧、背侧弯曲，上壳与顶角间界限不明显。横沟窄，无横沟边翅。下壳短，两侧边稍凸，并向内侧倾斜，底边斜而短。左底角长且粗壮，自基部开始即向左侧、背侧弯曲，弯曲部分与细胞纵轴约呈 20°夹角，末端较钝；右底角短，小刺状。

$D=29\ \mu m$，$E+A=278\ \mu m$，$H+L=246\ \mu m$，$R=11\ \mu m$。

Gómez（2010）将本种作为长咀新角藻 *N. longirostrum* 的同种异名，但本种上壳较后者更宽阔，左底角弯曲的位置也较后者明显靠近下壳，因此作者认为应将二者定义为不同的种，并据此对本种原先的命名进行了修订。

样品 2010 年 8 月采自吕宋海峡，数量稀少，系中国首次记录。

热带大洋性种，世界罕见，仅东太平洋热带海域及加勒比海有记录。

> *Neoceratium dens* 组：左底角短小，右底角细长发达。

臼齿新角藻 *Neoceratium dens* (Ostenfeld & Schmidt) Gómez, Moreira & López–Garcia, 2010

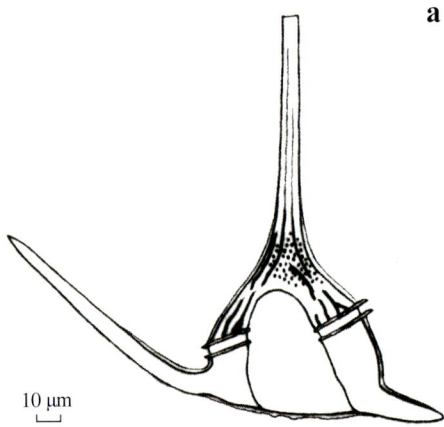

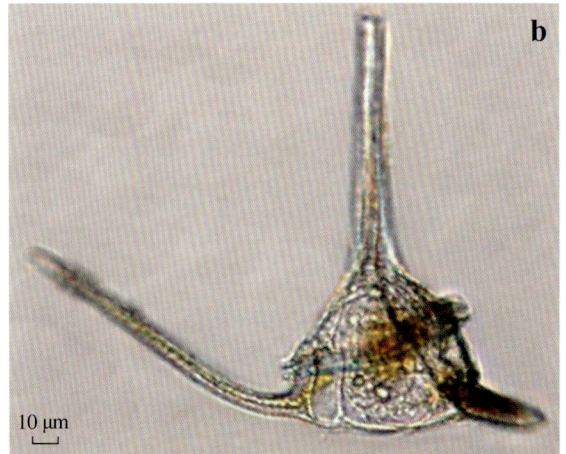

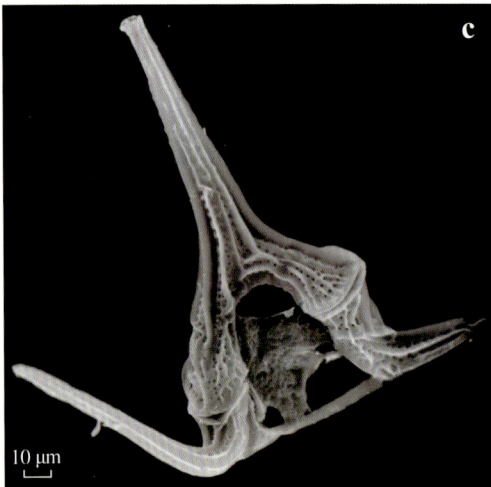

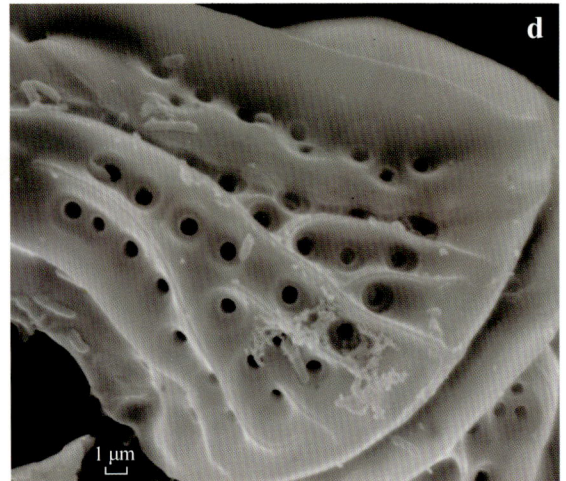

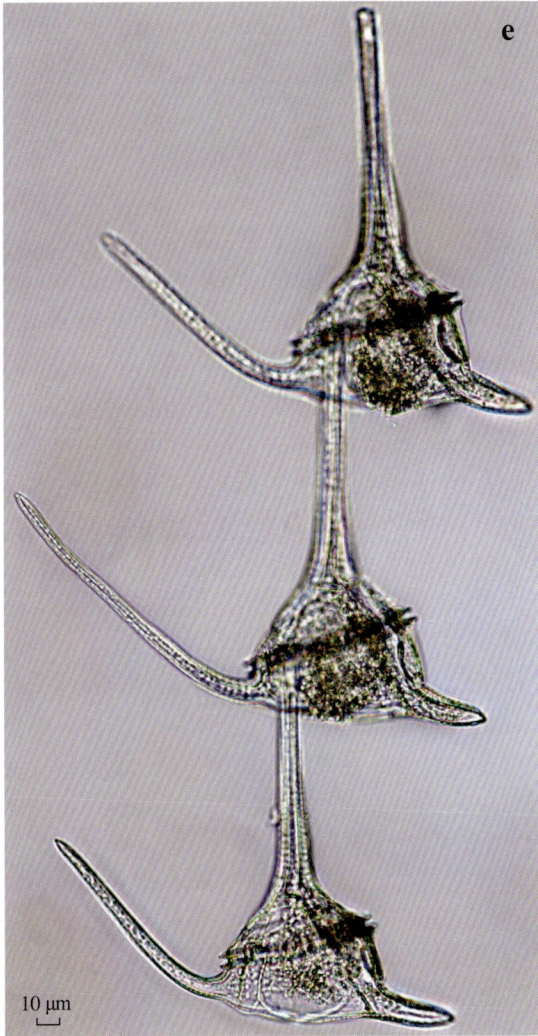

图 40 臼齿新角藻 *Neoceratium dens* (Ostenfeld & Schmidt) Gómez, Moreira & López-Garcia, 2010

a–c, e. 腹面观；d. 示壳面脊状条纹及孔；b. 活体；e. 群体；c, d. SEM

Gómez, Moreira & López–Garcia 2010, 46; 杨世民和李瑞香 2014, 80.

同种异名：臼齿角藻 *Ceratium dens* Ostenfeld & Schmidt, 1901: Ostenfeld & Schmidt 1901, 165, fig. 16; Jörgensen 1911, 31, fig. 58; Böhm 1931b, 15, fig. 11; Steemann Nielsen 1934, 15, fig. 27; Nie 1936, 44, fig. 14a-b; Schiller 1937, 381, fig. 420a–b; Wood 1954, 284, fig. 204; Yamaji 1966, 105, t. 51, fig. 3; Sournia 1968, 457, fig. 80; Subrahmanyan 1968, 34, fig. 58, t. 3, fig. 16; Taylor 1976, 68, fig. 172; Balech 1988, 197, lam. 69, fig. 3–5; 林永水和周近明 1993, 73–75, t. 67–69; 林永水 2009, 28, fig. 33, t. 2, fig. 10, t. 11, fig. 1a–b; Omura et al. 2012, 96.

藻体细胞大型，单独生活或形成短链。上、下壳约略等长，上壳斜锥形，宽约为长的 2 倍，左侧边短，直或稍凸，右侧边长，外凸明显。顶角直、粗壮，粗细均匀或基部较宽，末端开口，平截。横沟斜且宽阔，横沟边翅明显。下壳左侧边向外倾斜，直或稍凸，右侧边甚短，底边斜直。左底角短，匕首状，直或稍弯，末端较钝，向左侧稍偏下方向伸出；右底角长，自横沟下缘向右下方伸出很小一段距离后即急剧的弯向右侧偏上方向，与顶角形成较大的分歧，右底角末端较尖。壳面具粗壮发达的脊状条纹，尤其在顶角基部、横沟左侧缘和下壳底边，常生有透明翼，孔亦粗大清晰。

$D = 63 \sim 81\ \mu m$，$E = 33 \sim 46\ \mu m$，$H = 34 \sim 43\ \mu m$，$A = 87 \sim 108\ \mu m$，$L = 29 \sim 35\ \mu m$，$R = 81 \sim 148\ \mu m$，$\angle \varepsilon = 77° \sim 83°$，$\angle \delta = 15° \sim 20°$，$\angle \alpha_l = 70° \sim 75°$，$\angle \alpha_r \approx 90°$，$\angle \beta \approx 180°$。

东海、南海有分布。样品 2003 年秋季采自东海冲绳海槽西侧海域、2011 年 9 月采自南海北部海域，数量少。

暖水性种。太平洋、印度洋、红海、阿拉伯海、安达曼海、泰国湾、澳大利亚东部海域、加利福尼亚南部海域有记录。

Neoceratium macroceros 组：两底角或其中一底角向下方伸出一小段距离后再向上方弯曲，顶角和两底角通常较细弱，末端平截。

歧分新角藻 *Neoceratium carriense* (Gourret) Gómez, Moreira & López–Garcia, 2010

Gómez, Moreira & López–Garcia 2010, 45; 杨世民和李瑞香 2014, 81.

同种异名：歧分角藻 *Ceratium carriense* Gourret, 1883: Gourret 1883, t. 4, fig. 57; Jörgensen 1911, 68, fig. 147a–b; Jörgensen 1920, 89, fig. 81; Forti 1922, 68, fig. 54; Paulsen 1930, 90, fig. 57; Candelas 1930, 37, t. 3, fig. 77; Peters 1932, 50, t. 2, fig. 10h; Steemann Nielsen 1934, 26, fig. 64; Nie 1936, 65, fig. 30a; Schiller 1937, 425, fig. 464a–b; Halim 1967, 714, t. 3, fig. 30; Wood 1968, 25, fig. 46; Steidinger & Williams 1970, 44, t. 5, fig. 13a–b; Taylor 1976, 69, fig. 200; Dodge 1982, 236, fig. 31g; Hernández–Becerril 1989, 48, fig. 39; Tomas 1997, 471, t. 29; Koening et al. 2005, 394, fig. 3; 林永水 2009, 29, fig. 34; Omura et al. 2012, 95.

藻体细胞大型。上壳较短，左侧边明显向外凸出，右侧边直或稍凸。顶角细长，直或稍弯。横沟斜直，横沟边翅窄。下壳较长，右侧边甚短，左侧边微凸，底边斜。两底角基部粗壮，自下壳两隅生出后先向斜下方伸出一小段距离，然后弯折向斜上方伸展，至中后段向内侧弧形弯曲。壳面无明显脊状条纹，在两底角基部生有棘状小刺。

$D = 61 \sim 69\ \mu m$，$E = 32 \sim 37\ \mu m$，$H = 38 \sim 42\ \mu m$，$A = 617 \sim 914\ \mu m$，$L = 618 \sim 786 \mu m$，$R = 663 \sim 992\ \mu m$，$\angle \alpha_l = 50° \sim 60°$，$\angle \alpha_r = 60° \sim 70°$。

东海、南海、吕宋海峡有分布。样品 2010 年 8 月采自吕宋海峡，数量少。

暖温带至热带大洋性种。太平洋、大西洋、印度洋、地中海、加勒比海、加利福尼亚湾、墨西哥湾、孟加拉湾、佛罗里达海峡、不列颠群岛、巴西东部海域有分布。

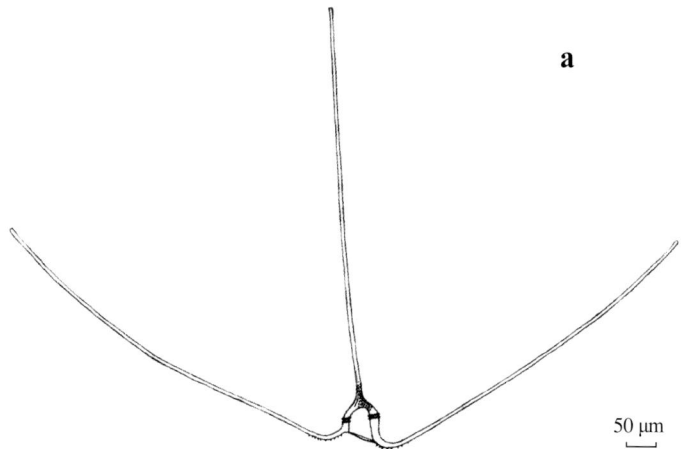

a

50 μm

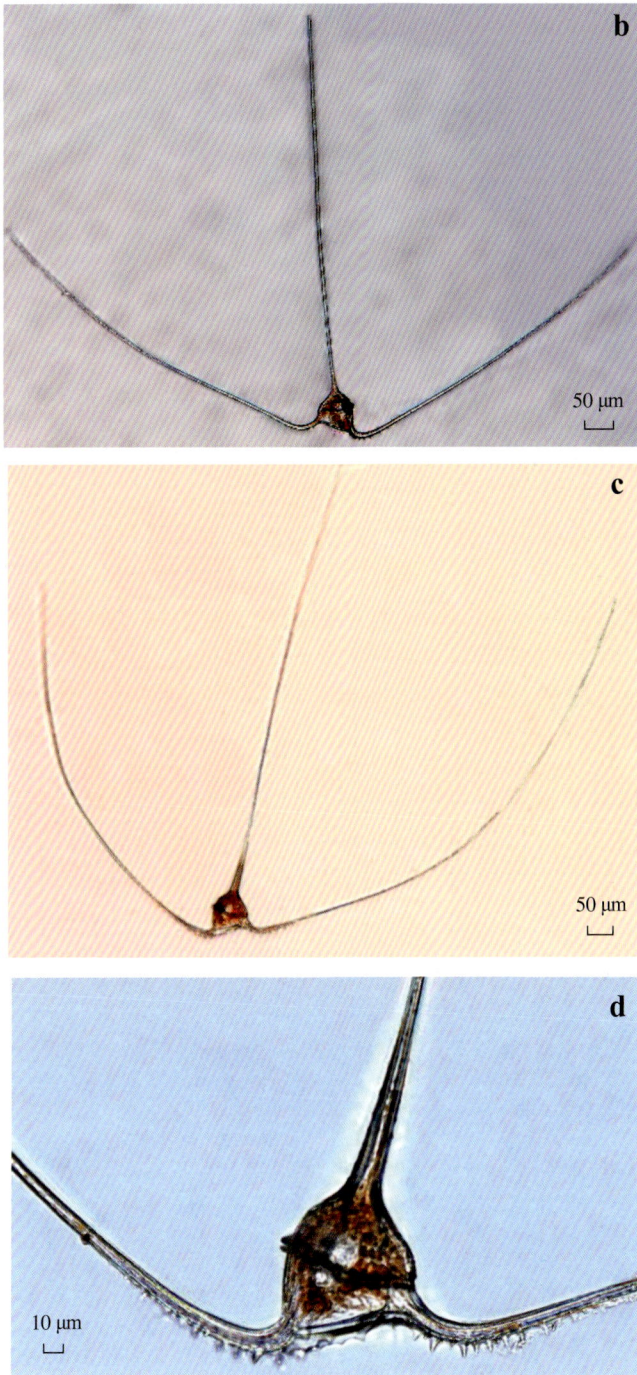

图 41　歧分新角藻 *Neoceratium carriense* (Gourret) Gómez, Moreira & López-Garcia, 2010
a, b. 腹面观；c. 背面观；d. 放大的藻体背面观；b–d. 活体

歧分新角藻飞姿变种 *Neoceratium carriense* var. *volans* (Cleve)

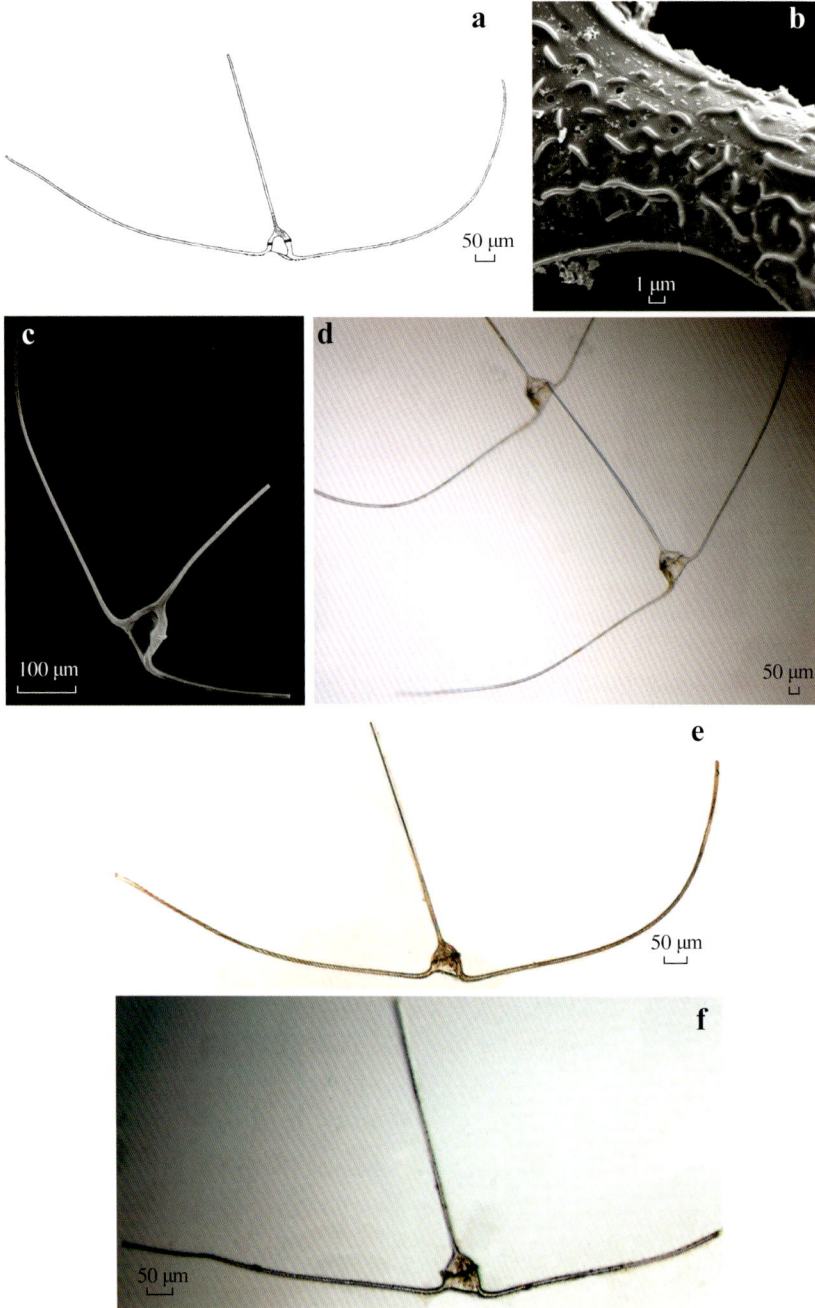

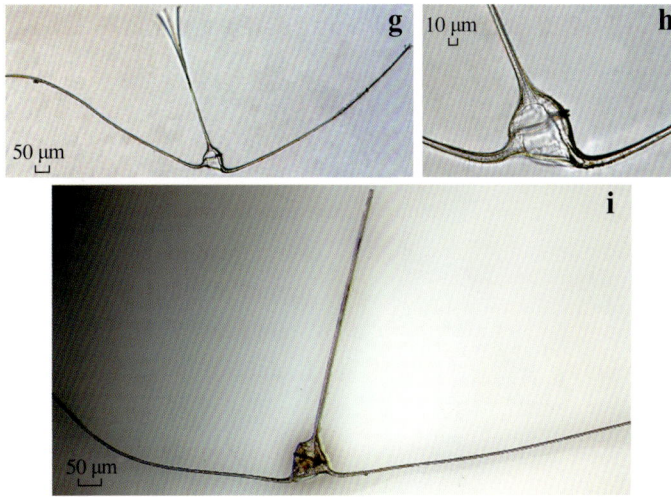

图 42　歧分新角藻飞姿变种 *Neoceratium carriense* var. *volans* (Cleve)

a,c,e–g.腹面观；b.示壳面脊状条纹及孔；d,i.背面观；h.放大的藻体腹面观；d.群体；d,e.活体；b,c.SEM

同种异名：歧分角藻飞姿变种 *Ceratium carriense* var. *volans* (Cleve) Jörgensen, 1911: Jörgensen 1911, fig. 148a–b, 149a–b; Jörgensen 1920, 90, fig. 82; Schiller 1937, 426, fig. 465; Wood 1954, 309, fig. 236a; Steidinger & Williams 1970, 44, t. 5, fig. 14a–b.

歧分角藻飞姿变种斯里兰卡变型 *Ceratium carriense* var. *volans* f. *ceylanicum* (Schröder) Jörgensen, 1911: Jörgensen 1911, 70, fig. 150a–b; Nie 1936, 67, fig. 30b–c; Schiller 1937, 427; Wood 1954, 309, fig. 236b; Gaarder 1954, 11; 郭玉洁等 1983, 83, fig. 15a–b, t. 2, fig. 14a–c; 林永水 2009, 30, fig. 35.

本变种与原种 *N. carriense* 的主要区别在于两底角的伸展方向。本变种左底角基部与顶角的夹角 $\angle\alpha_l$ 与原种相近，但左底角弯折后的伸展方向几乎与顶角垂直，而原种左底角弯折后与顶角的夹角明显较小，仅有 55°～60°。另外，本变种右底角基部与顶角的夹角 $\angle\alpha_r$ 较原种大，使得右底角的伸展方向较原种更加平直。

本变种下的斯里兰卡变型 *Ceratium carriense* var. *volans* f. *ceylanicum* 其特征是右底角末端稍向下弯曲（如图 42g），但作者在对本属的样本观察时，不止一次发现本属中有的物种底角末端有摆动的现象，因此作者推测右底角末端向下弯曲可能是这种作用的结果，故将本变种与斯里兰卡变型合并，并据此对原来的变种名进行了修订。

$D=66\sim131$ μm，$E=35\sim69$ μm，$H=46\sim81$ μm，$A=494\sim985$ μm，$L=800\sim1\,485$ μm，$R=764\sim1\,346$ μm，$\angle\alpha_l=50°\sim55°$，$\angle\alpha_r=75°\sim80°$。

东海、南海、吕宋海峡有分布。样品 2007 年 2 月采自钓鱼岛附近海域、2010 年 8 月采自吕宋海峡，数量少。

热带大洋性种。世界各热带海域均有分布。

反转新角藻 *Neoceratium contrarium* (Gourret) Gómez, Moreira & López–Garcia, 2010

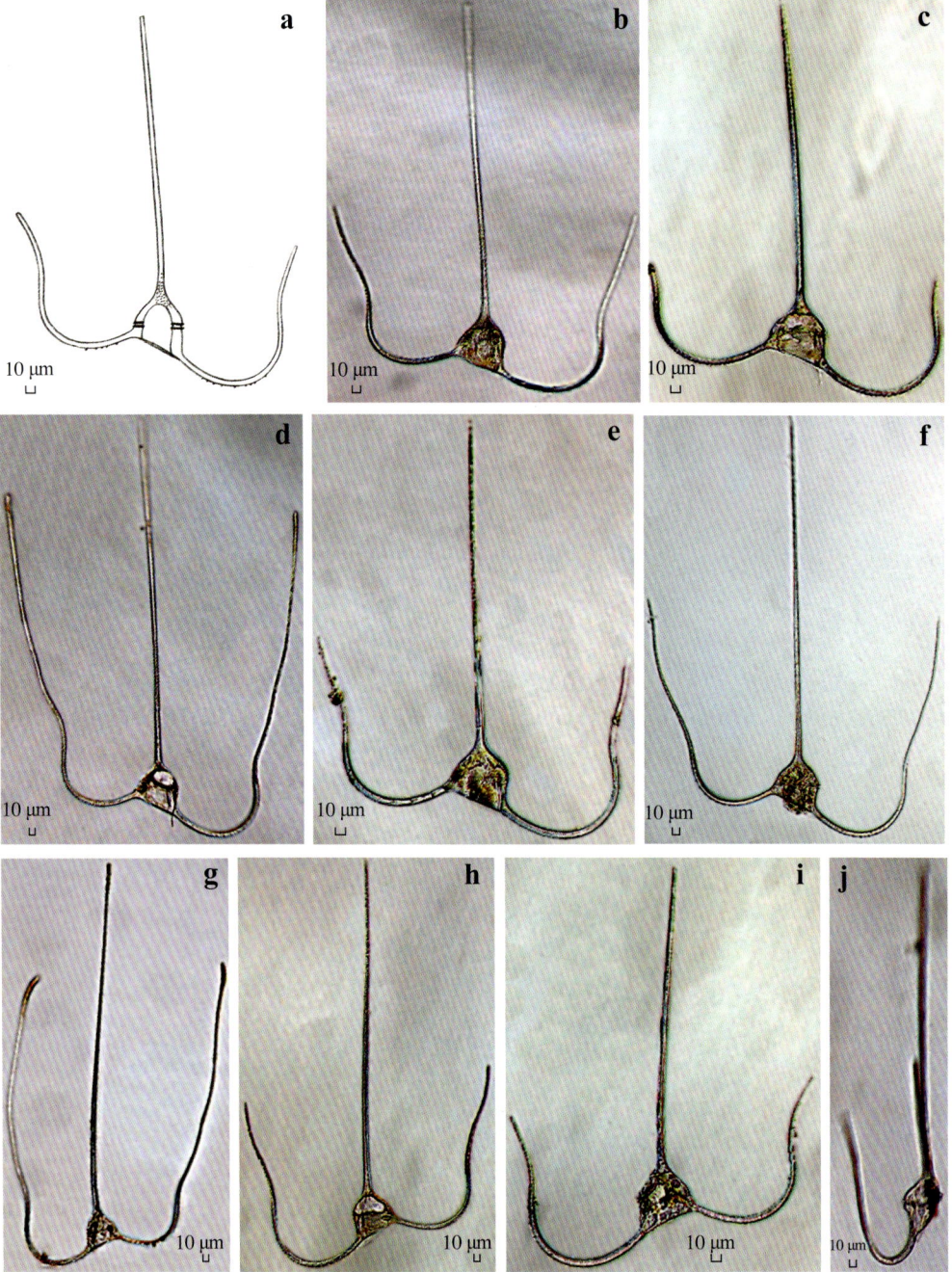

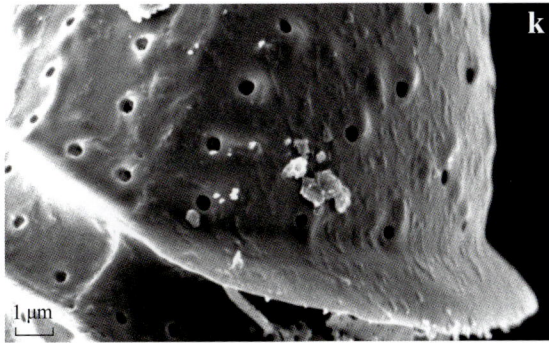

图 43　反转新角藻 *Neoceratium contrarium* (Gourret) Gómez, Moreira & López–Garcia, 2010
a–f.腹面观；g–i.背面观；j.左侧面观；k.示壳面脊状条纹及孔；b–j.活体；c,d.示纵鞭毛；k.SEM

Gómez, Moreira & López–Garcia 2010, 37, fig. 1c; 杨世民和李瑞香 2014, 82.

同种异名：反转角藻 *Ceratium contrarium* (Gourret) Pavillard, 1905: Pavillard 1905, 53, t. 2, fig. 1; Jörgensen 1920, 93, fig. 84; Candeias 1930, 37, t.4, fig. 78; Peters 1932, 50, t. 2, fig. 10c; Steemann Nielsen 1934, 27, fig. 67; Graham et Bronikovsky 1944, 40, fig. 22e, 24a–b; Margalef 1948, 49, fig. 2h; Silva 1949, 361, t. 9, fig. 12; Margalef 1957, 47, fig. 3f; Trégouboff & Rose 1957, 116, t. 26, fig. 18; Halim 1960a, t. 5, fig. 14; Halim 1963, 499, fig. 30; Sournia 1968, 473, fig. 90; Wood 1968, 26, fig. 49; Hermosilla 1973, 26, t. 2, fig. 17; Taylor 1976, 69, fig. 213; 林金美 1984, 33, t. 1, fig. 14; 李瑞香和毛兴华 1985, 44, fig. 6; Balech 1988, 151, lam. 66, fig. 5; Hernández–Becerril 1989, 48, fig. 26; 林永水 2009, 31, fig. 36, t. 2, fig. 11.

Ceratium tripos var. *contrarium* Gourret, 1883: Gourret 1883, 32, t. 3, fig. 51.

Ceratium trichoceros var. *contrarium* (Gourret) Schiller, 1937: Schiller 1937, 431, fig. 471; Wood 1954, 311, fig. 239c; Subrahmanyan 1968, 82, fig. 148; Reinecke 1973, 365, fig. 22g–k, 24a–e.

藻体细胞小至中型，宽稍大于长，腹面观近三角形，顶角和两底角均很细长。上壳稍长于下壳或上、下壳近等长，上壳扁锥形，右侧边较直，左侧边稍凸。顶角直或略弯向右侧，末端平截。横沟直而明显，横沟边翅甚窄。下壳两侧边稍向外侧倾斜，底边斜直。两底角向外侧偏下方伸出一段距离后再弧形弯向上方，尤其左底角基部伸出的方向几乎与下壳底边延长线重合，两底角弯向上方后会形成波浪状弯曲，末端通常向外分歧。壳面具许多短而细弱的脊状条纹，孔细小。

$D = 53 \sim 61$ μm，$E = 30 \sim 35$ μm，$H = 28 \sim 36$ μm，$A = 284 \sim 576$ μm，$L = 204 \sim 568$ μm，$R = 171 \sim 556$ μm，$x = 102 \sim 121$ μm，$y = x$，$b = 18 \sim 21$ μm，$\angle\varepsilon = 80° \sim 85°$，$\angle\delta \approx 20°$，$\angle\rho_l = 180°$，$\angle\beta = 135° \sim 140°$。

南黄海、东海、南海、吕宋海峡均有分布。样品 2007 年 2 月采自钓鱼岛附近海域、2008 年 6 月采自三亚附近海域、2009 年 3 月采自台湾东南部海域、2009 年 7 月采自吕宋海峡和南海北部海域、2010 年 8 月采自吕宋海峡。

耐高温暖水表层种。太平洋、大西洋、印度洋、地中海、加勒比海、佛罗里达海峡、加利福尼亚附近海域、巴西东南部海域有记录。

偏转新角藻 *Neoceratium deflexum* (Kofoid) Gómez, Moreira & López-Garcia, 2010

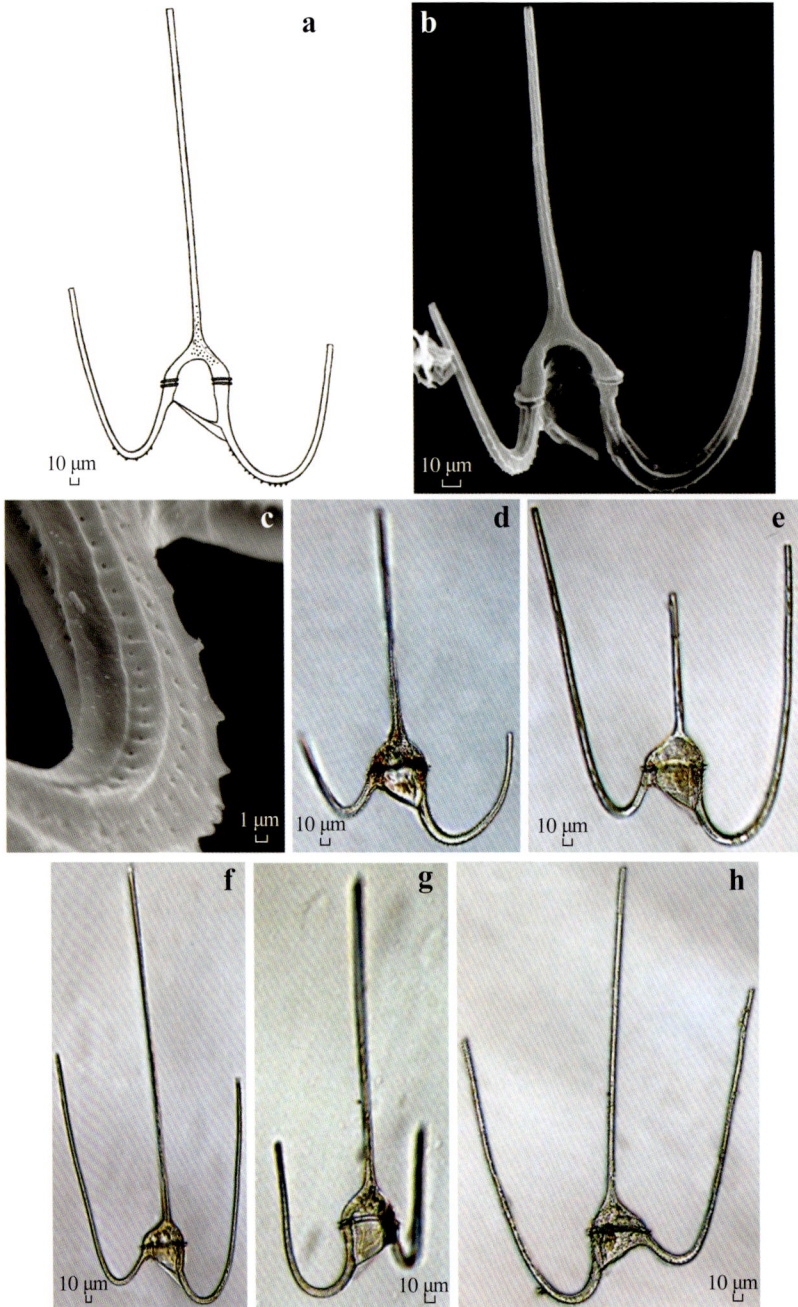

图 44　偏转新角藻 *Neoceratium deflexum* (Kofoid) Gómez, Moreira & López–Garcia, 2010
a、b、d–f. 腹面观；c. 示右底角基部；g、h. 背面观；i. 放大的藻体腹面观；j. 左侧面观；
k. 右侧面观；d–i. 活体；i. 示纵鞭毛；b、c. SEM

Gómez, Moreira & López–Garcia 2010, 45；杨世民和李瑞香 2014, 83.

同种异名：偏转角藻 *Ceratium deflexum* (Kofoid) Jörgensen, 1911: Jörgensen 1911, 64, fig. 138–139; Böhm 1931b, 37, fig. 33–34; Steemann Nielsen 1934, 25, fig. 63; Nie 1936, 63, fig. 29a–b; Schiller 1937, 428, fig. 467a–b; Graham et Bronikovsky 1944, 39, fig. 22c–d; Wood 1954, 310, fig. 237; Kato 1957, 19, t. 7, fig. 25; Toriumi 1964, 25, t. 3, fig. 14; Yamaji 1966, 101, t. 49, fig. 3; Sournia 1968, 464, fig. 86; Subrahmanyan 1968, 78, fig. 145–146; Wood 1968, 27, fig. 51; Ricard 1970, t. 2, fig. a; Reinecke 1973, 303, fig. 7a–l, 8a–b, 12i–l, 14c; Taylor 1976, 70, fig. 197; 郭玉洁等 1983, 84, fig. 16a–d, t. 1, fig. 12, t. 2, fig. 15; Hernández–Becerril 1989, 48, fig. 23; 林永水 2009, 32, fig. 37, t. 11, fig. 2; Omura et al. 2012, 94.

Ceratium californiense Karsten, 1907: Karsten 1907, t. 51, fig. 15.

Ceratium macroceros deflexum Kofoid, 1907: Kofoid 1907a, 304, t. 24, fig. 13–15.

藻体细胞中型，长稍大于宽，单独生活，极少形成短链。上壳略短于下壳，稍向左侧倾斜，两侧边均稍凸。顶角长且直，基部较粗壮，末端平截。横沟直或稍弯，横沟边翅窄。下壳较长，两侧边均斜直，底边直且甚斜，其上常生有透明翼。两底角自下壳两隅生出后即向外侧下方、同时向腹侧方向偏转伸出一段距离，然后再弧形弯向上方，与顶角近平行方向伸出，但两底角与顶角不在同一平面上。藻体壳面脊状条纹细弱不明显，但在顶角和两底角上常生有明显的线状条纹，在成熟细胞的两底角基部，还生有小刺。

$D=51\sim69$ μm，$E=33\sim37$ μm，$H=41\sim49$ μm，$A=144\sim568$ μm，$L=196\sim432$ μm，$R=147\sim429$ μm，$x=61\sim76$ μm，$y=47\sim68$ μm，$b=31\sim51$ μm，$\angle\delta=29°\sim34°$，$\angle\alpha_l=20°\sim31°$，$\angle\alpha_r=36°\sim53°$，$\angle\beta=60°\sim72°$。

南黄海、东海、南海、吕宋海峡均有分布。样品 2003 年秋季、2007 年 11 月采自东海、2008 年 6 月采自三亚附近海域、2009 年 7 月采自吕宋海峡和南海北部海域、2009 年 8 月采自东海。

热带大洋上层性种。太平洋、印度洋、红海、佛罗里达海峡、加利福尼亚湾有记录。

网纹新角藻 *Neoceratium hexacanthum* (Gourret) Gómez, Moreira & López-Garcia, 2010

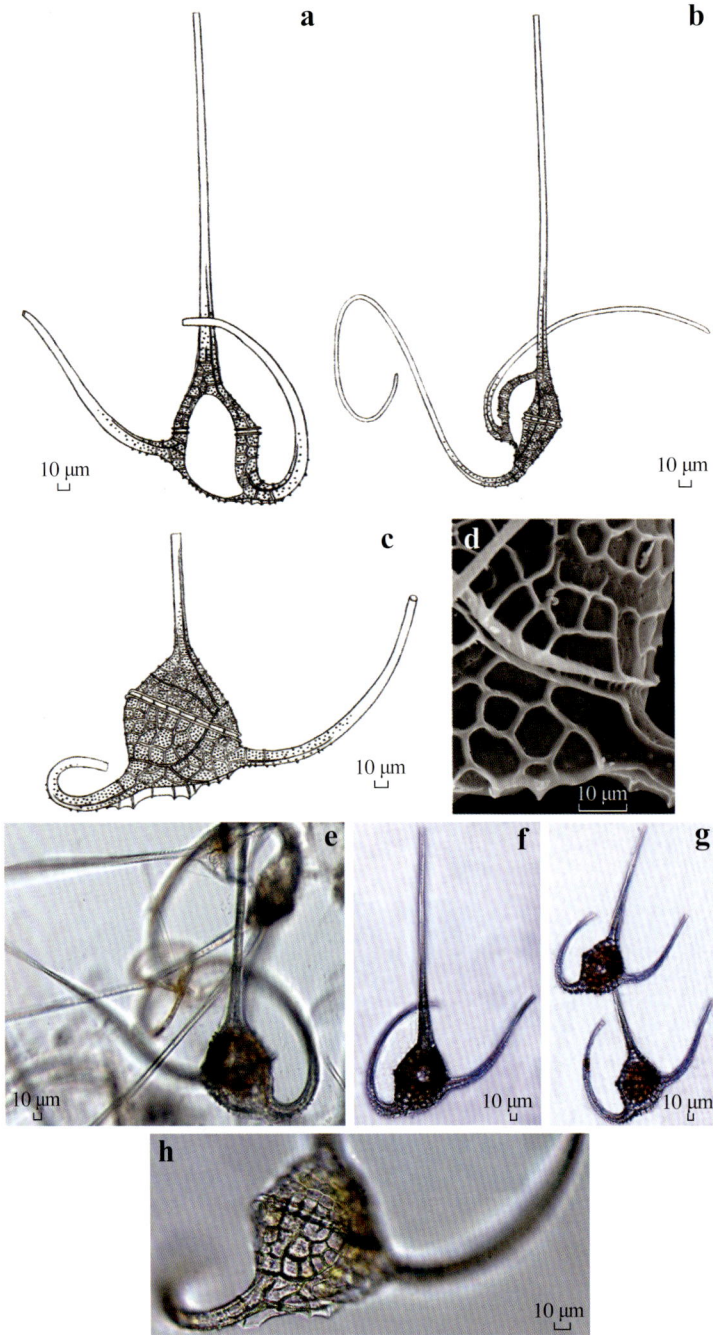

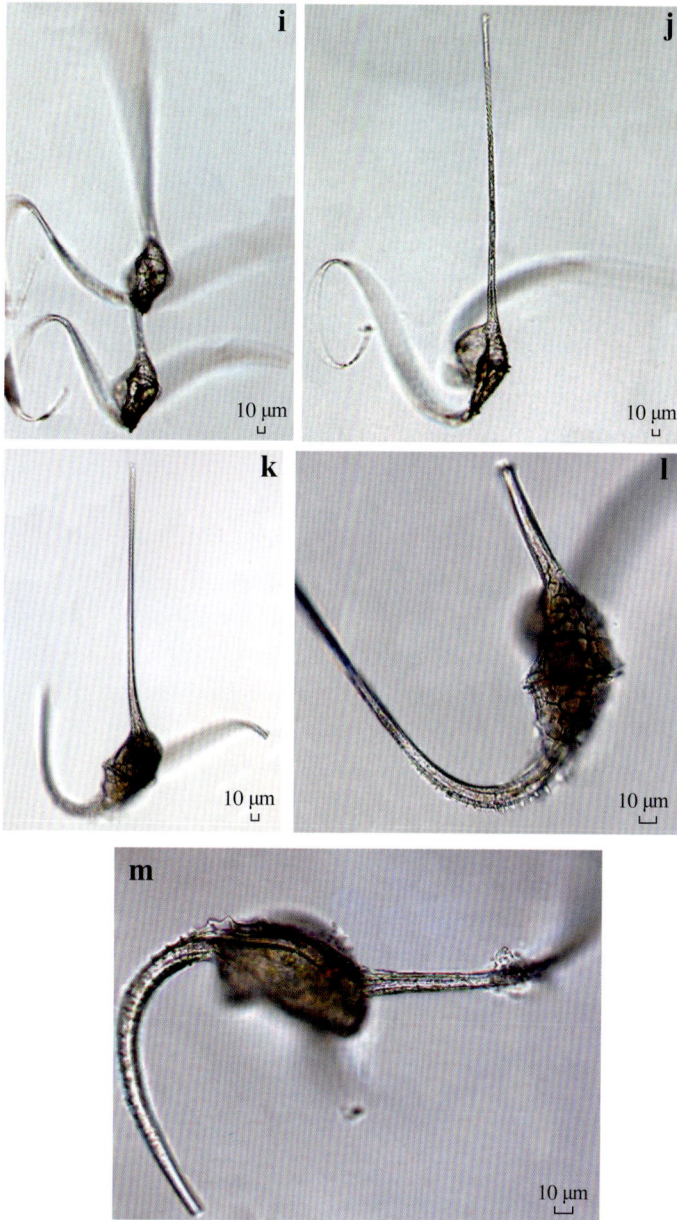

图45 网纹新角藻 *Neoceratium hexacanthum* (Gourret) Gómez, Moreira & López–Garcia, 2010
a, e. 腹面观；b, i–l. 左侧面观；c, f–h. 背面观；d. 示壳面网格结构及孔；m. 底面观；
g, i. 群体；e–m. 活体；d. SEM

Gómez, Moreira & López–Garcia 2010, 37, fig. 1h–i；杨世民和李瑞香 2014, 84.

同种异名：网纹角藻 *Ceratium hexacanthum* Gourret, 1883: Gourret 1883, 36, t. 3, fig. 49; Jörgensen 1911, 86, t. 10, fig. 182–183; Jörgensen 1920, 101, fig. 94; Paulsen 1930, 91; Peters 1932, 54, t. 2, fig. 10a, 11b; Steemann Nielsen 1934, 29, fig. 73; Schiller 1937, 421, fig. 462; Graham et

Bronikovsky 1944, 44, fig. 27f–g; Wood 1954, 306, fig. 234a–b; Halim 1967, 719, t. 3, fig. 34–35; Sournia 1968, 484, fig. 98; Subrahmanyan 1968, 72, fig. 140–141; Wood 1968, 31, fig. 63; Steidinger & Williams 1970, 45, t. 9, fig. 23a–c; Taylor 1976, 70, fig. 214; Dodge 1982, 236, fig. 30h–i, t. 7e; 林金美 1984, 34, t. 1, fig. 15; Balech 1988, 152, lam. 69, fig. 1–2; Tomas 1997, 474, t. 27; Omura et al. 2012, 94.

网纹角藻旋角变型 *Ceratium hexacanthum* f. *spirale* (Kofoid) Schiller, 1937: Schiller 1937, 422, fig. 462c; Taylor 1976, 70, fig. 215; 郭玉洁等 1983, 85, fig. 17a–d, t. 2, fig. 13a–c; 林金美 1984, 34, t. 2, fig. 11; 林永水和周近明 1993, 61–62, t. 55–56; 林永水 2009, 33, fig. 38, t. 2, fig. 12, t. 12, fig. 1a–c.

Ceratium hexacanthum spirale Kofoid, 1907: Kofoid 1907a, 305, t. 27, fig. 27–28.

网纹新角藻反曲变种 *Neoceratium hexacanthum* var. *contortum* (Lemmermann) Yang & Li, 2014: 杨世民和李瑞香 2014, 85.

网纹角藻反曲变种 *Ceratium hexacanthum* var. *contortum* Lemmermann, 1900: Lemmermann 1900, 347, t. 2, fig. 20–21; Taylor 1976, 70, fig. 219; 林金美 1984, 34, t. 2, fig. 12; Hernández–Becerril 1989, 50, fig. 44, 52; 林永水 2009, 34, fig. 39, t. 2, fig. 13, t.12, fig. 2.

Ceratium hexacanthum f. *contortum* (Lemmermann) Jörgensen, 1911: Jörgensen 1911, 1c; Schiller 1937, 422, fig. 462b.

Ceratium reticulatum (Pouchet) Cleve, 1903: Cleve 1903, 342; Paulsen 1908, 82, fig. 110; Forti 1922, 76, fig. 62; Lebour et al. 1925, 157, fig. 51.

藻体细胞大型，细胞壁厚，壳面具粗大的多角形网格结构，单独生活，少数形成短链。上壳略短，呈近三角形，两侧边直或稍凸。顶角细，基部较粗，末端开口，平截。横沟斜，横沟边翅明显。下壳较长，右侧边甚短，左侧边直或稍凸，底边斜且外凸明显，其上生有具刺的透明翼。左底角自下壳生出后向上方、腹面偏内侧（右侧）伸展，有时左底角甚长并在末端形成螺旋状卷曲；右底角则先向外侧（右侧）伸展一段距离后，逐渐向上方、背面弯曲，两底角基部均较粗并生有小刺。

$D = 73 \sim 89 \ \mu m$，$E = 39 \sim 47 \ \mu m$，$H = 45 \sim 58 \ \mu m$。

国内外许多学者认为本种种下有多个变种和变型，如将左底角末端卷曲如螺旋状的定义为网纹角藻旋角变型 *Ceratium hexacanthum* f. *spirale*（如图 45b, e, i, j）；将左底角较长并向腹面弯曲不形成螺旋状的定义为网纹角藻反曲变种 *Ceratium hexacanthum* var. *contortum*（如图 45c, h, l, m）；将左底角较短向腹面伸展很短距离的定义为原种 *Ceratium hexacanthum*（如图 45a, f, g）。但是，Pizay 等（2009）证实，角藻属物种（Pizay 等采用的实验物种为蛙趾角藻 *Ceratium ranipes*）两底角的附属结构在光周期内会出现缢断和重新生长的现象，因此，作者认为本种中个体左底角的长短及卷曲与否也是这种缢断—重新生长的结果，本种的原种、旋角变型和反曲变种应该合并，属同一物种。

东海、南海、吕宋海峡均有分布。样品 2007 年 2 月采自东海、2008 年 6 月采自三亚附近海域、2010 年 8 月采自吕宋海峡、2011 年 7 月采自中沙群岛北部海域、2012 年 4 月采自南海北部海域。

暖温带至热带性种。太平洋、大西洋、印度洋、地中海、加勒比海、红海、墨西哥湾、佛罗里达海峡、不列颠群岛、澳大利亚东部海域、巴西附近海域均有分布。

粗刺新角藻 *Neoceratium horridum* (Gran) Gómez, Moreira & López-Garcia, 2010

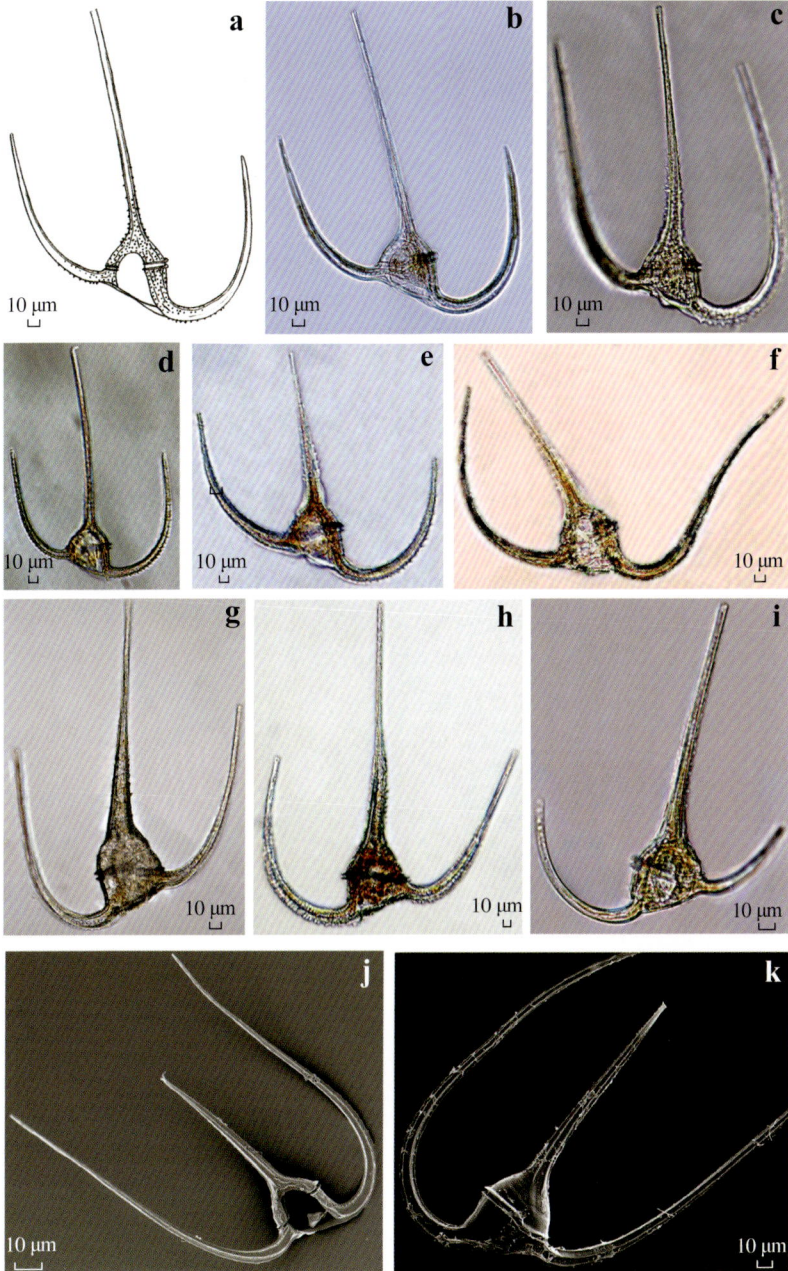

图 46

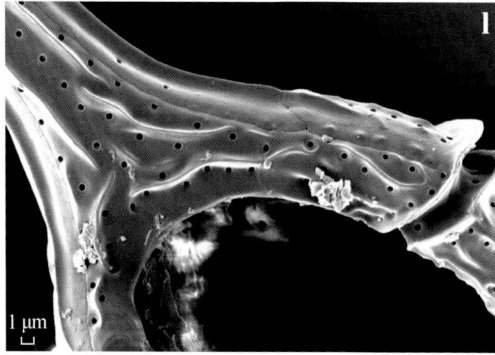

图 46 粗刺新角藻 *Neoceratium horridum* (Gran) Gómez, Moreira & López–Garcia, 2010
a–f, j. 腹面观；g–i, k. 背面观；l. 示壳面脊状条纹及孔；f. 示左底角摆动；d–f, h. 活体；j–l. SEM

Gómez, Moreira & López–Garcia 2010, 37, fig. 1g, 7g–h.

同种异名：粗刺角藻 *Ceratium horridum* (Cleve) Gran, 1902: Gran 1902, 193; Ostenfeld 1903, 584, fig. 136–139; Jörgensen 1920, 96, fig. 86; Lebour et al. 1925, 155, t. 34, fig. 2; Schiller 1937, 413, fig. 455a–c; Graham et Bronikovsky 1944, 42, fig. 24c–i, 25a–c, 25e–g; Wood 1954, 300, fig. 230a–b; Gaarder 1954, 12; Kato 1957, 17, t. 5, fig. 14; Margalef 1969a, fig. 5d; Steidinger & Williams 1970, 46; Taylor 1976, 71, fig. 207; Dodge 1982, 240, fig. 31b, h; Burns & Mitchell 1982, 60, fig. 11; Balech 1988, 148, lam. 65, fig. 3–7; Hernández–Becerril 1989, 49, fig. 35; Tomas 1997, 474, t. 28; 林永水 2009, 35, fig. 40, t. 3, fig. 1.

Ceratium tripos var. *horrida* Cleve, 1896: Cleve 1896, 302, t. 8, fig. 4.

Ceratium buceros Zacharias, 1906: Zacharias 1906, 551, fig. 15; Schiller 1937, 415, fig. 456; Yamaji 1966, 104, t. 50, fig. 9; Wood 1968, 24, fig. 43; Margalef 1969a, fig. 5c; 李瑞香和毛兴华 1985, 43, fig. 4.

Ceratium intermedium (Jörgensen) Jörgensen, 1905: Jörgensen 1905, 111; Paulsen 1908, 83, fig. 111–112; Jörgensen 1911, 83, t. 10, fig. 174–176; Wang et Nie 1932, 300, fig. 13; Wang 1936, 163, fig. 31; Yamaji 1966, 104, t. 50, fig. 8.

藻体细胞小至中型。上壳左侧边明显外凸，右侧边直或稍凸。顶角直或稍弯向右侧，基部粗壮，向上逐渐变细，末端开口，平截。横沟直或稍弯，横沟边翅较宽。下壳右侧边甚短，左侧边直或稍凸，底边斜，其上生有透明翼。两底角粗大，左底角自下壳生出后先向外侧偏下方伸出一段距离，然后弧形弯向上方，末端与顶角近平行或稍分歧；右底角自基部即向外侧偏上方伸展并逐渐弯曲，末端与顶角稍分歧。壳面脊状条纹粗大明显，在顶角和两底角的基部常生有透明翼或线状条纹，并伴有多数清晰的棘状小刺。

D=40～68 μm，E=22～37 μm，H=26～41 μm，A=143～258 μm，L=112～201 μm，R=69～196 μm，x=41～83 μm，y=13～22 μm，b=7～13 μm，$\angle\delta$=24°～30°。

中国各海域均有分布。样品采自渤海、黄海、青岛沿海、东海、南海、三亚附近海域、吕宋海峡、南沙群岛附近海域。

世界广布种。从河口到大洋、从寒带至热带海域均可找到。

棒槌新角藻 *Neoceratium claviger* (Kofoid)

同种异名：粗刺角藻棒槌变种 *Ceratium horridum* var. *claviger* (Kofoid) Graham et Bronikovsky, 1944: Graham et Bronikovsky 1944, 42, fig. 23j, l; Taylor 1976, 71, fig. 211; 林金美 1984, 35, t. 3, fig. 1; 林永水 2009, 36, fig. 41.

Ceratium claviger Kofoid, 1907: Kofoid 1907b, 170, t. 4, fig. 27; Steemann Nielsen 1934, 28, fig. 70; Yamaji 1966, 104, t. 50, fig. 9.

Ceratium buceros f. *claviger* (Kofoid) Schiller, 1937: Schiller 1937, 415, fig. 456e; Wood 1954, 303, fig. 231e-f; 李瑞香和毛兴华 1985, 43, fig. 5.

Ceratium horridum f. *claviger* (Kofoid) Sournia, 1968: Sournia 1968, 480; Balech 1988, 149, lam. 65, fig. 9.

藻体细胞中型。上壳腹面观近三角形，两侧边稍凸。顶角长，稍向右侧弯曲。下壳右侧边甚短，左侧边直，底边斜且略凸，其上生有透明翼。两底角自下壳两隅生出后即弯向上方，与顶角近平行伸出，两底角末端膨胀呈棒槌状，但有时末端也会缢断（如图47c）。壳面较平滑，两底角基部具小刺。

D=36~47 μm, E=21~25 μm, H=24~29 μm, A=216~332 μm, L=193~246 μm, R=159~198 μm, x=43~49 μm, y=11~15 μm, b=5~8 μm, $\angle\delta$=23°~27°。

东海、南海有分布。样品2007年2月采自钓鱼岛附近海域、2008年6月采自三亚附近海域、2009年8月采自东海、2011年7月采自中沙群岛北部海域。

暖海大洋性种。太平洋、大西洋、印度洋、澳大利亚东部海域、新西兰附近海域、巴西东南部海域、马达加斯加西侧海域有记录。

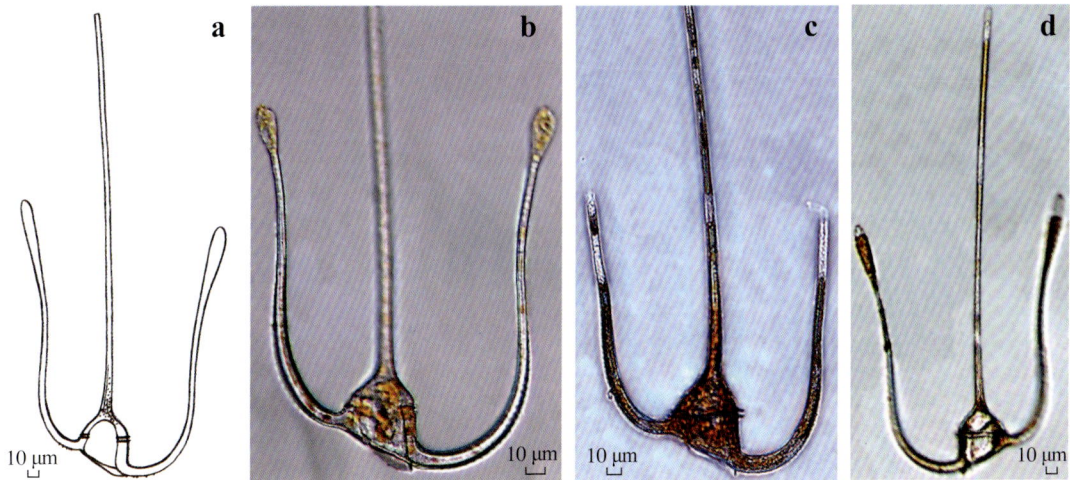

图 47 棒槌新角藻 *Neoceratium claviger* (Kofoid)
a–c. 腹面观；d. 背面观；b–d. 活体

细齿新角藻 *Neoceratium denticulatum* (Jörgensen)

同种异名：粗刺角藻细齿变种 *Ceratium horridum* var. *denticulatum* Jörgensen, 1920: Jörgensen 1920, 98, fig. 91; Taylor 1976, 72, fig. 202; 林永水 2009, 36, fig. 42.

Ceratium denticulatum (Jörgensen) Paulsen, 1930: Paulsen 1930, 93, fig. 61.

Ceratium buceros f. *denticulatum* (Jörgensen) Schiller, 1937: Schiller 1937, 417, fig. 457c; Wood 1954, 303, fig. 231i.

藻体细胞小型，宽稍大于长。上壳腹面观近三角形，左侧边稍凸，右侧边较直。顶角细长，基部稍粗，直或略弯向右侧。下壳右侧边甚短，左侧边长且直，底边斜，其上常生有透明翼。两底角自下壳两隅生出后先向斜下方伸出一小段距离，然后弯折向斜上方伸展。壳面脊状条纹清晰，顶角和两底角基部具多个棘状小刺。

$D=36\sim40$ μm，$E=21\sim23$ μm，$H=22\sim24$ μm，$A=137\sim156$ μm，$L=73\sim121$ μm，$R=69\sim118$ μm，$x=41\sim49$ μm，$y=13\sim18$ μm，$\angle\delta=20°\sim25°$。

本种与粗刺新角藻 *N. horridum* 非常相似，但本种藻体细胞较后者稍小，两底角弯折后向上歧分的角度大，夹角可达 $105°\sim120°$，而后者两底角末端仅稍分歧，夹角明显小于本种。

东海、南海有分布。样品2007年11月采自东海、2010年8月采自南海北部海域，数量少。

暖水性种。印度洋、地中海、澳大利亚附近海域、马达加斯加西部海域有分布。

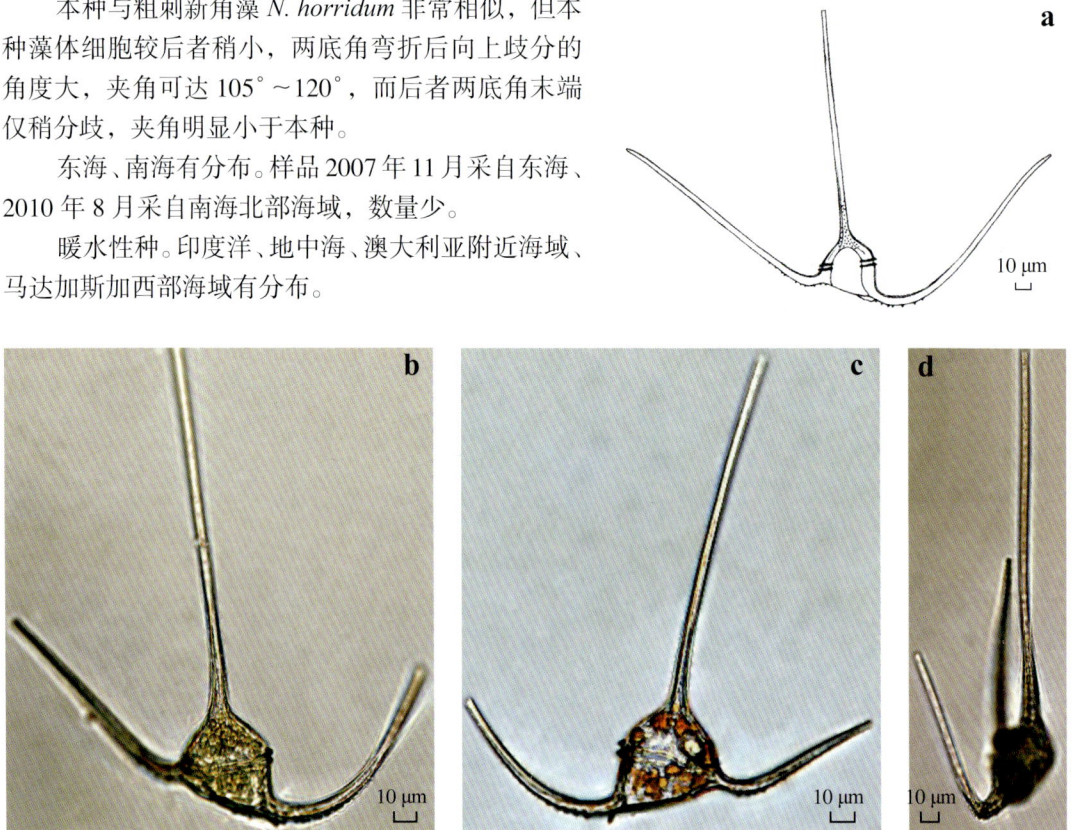

图 48　细齿新角藻 *Neoceratium denticulatum* (Jörgensen)
a,b.腹面观；c.背面观；d.左侧面观；c.活体

柔软新角藻 *Neoceratium molle* (Kofoid) Yang & Li, 2014

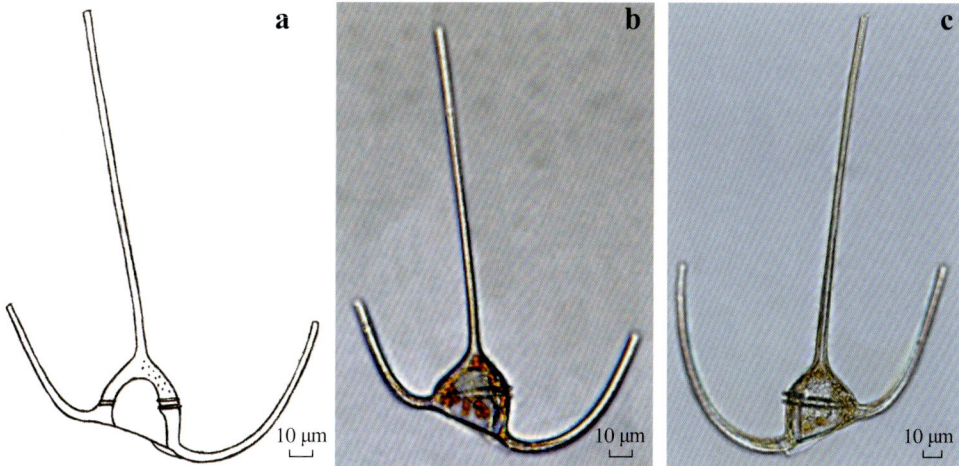

图 49　柔软新角藻 *Neoceratium molle* (Kofoid) Yang & Li, 2014
a, b. 腹面观；c. 背面观；b, c. 活体

杨世民和李瑞香 2014, 91.

同种异名：粗刺角藻柔软变种 *Ceratium horridum* var. *molle* (Kofoid) Graham et Broniovsky, 1944: Graham et Broniovsky 1944, 42, fig. 23i, k, 25d; Taylor 1976, 71, fig. 208; Balech 1988, 149, lam. 65, fig. 8; 林永水 2009, 37, fig. 43, t. 3, fig. 2.

Ceratium molle Kofoid, 1907: Kofoid 1907a, 304, t. 27, fig. 26; Steemann Nielsen 1934, 28, fig. 71; Wang 1936, 162, fig. 30.

Ceratium buceros f. *molle* (Kofoid) Schiller, 1937: Schiller 1937, 417, fig. 457a; Wood 1954, 303, fig. 231g.

藻体细胞小型，长与宽几乎相等。上壳腹面观近三角形，两侧边均稍凸。顶角长，直或稍弯向右侧，末端开口，平截。横沟直且稍斜，横沟边翅窄。下壳右侧边甚短，左侧边长且直，底边斜，直或稍凸，其上生有透明翼。两底角自下壳两隅生出后先向外侧伸出一段距离，然后平滑的弯向上方，左底角末端与顶角近平行，右底角则与顶角稍显分歧。壳面较平滑，无脊状条纹，但在顶角基部通常生有线状条纹，两底角基部有时具小刺。

$D=32\sim36$ μm，$E=16\sim17$ μm，$H=17\sim19$ μm，$A=92\sim178$ μm，$L=76\sim98$ μm，$R=59\sim87$ μm，$x=40\sim43$ μm，$y=9\sim10$ μm，$b=5\sim6$ μm，$\angle\delta=20°\sim25°$。

本种与粗刺新角藻 *N. horridum* 非常相似，但本种较后者个体更小些，顶角及两底角也更加纤弱。

渤海、黄海、东海、南海均有分布。样品 2010 年 8 月采自南海北部海域，数量少。

广布性种。太平洋、大西洋、印度洋、地中海、红海、澳大利亚东部海域、新西兰附近海域、巴西东南部海域有记录。

伸展新角藻 *Neoceratium patentissimum* (Ostenfeld & Schmidt) Yang & Li, 2014

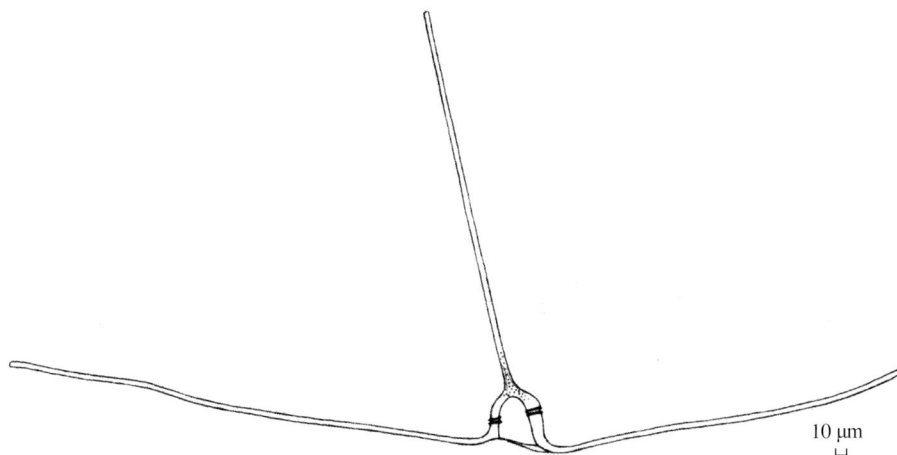

图 50　伸展新角藻 *Neoceratium patentissimum* (Ostenfeld & Schmidt) Yang & Li, 2014
腹面观

杨世民和李瑞香 2014, 92.

同种异名：粗刺角藻伸展变种 *Ceratium horridum* var. *patentissimum* (Ostenfeld & Schmidt) Taylor, 1976: Taylor 1976, 72, fig. 212; 林金美 1984, 35, t. 3, fig. 3; 林永水 2009, 38, fig. 44, t. 3, fig. 3.

Ceratium patentissimum Ostenfeld & Schmidt, 1901: Ostenfeld & Schmidt 1901, 168, fig. 22; Karsten 1906, t. 21, fig. 22.

Ceratium tenuissimum Kofoid, 1907: Kofoid 1907a, 307, t. 29, fig. 32–33.

藻体细胞小型，长与宽近乎相等。上壳两侧边均凸，顶角细长，直或稍弯向右侧，末端开口，平截。横沟直，横沟边翅窄。下壳右侧边甚短，左侧边较直，底边略斜。两底角自下壳两隅生出后即向外侧近平直伸出，两底角歧分的角度很大，可达 145°～160°。壳面较平滑，无明显脊状条纹，两底角基部有时具小刺。

$D = 45$ μm，$E = 20$ μm，$H = 23$ μm，$A = 372$ μm。

本种与歧分新角藻飞姿变种 *N. carriense* var. *volans* 非常相似，但本种藻体较后者小且更显圆润（Kofoid, 1907; Taylor, 1976），另外本种的下壳底边也较后者更平直些。

东海、南海有分布。样品 2011 年 7 月采自中沙群岛附近海域。

暖水性种。太平洋、印度洋有记录。

纤细新角藻 *Neoceratium tenue* (Ostenfeld & Schmidt) Gómez, Moreira & López–Garcia, 2010

Gómez, Moreira & López–Garcia 2010, 37.

同种异名：粗刺角藻纤细变种 *Ceratium horridum* var. *tenue* Ostenfeld & Schmidt, 1901: Taylor 1976, 71, fig. 204; 林永水 2009, 39, fig. 45, t. 3, fig. 4.

Ceratium tenue (Ostenfeld & Schmidt) Jörgensen, 1911: Jörgensen 1911, 77, fig. 163; Jörgensen 1920, 96; Steemann Nielsen 1934, 28, fig. 69; Nie 1936, 71, fig. 34; Graham et Bronikovsky 1944, 43, fig. 26c–d; Yamaji 1966, 103, t. 50, fig. 4–6; Balech 1988, 149, lam. 66, fig. 1.

藻体细胞中型，长与宽几乎相等。上壳略短于下壳，腹面观三角形，左侧边较凸，右侧边直或稍凸。顶角细长，末端稍弯向右侧。横沟直，横沟边翅窄。下壳稍长，右侧边甚短，左侧边微凹，底边斜，其上生有透明翼。左底角自下壳生出后先向斜下方伸出一段距离，然后弯向斜上方；右底角自基部起即向斜上方伸展，两底角末端常向内侧收拢，有时末端还会稍稍膨大（Taylor, 1976）。壳面较平滑，在顶角基部具线状条纹，两底角基部具小刺。

$D=37\sim45\ \mu m$，$E=17\sim21\ \mu m$，$H=21\sim27\ \mu m$，$A=297\sim443\ \mu m$，$L=229\sim413\ \mu m$，$R=226\sim377\ \mu m$，$x=35\sim46\ \mu m$，$y=19\sim22\ \mu m$，$b=7\sim9\ \mu m$，$\angle\delta=21°\sim27°$，$\angle\beta=140°\sim145°$。

南黄海、东海、南海有记录。样品 2007 年 1 月采自冲绳海槽西侧海域、2011 年 9 月采自南海北部海域。

暖温带至热带大洋性种。太平洋、大西洋、印度洋、地中海有分布。

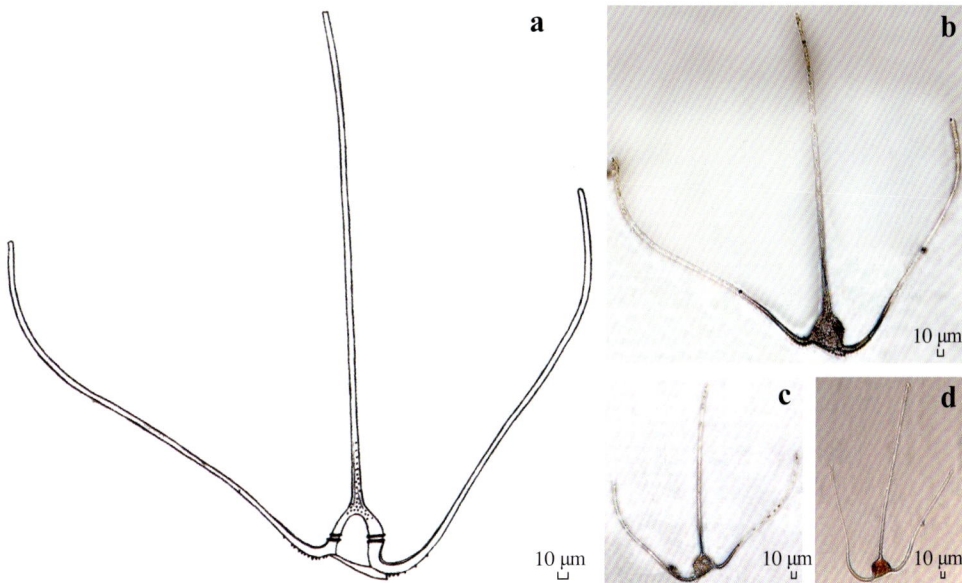

图 51 纤细新角藻 *Neoceratium tenue* (Ostenfeld & Schmidt) Gómez, Moreira & López–Garcia, 2010
a, b. 腹面观；c, d. 背面观；d. 活体

弯顶新角藻 *Neoceratium longipes* (Bailey) Gómez, Moreira & López-Garcia, 2010

Gómez, Moreira & López-Garcia 2010, 37; 杨世民和李瑞香 2014, 86.

同种异名：弯顶角藻 *Ceratium longipes* (Bailey) Gran, 1902: Gran 1902, 52, fig. 193; Jörgensen 1911, 84, fig. 178–180; Lebour et al. 1925, 156, fig. 50c, t. 31, fig. 2; Wang 1936, 165, fig. 32; Schiller 1937, 410, fig. 452a–b; Wood 1954, 300; Gaarder 1954, 13; Subrahmanyan 1968, 62, t. 4, fig. 21–22; Wood 1968, 35, fig. 74; Dodge 1982, 238, fig. 31c; Tomas 1997, 475, t. 26; 林永水 2009, 39, fig. 46; Omura et al. 2012, 94.

Peridinium longipes Bailey, 1855: Bailey 1855, 12, fig. 35.

Ceratium tripos var. *longipes* Cleve, 1897: Cleve 1897, 302, t. 8, fig. 2.

藻体细胞小至中型，上、下壳近等长或下壳稍长于上壳。上壳腹面观近三角形，左侧边明显外凸，右侧边直或稍凸。顶角基部粗壮，向上逐渐变细，并大幅弯向右侧，末端开口，平截。横沟直，横沟边翅窄。下壳亦为近三角形，左侧边长且斜直，右侧边甚短，底边斜、直或稍凸，其上偶尔生有透明翼。左底角自下壳生出后先向外侧偏下方伸出一段距离，然后弧形弯向上方，其方向与顶角近乎平行，也有与顶角稍分歧的；右底角自横沟下缘生出，即弧形弯向上方，亦与顶角近平行，两底角末端尖。壳面脊状条纹粗壮发达，在顶角和两底角基部有时生有小刺，孔较小。

$D=47 \sim 50$ μm, $E=25 \sim 30$ μm, $H=29 \sim 31$ μm, $A=147 \sim 210$ μm, $L=192 \sim 208$ μm, $R=168 \sim 177$ μm, $x=55 \sim 82$ μm, $y=28 \sim 31$ μm, $b=15 \sim 17$ μm, $\angle\varepsilon=63° \sim 70°$, $\angle\delta=20° \sim 25°$, $\angle\alpha_l=38° \sim 44°$, $\angle\beta=155° \sim 160°$。

本种与粗刺新角藻 *N. horridum* 非常相似，但本种顶角弯曲程度较后者更大，顶角与细胞纵轴间夹角约为20°，而后者通常为5° ~ 10°。林永水（2009）认为本种与后者的主要区别在于本种左底角基本无刺，而后者有明显小刺，但作者通过对本种扫描电子显微镜的观察，发现其左底角也生有小刺（杨世民和李瑞香，2014），因此作者认为左底角有无小刺不能作为区分二者的依据。

渤海、黄海有记录。样品 2007 年 4 月采自黄海北部海域，数量少。

近岸冷水性种。太平洋和大西洋北部海域有分布。

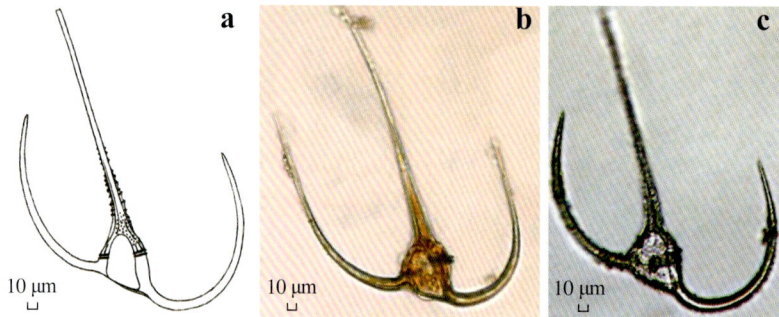

图 52 弯顶新角藻 *Neoceratium longipes* (Bailey) Gómez, Moreira & López-Garcia, 2010
a–c. 腹面观；b. 活体

大角新角藻 *Neoceratium macroceros* (Ehrenberg) Gómez, Moreira & López–Garcia, 2010

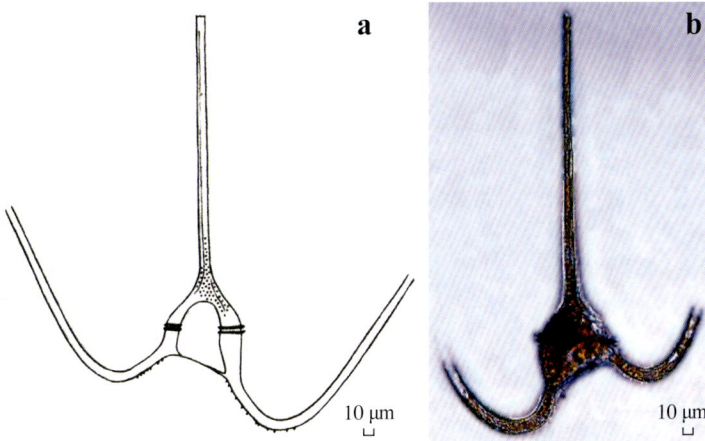

图 53 大角新角藻 *Neoceratium macroceros* (Ehrenberg) Gómez, Moreira & López–Garcia, 2010
a. 腹面观；b. 背面观（活体）

Gómez, Moreira & López–Garcia 2010, 37, fig. 3k–l; 杨世民和李瑞香 2014, 87.

同种异名：大角角藻 *Ceratium macroceros* (Ehrenberg) Cleve, 1900; Cleve 1900, 227; Paulsen 1908, 81, fig. 109; Jörgensen 1911, 63, t. 7, fig. 132–133; Lebour et al. 1925, 155, t. 35, fig. 1; Böhm 1931b, 38, fig. 35a; Wang 1936, 160, fig. 29; Schiller 1937, 428, fig. 468a–d; Graham et Bronikovsky 1944, 37, fig. 21b–d; Wood 1954, 310, fig. 238a; Gaarder 1954, 14; Kato 1957, 18, t. 7, fig. 23; Wood 1968, 36, fig. 77; Subrahmanyan 1968, 79, fig. 149–150, t. 4, fig. 24, t. 5, fig. 25–26, t. 6, fig. 29–30; Taylor 1976, 72, fig. 218; Dodge 1982, 235, fig. 31a; Balech 1988, 146, lam. 64, fig. 4; Hernández–Becerril 1989, 46, fig. 30; Tomas 1997, 475, t. 29; 林永水 2009, 40, fig. 47; Omura et al. 2012, 95.

Peridinium macroceros Ehrenberg, 1840: Ehrenberg 1840, 201.

Ceratium tripos var. *macroceros* (Ehrenberg) Claparède & Lachmann, 1859: Claparède & Lachmann 1859, 97, t. 19, fig. 1.

藻体细胞中型。上壳左侧边稍凸，右侧边较直，顶角直且粗壮。下壳右侧边短直，左侧边直或稍凸,底边斜直并具透明翼。两底角亦粗壮，自下壳两隅生出后先向外侧下方伸出一段距离，然后弧形弯向上方，两底角末端分歧。藻体壳面脊状条纹细弱，顶角和两底角基部生有小刺。

$D = 74\,\mu m$，$E = 38\,\mu m$，$H = 40\,\mu m$，$A = 258\,\mu m$，$x = 86\,\mu m$，$y = 58\,\mu m$，$b = 44\,\mu m$，$\angle\delta = 30°$，$\angle\alpha_l = 32°$，$\angle\alpha_r = 54°$，$\angle\rho_l = 150°$，$\angle\rho_r = 115°$，$\angle\beta = 85°$。

渤海、黄海、东海、南海均有分布。样品 2007 年 1 月采自东海、2008 年 6 月采自三亚附近海域、2011 年 8 月采自青岛沿海。

暖温带性种。世界分布广，各大洋温带海域常见，热带、亚热带海域较少。

大角新角藻橡实变种 *Neoceratium macroceros* var. *gallicum* (Kofoid)

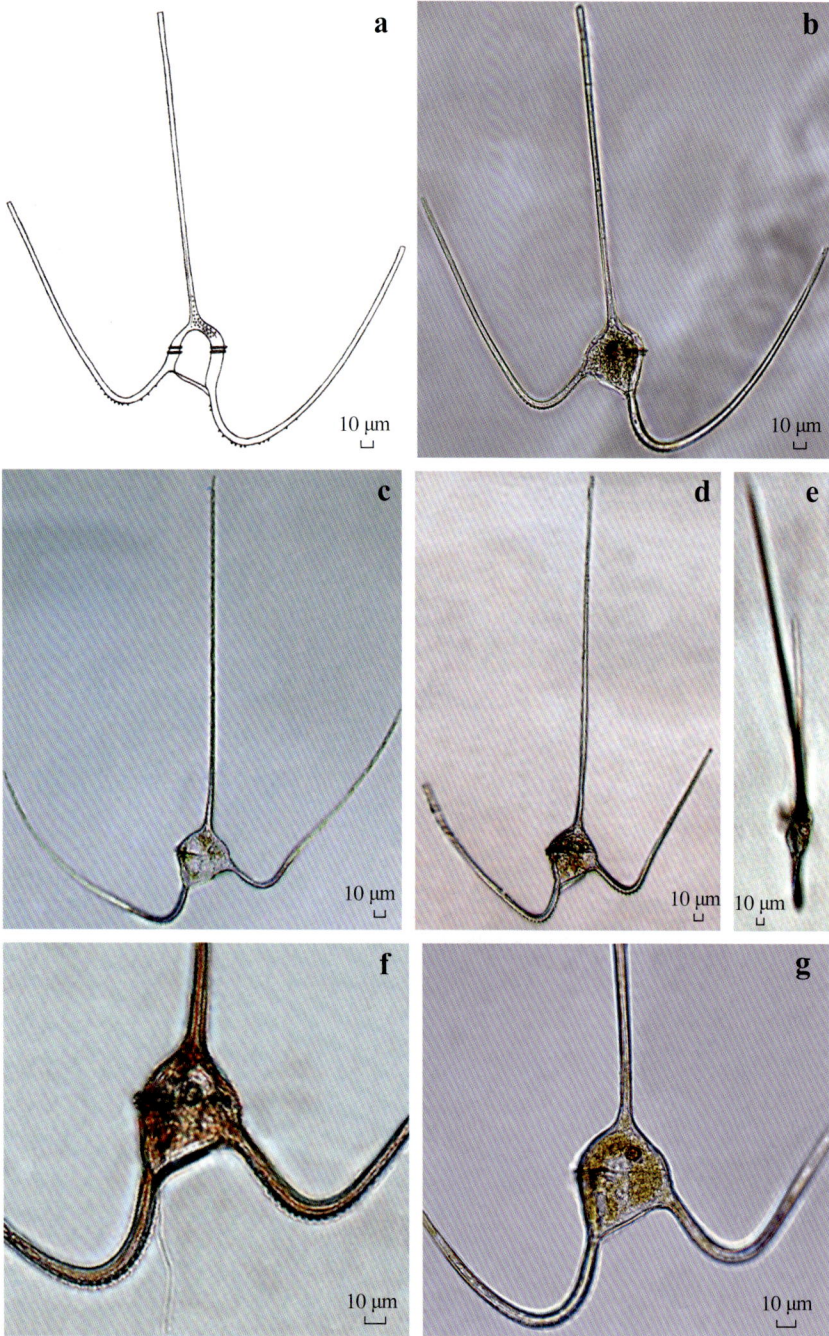

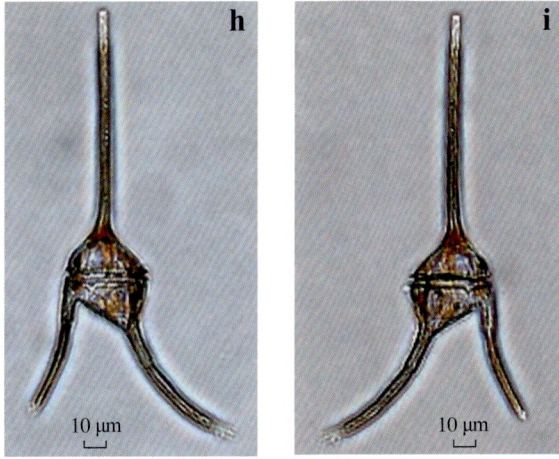

图 54　大角新角藻橡实变种 *Neoceratium macroceros* var. *gallicum* (Kofoid)

a，b. 腹面观；c，d. 背面观；e. 左侧面观；f，g. 放大的藻体背面观；h. 新分裂细胞腹面观；

i. 新分裂细胞背面观；d-f，h，i. 活体；f. 示纵鞭毛

同种异名：橡实新角藻 *Neoceratium gallicum* (Kofoid) Yang & Li, 2014: 杨世民和李瑞香 2014, 88.

大角角藻橡实变种 *Ceratium macroceros* var. *gallicum* (Kofoid) Jörgensen, 1911: Jörgensen 1911, 63, t. 7, fig. 134–135; Steemann Nielsen 1934, 25, fig. 59; Schiller 1937, 430, fig. 469; Graham et Bronikovsky 1944, 37, fig. 21e–f; Wood 1954, 311, fig. 238b; Gaarder 1954, 14; Yamaji 1966, 100, t. 48, fig. 13; Subrahmanyan 1968, 80, fig. 151; Steidinger & Williams 1970, 46, t. 11, fig. 29a–b; Taylor 1976, 72, fig. 198–199; 林金美 1984, 35, t. 2, fig. 13; 李瑞香和毛兴华 1985, 45, fig. 7a–b; Balech 1988, 146, lam. 64, fig. 1; Hernández–Becerril 1989, 48, fig. 31; 林永水 2009, 41, fig. 48.

Ceratium gallicum Kofoid, 1907: Kofoid 1907a, 302, t. 24, fig. 10–12.

Ceratium californiense Kofoid, 1907: Kofoid 1907a, 302, t. 23, fig. 6–9.

本变种与原种 *N. macroceros* 的主要区别在于，本变种藻体细胞较原种小，顶角和两底角较原种细弱，两底角向上弯折的程度较原种更急剧些。而且，本变种藻体细胞左侧有时稍微呈棱角状突出（如图 54c, d），而原种左侧较圆钝（Taylor, 1976）。另外，本变种与原种在地理分布上也有区别，本变种主要分布在热带、亚热带海域，而后者主要分布于温带海域（Taylor, 1976；郭玉洁等，1983）。

$D=46 \sim 52$ μm，$E=21 \sim 26$ μm，$H=25 \sim 31$ μm，$A=264 \sim 358$ μm，$x=82 \sim 108$ μm，$y=52 \sim 64$ μm，$b=31 \sim 53$ μm，$\angle\delta=26° \sim 34°$，$\angle\alpha_l=20° \sim 25°$，$\angle\alpha_r=50° \sim 60°$，$\angle\rho_l=135° \sim 145°$，$\angle\rho_r=100° \sim 115°$，$\angle\beta=55° \sim 65°$。

南黄海、东海、南海、吕宋海峡有分布。样品 2007 年 11 月采自东海、2008 年 6 月采自三亚附近海域、2009 年 4 月采自台湾西南部海域、2010 年 8 月采自吕宋海峡、2010 年 9 月采自长江口附近海域。

暖温带至热带性种。太平洋、大西洋、印度洋、地中海、阿拉伯海、加利福尼亚湾、墨西哥湾、澳大利亚、巴西东南部海域有分布。

大角新角藻细弱变种 *Neoceratium macroceros* var. *tenuissima* (Karsten)

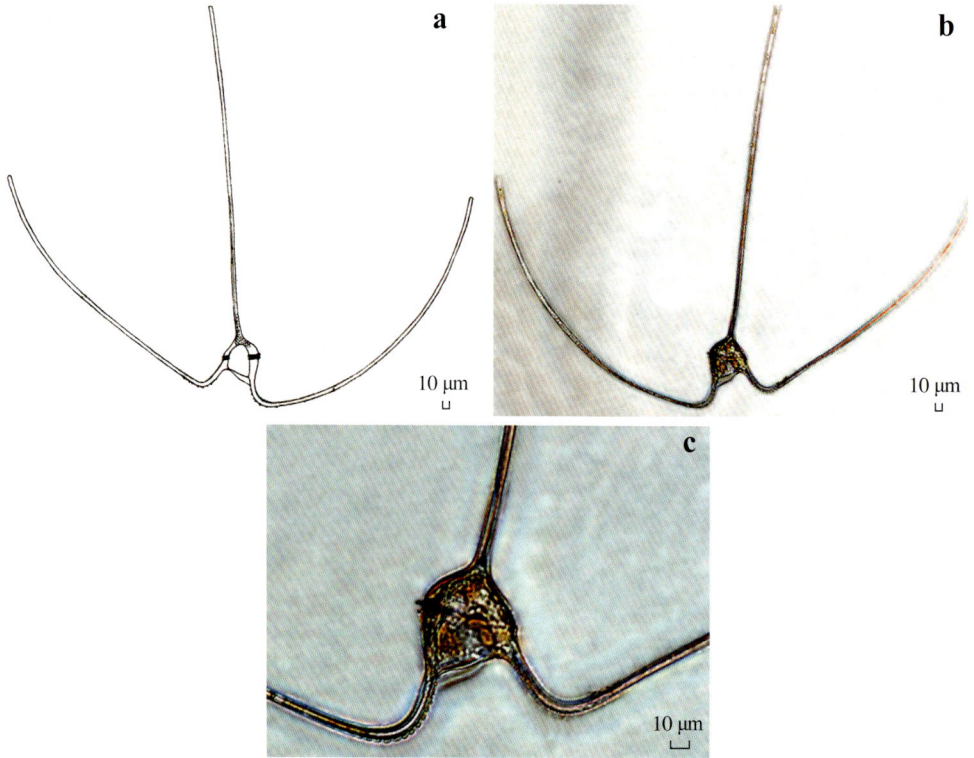

图 55　大角新角藻细弱变种 *Neoceratium macroceros* var. *tenuissima* (Karsten)
a.腹面观；b.背面观；c.放大的藻体背面观；b,c.活体

同种异名：大角角藻细弱变种 *Ceratium macroceros* var. *tenuissima* Karsten, 1907: Karsten 1907, 411, t. 49, fig. 28a–c; 郭玉洁等 1983, 86, fig. 18; 林永水 2009, 43, fig. 50.

本变种与原种 *N. macroceros* 和橡实变种 *N. macroceros* var. *gallicum* 的主要区别为，本变种两底角自下壳两隅生出后，先向外侧下方伸出一段距离，然后弯向藻体两侧，与顶角垂直或略向前斜，至底角长度约 1/2 处弧形弯向上方，两底角末端与顶角近平行或稍分歧（郭玉洁等，1983）。

$D = 51$ μm，$E = 25$ μm，$H = 29$ μm，$A = 467$ μm，$x = 167$ μm，$y = 96$ μm，$b = 36$ μm，$\angle\delta = 30°$，$\angle\alpha_l = 10°$，$\angle\alpha_r = 50°$，$\angle\rho_l = 130°$，$\angle\rho_r = 105°$，$\angle\beta = 60°$。

西沙、南沙附近海域有记录。作者在 2009 年 2 月于台湾北部海域亦采到本变种，数量稀少。热带性种。太平洋—印度洋热带海域特有。

马西里亚新角藻 *Neoceratium massiliense* (Gourret) Gómez, Moreira & López-Garcia, 2010

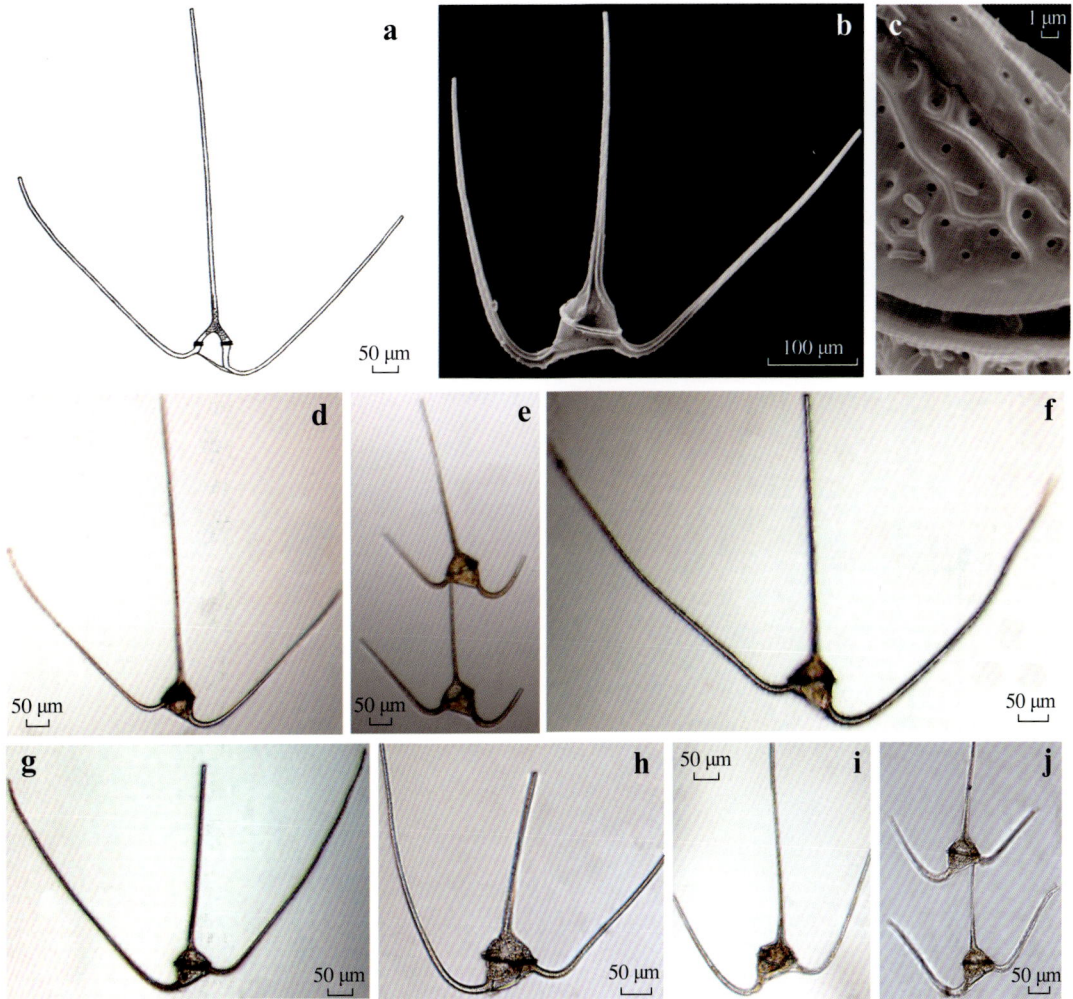

图56 马西里亚新角藻 *Neoceratium massiliense* (Gourret) Gómez, Moreira & López-Garcia, 2010
a, d–f. 腹面观；b, g–j. 背面观；c. 示壳面脊状条纹；e, j. 群体；d–i. 活体；b, c. SEM

Gómez, Moreira & López-Garcia 2010, 37, fig. 1f; 杨世民和李瑞香 2014, 89–90.

同种异名：马西里亚角藻 *Ceratium massiliense* (Gourret) Karsten, 1906: Karsten 1906, 14; Jörgensen 1911, 66, fig. 140–142; Jörgensen 1920, 85, fig. 78; Forti 1922, 6, t. 3, fig. 15; Wang et Nie 1932, 301, fig. 14; Steemann Nielsen 1934, 25, fig. 60–62; Nie 1936, 65; Graham et Bronikovsky

1944, 38, fig. 22f–k; Gaarder 1954, 14; Kato 1957, 18, t. 6, fig. 18; Sournia 1968, 465; Subrahmanyan 1968, 74, t. 4, fig. 23, t. 7, fig. 34–35; Wood 1968, 36, fig. 78; Steidinger & Williams 1970, 46, t. 11, fig. 30a–b, t. 12, fig. 30c; Reinecke 1973, 323, fig. 12a–h, 12j–k, 13d, 14a–b, 15; Taylor 1976, 73, fig. 194, 196; Dodge 1982, 236, fig. 31e; Burns & Mitchell 1982, 62, fig. 11–13; 郭玉洁等 1983, 88, fig. 19a–d, t. 2, fig. 16a–b; Couté & Iltis 1985, 70, t. 1, fig. 1–3; Balech 1988, 147, lam. 64, fig. 2–3, 5; Hernández–Becerril 1989, 48, fig. 42; 林永水和周近明 1993, 63–64, t. 57–58; Tomas 1997, 477, t. 33; 林永水 2009, 44, fig. 51, t. 3, fig. 5, t. 13, fig. 1; Al-Kandari et al. 2009, 161, t. 9d–f; Omura et al. 2012, 95.

Ceratium ostenfeldii Kofoid, 1907: Kofoid 1907a, 305, t. 26, fig. 22–25.

Ceratium tripos var. *massiliense* Gourret, 1883: Gourret 1883, 27, t. 1, fig. 2, 2a.

Ceratium massiliense f. *macroceroides* (Karsten) Schiller, 1937: Schiller 1937, 424, fig. 463a; Wood 1954, 308, fig. 235a; Halim 1967, 723, t. 2, fig. 22–23, t. 3, fig. 41.

Ceratium protuberans (Karsten) Paulsen, 1931: Paulsen 1931, 89.

Ceratium massiliense var. *protuberans* (Karsten) Jörgensen, 1911: Jörgensen 1911, 67, fig. 143–145; Jörgensen 1920, 85, fig. 79–80, Kato 1957, 18, t. 6, fig. 20; Alfinito & Bazzichelli 1988, 363, t. 3, fig. 26.

Ceratium massiliense f. *protuberans* (Karsten) Schiller, 1937: Schiller 1937, 424, fig. 463c–d; Wood 1954, 308, fig. 235a.

藻体细胞中至大型，长与宽近相等。上壳左侧边凸起，右侧边直或稍凸。顶角细长，基部稍粗，直或略弯，末端开口，平截。横沟直，横沟边翅清晰。下壳右侧边短，左侧边直或稍凹，底边斜，其上有时生有透明翼。两底角自下壳两隅生出后先向斜下方伸出一段距离，然后再弧形弯向斜上方，两底角末端分歧且张开的方向与角度变化很大（郭玉洁等，1983），左底角基部下缘与下壳底边延长线重合或稍稍下移，相应的，左底角基部与下壳底边的夹角甚大。壳面脊状条纹粗大明显，顶角基部具线状条纹，两底角基部生有棘状小刺。

$D=72\sim80$ μm，$E=34\sim43$ μm，$H=38\sim46$ μm，$A=190\sim629$ μm，$L=147\sim553$ μm，$R=239\sim562$ μm，$x=81\sim138$ μm，$y=38\sim59$ μm，$b=21\sim28$ μm，$\angle\varepsilon=85°\sim95°$，$\angle\delta=30°\sim40°$，$\angle\alpha_l=47°\sim60°$，$\angle\alpha_r=70°\sim82°$，$\angle\rho_l=145°\sim180°$，$\angle\rho_r=125°\sim145°$，$\angle\beta=115°\sim140°$。

本种与歧分新角藻 *N. carriense*、反转新角藻 *N. contrarium*、偏转新角藻 *N. deflexum* 均有相似之处。相比歧分新角藻，本种顶角与两底角的长度明显较短，而且两底角向上张开的角度明显较歧分新角藻小。相比反转新角藻，本种两底角基部向上弯折的程度更急剧些，两底角向上张开的角度大，而反转新角藻两底角末端近平行或稍分歧。相比偏转新角藻，本种两底角与顶角几乎位于同一平面上，而偏转新角藻两底角与顶角不在同一平面上。

东海、南海、吕宋海峡均有分布，较为常见。样品 2007 年 11 月采自东海、2008 年 6 月采自三亚附近海域、2009 年 7 月采自南海北部海域、2010 年 8 月和 2011 年 4 月采自吕宋海峡、2011 年 7 月采自西沙群岛附近海域、2013 年 7 月采自东海。

暖温带至热带大洋性种。太平洋、大西洋、印度洋、地中海、加勒比海、墨西哥湾、佛罗里达海峡、新西兰附近海域、加利福尼亚附近海域、安哥拉西部海域、巴西附近海域、科威特附近海域、不列颠群岛均有分布。

马西里亚新角藻具刺变种 *Neoceratium massiliense* var. *armatum* (Karsten) Krachmalny, 2011

同种异名：马西里亚角藻具刺变种 *Ceratium massiliense* var. *armatum* (Karsten) Jörgensen, 1911: Jörgensen 1911, 67, fig. 146; Graham et Bronikovsky 1944, 38, fig. 22l; Gaarder 1954, 14; Taylor 1976, 73, fig. 193, 195; Balech 1988, 147, lam. 64, fig. 6.

Ceratium tripos var. *macroceros* f. *armatum* Karsten, 1905: Karsten 1905, 132, t. 19: fig. 7–8.

Ceratium massiliense f. *armatum* (Karsten) Schiller, 1937: Schiller 1937, 424, fig. 463b; Wood 1954, 308, fig. 235b.

本变种与原种 *N. massiliense* 的主要区别在于本变种藻体、顶角及两底角均比原种粗壮。另外，本变种在顶角和两底角的基部具粗大的透明翼，棘状小刺也较原种更加发达。

$D=65\sim70\ \mu m$，$E=28\sim31\ \mu m$，$H=31\sim35\ \mu m$，$A=437\sim493\ \mu m$，$L=225\sim318\ \mu m$，$R=297\sim416\ \mu m$，$x=58\sim81\ \mu m$，$y=29\sim34\ \mu m$，$b=17\sim23\ \mu m$，$\angle\varepsilon=95°\sim100°$，$\angle\delta=30°\sim35°$，$\angle\alpha_l=40°\sim45°$，$\angle\alpha_r=75°\sim80°$，$\angle\rho_l=165°\sim170°$，$\angle\rho_r=135°\sim140°$，$\angle\beta=130°\sim140°$。

东海、南海有分布。样品2007年2月采自钓鱼岛附近海域、2009年7月采自南海北部海域，数量少。

冷水至暖水性种。太平洋、大西洋、印度洋、地中海、澳大利亚东部海域、阿根廷东南部海域有记录。

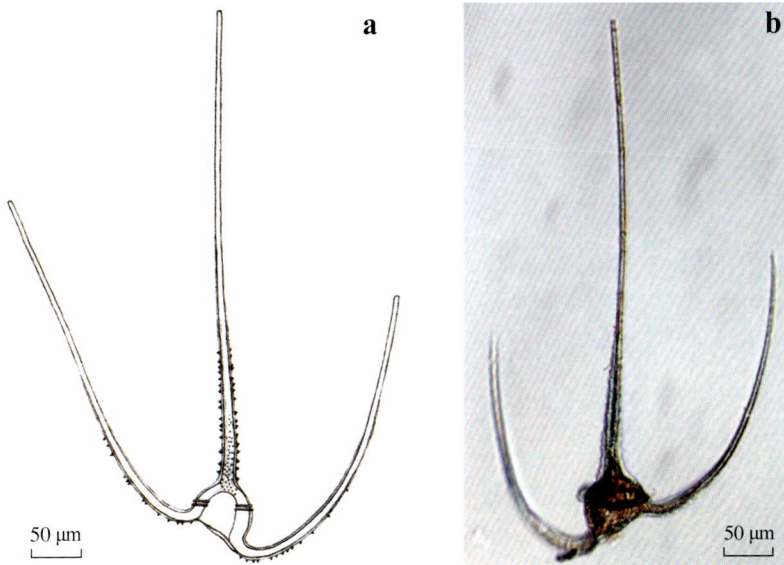

图 57 马西里亚新角藻具刺变种 *Neoceratium massiliense* var. *armatum* (Karsten) Krachmalny, 2011
a. 腹面观；b. 背面观（活体）

巴氏新角藻 *Neoceratium pavillardii* (Jörgensen) Gómez, Moreira & López-Garcia, 2010

Gómez, Moreira & López-Garcia 2010, 47, fig. 7m–o.

同种异名：*Ceratium pavillardii* Jörgensen, 1911: Jörgensen 1911, 74, t. 9, fig. 157–158; Jörgensen 1920, 92, fig. 83; Forti 1922, 70, fig. 56; Schiller 1937, 418, fig. 458a–b; Wood 1954, 304, fig. 232a–b; Subrahmanyan 1968, 67, fig. 129–130; Wood 1968, 37, fig. 81; Balech 1988, 152, lam. 68, fig. 5–6.

Ceratium vultur var. *pavillardii* (Jörgensen) Graham et Bronikovsky, 1944: Graham et Bronikovsky 1944, 41, fig. 23c.

藻体细胞中至大型，长与宽约略相等，饱满且粗壮。上壳稍短于下壳，左侧边隆起，右侧边直或稍凸。顶角直或略弯，基部粗壮并常生有透明翼，末端开口，平截。横沟斜，直或稍弯，横沟边翅较宽。下壳右侧边甚短，左侧边直或稍凸，略向内侧倾斜，底边直且甚斜。左底角自下壳生出后即急剧的弯折伸向斜上方；右底角则沿下壳底边延长线方向伸出一段距离，然后缓缓弯向斜上方，两底角弯折后的部分均斜直，两底角基部下缘与下壳底边几乎在同一直线上。藻体壳面具脊状条纹，两底角基部生有小刺。

$D=82\ \mu m$，$E=37\ \mu m$，$H=45\ \mu m$，$A=479\ \mu m$，$L=378\ \mu m$，$R=342\ \mu m$，$x=37\ \mu m$，$y=8\ \mu m$，$\angle\varepsilon=95°$，$\angle\delta=33°$。

样品 2011 年 4 月采自吕宋海峡，数量稀少，系中国首次记录。

热带、亚热带大洋性种。太平洋、大西洋、印度洋、地中海、佛罗里达海峡、澳大利亚附近海域、巴西东南部海域有记录。

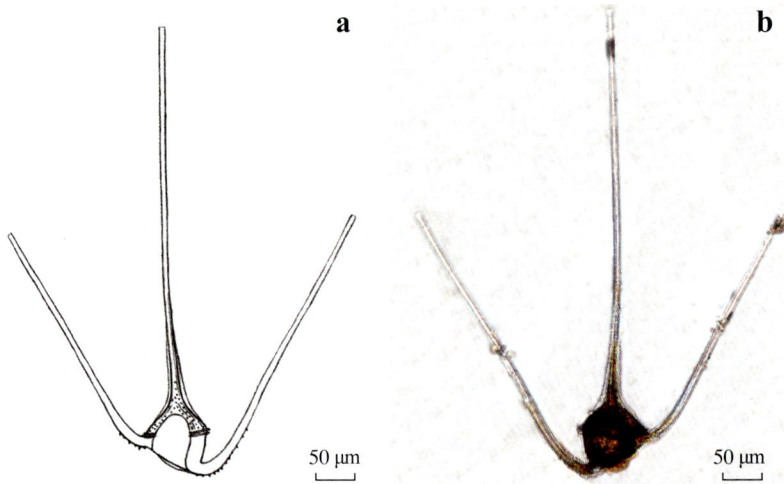

a   b

50 μm   50 μm

图 58 巴氏新角藻 *Neoceratium pavillardii* (Jörgensen) Gómez, Moreira & López-Garcia, 2010
a. 腹面观；b. 背面观（活体）

巴氏新角藻长角变种 *Neoceratium pavillardii* var. *hundhausenii* (Schröder)

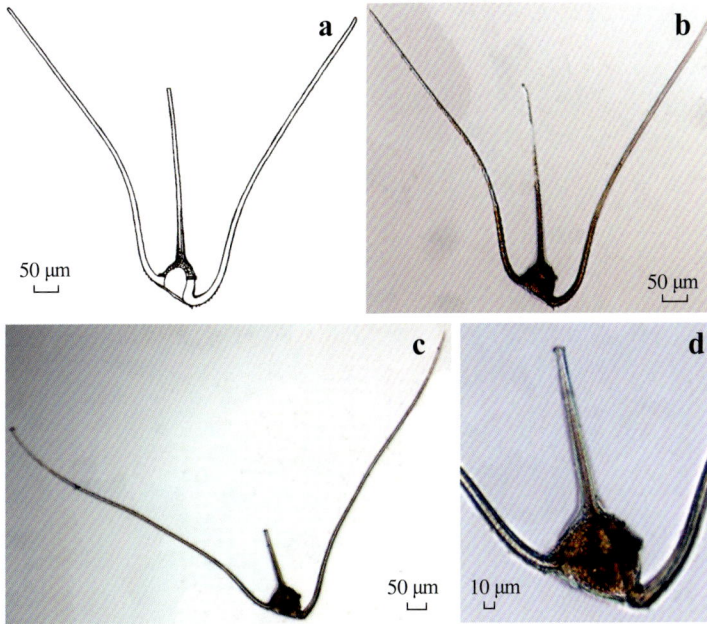

图 59 巴氏新角藻长角变种 *Neoceratium pavillardii* var. *hundhausenii* (Schröder)
a–c. 腹面观；d. 放大的藻体腹面观；b–d. 活体

同种异名：巴氏角藻长角变种 *Ceratium pavillardii* var. *hundhausenii* (Schröder) Gou et Ye, 1983: 郭玉洁等 1983, 89, fig. 20a–e, t. 2, fig. 18a–b, t. 3, fig. 21a–b; 林永水 2009, 45, fig. 53.

巴氏角藻南沙变种 *Ceratium pavillardii* var. *nanshaensis* Lin, 2009: 林永水 2009, 47, fig. 54.

Ceratium intermedium var. *hundhausenii* (Schröder) Karsten, 1907: Karsten 1907, 41.

本变种与原种 *N. pavillardii* 的主要区别在于，本变种的藻体细胞较原种稍显细弱，两底角明显较原种长，长度约为后者的 2～3 倍。另外，本变种两底角斜向上伸展至长度的 1/3～1/2 处开始向外侧弯曲或略呈波状（郭玉洁等，1983），而原种两底角斜直。

林永水（2009）曾将两底角向外弯曲角度大的个体（如图 59c）命名为巴氏角藻南沙变种，但作者通过观察样本后发现，当藻体形成短链时，位于细胞链底端的细胞其两底角向外分歧的角度会明显大于细胞链顶端和细胞链中部的个体，因而，作者认为南沙变种应属细胞链底端的个体，与本变种为同一变种，据此，作者将二者合并，并对原变种名进行了修订。

D＝69～81 μm，E＝32～37 μm，H＝42～47 μm，A＝162～356 μm，L＝662～825 μm，R＝597～816 μm，x＝37～42 μm，y＝9～10 μm，$\angle\varepsilon$＝85°～90°，$\angle\delta$＝27°～30°。

东海、南海有分布。样品 2008 年 6 月采自三亚附近海域、2011 年 4 月采自吕宋海峡。

热带大洋性种。印度洋曾有报道。

波状新角藻 *Neoceratium trichoceros* (Ehrenberg) Gómez, Moreira & López-Garcia, 2010

Gómez, Moreira & López-Garcia 2010, 48; 杨世民和李瑞香 2014, 93.

同种异名：波状角藻 *Ceratium trichoceros* (Ehrenberg) Kofoid, 1908: Kofoid 1908b, 388; Jörgensen 1911, 75, t. 9, fig. 159a–b; Jörgensen 1920, 95, fig. 85; Abé 1927, 431, fig. 49; Pavillard 1931, 90, t. 3, fig. 4; Wang & Nie 1932, 303, fig. 15; Peters 1932, 51, t. 1, fig. 3a–c, t. 2, fig. 17a; Steemann Nielsen 1934, 27, fig. 68; Nie 1936, 70, fig. 33a–c; Schiller 1937, 430, fig. 470; Rampi 1939, 310, fig. 38–39; Graham et Bronikovsky 1944, 40, fig. 22b; Silva 1949, 361, t. 7, fig. 4; Wood 1954, 311, fig. 239a; Kato 1957, 19, t. 6, fig. 19a–b; Halim 1960a, t. 5, fig. 18; Ballantine 1961, 225, fig. 57; Margalef 1961a, 81, fig. 26i; Halim 1963, 499, fig. 31; Klement 1964, 358, t. 3, fig. 8; Toriumi 1964, 43, t. 2, fig. 8; Davis & Steidinger 1966, 1, fig. 1–4; Yamaji 1966, 103, t. 50, fig. 2; Steidinger et al. 1967, t. 6, fig. c; Halim 1967, 725, t. 2, fig. 25; Sournia 1968, 472, fig. 89; Subrahmanyan 1968, 81, fig. 147, t. 7, fig. 37; Wood 1968, 40, fig. 91; Margalef 1969, fig. 5e; Steidinger & Williams 1970, 47, t. 14, fig.

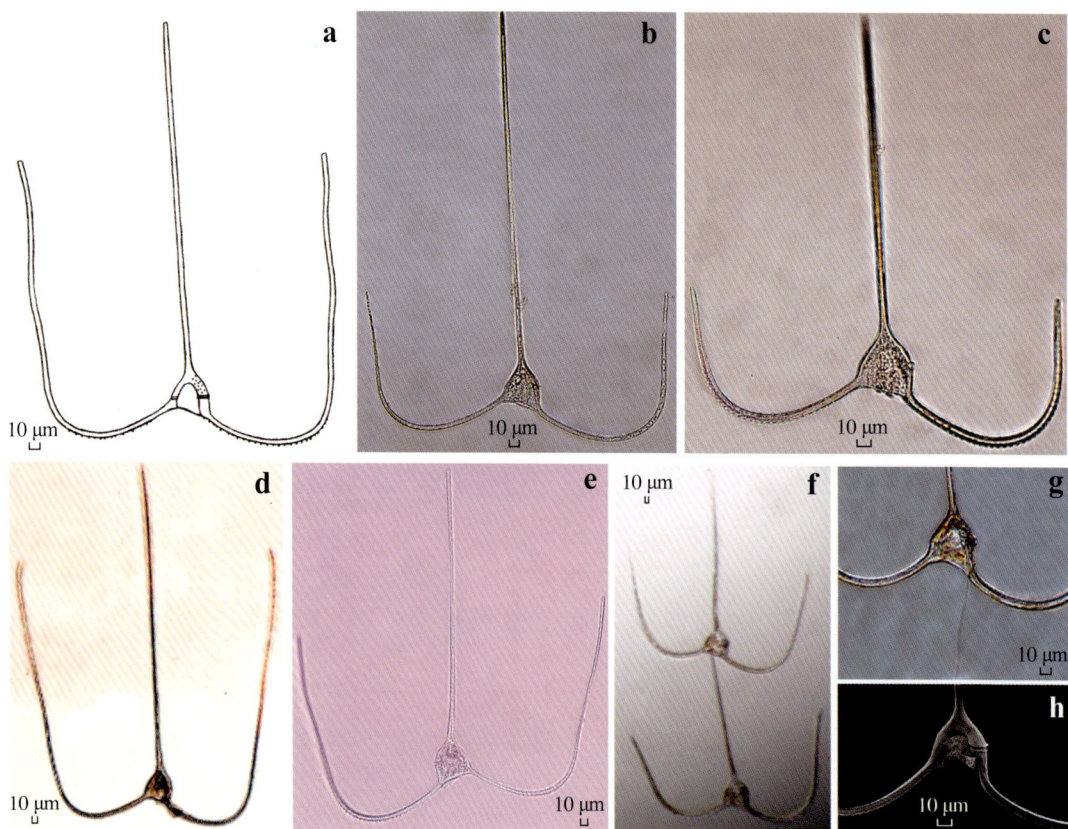

图 60　波状新角藻 *Neoceratium trichoceros* (Ehrenberg) Gómez, Moreira & López-Garcia, 2010
a–d, f. 腹面观；e. 背面观；g, h. 放大的藻体腹面观；f. 群体；d, f, g. 活体；g. 示纵鞭毛；h. SEM

36a–d; Reinecke 1973, 353, fig. 13a–c, 22a–f, 24f–l; Taylor 1973, fig. 4a; Taylor 1976, 75, fig. 117, 210; Dodge 1982, 236, fig. 31f; 郭玉洁等 1983, 90, fig. 21a–b, t. 2, fig. 17; Couté & Iltis 1985, 70, t. 1, fig. 4–5; Balech 1988, 150, lam. 66, fig. 4; Hernández–Becerril 1989, 48; Tomas 1997, 478, t. 29; Koening et al. 2005, 394, fig. 5; 林永水 2009, 48, fig. 56, t. 3, fig. 7, t. 13, fig. 2; Al–Kandari et al. 2009, 161, t. 10a; Omura et al. 2012, 95.

Peridinium trichoceros Ehrenberg, 1859: Ehrenberg 1859, 791; Ehrenberg 1873, 3, t. 1, fig. 1.

Ceratium flagelliferum Cleve, 1900: Cleve 1900, 14, t. 7, fig. 12.

藻体细胞小型，长稍大于宽，单独生活，极少形成短链。上、下壳近等长，上壳锥形，两侧边直或稍凸。顶角细长且直，末端平截。横沟窄，直且略斜，横沟边翅亦窄。下壳两侧边稍凸，底边斜，直或稍凹。两底角自下壳两隅生出后均向外侧偏下方伸出一段距离，然后弧形弯向上方，弯向上方的部分常形成波浪状弯曲，两底角向上伸展的方向与顶角近平行。壳面较平滑，脊状条纹细弱不明显，孔细小。

$D=38\sim46\ \mu m$，$E=24\sim29\ \mu m$，$H=25\sim28\ \mu m$，$A=245\sim528\ \mu m$，$L=218\sim602\ \mu m$，$R=195\sim560\ \mu m$，$x=115\sim144\ \mu m$，$y=x$，$b=32\sim34\ \mu m$，$\angle\varepsilon=68°\sim75°$，$\angle\delta=20°\sim25°$，$\angle\rho_l=160°\sim165°$，$\angle\beta=110°\sim120°$。

本种与反转新角藻 *N. contrarium* 极易产生混淆，二者的底角均可延伸很长且有波浪状弯曲，但本种藻体相对后者较小，形态稍显瘦长，而后者相对宽扁，相应的本种上壳两侧边夹角 $\angle\varepsilon$ 小于后者。而且，本种左底角基部伸出后稍斜向下弧形弯曲，而反转新角藻左底角基部斜直，几乎与下壳底边延长线重合，相应的本种两底角基部所成夹角 $\angle\beta$ 明显小于后者，而左底角基部向下弯曲的深度 b 明显大于后者。另外，本种两底角向上伸展的方向通常与顶角平行，而后者两底角末端向外分歧。

关于本种与反转新角藻的分类，国内外学者有不同的观点。Schiller（1937）建议将二者合并为一种，但二者的藻体形态、底角基部及末端的伸展方向都有区别，因此作者认为二者应为不同的种。Taylor（1976）在印度洋所采到的本种样本藻体甚至稍大于反转新角藻，他认为藻体的大小可能为个体的差异，不适宜作为区分二者的依据，作者对比了不同海域所观察到的二者样本，在本种中没有找到比反转新角藻个体大的，作者认为虽然个体差异是可能存在的，但在众多样本中很难找到本种藻体大于反转新角藻的情况说明二者藻体大小不同可能为一种普遍现象，因此作者建议将其列为区分二者的依据之一。郭玉洁等（1983）认为左底角基部与下壳底边延长线重合（即 $\angle P_l=180°$）的个体应定义为本种，但如果此观点是正确的，那么样本中 $\angle P_l$ 为 180° 的个体通常两底角末端分歧的情况就与本种的特征相矛盾，另外，作者查阅了早期的文献中也明确显示了本种的 $\angle P_l$ 小于 180°（Jörgensen, 1920; Steemann Nielsen, 1934; Kato, 1957），因此，作者认为左底角基部斜向下弧形弯曲（即 $\angle P_l<180°$）的应定义为本种。

南黄海、东海、南海、吕宋海峡均有分布，较为常见。样品 2003 年秋季和 2007 年 11 月采自东海、2008 年 6 月采自三亚附近海域、2009 年 3 月采自台湾东南部海域、2009 年 7 月采自吕宋海峡、2013 年 7 月采自东海。

近岸至大洋、暖温带至热带性种，世界广布。太平洋、大西洋、印度洋、地中海、加勒比海、阿拉伯海、安达曼海、加利福尼亚湾、墨西哥湾、孟加拉湾、不列颠群岛、巴西东北部和东南部海域均有分布。

兀鹰新角藻 *Neoceratium vultur* (Cleve) Gómez, Moreira & López-Garcia, 2010

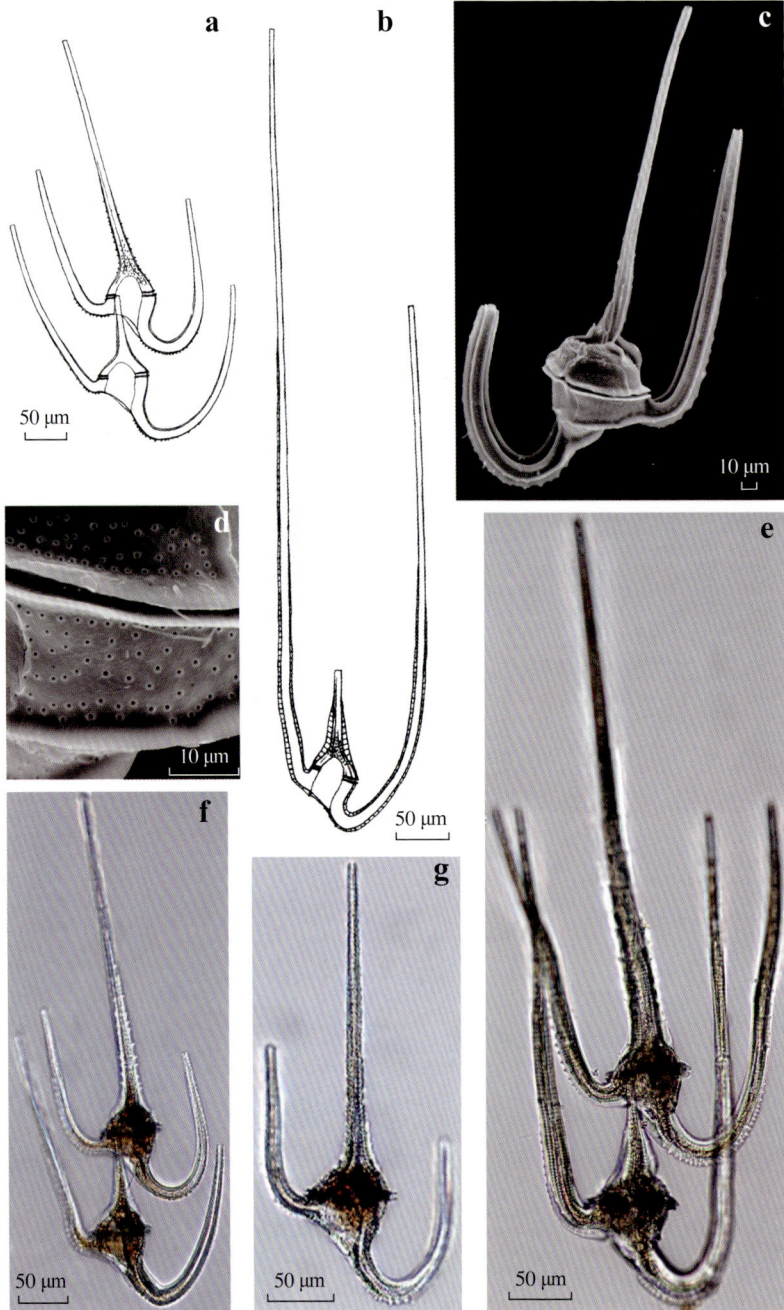

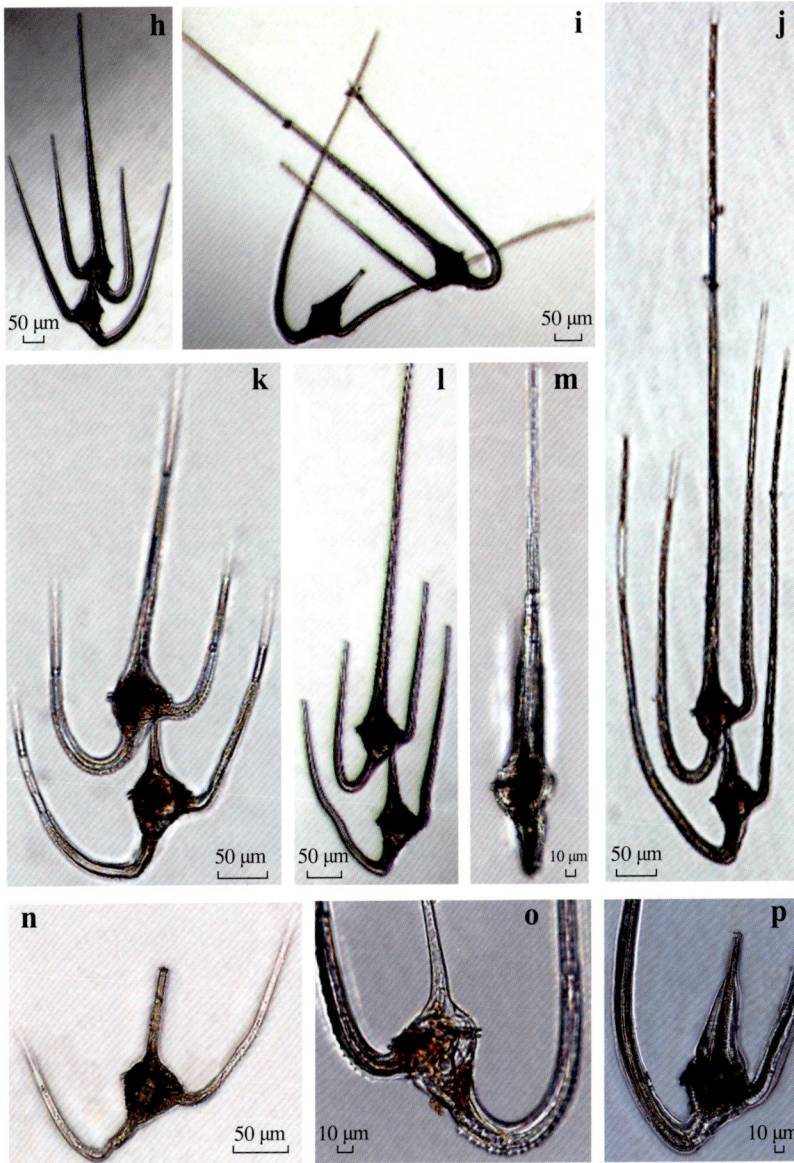

图61　兀鹰新角藻 *Neoceratium vultur* (Cleve) Gómez, Moreira & López–Garcia, 2010
a, b, e–i. 腹面观；c, i–l, n. 背面观；d. 示壳面脊状条纹及孔；m. 左侧面观；o. 放大的藻体腹面观；
p. 放大的藻体背面观；a, e, f, h, j–l. 群体；f, g, h–p. 活体；c, d. SEM

Gómez, Moreira & López–Garcia 2010, 48; 杨世民和李瑞香 2014, 115–116.

同种异名：兀鹰角藻 *Ceratium vultur* Cleve, 1900: Cleve 1900, 15, t. 7, fig. 5; Jörgensen 1911, 71, fig. 151–152; Böhm 1931b, 38, fig. 35b; Peters 1932, 54, t. 1, fig. 7a–b; Schiller 1937, 418, fig. 459a–b; Graham et Bronikovsky 1944, 41, fig. 23h; Wood 1954, 304, fig. 233a; Gaarder 1954, 16; Subrahmanyan 1968, 68, fig. 131; Wood 1968, 41, fig. 94; Steidinger & Williams 1970, 47, t. 41, fig.

155; Taylor 1976, 76, fig. 511; 郭玉洁等 1983, 92, fig. 22a, t. 3, fig. 20a–c; Balech 1988, 198, lam. 67, fig. 1–3; Hernández–Becerril 1989, 49, fig. 40, 51; Tomas 1997, 482, t. 28; 林永水 2009, 49, fig. 57; Omura et al. 2012, 96.

兀鹰角藻日本变种 *Ceratium vultur* var. *japonicum* (Schröder) Jörgensen, 1911: Jörgensen 1911, 73, fig. 152a–b; Graham et Bronikovsky 1944, 41, fig. 23e–f; Wood 1954, 305, fig. 233b–c; Gaarder 1954, 16; Taylor 1976, 76, fig. 221; 林金美 1984, 36, t. 3, fig. 5; Balech 1988, 151, lam. 67, fig. 4, lam. 68, fig. 3.

兀鹰角藻日本变种粗壮变型 *Ceratium vultur* var. *japonicum* f. *robustum* (Ostenfeld & Schmidt) Taylor, 1976: Taylor 1976, 76, fig. 223, 483; 林永水和周近明 1993, 65, t. 59; 林永水 2009, 50, fig. 58, t. 13, fig. 3.

Ceratium robustum Ostenfeld & Schmidt, 1901: Ostenfeld & Schmidt 1901, 166, fig. 17.

Ceratium japonicum Schröder, 1906: Schröder 1906, 361, fig. 33a–e.

藻体细胞中至大型，长大于宽，单独生活或由两个细胞形成短链。上壳短，稍向左侧倾斜，两侧边均凸。顶角基部粗壮，长度变化很大，通常细胞链底端的个体顶角短，而细胞链顶端的个体顶角甚长。横沟斜且宽阔，横沟边翅发达。下壳较长，右侧边短，左侧边凸且向内倾斜，底边斜直，其上常生有透明翼。左底角自下壳生出后先向下方伸出一段距离，然后再弯向上方；右底角先向外侧伸出一小段距离，然后再向上方弯曲，两底角弯折后伸展的角度变化较大，有的两底角与顶角近平行，有的则明显向外分歧。藻体壳面脊状条纹粗壮发达，顶角及两底角基部常生有透明翼和棘状小刺，孔粗大清晰。

$D=51\sim72$ μm，$E=24\sim33$ μm，$H=33\sim45$ μm，$\angle\delta=37°\sim45°$，$\angle\beta=115°\sim140°$。

本种种下有多个变种和变型，其中左底角向下伸出距离较长（超过 0.5 倍藻体宽度），向上弯折较为急剧的个体被定义为是日本变种 *Ceratium vultur* var. *japonicum*，而顶角和两底角非常粗壮的个体被定义为日本变种粗壮变型 *Ceratium vultur* var. *japonicum* f. *robustum*。但作者通过观察样本后发现，在同一细胞链的不同个体有的左底角向下伸出的距离和向上弯折的角度即有较大差异（如图 61l），这说明左底角下伸距离和弯折角度的差异只是个体之间的区别，并非定种的依据。另外，在作者观察的样本中，个体细弱的（如图 61n），个体粗壮的（如图 61b, h, i, p），以及在同一细胞链上个体较粗壮和个体较细弱并存的（如图 61k）情况皆有，因此作者认为个体的粗壮与否应该是藻体在生长过程中不同时期所展示的特点，即新分裂的细胞细胞壁较薄，个体较细弱，随着藻体的生长，细胞壁逐渐加厚，在年老的细胞中，细胞壁及细胞壁上的附属结构（脊状条纹、线状条纹或透明翼）更加粗壮发达，形成了粗壮的个体。基于上述理由，作者将日本变种、日本变种粗壮变型与原种合并，列为同一物种。

东海、南海、吕宋海峡均有分布。样品 2001 年秋季采自冲绳海槽西侧海域、2003 年秋季采自东海、2007 年 2 月采自台湾北部海域、2009 年 3 月采自台湾东南部海域、2010 年 8 月采自吕宋海峡、2012 年 4 月采自南海北部海域，较为常见。

暖温带至热带大洋性种。太平洋、大西洋、印度洋、地中海、墨西哥湾、佛罗里达海峡、澳大利亚附近海域、加利福尼亚附近海域、巴西附近海域均有分布。

双弯新角藻 *Neoceratium recurvum* (Jörgensen)

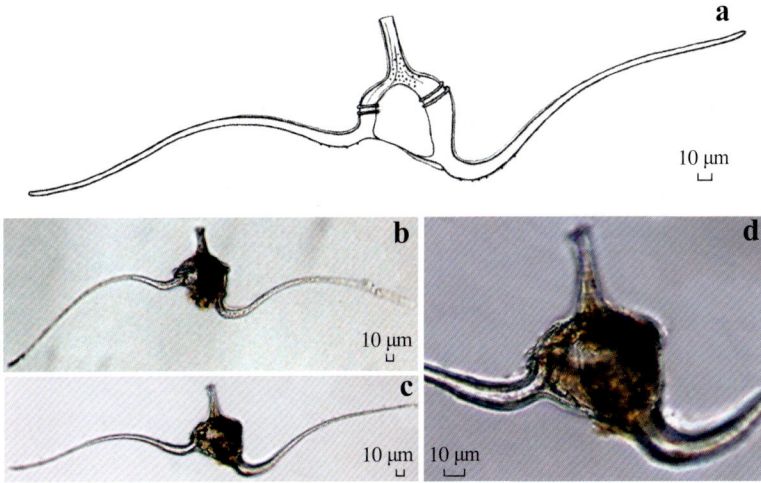

图 62　双弯新角藻 *Neoceratium recurvum* (Jörgensen)
a–c. 腹面观；d. 放大的藻体腹面观

同种异名：兀鹰角藻双弯角变型 *Ceratium vultur* f. *recurvum* (Jörgensen) Schiller, 1937: Schiller 1937, 419, fig. 460c; Taylor 1976, 76, fig. 220; 郭玉洁等 1983, 93, fig. 22b; 林金美 1984, 36, t. 3, fig. 7; Balech 1988, 198, lam. 68, fig. 2, 4; Koening et al. 2005, 393, fig. 17; 林永水 2009, 51, fig. 59, t. 13, fig. 4.

Ceratium sumatranum var. *recurvum* Jörgensen, 1911: Jörgensen 1911, 74, fig. 156; Yamaji 1966, 102, t. 49, fig. 9.

Ceratium vultur var. *recurvum* (Jörgensen) Steemann Nielsen, 1934: Steemann Nielsen 1934, 27; Graham et Bronikovsky 1944, 41, fig. 23a–b.

Ceratium recurvum (Jörgensen) Reinecke, 1973: Reinecke 1973, 75, fig. 6j, 7g.

藻体细胞中型，宽稍大于长，单独生活或形成短链。上壳长度仅约为下壳的一半，两侧边隆起使得上壳呈半球形。顶角基部较粗壮，末端开口，平截。横沟宽且斜，横沟边翅清晰。下壳右侧边短，左侧边凸且稍向内倾斜，底边斜直。两底角自下壳两隅生出后先向外侧偏下方伸出一小段距离，然后弧形弯向斜上方，至两底角长度的 1/3～1/2 处再次向斜下方弧形弯曲，两底角的伸展方向与顶角近垂直，但也有右底角与顶角近平行的（郭玉洁等，1983）。壳面脊状条纹较细弱，孔小而稀疏。

$D=65～68\ \mu m$，$E=19～21\ \mu m$，$H=41～44\ \mu m$，$\angle\delta=30°～32°$，$\angle\beta=110°～120°$。

本种原为兀鹰新角藻 *N. vultur* 种下变种，但本种藻体形态及两底角伸展方向都有自己鲜明的特征，因此作者的观点是将其独立为种，并依此对原命名进行了修订。

东海、南海有记录。样品 2008 年 6 月采自三亚附近海域、2011 年 7 月采自中沙群岛北部海域，数量稀少。

罕见热带大洋性种。太平洋、大西洋、印度洋、地中海、阿拉伯海、孟加拉湾、巴西附近海域有记录。

苏门答腊新角藻 *Neoceratium sumatranum* (Karsten) Yang & Li, 2014

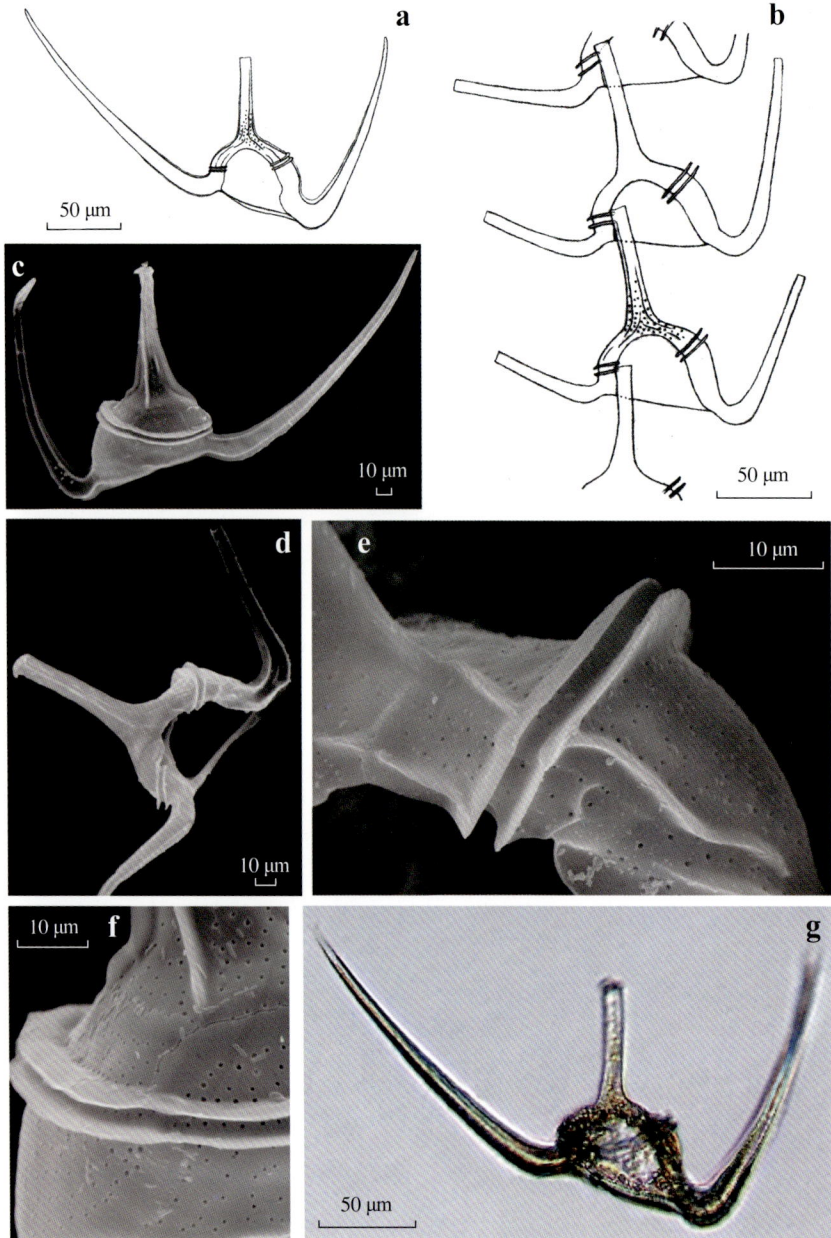

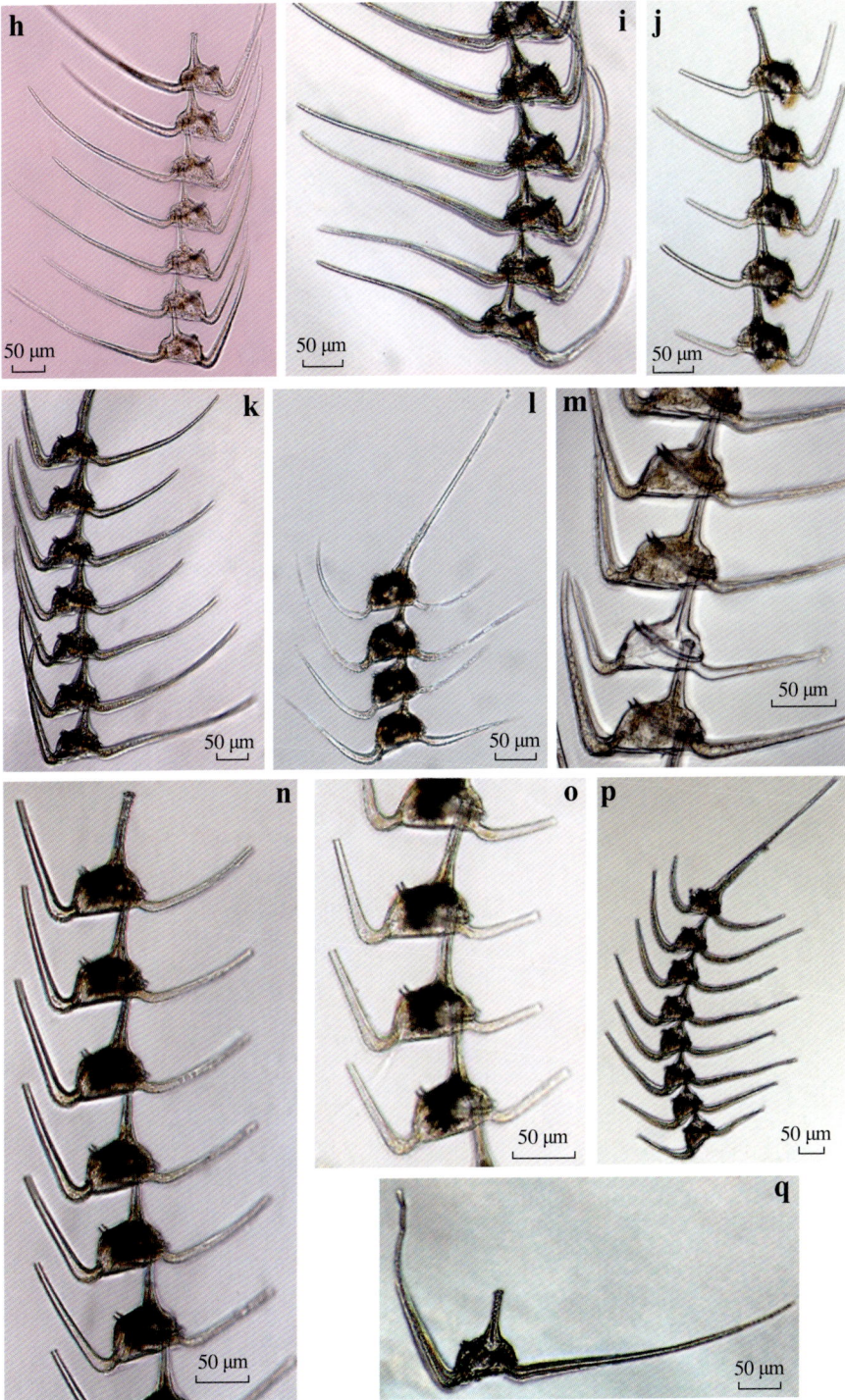

图 63

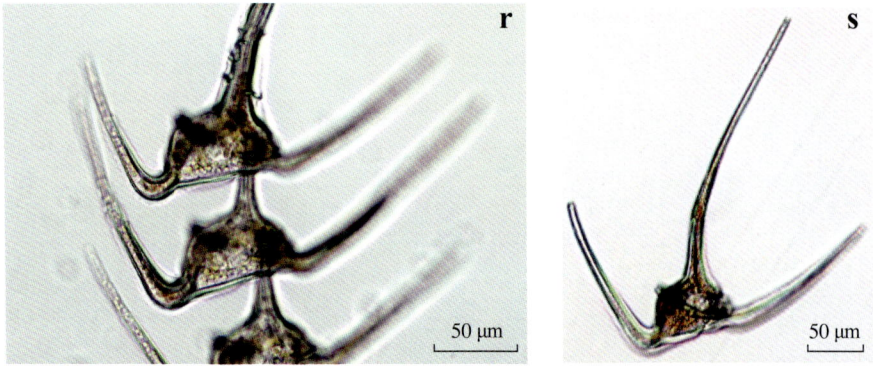

图 63 苏门答腊新角藻 *Neoceratium sumatranum* (Karsten) Yang & Li, 2014
a, b, d, g–j. 腹面观；c, k–s. 背面观；e. 示腹面脊状条纹及孔；f. 示背面脊状条纹及孔 b, h–p, r. 群体；
g, i–l, n–q, s. 活体；c–f. SEM

杨世民和李瑞香 2014, 117–118.

同种异名：兀鹰角藻苏门答腊变种 *Ceratium vultur* var. *sumatranum* (Karsten) Steemann Nielsen, 1934: Steemann Nielsen 1934, 27, fig. 65–66; Schiller 1937, 419, fig. 460a–b; Graham & Bronikovsky 1944, 41, fig. 23d; Wood 1954, 305, fig. 233d; Subrahmanyan 1968, 69, fig. 132–133, t. 5, fig. 27–28, t. 6, fig. 31; Steidinger & Williams 1970, 48, t. 15, fig. 39; Taylor 1976, 76, fig. 224; 郭玉洁等 1983, 94, fig. 22c–g, t. 3, fig. 20d–h; Balech 1988, 198, lam. 68, fig. 1; 林永水和周近明 1993, 66–67, t. 60–61; Koening et al. 2005, 393, fig. 16; 林永水 2009, 52, fig. 60, t. 4, fig. 1a–b, t. 14.

Ceratium tripos vultur var. *sumatranum* Karsten, 1907: Karsten 1907, 530, t. 48: fig. 15, t. 51: fig. 14.

Ceratium sumatranum (Karsten) Jörgensen, 1911: Jörgensen 1911, 73, fig. 153–156; Nie 1936, 68, fig. 31–32; Böhm 1931b, 38, fig. 35c; Kato 1957, 19, t. 7, fig. 24; Yamaji 1966, 101, t. 49, fig. 8.

Ceratium vultur f. *sumatranum* (Karsten) Sournia, 1968: Sournia 1968, 482.

Ceratium vultur f. *angulatum* (Jörgensen) Taylor, 1976: Taylor 1976, 76, fig. 222; 林金美 1984, 36, t. 3, fig. 6, t. 5, fig. 4.

藻体细胞中型，宽稍大于长，单独生活或形成链状群体。上壳短，呈扁三角形，两侧边均凸。顶角较粗壮，长度变化大。横沟斜且宽阔，横沟边翅清晰。下壳长，右侧边短，左侧边斜凸，底边斜直，其上有时生有透明翼。左底角自下壳生出后先向斜下方伸出一小段距离，然后急剧弯折向斜上方伸展；右底角则几乎直伸向侧上方，仅基部稍弯曲。藻体壳面脊状条纹清晰，顶角和两底角基部常生有棘状小刺，孔细小。

$D = 59 \sim 71\ \mu m$，$E = 18 \sim 27\ \mu m$，$H = 31 \sim 39\ \mu m$，$\angle\delta = 27° \sim 30°$，$\angle\beta = 105° \sim 135°$。

本种原为兀鹰新角藻 *N. vultur* 种下变种，但本种无论是藻体形态、两底角伸展方向，还是壳面的附属结构都与后者有较明显的差异，因此作者的观点是将本种独立出来，列为不同的种。

东海、南海、吕宋海峡均有分布。样品 2003 年秋季采自东海、2007 年 2 月采自钓鱼岛附近海域、2008 年 6 月采自三亚附近海域、2009 年 7 月采自南海北部海域、2010 年 8 月采自吕宋海峡、2012 年 4 月采自南海北部海域。

热带大洋性种，世界分布广，各大洋热带海域均可找到。

> *Neoceratium ranipes* 组：两底角末端扁平如掌状，其上具分支。

蛙趾新角藻 *Neoceratium ranipes* (Cleve) Gómez, Moreira & López–Garcia, 2010

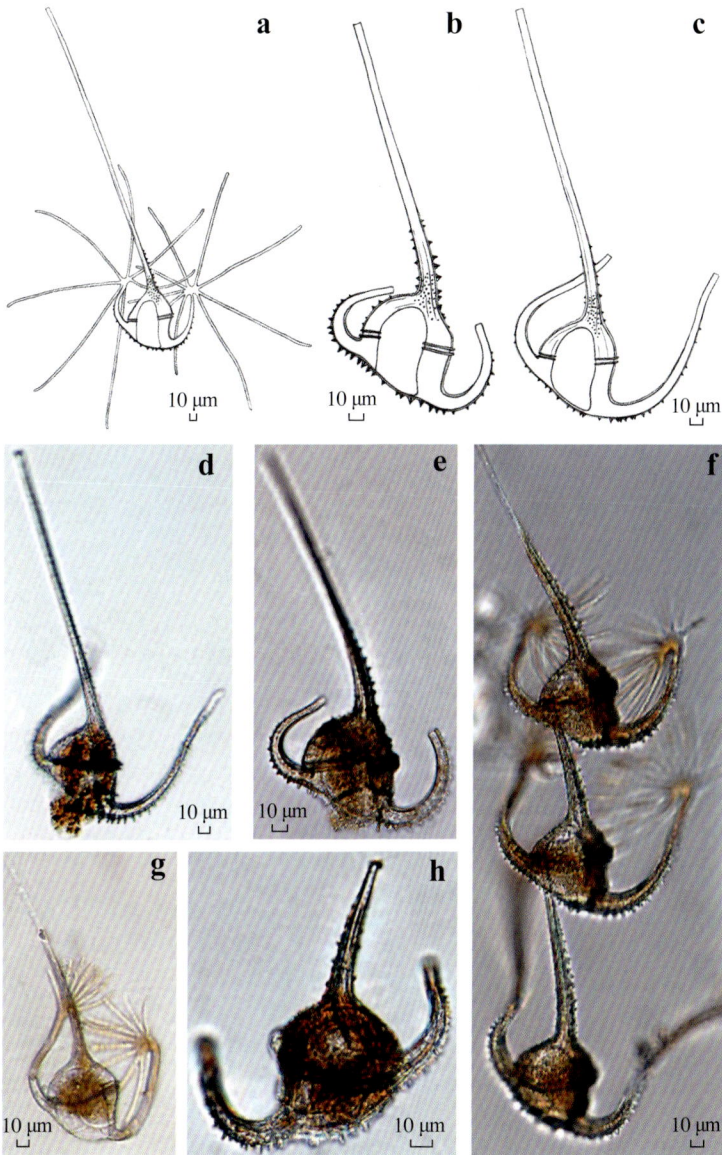

图64

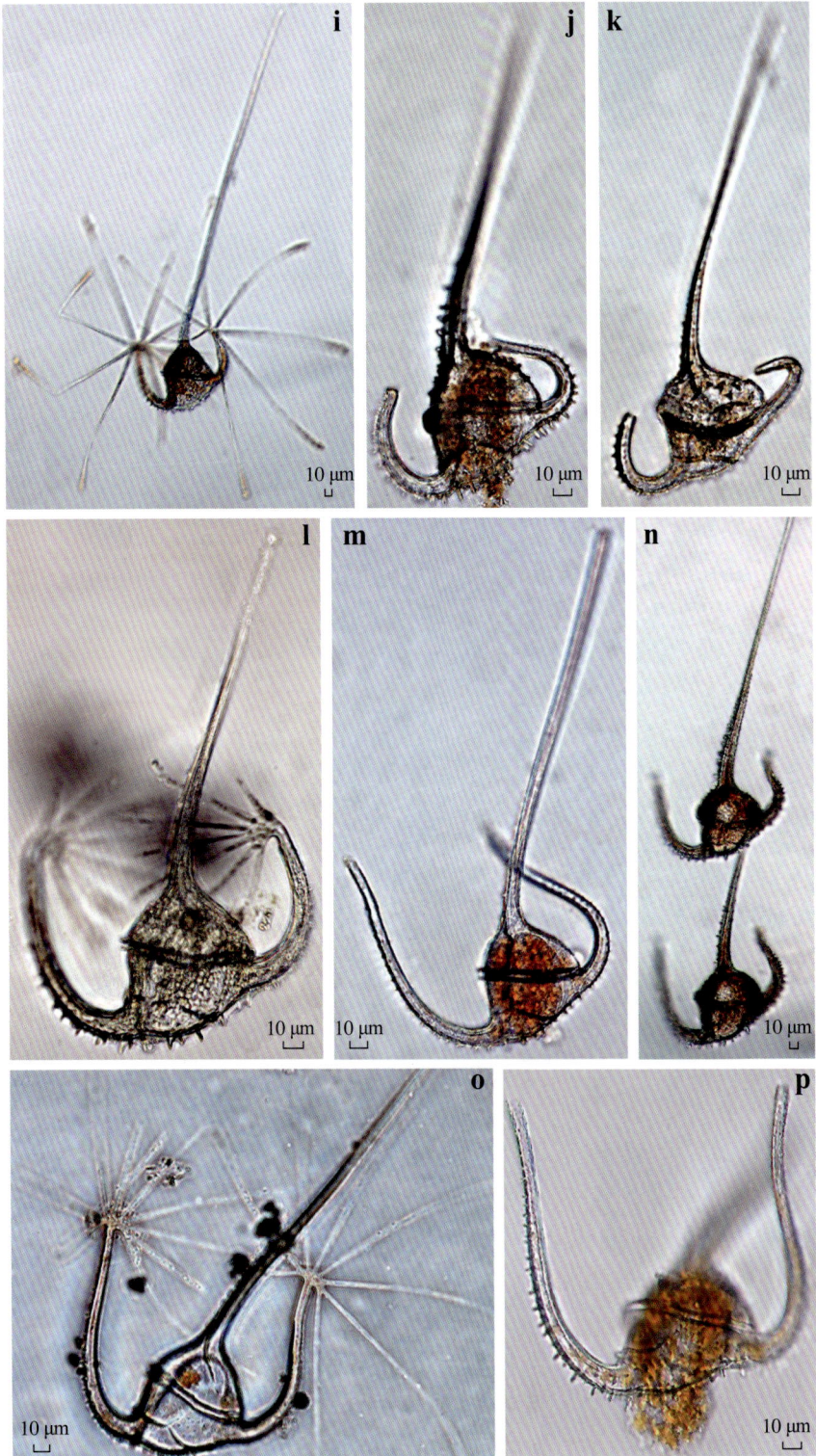

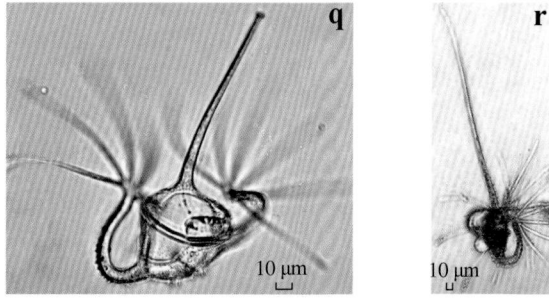

图 64　蛙趾新角藻 *Neoceratium ranipes* (Cleve) Gómez, Moreira & López–Garcia, 2010
a–g. 腹面观；h–q. 背面观；r. 左侧面观；f, n. 群体；d–j, m, n, p, r. 活体

Gómez, Moreira & López–Garcia 2010, 37; 杨世民和李瑞香 2014, 94.

同种异名：蛙趾角藻 *Ceratium ranipes* Cleve, 1900: Cleve 1900, 15, t. 7, fig. 1; Jörgensen 1920, 82, fig. 76; Böhm 1931b, 31, fig. 28–29; Peters 1932, 47, t. 2, fig. 12d–e; Paulsen 1930, 86, fig. 53; Steemann Nielsen 1934, 24, fig. 58; Schiller 1937, 409, fig. 451a; Graham et Bronikovsky 1944, 37, fig. 19i–k, 20, 21a; Gaarder 1954, 15; Wood 1954, 299, fig. 227; Halim 1967, 724, t. 3, fig. 44; Sournia 1968, 459, fig. 81–82; Subrahmanyan 1968, 60, fig. 110; Wood 1968, 38, fig. 84; Steidinger & Williams 1970, 47, t. 13, fig. 33; Taylor 1976, 77, fig. 192; 林金美 1984, 37, t. 3, fig. 8; Balech 1988, 142, lam. 60, fig. 8–9, lam. 61, fig. 1; Tomas 1997, 478, t. 30; Koening et al. 2005, 396, fig. 20; Pizay et al. 2009, 566, fig. 1–17; Omura et al. 2012, 91.

蛙趾角藻掌状变种 *Ceratium ranipes* var. *palmatum* (Schröder) Jörgensen, 1920: Jörgensen 1920, 82; Schiller 1937, 410, fig. 451b; Taylor 1976, 77, fig. 189; 郭玉洁等 1983, 94, fig. 23, t. 3, fig. 19a–b; 林永水和周近明 1993, 68, t. 62; 林永水 2009, 54, fig. 62, t. 4, fig. 3a–b, t. 14, fig. 2.

Ceratium palmatum var. *ranipes* (Cleve) Jörgensen, 1911: Jörgensen 1911, 61, fig. 129–131; Nie 1936, 61, fig. 27; Yamaji 1966, 100, t. 48, fig. 11.

蛙趾角藻掌状变种小叉变型 *Ceratium ranipes* var. *palmatum* f. *furcelladum* Lemmermann, 1900: Lemmermann 1900, 363; Taylor 1976, 77, fig. 190–191; 林永水和周近明 1993, 69, t. 63; 林永水 2009, 55, fig. 63, t. 14, fig. 3.

藻体细胞中型，单独生活，少数形成短链。上壳短，两侧边均凸。顶角基部较粗，弯向右侧。下壳长，右侧边甚短，左侧边直或稍凹，底边斜，明显外凸。两底角自下壳两隅生出后先向外侧伸出一段距离，然后弧形弯向上方，两底角末端近平行或向内收拢，有的个体两底角末端膨大如掌状，其上生有多个细长的指状分支。壳面脊状条纹粗壮，在顶角和两底角基部、下壳底边上生有许多棘状小刺。

$D = 53 \sim 71\ \mu m$，$E = 26 \sim 30\ \mu m$，$H = 33 \sim 39\ \mu m$。

Pizay 等（2009）证实本种两底角末端膨大部分在黑暗条件下会出现的缢断，而在光照环境中又会重新生长，因此，本种种下的掌状变种 *Ceratium ranipes* var. *palmatum* 和小叉变型 *Ceratium ranipes* var. *palmatum* f. *furcelladum* 实为光周期内的不同状态，应予以合并。

南黄海、东海、南海、吕宋海峡均有分布，较为常见。样品采自东海、南海、吕宋海峡。

暖温带至热带大洋性种。太平洋、大西洋、印度洋、地中海、墨西哥湾、佛罗里达海峡、新西兰、澳大利亚附近海域、安哥拉西部海域、巴西附近海域均有分布。

Neoceratium platycorne 组：两底角扁平宽阔如板状。

板状新角藻 *Neoceratium platycorne* (Daday) Gómez, Moreira & López-Garcia, 2010

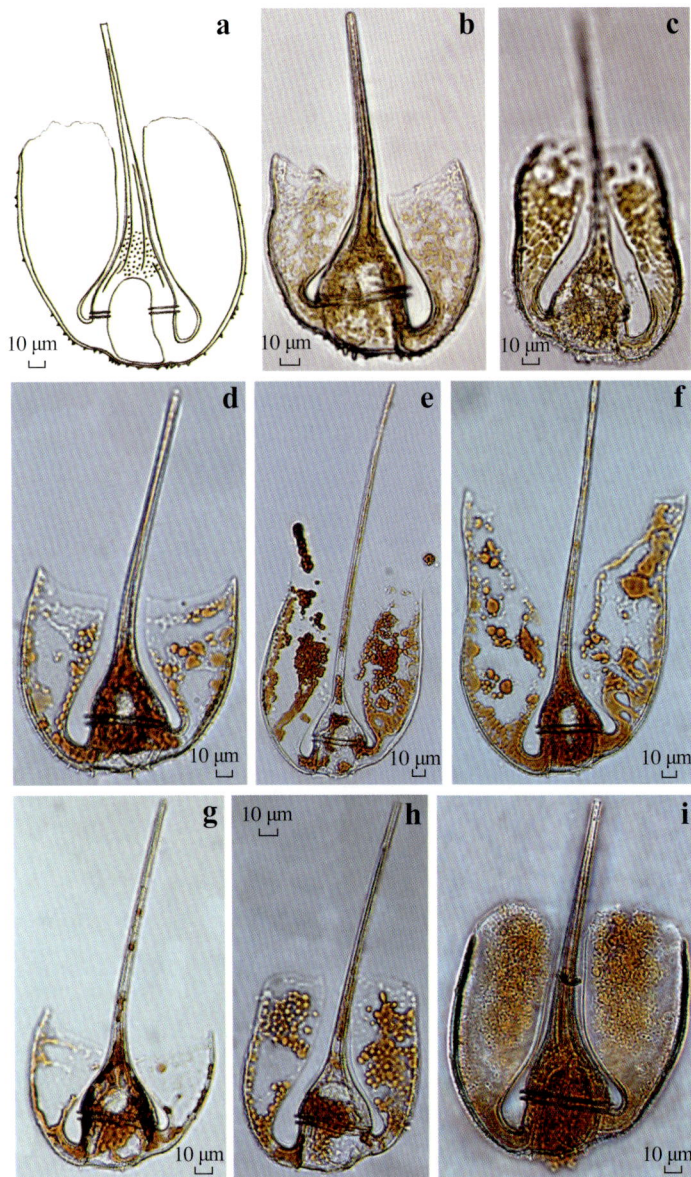

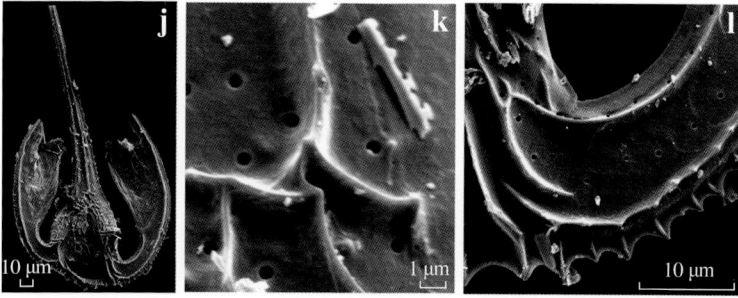

图 65　板状新角藻 *Neoceratium platycorne* (Daday) Gómez, Moreira & López–Garcia, 2010
a–c, j. 腹面观；d–i. 背面观（活体）；k. 示壳面脊状条纹及孔；l. 示底角小刺；j–l. SEM

Gómez, Moreira & López–Garcia 2010, 37, fig. 1k.

同种异名：板状角藻 *Ceratium platycorne* Daday, 1888: Daday 1888, 101, t. 3, fig. 1–2; Schütt 1892, 269, fig. 9a–b; Paulsen 1908, 74, fig. 97; Jörgensen 1911, 58, t. 6, fig. 124–126; Jörgensen 1920, 79, fig. 74; Forti 1922, 59, t. 3, fig. 46; Lebour et al. 1925, 153, fig. 50a–b; Böhm 1931b, 31, fig. 27a; Peters 1932, 47, t. 2, fig. 12b; Steemann Nielsen 1934, 24, fig. 56–57; Schiller 1937, 408, fig. 450b; Candeias 1938, 249, fig. 10; Rampi 1942, 223, fig. 3–4; Graham et Bronikovsky 1944, 36, fig. 19c–h; Silva et Pinto 1948, 173, t. 2, fig. 15; Kisselev 1950, 252, fig. 426; Margalef et Durán 1953, 42, fig. 11a–d; Wood 1954, 297, fig. 226; Gaarder 1954, 15; Trégouboff et Rose 1957, 115, t. 26, fig. 8–9; Kato 1957, 17, t. 5, fig. 16a–b; Halim 1960a, t. 4, fig. 12; Lopez 1966, fig. 17–18; Yamaji 1966, 99, t. 48, fig. 6–7; Halim 1967, 724, t. 3, fig. 42; Sournia 1968, 453, fig. 78–79; Subrahmanyan 1968, 58, fig. 108–109; Taylor 1976, 77, fig. 185; Dodge 1982, 234, fig. 29h–j; 郭玉洁等 1983, 95, fig. 24a–b, t. 4, fig. 22; 林金美 1984, 37, t. 3, fig. 9; Dodge 1985, 101; Balech 1988, 141, lam. 60, fig. 5–7; Tomas 1997, 477, t. 30; Polat & Koray 2007, 196, fig. 3; 林永水 2009, 55, fig. 64, t. 4, fig. 4, t. 15, fig. 1; Omura et al. 2012, 93.

Ceratium compressum Gran, 1911: Gran 1911, t. 3, fig. 57, t. 4, fig. 81.

藻体细胞小至中型，长大于宽。上壳略长于下壳，稍向左侧倾斜，两侧边均凸。顶角长，直或稍弯，基部粗壮，向上逐渐变细，末端开口，平截。横沟宽阔，直或稍弯，横沟边翅清晰。下壳右侧边甚短，左侧边直或稍凹，底边略斜且凸出明显。两底角自下壳两隅生出后即急剧的弯向上方，且扩展成扁平的桨叶状，末端平截或呈不规则的波状，两底角靠近顶角的一侧细胞壁薄，而远离顶角的一侧细胞壁较厚，左底角最宽处 39～58 μm，右底角最宽处 43～64 μm。藻体壳面具脊状条纹，两底角基部和下壳底边生有许多棘状小刺，色素体多数，顶角和两底角内亦有。

$D = 46 \sim 52$ μm, $E = 29 \sim 39$ μm, $H = 27 \sim 32$ μm, $A = 106 \sim 254$ μm, $L = 88 \sim 206$ μm, $R = 83 \sim 188$ μm。

东海、南海、吕宋海峡均有分布。样品 2003 年秋季采自东海、2007 年 2 月采自钓鱼岛附近海域、2010 年 8 月采自南海北部海域、2011 年 4 月采自吕宋海峡。

热带大洋嗜阴性种。太平洋、大西洋、印度洋、地中海、佛罗里达海峡、加利福尼亚湾、不列颠群岛、新西兰附近海域、澳大利亚东南部海域、巴西东南部海域均有分布。

板状新角藻膨角变种 *Neoceratium platycorne* var. *dilatatum* (Karsten)

同种异名：板状角藻膨角变种 *Ceratium platycorne* var. *dilatatum* (Karsten) Jörgensen, 1920: Jörgensen 1920, 80, fig. 75; Schiller 1937, 409, fig. 450a; Taylor 1976, 77, fig. 188.

Ceratium dilatatum Kofoid, 1907: Kofoid 1907b, 171, t. 4, fig. 25.

Ceratium tripos f. *dilatata* Karsten, 1905: Karsten 1905, t. 19, fig. 9–10.

本变种与原种 *N. platycorne* 的主要区别在于本变种两底角呈管状，宽度明显小于原种，左底角最宽处 15 ~ 20 μm，右底角最宽处 15 ~ 18 μm。另外，本变种顶角自上壳伸出的更突兀些，顶角与上壳间界限明显，而后者顶角与上壳间界限较混沌（Taylor, 1976）。

D = 38 ~ 45 μm，E = 24 ~ 29 μm，H = 22 ~ 25 μm，A = 82 ~ 104 μm，L = 99 ~ 104 μm，R = 82 ~ 91 μm。

关于本变种是否只是原种 *N. platycorne* 的一个生长发育阶段作者持怀疑态度，但由于作者并没有观察到其生活史，文献中也未见有报道，因此作者暂时将二者分开。

样品 2007 年 2 月采自台湾北部海域、2008 年 6 月采自三亚附近海域、2011 年 9 月采自南海北部海域，数量少，系中国首次记录。

热带狭温大洋性种。太平洋、印度洋、地中海有记录。

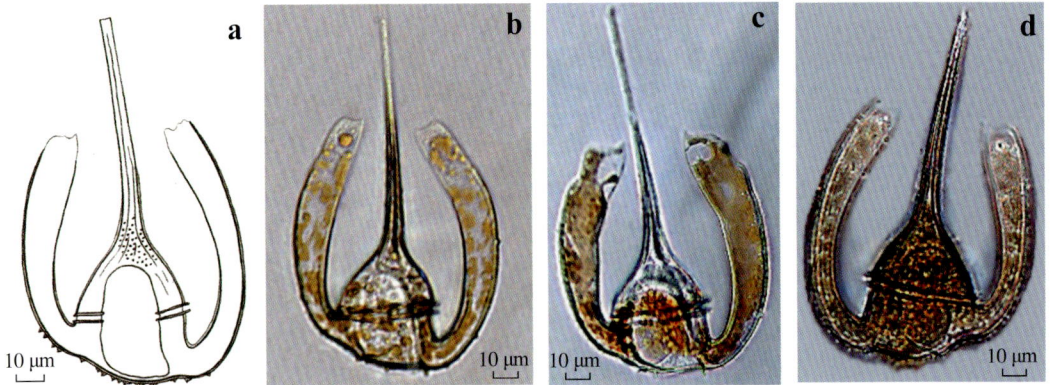

图 66　板状新角藻膨角变种 *Neoceratium platycorne* var. *dilatatum* (Karsten)

a–c. 腹面观；d. 背面观；b–d. 活体

Neoceratium reflexum 组：两底角伸出方向相反，左底角伸向下方，右底角伸向上方。

反折新角藻 *Neoceratium reflexum* (Cleve) Gómez, Moreira & López–Garcia, 2010

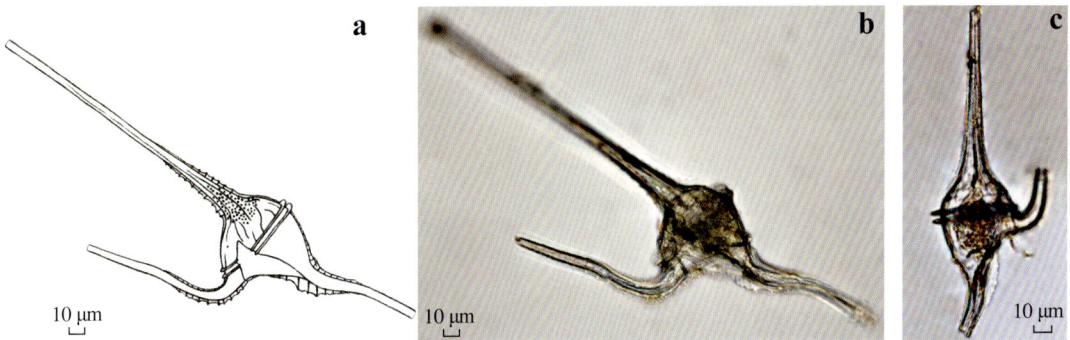

图 67　反折新角藻 *Neoceratium reflexum* (Cleve) Gómez, Moreira & López–Garcia, 2010
a, b. 腹面观；c. 背面观（示纵鞭毛）

Gómez, Moreira & López–Garcia 2010, 47.

同种异名：反折角藻 *Ceratium reflexum* Cleve, 1900: Cleve 1900, 15, t. 7, fig. 8–9; Jörgensen 1911, 87, fig. 184; Steemann Nielsen 1934, 29, fig. 74; Schiller 1937, 420, fig. 461; Graham et Bronikovsky 1944, 45, fig. 27h; Wood 1954, 305; Wood 1963a, 40, fig. 149; Yamaji 1966, 106, t. 51, fig. 5; Sournia 1968, 485, fig. 99, t. 3, fig. 13; Subrahmanyan 1968, 70, fig. 135–139; Wood 1968, 38, fig. 85; Reinecke 1973, 77, fig. 6s, 7h; Taylor 1976, 78, fig. 173; 林金美 1984, 37, t. 4, fig. 1; 李瑞香和毛兴华 1985, 45, fig. 8a–b; Koening et al. 2005, 393, fig. 14; 林永水 2009, 57, fig. 65, t. 5, fig. 1; Omura et al. 2012, 96.

藻体细胞小至中型，腹部凹陷，背部明显外凸。上壳较短，左侧边隆起，右侧边直或稍凸。顶角直，基部粗壮，末端开口，平截。横沟较宽，横沟边翅明显。下壳较长，右侧边短，左侧边稍凸并向内侧倾斜，底边甚斜，直或稍凹，其上有时生有透明翼。右底角自下壳生出后先向外侧伸出一小段距离，然后陡然的弯向上方，末端与顶角稍分歧；左底角则向顶角的反方向伸展，且稍有弯曲，有的个体顶角及两底角末端会缢断（如图 67c）。细胞壁厚，壳面脊状条纹粗壮发达，在顶角和两底角基部生有线状条纹和许多棘状小刺。

$D = 43 \sim 59 \ \mu m$，$E = 21 \sim 26 \ \mu m$，$H = 32 \sim 37 \ \mu m$，$\angle \delta = 42° \sim 50°$。

东海、南海有分布。样品 2003 年秋季采自东海、2010 年 8 月采自南海北部海域。

狭温性热带种。太平洋、大西洋、印度洋、地中海、红海、孟加拉湾、佛罗里达海峡、澳大利亚东部海域、巴西附近海域有记录。

> *Neoceratium tripos* 组：藻体如锚状，两底角较粗壮且均弯向上方。

羊头新角藻 *Neoceratium arietinum* (Cleve) Gómez, Moreira & López–Garcia, 2010

Gómez, Moreira & López–Garcia 2010, 37, fig. 1a.

同种异名：羊头角藻 *Ceratium arietinum* Cleve, 1900: Cleve 1900, 13, t. 7, fig. 3; Jörgensen 1920, 62, fig. 60–62; Peters 1932, 41, t. 4, fig. 22a–c; Steemann Nielsen 1934, 21, fig. 45; Schiller 1937, 403, fig. 444a–c; Graham et Bronikovsky 1944, 31, fig. 16a–k; Wood 1954, 294, fig. 221a–e; Gaarder 1954, 9, fig. 10; Kato 1957, 16, t. 6, fig. 21; Yamaji 1966, 97, t. 47, fig. 7; Halim 1967, 712, t. 1, fig. 3; Subrahmanyan 1968, 54, fig. 95–97; Wood 1968, 23, fig. 37; Taylor 1976, 78, fig. 162, 165; Burns & Mitchell 1982, 57, fig. 2–4; Dodge 1982, 235, fig. 30e, t. 8b; Dodge 1985, 93; 李瑞香和毛兴华 1985, 46, fig. 9a–b; Balech 1988, 143, lam. 61, fig. 4–6; Tomas 1997, 471, t. 27; Koening et al. 2005, 393, fig. 12; 林永水 2009, 59, fig. 66, t. 5, fig. 2; Omura et al. 2012, 92.

Ceratium bucephalum (Cleve) Cleve, 1901: Cleve 1901, 211.

藻体细胞小至中型，长稍大于宽。上、下壳约略等长，上壳明显向左侧倾斜，两侧边均凸。顶角略呈"S"形弯曲，较粗壮。横沟宽阔，稍斜。下壳右侧边甚短，左侧边直或稍凸，底边外凸明显。左底角自下壳生出后均匀弯向上方，末端稍向内侧收拢；右底角前半段均匀弯向上方，中段以后急剧内拐弯向顶角，弯折近90°。壳面具脊状条纹，孔细小。

$D = 47 \sim 55$ μm, $E = 25 \sim 34$ μm, $H = 24 \sim 32$ μm, $A = 64 \sim 145$ μm, $L = 83 \sim 129$ μm, $R = 92 \sim 148$ μm。

南黄海、东海、南海、吕宋海峡均有分布。样品 2003 年秋季和 2007 年 2 月采自东海、2009 年 7 月采自南海北部海域、2011 年 4 月采自吕宋海峡、2012 年 4 月采自南海北部海域。

暖温带至热带大洋性种。太平洋、大西洋、印度洋、地中海、加勒比海、红海、阿拉伯海、不列颠群岛、新西兰附近海域、澳大利亚东部和西部海域、巴西附近海域均有分布。

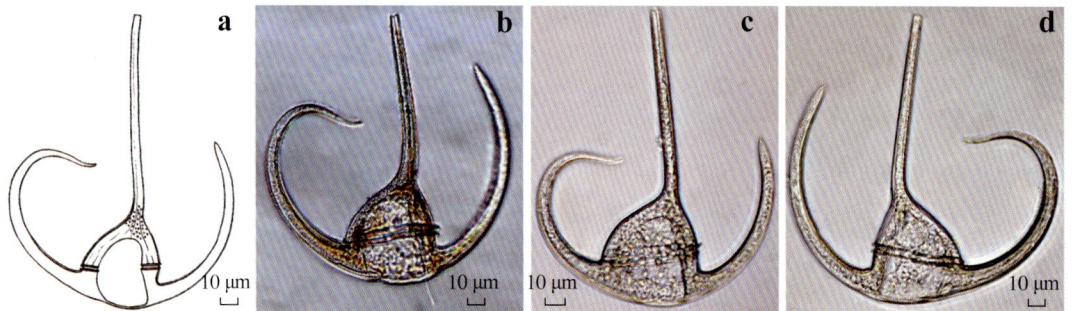

图 68　羊头新角藻 *Neoceratium arietinum* (Cleve) Gómez, Moreira & López–Garcia, 2010
a–c. 腹面观；d. 背面观；b. 活体（示纵鞭毛）

细轴新角藻 *Neoceratium axiale* (Kofoid) Gómez, Moreira & López-Garcia, 2010

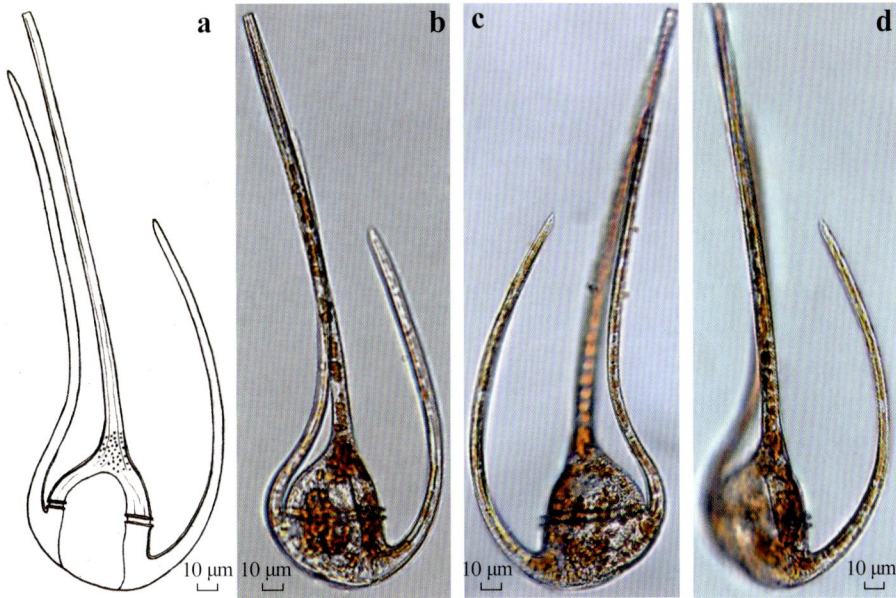

图 69　细轴新角藻 *Neoceratium axiale* (Kofoid) Gómez, Moreira & López–Garcia, 2010
a, b. 腹面观；c. 背面观；d. 左侧面观；b–d. 活体

Gómez, Moreira & López–Garcia 2010, 45.

同种异名：细轴角藻 *Ceratium axiale* Kofoid, 1907: Kofoid 1907b, 170, t. 4, fig. 26; Jörgensen 1911, 46, fig. 96; Peters 1932, 41, t. 2, fig. 12h; Steemann Nielsen 1934, 20, fig. 42; Schiller 1937, 402, fig. 442; Graham et Bronikovsky 1944, 30, fig. 15d–e; Wood 1954, 293, fig. 219; Wood 1968, 23, fig. 39; Subrahmanyan 1968, 52, fig. 93; Taylor 1976, 79, fig. 158; 林永水 2009, 60, fig. 67, t. 15, fig. 2; Omura et al. 2012, 94.

藻体细胞中型，长大于宽。上、下壳约略等长，上壳稍向左侧倾斜，两侧边均凸。顶角长，向右侧弯曲，末端开口，平截。横沟宽阔且直，横沟边翅窄。下壳右侧边甚短，左侧边斜直或稍凹，底边斜凸。左底角自下壳生出后即弧形平滑弯向上方，末端稍向内侧收拢；右底角自横沟下缘生出后紧贴体侧向内弯曲，至顶角基部处又弧形向外侧弯曲伸展，末端与顶角近平行或稍稍分歧。壳面较平滑，脊状条纹不明显，在顶角和两底角上生有线状条纹，孔细小。

$D = 49\ \mu m$，$E = H = 35\ \mu m$，$A = 206\ \mu m$，$L = 173\ \mu m$，$R = 191\ \mu m$。

东海、南海、吕宋海峡均有分布。样品 2008 年 6 月采自三亚附近海域、2011 年 4 月采自吕宋海峡、2011 年 9 月采自南海北部海域，数量少。

暖水大洋性种。太平洋、大西洋、印度洋、地中海、红海、安达曼海、孟加拉湾、佛罗里达海峡、澳大利亚东部海域有记录。

亚速尔新角藻 *Neoceratium azoricum* (Cleve) Gómez, Moreira & López-Garcia, 2010

Gómez, Moreira & López-Garcia 2010, 37, fig. 1l; 杨世民和李瑞香 2014, 95.

同种异名：亚速尔角藻 *Ceratium azoricum* Cleve, 1900: Cleve 1900, 13, t. 7, fig. 6–7; Paulsen 1908, 76, fig. 99; Jörgensen 1911, 47, t. 5, fig. 97–98; Jörgensen 1920, 69, fig. 66; Forti 1922, 53, fig. 39; Lebour et al. 1925, 151, fig. 48; Candelas 1930, 34, t. 3, fig. 70; Peters 1932, 43, t. 3, fig. 14h; Steemann Nielsen 1934, 20, fig. 43; Schiller 1937, 406, fig. 447; Rampi 1939, 307, fig. 25; Wailes 1939, 44, fig. 132; Graham et Bronikovsky 1944, 30, fig. 16m–p; Wood 1954, 295, fig. 222a–b; Halim 1960a, t. 4, fig. 13; Halim 1967, 712, t. 1, fig. 4; Subrahmanyan 1968, 56, fig. 102; Wood 1968, 23, fig. 38; Taylor 1976, 79, fig. 160; Burns & Mitchell 1982, 57, fig. 5; Dodge 1982, 232, fig. 29f; Balech 1988, 137, lam. 57, fig. 6; Hernández-Becerril 1989, 43, fig. 25; 林永水 2009, 60, fig. 68, t. 5, fig. 3; Omura et al. 2012, 92.

藻体细胞小型，腹面观轮廓圆凸。上壳稍向右侧倾斜，两侧边均凸，顶角粗短。横沟几乎不可见，无横沟边翅。下壳底边外凸明显。左底角自下壳生出后弧形均匀弯向上方，末端向内侧收拢；右底角自横沟下缘生出后紧贴体侧向上伸展，直或稍向内侧弯曲，末端与顶角近平行。壳面平滑无脊状条纹，但在顶角和两底角上生有线状条纹，孔细小。

$D = 43 \sim 51 \, \mu m$，$A = 29 \sim 55 \, \mu m$，$L = 59 \sim 75 \, \mu m$，$R = 39 \sim 56 \, \mu m$。

南黄海、东海、南海、吕宋海峡均有分布。样品 2007 年 2 月采自东海、2010 年 8 月采自吕宋海峡、2011 年 7 月采自黄海南部海域、2011 年 9 月采自南海北部海域。

暖温带至热带大洋性种。太平洋、大西洋、印度洋、地中海、安达曼海、加利福尼亚湾、孟加拉湾、佛罗里达海峡、不列颠群岛、澳大利亚、新西兰和巴西附近海域均有分布。

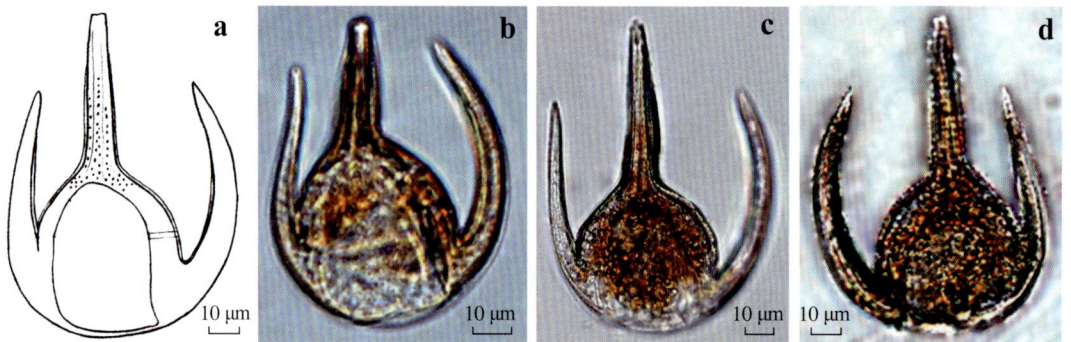

图 70 亚速尔新角藻 *Neoceratium azoricum* (Cleve) Gómez, Moreira & López-Garcia, 2010
a–c. 腹面观；d. 背面观；b–d. 活体

短角新角藻 *Neoceratium breve* (Ostenfeld & Schmidt) Gómez, Moreira & López-Garcia, 2010

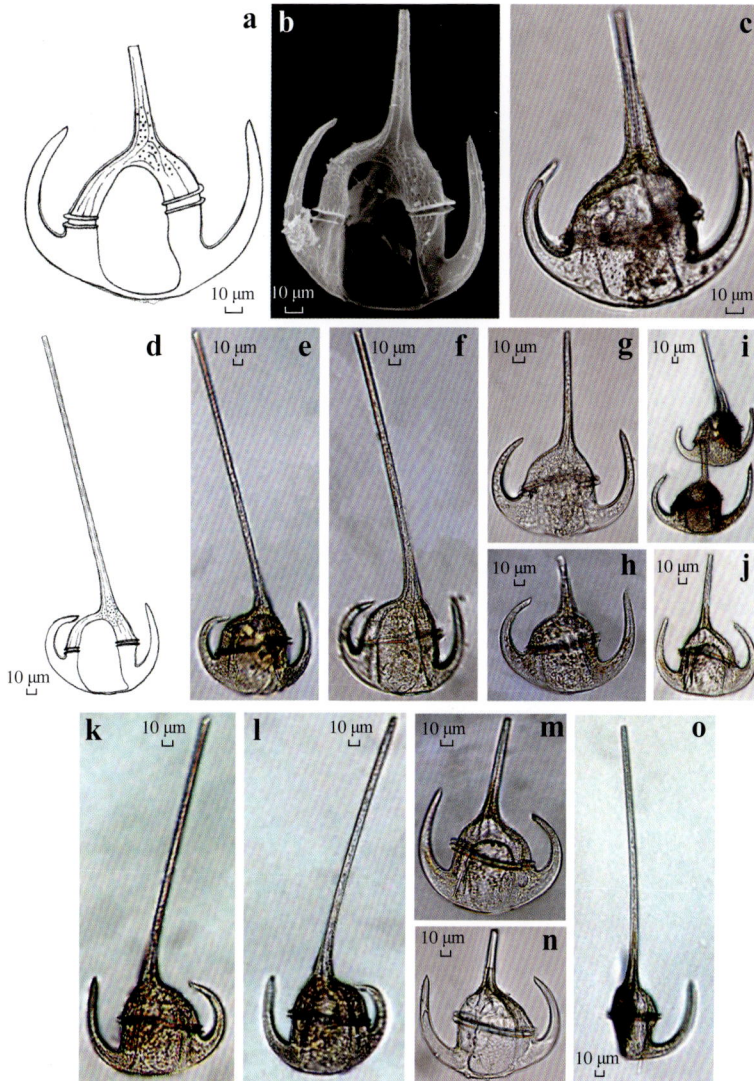

图 71　短角新角藻 *Neoceratium breve* (Ostenfeld & Schmidt) Gómez, Moreira & López–Garcia, 2010
a–i. 腹面观；j–n. 背面观；o. 右侧面观（示纵鞭毛）；i. 群体；e, i, k, o. 活体；b. SEM

Gómez, Moreira & López–Garcia 2010, 45; 杨世民和李瑞香 2014, 96.

同种异名：短角角藻 *Ceratium breve* (Ostenfeld & Schmidt) Schröder, 1906: Schröder 1906, 358; Jörgensen 1911, 40, fig. 84; Böhm 1931b, 18, fig. 17–18; Wang et Nie 1932, 306, fig. 19; Peters 1932, 39, t. 3, fig. 13d; Steemann Nielsen 1934, 18, fig. 36; Nie 1936, 50, fig. 18a–c; Schiller 1937, 391, fig. 429b; Graham et Bronikovsky 1944, 27, fig. 14g–h, j, l–p; Silva 1949, 357, t. 9, fig. 4; Wood

1954, 288, fig. 209a–b; Silva 1958, fig. 5; Ballantine 1961, 225, fig. 53; Klement 1964, 355, t. 3, fig. 4; Yamaji 1966, 95, t. 46, fig. 1–3; Halim 1967, 712, t. 2, fig. 16, t. 3, fig. 28; Sournia 1968, 426, fig. 50; Subrahmanyan 1968, 40, fig. 62; Taylor 1976, 80, fig. 142; Dodge 1982, 232; Burns & Mitchell 1982, 60, fig. 6–10; 郭玉洁等 1983, 96, fig. 25a, t. 4, fig. 25a; 林永水等 2001, 26, fig. 75; 林永水 2009, 61, fig. 69, t. 5, fig. 4, t. 15, fig. 3; Al–Kandari et al. 2009, 160, t. 8h–i; Omura et al. 2012, 93.

Ceratium tripos var. *breve* Ostenfeld & Schmidt, 1901: Ostenfeld & Schmidt 1901, 164, fig. 13; Balech 1988, 140, lam. 60, fig. 1–2.

短角角藻凹腹变种 *Ceratium breve* var. *schmidtii* (Jörgensen) Sournia, 1968: Sournia 1968, 428, fig. 49; Taylor 1976, 80, fig. 143–145; 林永水和周近明 1993, 70, t. 64; 林永水 2009, 63, fig. 71, t. 5, fig. 6, t. 16, fig. 1.

Ceratium schmidtii Jörgensen, 1911: Jörgensen 1911, 50, fig. 110–111; Böhm 1931b, 24, fig. 22; Steemann Nielsen 1934, 18, fig. 37; Nie 1936, 54, fig. 22a–d; Schiller 1937, 400, fig. 440; Graham et Bronikovsky 1944, 27, fig. 14i, p; Wood 1954, 291, fig. 216a; Halim 1963, 498, fig. 20–21; Lopez 1966, 419, fig. 22; Yamaji 1966, 95, t. 46, fig. 6; Subrahmanyan 1968, 49, fig. 88.

Ceratium tripos var. *schmidtii* (Jörgensen) Balech, 1988: Balech 1988, 197, lam. 58, fig. 7.

藻体细胞中型，长稍大于宽，腹面凹陷，背面隆起，单独生活或形成短链。上壳短，略向左侧倾斜，两侧边均凸。顶角长度变化大，基部粗壮，直或稍向右侧倾斜。横沟宽阔，斜直或稍弯曲，横沟边翅发达，其上具肋刺。下壳长，右侧边短，左侧边直或稍凹，底边圆凸。两底角粗短，末端尖，左底角自下壳生出后向上方均匀弧形伸展，末端与顶角近平行或稍向内收拢；右底角则自基部起弧形向内侧弯曲，末端指向顶角基部。壳面脊状条纹粗壮发达，顶角基部有时具透明翼，孔粗大清晰。

$D=65 \sim 88$ μm，$E=35 \sim 41$ μm，$H=45 \sim 52$ μm，$L=73 \sim 102$ μm，$R=66 \sim 81$ μm，$x=18 \sim 34$ μm，$y=8 \sim 14$ μm。

关于本种的分类国内外学者有不同的观点，有学者依据右底角末端的弯曲程度，将右底角末端更贴近藻体的个体（如图71d, e）定义为短角角藻凹腹变种 *Ceratium breve* var. *schmidtii*（Sournia, 1968; Taylor, 1976; 林永水, 2009），而有学者则认为凹腹变种应该与原种合并（Gómez et al., 2010）。作者通过观察样本后发现，除了右底角末端距离藻体较远和紧贴藻体两种情况外，还有许多个体右底角末端的弯曲程度介于原种和凹腹变种之间（如图71f, k），即所谓的"中间性"细胞，而且这种情况在历史资料中也多有出现（Graham et Bronikovsky, 1944; Omura et al., 2012），因此作者认为右底角末端是否贴近藻体可能与底角末端的摆动作用有关，也可能是观察角度的不同造成的，不能作为分类的依据，故而作者同意后一种观点，即凹腹变种应与原种合并。

本种与三角新角藻 *N. tripos* 相似，但本种两底角的长度较后者短，两底角的伸展方向也与后者有明显差异。而且，本种腹面凹陷、背面隆起的程度也较三角新角藻大。

南黄海、东海、南海、吕宋海峡均有分布。样品 2003 年秋季采自东海、2008 年 6 月采自三亚附近海域、2009 年 3 月采自台湾东南部海域、2009 年 7 月采自南海北部海域、2010 年 8 月采自吕宋海峡。

暖水性种，广泛分布于世界各大洋的热带、亚热带海域。

短角新角藻平行变种 *Neoceratium breve* var. *parallelum* (Schmidt) Yang & Li, 2014

杨世民和李瑞香 2014, 97.

同种异名：短角角藻平行变种 *Ceratium breve* var. *parallelum* (Schmidt) Jörgensen, 1911: Jörgen -sen 1911, 41, fig. 86; Nie 1936, 51, fig. 19a–b; Graham et Bronikovsky 1944, 27, fig. 14k; Halim 1967, 713, t. 1, fig. 5; Sournia 1968, 427, fig. 47–48; Taylor 1976, 80, fig. 141,146; Muñoz & Avaria 1980, 22, t. 9, fig. 3, t. 14, fig. 1; 郭玉洁等 1983, 97, fig. 25b, t. 4, fig. 25b; Hernández–Becerril 1989, 43, fig. 29, 46; 林永水等 2001, 26, fig. 76–77; 林永水 2009, 62, fig. 70, t. 5, fig. 5, t. 15, fig. 4.

Ceratium tripos var. *parallelum* Schmidt, 1901: Schmidt 1901, 210.

本变种与原种 *N. breve* 的主要区别在于，本变种两底角自下壳两隅生出后皆向上方弧形均匀伸展，两底角末端近平行或稍向外分歧。

$D = 79 \sim 83$ μm，$E = 33 \sim 37$ μm，$H = 51 \sim 54$ μm，$L = 82 \sim 112$ μm，$R = 81 \sim 111$ μm，$x = 22 \sim 35$ μm，$y = 9 \sim 12$ μm。

东海、南海、吕宋海峡均有分布。样品 2009 年 7 月采自南海北部海域、2010 年 10 月采自南海、2011 年 4 月采自吕宋海峡、2011 年 7 月采自中沙群岛附近海域。

暖水性种。太平洋、大西洋、印度洋、地中海、安达曼海、加利福尼亚湾、孟加拉湾有记录。

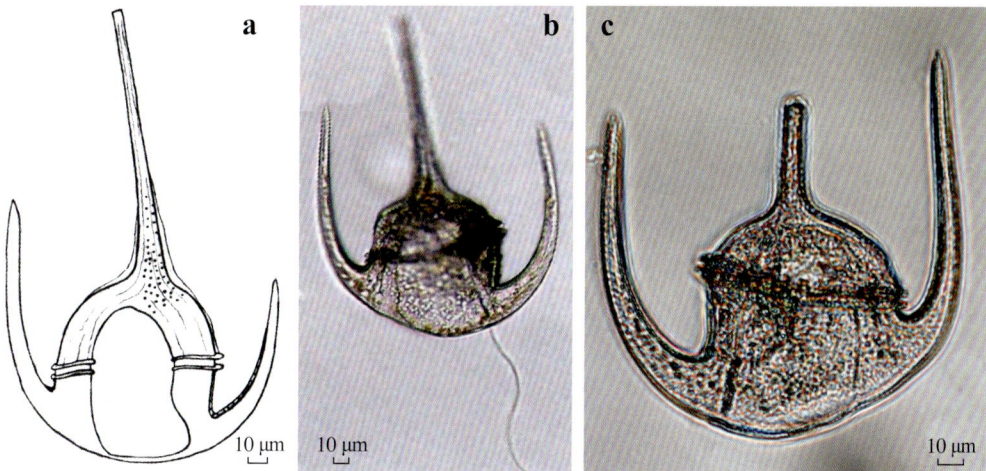

图 72　短角新角藻平行变种 *Neoceratium breve* var. *parallelum* (Schmidt) Yang & Li, 2014
a, b. 腹面观；c. 背面观；b. 活体（示纵鞭毛）

扭状新角藻 *Neoceratium contortum* (Gourret) Gómez, Moreira & López-Garcia, 2010

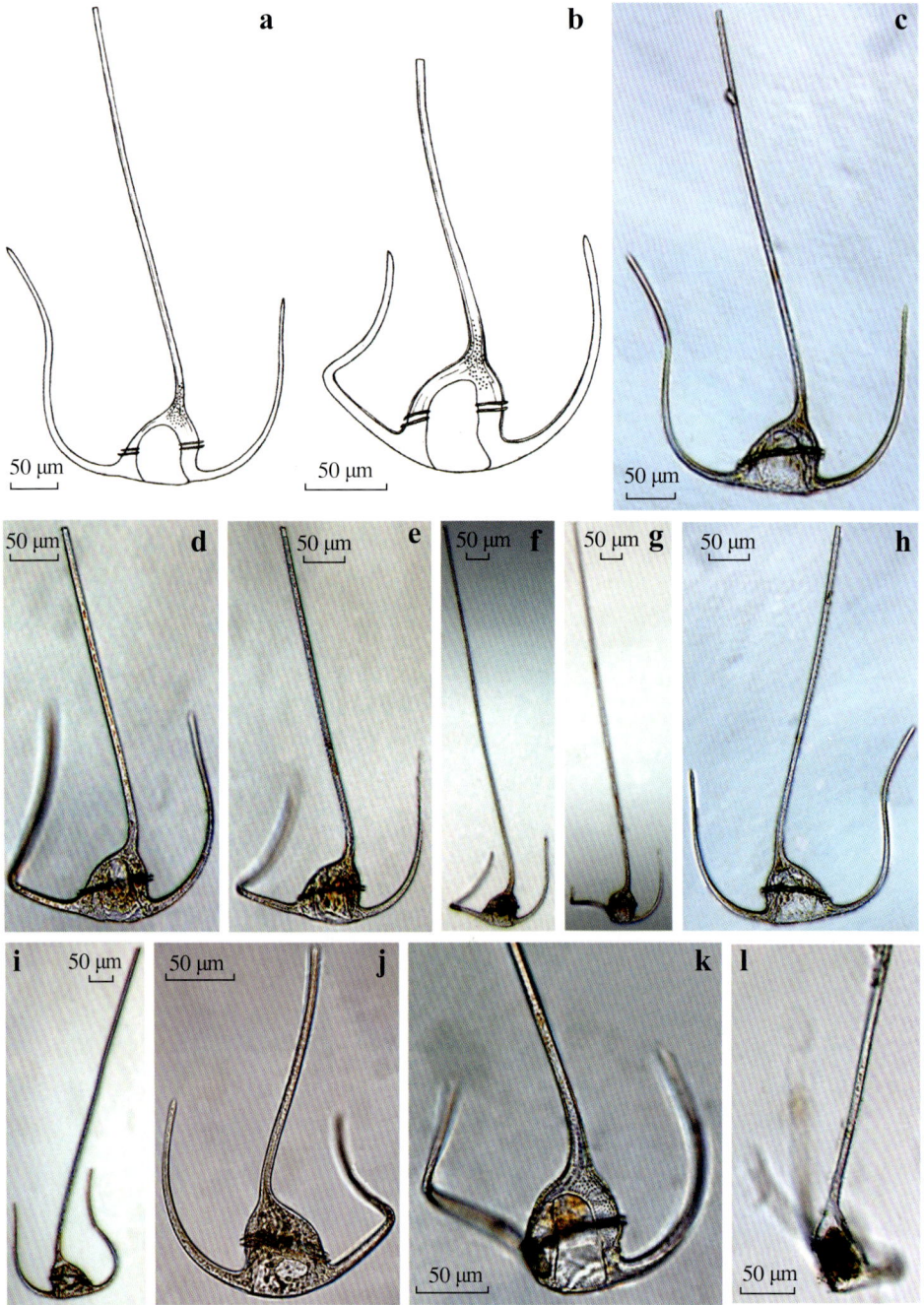

图 73 扭状新角藻 *Neoceratium contortum* (Gourret) Gómez, Moreira & López–Garcia, 2010
a–g.腹面观；h–j.背面观；k.放大的藻体腹面观；l.右侧面观；m.底面观；c–i,l,m.活体；k.示壳面孔

Gómez, Moreira & López–Garcia 2010, 45; 杨世民和李瑞香 2014, 98.

同种异名：扭角藻 *Ceratium contortum* (Gourret) Cleve, 1900: Cleve 1900, 15, t. 7, fig. 10; Jörgensen 1911, 55, fig. 120; Böhm 1931b, 23, fig. 20; Peters 1932, 46, t. 2, fig. 6; Steemann Nielsen 1934, 23, fig. 52–53; Schiller 1937, 395, fig. 433; Wood 1954, 289, fig. 212a–c; Sournia 1968, 444, fig. 67; Subrahmanyan 1968, 44, fig. 69–71; Wood 1968, 26, fig. 48; Steidinger & Williams 1970, 44, t. 6, fig. 16a–b; Taylor 1976, 81, fig. 180; 郭玉洁等 1983, 98, fig. 26a, t. 4, fig. 24a; Balech 1988, 145, lam. 62, fig. 4, lam. 63, fig. 2; Hernández–Becerril 1989, 43, fig. 20, 50; 林永水和周近明 1993, 71, t. 65; Tomas 1997, 472, t. 27; 林永水 2009, 64, fig. 73, t. 16, fig. 2; Koening et al. 2005, 393, fig. 2; Omura et al. 2012, 91.

Ceratium gibberum var. *contortum* Gourret, 1883: Gourret 1883, t. 2, fig. 33.

扭角藻舞姿变种 *Ceratium contortum* var. *saltans* (Schröder) Jörgensen, 1911: Jörgensen 1911, 56, fig. 121a–b; Nie 1936, 58, fig. 25a–b, 26; Taylor 1976, 81, fig. 181; 郭玉洁等 1983, 98, fig. 26b–c, t. 4, fig. 24b–c; 林永水 2009, 66, fig. 75, t. 6, fig. 1a–b, t. 16, fig. 3a–b.

Ceratium saltans Schröder, 1906: Schröder 1906, 359, fig. 29a–c.

藻体细胞大型，上壳略短于下壳或上、下壳近等长。上壳明显向左倾斜，右侧边圆凸，左侧边甚斜且较直。顶角细弱，基部明显向左侧弯曲，然后向右上方斜伸。横沟较宽，横沟边翅清晰。下壳右侧边短，左侧边向内凹陷，底边凸如透镜。左底角自基部起向斜上方弧形均匀弯曲，末端与顶角近平行；右底角自下壳生出后先向外侧伸出一段距离，然后向上弧形弯折，至中段处向顶角方向收拢，末端又略指向外侧，使得整个右底角呈"S"形，也有的个体右底角自中段向背侧弯折（如图 73b, d–g, j–l）。壳面较平滑，无明显脊状条纹，孔清晰。

$D=61\sim83$ μm，$E=36\sim43$ μm，$H=38\sim48$ μm，$L=153\sim221$ μm，$R=159\sim278$ μm。

许多学者将右底角向背侧急剧弯折的个体定义为本种种下的舞姿变种 *Ceratium contortum* var. *saltans*，但作者通过观察样本认为这种差异应该为底角的摆动作用造成的，故将二者合并。

东海、南海、吕宋海峡均有分布。样品 2001 年秋季采自冲绳海槽西侧海域、2003 年秋季采自东海、2007 年 2 月采自钓鱼岛附近海域、2008 年 6 月采自三亚附近海域、2009 年 7 月采自南海北部海域、2010 年 8 月采自吕宋海峡，较为常见。

暖温带至热带大洋性种。太平洋、大西洋、印度洋、地中海、红海、阿拉伯海、泰国湾、墨西哥湾、佛罗里达海峡、非洲东部海域、澳大利亚东部海域、加利福尼亚附近海域、西班牙西北部海域、巴西附近海域均有分布。

卡氏新角藻 *Neoceratium karstenii* (Pavillard) Gómez, Moreira & López–Garcia, 2010

Gómez, Moreira & López–Garcia 2010, 46; 杨世民和李瑞香 2014, 99.

同种异名：扭角藻卡氏变种 *Ceratium contortum* var. *karstenii* (Pavillard) Sournia, 1968: Sournia 1968, 441, fig. 72; Steidinger & Williams 1970, 45, t. 6, fig. 17a, t. 7, fig. 17b; Taylor 1976, 81, fig. 184; Hernández–Becerril 1989, 44, fig. 19; Koening et al. 2005, 394, fig. 4; 林永水 2009, 65, fig. 74, t. 5, fig. 7.

Ceratium karstenii Pavillard, 1907: Pavillard 1907, 152; Jörgensen 1911, 53, fig. 116–117; Paulsen 1930, 84, fig. 52; Steemann Nielsen 1934, 23, fig. 51; Schiller 1937, 393, fig. 431a–b; Rampi 1939, 306, fig. 18; Wood 1954, 289, fig. 211a–b; Silva 1955, 162, t. 8, fig. 1; Halim 1960a, t. 5, fig. 5; Ballantine 1961, 225, fig. 54; Margalef 1961b, 142, fig. 3/8; Halim 1963, 498, fig. 19; Klement 1964, 355, t. 2, fig. 8; Lopez 1966, fig. 37; Yamaji 1966, 96, t. 46, fig. 12–13; Halim 1967, 722, t. 3, fig. 39, t. 10, fig. 15l; Subrahmanyan 1968, 44, fig. 72–73; Wood 1968, 33, fig. 68; Balech 1988, 144, lam. 62, fig. 3, lam. 63, fig. 1, 6.

藻体细胞大且粗壮，长与宽约略相等。上壳稍短，明显向左倾斜，右侧边圆凸，左侧边斜直或稍凸。顶角基部粗壮且明显向左侧弯曲，而后向上方偏右侧伸出。横沟宽阔，横沟边翅发达。下壳较长，右侧边短，左侧边向内凹陷，底边圆凸。两底角自下壳两隅生出后先向外侧伸出一段距离，然后弧形弯向上方，末端与顶角近平行或稍向内侧收拢。壳面脊状条纹粗壮，顶角基部和两底角内侧生有透明翼。

$D = 83 \sim 122 \ \mu m$，$E = 41 \sim 54 \ \mu m$，$H = 50 \sim 67 \ \mu m$，$L = 238 \sim 264 \ \mu m$，$R = 213 \sim 241 \ \mu m$。

本种与扭状新角藻 *N. contortum* 相似，但本种较后者藻体更大，顶角更粗壮，并且右底角向上弯曲较平滑，而后者右底角约呈"S"形。

东海、南海、吕宋海峡均有分布。样品 2001 年秋季采自冲绳海槽西侧海域、2003 年秋季采自东海、2007 年 2 月采自台湾北部海域、2008 年 6 月采自三亚附近海域、2010 年 8 月和 2011 年 4 月采自吕宋海峡。

热带、亚热带大洋性种。太平洋、大西洋、印度洋、地中海、墨西哥湾、佛罗里达海峡、澳大利亚东部海域、新西兰附近海域、加利福尼亚附近海域、巴西附近海域均有分布。

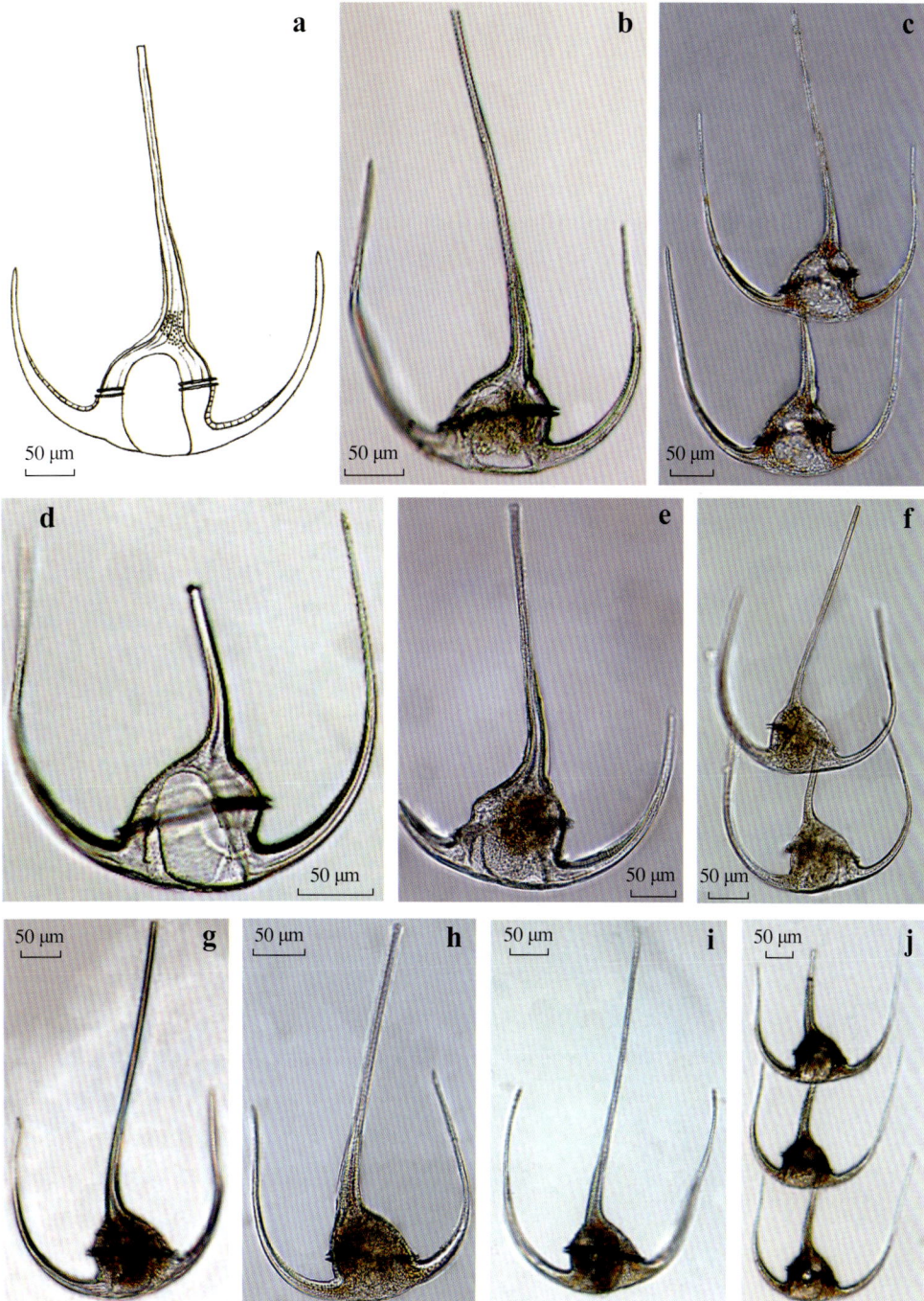

图 74 卡氏新角藻 *Neoceratium karstenii* (Pavillard) Gómez, Moreira & López–Garcia, 2010
a–d. 腹面观；e–j. 背面观；c, f, j. 群体；c, g, i, j. 活体

偏斜新角藻 *Neoceratium declinatum* (Karsten) Gómez, Moreira & López-Garcia, 2010

Gómez, Moreira & López-Garcia 2010, 37, fig. 1d; 杨世民和李瑞香 2014, 100.

同种异名：偏斜角藻 *Ceratium declinatum* (Karsten) Jörgensen, 1911: Jörgensen 1911, 42, t. 4, fig. 87–89; Böhm 1931b, 22, fig. 19; Peters 1932, 43, t. 4, fig. 23a–c; Steemann Nielsen 1934, 22, fig. 46; Nie 1936, 52, fig. 20a–b; Graham et Bronikovsky 1944, 32, fig. 16q–r; Wood 1954, 293, fig. 218a, c; Halim 1963, 497, fig. 12; Subrahmanyan 1968, 54, fig. 98–101, t. 4, fig. 20; Wood 1968, 27, fig. 50; Steidinger & Williams 1970, 45, t. 7, fig. 18; Taylor 1976, 82, fig. 166; Balech 1988, 142, lam. 61, fig. 2; Hernández-Becerril 1989, 43, fig. 22; Tomas 1997, 472, t. 26; 林永水 2009, 67, fig. 77, t. 6, fig. 3.

Ceratium tripos declinatum Karsten, 1907: Karsten 1907, t. 48, fig. 2a–b.

Ceratium tripos var. *gracile* Schröder, 1900: Schröder 1900, t. 1, fig. 17a–b.

Ceratium tripos gracile Entz, 1902: Entz 1902, 105, t. 4, fig. 33–35.

Ceratium tripos heterocamptum Karsten, 1907: Karsten 1907, t. 48, fig. 3.

Ceratium declinatum f. *debile* Jörgensen, 1920: Jörgensen 1920, 66, fig. 63.

藻体细胞小型，背腹扁平，长明显大于宽。上壳较长，向左侧倾斜，左侧边陡且稍凸，右侧边近顶角处较平直，中段至横沟以上则凸出明显。顶角长且直，基部稍粗，着生于上壳偏左侧。横沟发育不完全，尤其是右侧横沟几乎不可见，横沟边翅甚窄。下壳较短，右侧边甚短，左侧边直或稍向内凹，底边圆凸。左底角较短且稍显粗壮，自下壳生出后向上方弧形均匀弯曲，末端与顶角平行或稍分歧，末端高度略高于顶角基部；右底角长且较纤细，自基部起弯向上方，中段直，末端略指向外侧，两底角末端均尖锐。壳面较平滑，脊状条纹细弱不明显，孔细小，但在较老的个体中孔清晰可辨（如图75f）。

$D = 34 \sim 46\ \mu m$, $E = 23 \sim 30\ \mu m$, $H = 19 \sim 23\ \mu m$, $A = 106 \sim 133\ \mu m$, $L = 62 \sim 76\ \mu m$, $R = 75 \sim 97\ \mu m$。

本种种下有多个变种或变型，作者通过所采得的样本，依据右底角的长短、粗细，确定了包括本种在内的4个变种，并对其余3个变种的种名进行了修订，分别为：偏斜新角藻窄角变种 *Neoceratium declinatum* var. *angusticornum*，偏斜新角藻具臂变种 *Neoceratium declinatum* var. *brachiatum*，偏斜新角藻龙草变种 *Neoceratium declinatum* var. *majus*。

南黄海、东海、南海、吕宋海峡均有分布。样品2007年2月采自台湾北部海域、2008年6月采自三亚附近海域、2009年7月采自南海北部海域、2010年8月和2011年4月采自吕宋海峡。

暖温带至热带大洋性种。太平洋、大西洋、印度洋、地中海、加勒比海、阿拉伯海、安达曼海、墨西哥湾、孟加拉湾、佛罗里达海峡、澳大利亚东南部海域、加利福尼亚附近海域、巴西附近海域均有分布。

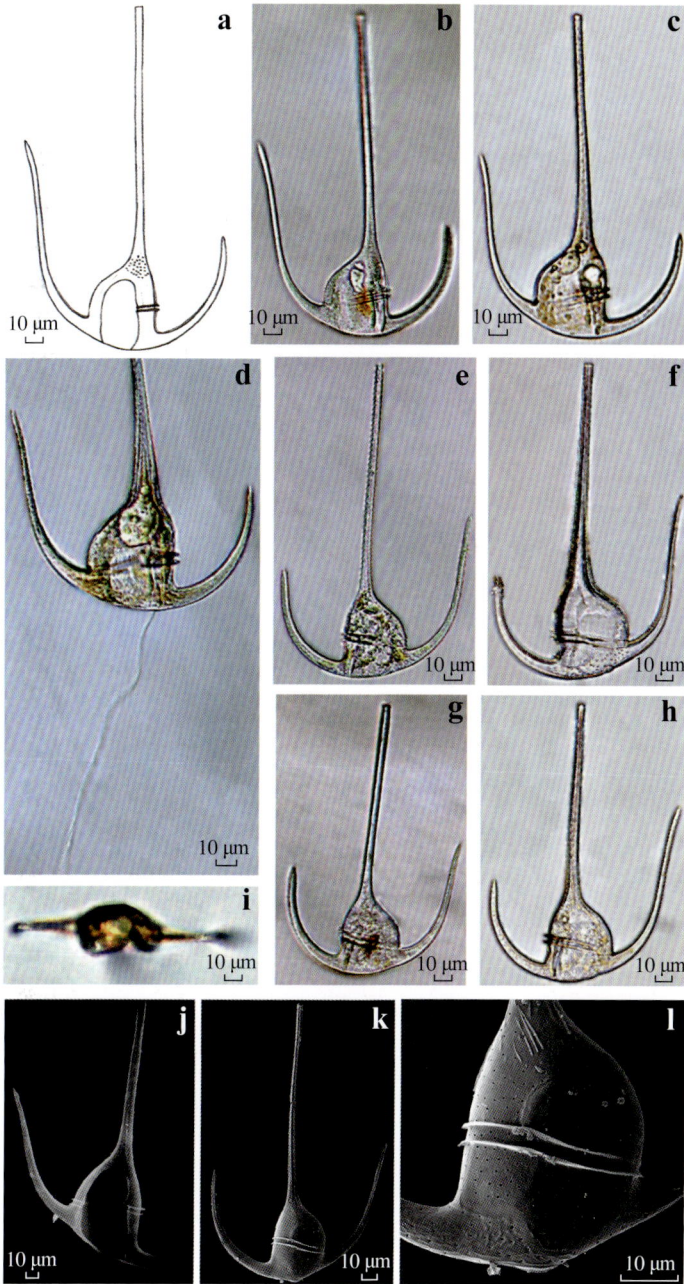

图 75 偏斜新角藻 *Neoceratium declinatum* (Karsten) Gómez, Moreira & López–Garcia, 2010
a–d, j. 腹面观；e–h, k. 背面观；i. 底面观；l. 放大的藻体背面观；b–e, i. 活体；d. 示纵鞭毛；j–l. SEM

偏斜新角藻窄角变种 *Neoceratium declinatum* var. *angusticornum* (Peters)

同种异名：*Ceratium declinatum* var. *angusticornum* Peters, 1939: Peters 1939, 21; Graham et Bronikovsky 1944, 32, fig. 17a; Taylor 1976, 82, fig. 164, 167; 林永水 2009, 68, fig. 78.

本变种与原种 *N. declinatum* 的区别在于本变种右底角较原种更短，仅稍稍长于左底角，而后者右底角长度约为左底角的 1.3 倍。另外，本变种右底角通常弧形弯向内侧，末端指向顶角，而后者右底角末端与顶角平行或稍向外分歧。

$D = 37\,\mu m$，$E = 24\,\mu m$，$H = 21\,\mu m$，$A = 132\,\mu m$，$L = 59 \sim 66\,\mu m$，$R = 69 \sim 73\,\mu m$。

有学者认为本变种还包括右底角长的变型（Steemann Nielsen 1934, fig. 47; Graham et Bronikovsky 1944, fig. 17b–c），但作者认为右底角的长短应为区分变种的重要依据，不宜将其列为种下变型，因此将右底角长的个体与本变种分开，列为另一变种——偏斜新角藻具臂变种 *N. declinatum* var. *brachiatum*。

南海有分布。样品 2008 年 6 月采自三亚附近海域、2009 年 7 月采自南海北部海域，数量少。

暖温带至热带大洋性种。太平洋热带海域、大西洋、孟加拉湾有记录。

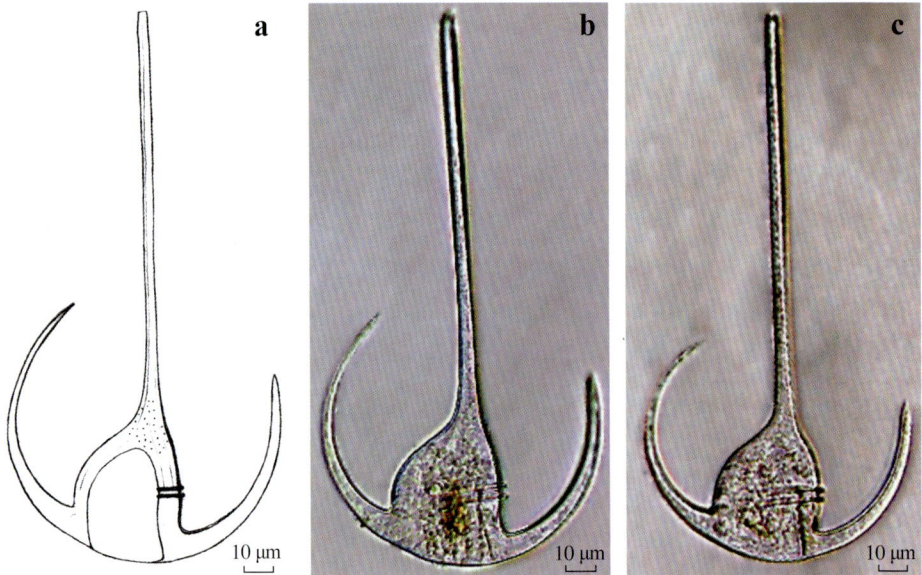

图 76　偏斜新角藻窄角变种 *Neoceratium declinatum* var. *angusticornum* (Peters)
a–c. 腹面观

偏斜新角藻具臂变种 *Neoceratium declinatum* var. *brachiatum* (Jörgensen)

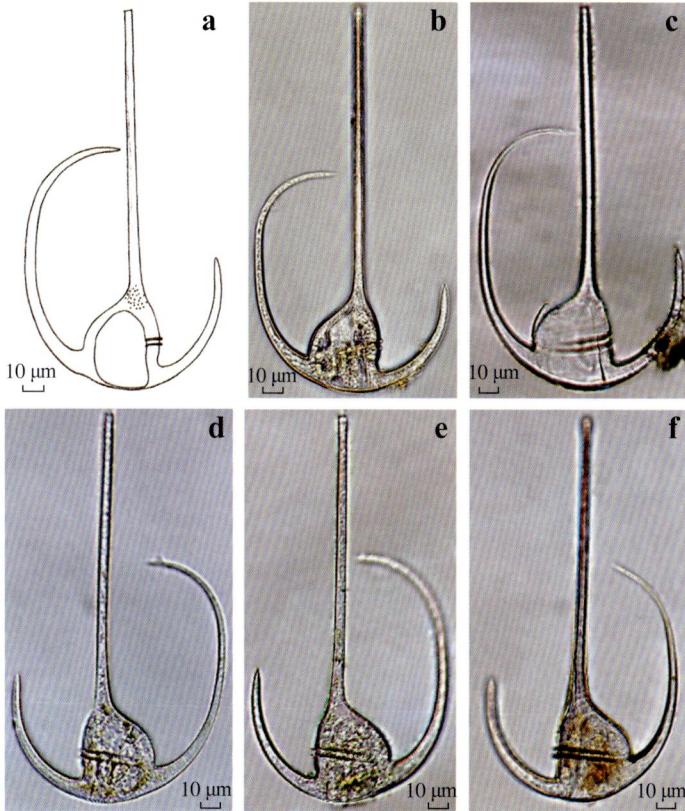

图 77　偏斜新角藻具臂变种 *Neoceratium declinatum* var. *brachiatum* (Jörgensen)
a–c.腹面观；d–f.背面观；f.活体

同种异名：*Ceratium declinatum* f. *brachiatum* Jörgensen, 1920: Jörgensen 1920, 66, fig. 64; Schiller 1937, 404, fig. 445b; Gaarder 1954, 11.

本变种与原种 *N. declinatum* 的区别为本变种右底角较原种更长，右底角长度约为左底角的 2 倍，而后者仅约为 1.3 倍。另外，本变种右底角末端通常指向顶角，与顶角近垂直，而后者右底角末端通常与顶角平行或稍分歧。

$D = 35 \sim 39$ μm，$E = 20 \sim 24$ μm，$H = 18 \sim 21$ μm，$A = 131 \sim 142$ μm，$L = 59 \sim 75$ μm，$R = 116 \sim 142$ μm。

Jörgensen（1920）建立本变种（型）的图示（fig. 64）右底角末端仅向内侧收拢，未有弯曲至与顶角垂直，但作者认为这可能是右底角摆动作用的结果。

样品 2001 年秋季采自冲绳海槽西侧海域、2008 年 6 月采自三亚附近海域、2009 年 4 月采自台湾西南部海域、2009 年 7 月采自南海北部海域、2010 年 8 月采自吕宋海峡，系中国首次记录。

暖温带至热带大洋性种。太平洋、大西洋、地中海有记录。

偏斜新角藻龙草变种 *Neoceratium declinatum* var. *majus* (Jörgensen)

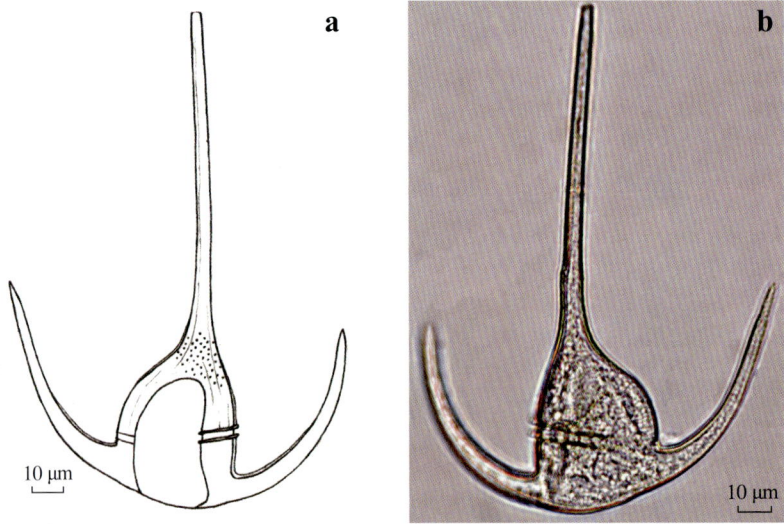

图 78 偏斜新角藻龙草变种 *Neoceratium declinatum* var. *majus* (Jörgensen)
a. 腹面观；b. 背面观

同种异名：*Ceratium declinatum* var. *majus* Jörgensen, 1920: Jörgensen 1920, 66, fig. 65; Forti 1922, 48, fig. 34; Schiller 1937, 404, fig. 445d; Graham et Bronikovsky 1944, 32, fig. 16s; Taylor 1976, 82, fig. 163; Balech 1988, 142, lam. 61, fig. 3.

本变种与原种 *N. declinatum* 的区别在于本变种藻体较原种更显粗壮，左、右底角近等长，且右底角较粗壮，而后者右底角明显长于左底角，且右底角较纤细。另外，本变种右底角自下壳生出后通常沿斜上方较直的伸出，而后者右底角中段与顶角近平行，仅末端稍向外侧分歧。

$D=38\ \mu m$，$E=29\ \mu m$，$H=22\ \mu m$，$A=99\ \mu m$，$L=61\ \mu m$，$R=64\ \mu m$。

样品 2001 年秋季采自冲绳海槽西侧海域、2008 年 6 月采自三亚附近海域，数量稀少，系中国首次记录。

暖温带至热带大洋性种。太平洋、大西洋、印度洋、地中海有记录。

弓形新角藻 *Neoceratium euarcuatum* (Jörgensen) Gómez, Moreira & López-Garcia, 2010

Gómez, Moreira & López–Garcia 2010, 37, fig. 1e; 杨世民和李瑞香 2014, 101.

同种异名：弓形角藻 *Ceratium euarcuatum* Jörgensen, 1920: Jörgensen 1920, 56, fig. 54; Forti 1922, 50, fig. 35; Peters 1932, 40, t. 1, fig. 4a–c; Steemann Nielsen 1934, 18, fig. 38; Schiller 1937, 402, fig. 443; Rampi 1939, 306, fig. 30; Graham et Bronikovsky 1944, 28, fig. 15m–n; Wood 1954, 294, fig. 220a–b; Gaarder 1954, 11; Halim 1960a, 185, t. 5, fig. 2–3; Margalef 1961b, 140, fig. 3/7; Halim 1963, 497, fig. 13; Sournia 1968, 436, fig. 64–65; Subrahmanyan 1968, 53, fig. 94; Wood 1968, 28, fig. 53; Margalef 1969, fig. 5a–b; Taylor 1976, 83, fig. 155, 157, 159; 李瑞香和毛兴华 1985, 47, fig. 11a–b; Balech 1988, 144, lam. 61, fig. 8; Hernández–Becerril 1989, 43, fig. 27; Koening et al. 2005, 391, fig. 6; 林永水 2009, 69, fig. 79, t. 6, fig. 4; Omura et al. 2012, 92.

Ceratium arcuatum (Gourret) Pavillard, 1905: Pavillard 1905, t. 1, fig. 3; Jörgensen 1911, 43, t. 4, fig. 90, t. 5, fig. 91; Yamaji 1966, 98, t. 47, fig. 10.

Ceratium tripos var. *arcuatum* Gourret, 1883: Gourret 1883, 25, t. 2, fig. 42.

藻体细胞小至中型，背腹扁平，长大于宽。上、下壳约略等长，上壳呈三角形，两侧边均凸。顶角细长，直或稍向右侧弯曲。横沟较宽，横沟边翅窄。下壳右侧边甚短，左侧边直或稍凹，底边斜凸。左底角自下壳生出后先向外侧伸出一段距离，然后均匀的弧形弯向上方；右底角自横沟下缘紧贴体侧向上弧形伸展，弯曲如弓形，两底角末端均稍向内侧收拢。壳面较平滑，顶角和两底角有时生有细弱的线状条纹，孔细小。

$D = 50 \sim 57~\mu m$，$E = 34 \sim 38~\mu m$，$H = 35 \sim 39~\mu m$，$A = 219 \sim 278~\mu m$，$L = 106 \sim 162~\mu m$，$R = 89 \sim 164~\mu m$，$x = 33 \sim 51~\mu m$。

东海、南海、吕宋海峡有分布。样品 2007 年 2 月采自东海、2011 年 4 月采自吕宋海峡。

暖水大洋性种。太平洋、大西洋、印度洋、地中海、佛罗里达海峡、莫桑比克海峡、澳大利亚东部海域、巴西附近海域均有分布。

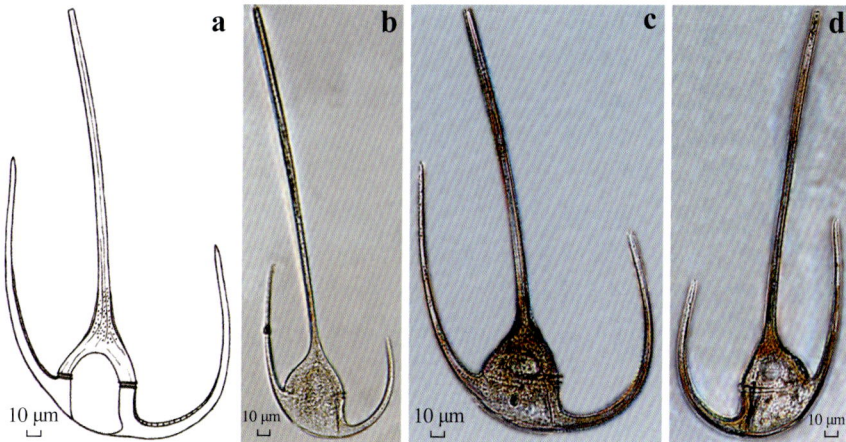

图 79　弓形新角藻 *Neoceratium euarcuatum* (Jörgensen) Gómez, Moreira & López–Garcia, 2010
a–c. 腹面观；d. 背面观；c, d. 活体

瘤状新角藻 *Neoceratium gibberum* (Gourret) Gómez, Moreira & López–Garcia, 2010

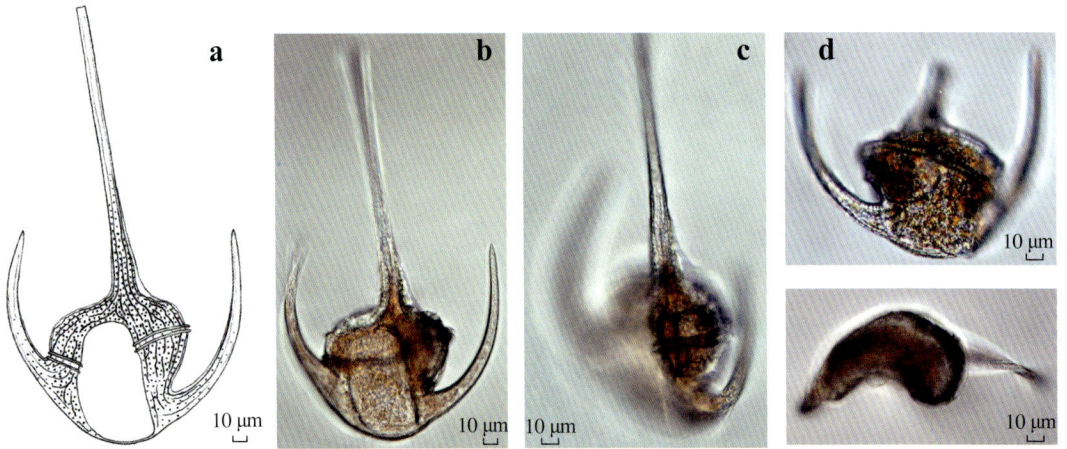

图 80　瘤状新角藻 *Neoceratium gibberum* (Gourret) Gómez, Moreira & López–Garcia, 2010
a, b. 腹面观；c. 左侧面观；d. 背面观；e. 底面观；d. 活体

Gómez, Moreira & López–Garcia 2010, 37.

同种异名：瘤状角藻 *Ceratium gibberum* Gourret, 1883: Gourret 1883, 34, t. 2, fig. 35; Lebour et al. 1925, 152, fig. 49a; Subrahmanyan 1968, 46, fig. 76–78; Balech 1988, 145, lam. 63, fig. 3; Tomas 1997, 472, t. 27.

Ceratium gibberum f. *subaequale* Jörgensen, 1920: Jörgensen 1920, 70, fig. 68; Schiller 1937, 398, fig. 437; Graham et Bronikovsky 1944, 33, fig. 17f; Wood 1954, 290, fig. 214c; Halim 1967, 719, t. 2, fig. 20.

藻体细胞大型，腹面凹陷，背面隆起，单独生活或形成短链。上壳短，左侧边直或稍凸，右侧边外凸明显。顶角基部粗壮，直或稍弯向右侧。横沟宽阔，斜或稍呈波状弯曲，横沟边翅发达。下壳长，右侧边甚短，左侧边明显向内倾斜，底边圆凸。两底角自下壳两隅生出后弧形均匀弯向上方，两底角末端近平行或稍稍向内收拢。壳面脊状条纹粗壮发达，顶角基部常生有透明翼，孔粗大清晰。

$D = 87 \sim 92$ μm，$E = 34 \sim 39$ μm，$H = 54 \sim 58$ μm，$L = 116 \sim 134$ μm，$R = 91 \sim 101$ μm。

样品 2007 年 11 月采自冲绳海槽西侧海域、2008 年 6 月采自三亚附近海域，数量少，系中国首次记录。

暖温带至热带性种。太平洋、大西洋、印度洋、地中海、不列颠群岛、澳大利亚东部海域、巴西东南部海域有记录。

瘤状新角藻异角变种 *Neoceratium gibberum* var. *dispar* (Pouchet) Yang & Li, 2014

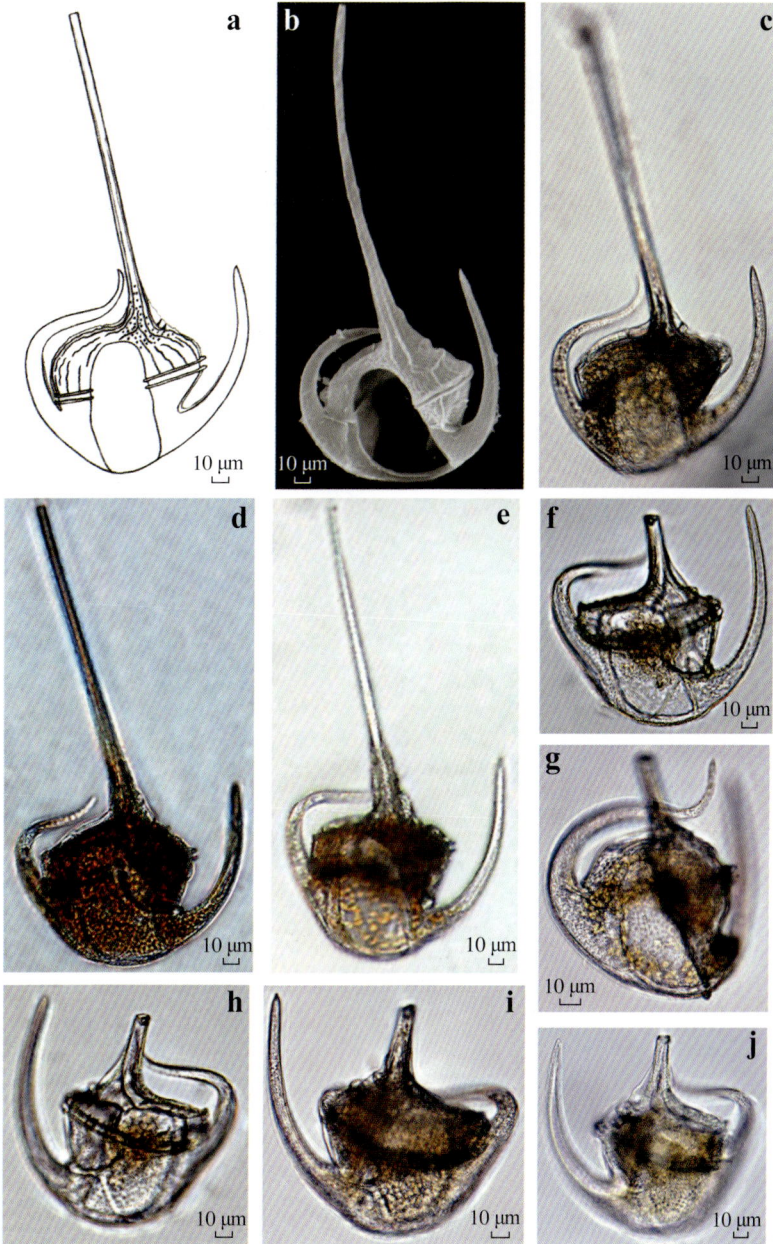

图 81

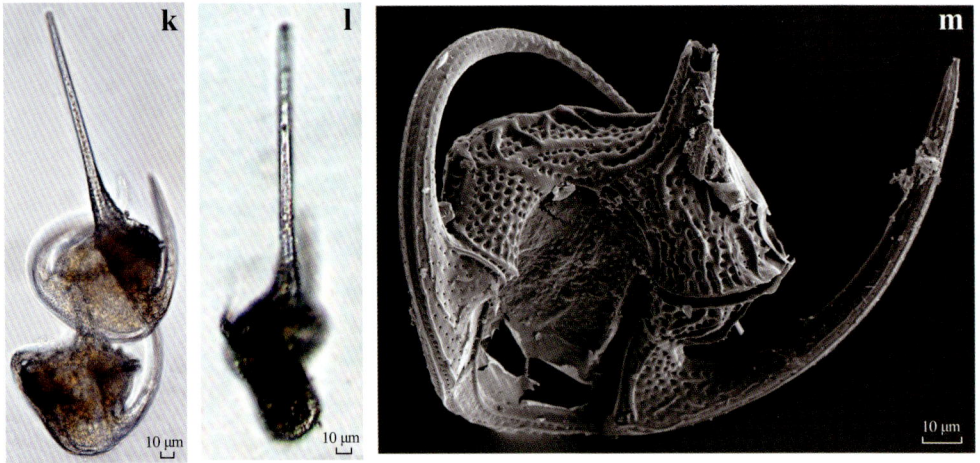

图81 瘤状新角藻异角变种 *Neoceratium gibberum* var. *dispar* (Pouchet) Yang & Li, 2014
a–g, m. 腹面观；h–j. 背面观；k. 群体；l. 右侧面观；d, e. 活体；b, m. SEM

杨世民和李瑞香 2014, 102.

同种异名：瘤状角藻异角变种 *Ceratium gibberum* var. *dispar* (Pouchet) Sournia, 1966: Sournia 1968, 447, fig. 73; Steidinger & Williams 1970, 45, t. 8, fig. 22a–b; Taylor 1976, 84, fig. 187; 郭玉洁 等 1983, 99, fig. 27, t. 4, fig. 23; Hernández–Becerril 1989, 44, fig. 32, 48; 林永水 2009, 69, fig. 80, t. 6, fig. 5, t. 17, fig. 1.

Ceratium tripos var. *dispar* Pouchet, 1883: Pouchet 1883, 423, fig. d.

Ceratium gibberum f. *dispar* (Pouchet) Jörgensen, 1920: Jörgensen 1920, 70, fig. 67; Steemann Nielsen 1934, 22, fig. 48; Schiller 1937, 397, fig. 436a–b; Graham et Bronikovsky 1944, 33, fig. 17d–e, g; Halim 1967, 719, t. 4, fig. 46.

Ceratium gibberum f. *sinistum* Gourret, 1883: Gourret 1883, 36, t. 2, fig. 34; Nie 1936, 54, fig. 21.

Ceratium tripos gibberum f. *sinistum* (Gourret) Karsten, 1906: Karsten 1906, t. 20, fig. 2.

藻体细胞大型，单独生活或形成短链，细胞在短链中常扭转。

本变种与原种 *N. gibberum* 的主要区别在于，本变种右底角自基部起急剧的向内侧背部弯曲，指向顶角基部，右底角末端有时再向上方弯曲。

$D = 76 \sim 102\ \mu m$，$E = 34 \sim 41\ \mu m$，$H = 53 \sim 62\ \mu m$，$L = 102 \sim 133\ \mu m$，$R = 81 \sim 125\ \mu m$。

本变种与 *Ceratium concilians* 相似，但本变种个体较大，壳面脊状条纹粗壮发达，而后者个体较小，壳面较平滑，脊状条纹不明显。

南黄海、东海、南海、吕宋海峡均有分布。样品 2001 年秋季采自冲绳海槽西侧海域、2003 年秋季和 2007 年 2 月采自东海、2008 年 6 月采自三亚附近海域、2009 年 3 月采自台湾东南部海域、2009 年 7 月采自南海北部海域、2009 年 8 月采自东海、2010 年 8 月采自吕宋海峡、2012 年 4 月采自南海北部海域。

热带、亚热带大洋性种。较原种分布更加广泛，世界各热带、亚热带海域均有分布。

矮胖新角藻 *Neoceratium humile* (Jörgensen) Gómez, Moreira & López-Garcia, 2010

Gómez, Moreira & López-Garcia 2010, 46; 杨世民和李瑞香 2014, 103.

同种异名：矮胖角藻 *Ceratium humile* Jörgensen, 1911: Jörgensen 1911, 40, fig. 82–83; Steemann Nielsen 1934, 17, fig. 34; Schiller 1937, 390, fig. 428; Graham et Bronikovsky 1944, 27, fig. 14a; Wood 1954, 287, fig. 208; Yamaji 1966, 97, t. 47, fig. 6; Halim 1967, 721, t. 1, fig. 12; Subrahmanyan 1968, 38, fig. 64–65; Wood 1968, 32, fig. 66; Steidinger & Williams 1970, 46; Taylor 1976, 84, fig. 148; 李瑞香和毛兴华 1985, 47, fig. 12a–b; Hernández-Becerril 1989, 42, fig. 38; 林永水和周近明 1993, 76–77, t. 70–71; 林永水 2009, 70, fig. 81, t. 17, fig. 2; Omura et al. 2012, 91.

藻体细胞大型，单独生活或形成短链。上壳短，向左侧倾斜，左侧边圆凸，右侧边较斜且稍凸。顶角短，基部粗壮，稍向右侧倾斜。横沟斜直，横沟边翅发达，其上具肋刺支撑。下壳长，底边斜直或稍凸。右底角长于左底角，两底角基部均较粗壮，末端尖。右底角自下壳生出后即向上方稍呈弧形伸展，末端与顶角近平行或稍向外分歧；左底角则先向外侧伸出一小段距离，然后弧形弯向上方，末端与顶角近平行。壳面脊状条纹粗大明显，顶角基部常生有透明翼，孔清晰。

$D=89\sim94\ \mu m$，$E=31\sim34\ \mu m$，$H=48\sim53\ \mu m$，$L=92\sim98\ \mu m$，$R=116\sim138\ \mu m$。

本种与三角新角藻 *N. tripos* 非常相似，但本种个体大于后者，且右底角长于左底角，而三角新角藻左底角稍长于右底角。本种与短角新角藻 *N. breve* 也较相似，但本种藻体相对较扁，下壳底边较平坦，而短角新角藻藻体长稍大于宽，底边圆凸。

东海、南海有记录。样品 2011 年 7 月采自中沙群岛附近海域，数量稀少。

暖水大洋性种。太平洋、大西洋、印度洋、地中海、阿拉伯海、墨西哥湾、孟加拉湾、加利福尼亚附近海域有记录。

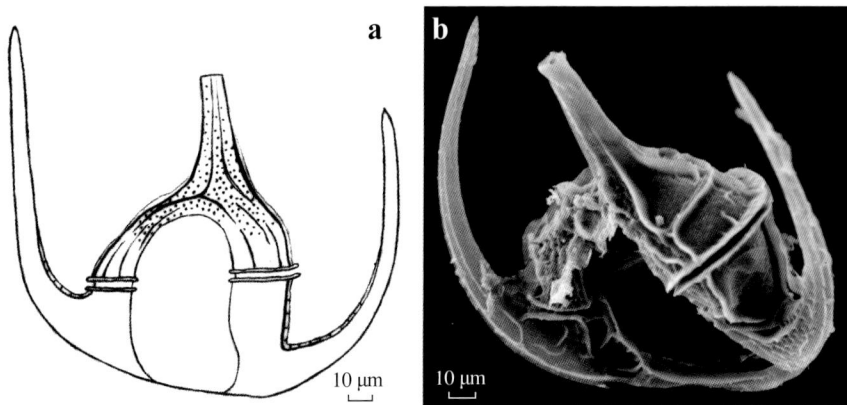

图 82　矮胖新角藻 *Neoceratium humile* (Jörgensen) Gómez, Moreira & López-Garcia, 2010
a, b. 腹面观；b. SEM

歪斜新角藻 *Neoceratium limulus* (Gourret) Gómez, Moreira & López-Garcia, 2010

Gómez, Moreira & López-Garcia 2010, 37, fig. 1n; 杨世民和李瑞香 2014, 105-106.

同种异名：歪斜角藻 *Ceratium limulus* (Pouchet) Gourret, 1883: Gourret 1883, 33, t. 1, fig. 7; Okamura 1907, 127, t. 3, fig. 8a-b; Jörgensen 1911, 57, t. 6, fig. 122; Jörgensen 1920, 77, fig. 72; Böhm 1931b, 31, fig. 27b; Peters 1932, 46, t. 1, fig. 6; Steemann Nielsen 1934, 24, fig. 54; Schiller 1937, 407, fig. 448a-c; Rampi 1939, 307, fig. 19; Graham et Bronikovsky 1944, 35, fig. 19a; Silva 1949, 360, t. 9, fig. 10; Gaarder 1954, 13; Wood 1954, 296, fig. 223a-b; Kato 1957, 17, t. 5, fig. 15; Trégouboff et Rose 1957, 115, t. 26, fig. 7; Halim 1960a, t. 4, fig. 14; Lopez 1966, fig. 21; Yamaji 1966, 99, t. 48, fig. 4; Sournia 1968, 458, t. 1, fig. 5; Subrahmanyan 1968, 56, fig. 103-105; Wood 1968, 34, fig. 71; Ricard 1970, t. 1, fig. f; Taylor 1976, 85, fig. 182; Balech 1988, 137, lam. 57, fig. 10; 陈国蔚 1989, 234, fig. 6; Hernández-Becerril 1989, 46, fig. 28; Tomas 1997, 475, t. 28; Koening et al. 2005, 393, fig. 19; 林永水 2009, 71, fig. 82, t. 6, fig. 6, t. 17, fig. 3; Omura et al. 2012, 91.

Ceratium tripos var. *limulus* Pouchet, 1883: Pouchet 1883, 424, t. 18-19, fig. 4.

藻体细胞中型，背腹扁平。上、下壳约略等长，上壳两侧靠近顶角基部处各有一瘤状突起，此系本种主要特征（陈国蔚，1989）。顶角粗短且直，基部较粗，向上逐渐变细，末端开口，平截。横沟宽而斜，横沟边翅窄。下壳底边圆凸。右底角自横沟下缘生出后紧贴体侧与顶角近平行方向伸出；左底角则在基部略离开藻体，随即向上直或稍呈弧形伸展。在细胞壁较厚的个体中，壳面脊状条纹粗壮发达且纵横连接，形成许多网格结构，每个网格内有数个小孔，而在细胞壁较薄的个体中，壳面仅有少数粗大的脊状条纹，无网格结构（杨世民和李瑞香，2014）。

$D=49\sim55$ μm, $E=35\sim39$ μm, $H=37\sim40$ μm, $A=28\sim34$ μm, $L=66\sim69$ μm, $R=57\sim63$ μm。

南海有分布。样品 2012 年 4 月采自中沙群岛附近海域、黄岩岛附近海域，数量少。

热带大洋上层性种。太平洋、大西洋、印度洋、地中海、加勒比海、红海、孟加拉湾、佛罗里达海峡、所罗门群岛、印度尼西亚附近海域、澳大利亚东部及东南部海域、巴西附近海域均有分布。

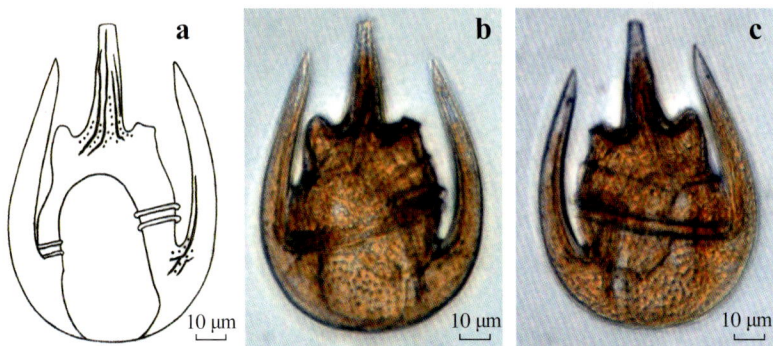

图 83 歪斜新角藻 *Neoceratium limulus* (Gourret) Gómez, Moreira & López-Garcia, 2010
a,b.腹面观；c.背面观；b,c.活体

长角新角藻 *Neoceratium longinum* (Karsten)

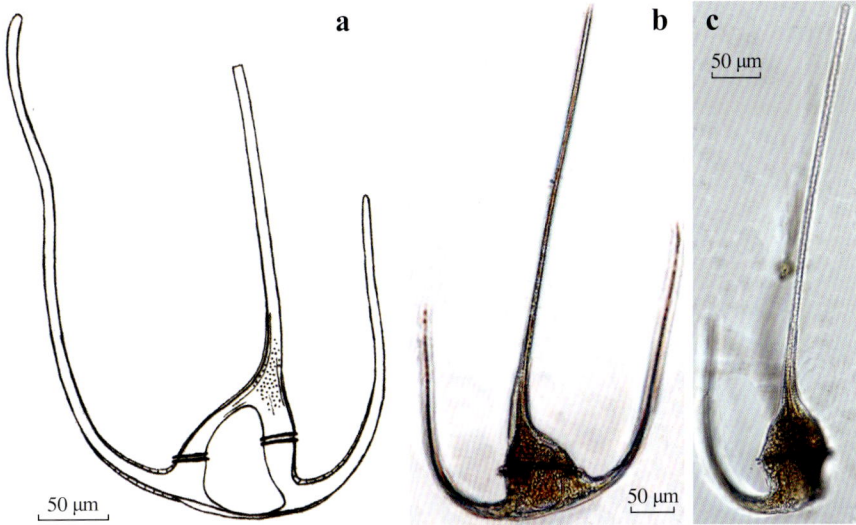

图 84 长角新角藻 *Neoceratium longinum* (Karsten)
a.腹面观；b.背面观（活体）；c.左侧面观

同种异名：长角藻 *Ceratium longinum* Karsten, 1906: Karsten 1906, t. 21, fig. 18a–b; Jörgensen 1911, 54, fig. 119a–b; Nie 1936, 57, fig. 24a–b（误写为 C. *longium*）; Schiller 1937, 398, fig. 438; Wood 1954, 297, fig. 225; Yamaji 1966, 96, t. 46, fig. 14; Subrahmanyan 1968, 48, fig. 79–81; Wood 1968, 34, fig. 73; 林永水 2009, 72, fig. 84.

Ceratium arcuatum f. *caudata* Karsten, 1906: Karsten 1906, t. 20, fig. 14a–b.

Ceratium tripos arcuatum var. *caudata* Karsten, 1907: Karsten 1907, 240.

藻体细胞大型，长大于宽。上壳略短于下壳或上、下壳近等长，上壳明显向左倾斜，左侧边斜直，右侧边较圆凸。顶角细长，基部稍弯曲。横沟斜而宽，横沟边翅清晰。下壳右侧边短，左侧边稍向内凹，底边平直或稍凸。两底角自下壳两隅生出后先向外侧伸出一小段距离，然后弧形弯向上方，左底角短，末端与顶角近平行；右底角明显长于左底角，直或在约 1/2 处略呈波状弯曲，右底角末端与顶角的距离大于左底角末端与顶角的距离。壳面脊状条纹清晰，顶角基部有时生有透明翼。

$D=89\sim98$ μm，$E=48\sim53$ μm，$H=51\sim56$ μm，$L=246\sim283$ μm，$R=348\sim407$ μm。

东海、三亚附近海域有分布。样品 2003 年秋季采自东海、2007 年 2 月采自台湾北部海域，数量少。

罕见暖水性种。太平洋、大西洋、印度洋、地中海、佛罗里达海峡有记录。

细长新角藻 *Neoceratium longissimum* (Schröder) Gómez, Moreira & López–Garcia, 2010

Gómez, Moreira & López–Garcia 2010, 47.

同种异名：细长角藻 *Ceratium longissimum* (Schröder) Kofoid, 1907: Kofoid 1907a, 304; Jörg-ensen 1911, 82, t. 10, fig. 173; Jörgensen 1920, 100, fig. 93; Steemann Nielsen 1934, 29, fig. 72a–b; Schiller 1937, 413, fig. 454a–b; Rampi 1939, 111, fig. 12; Rampi 1942, 225, fig. 14; Graham et Bronikovsky 1944, 43, fig. 26a–b; Gaarder 1954, 14; Wood 1954, 299, fig. 228; Silva 1955, 171, t. 9, fig. 2–3; Margalef 1957, 92, fig. 2e; Trégouboff et Rose 1957, 115, t. 26, fig. 11; Halim 1960a, t. 5, fig. 9; Yamaji 1966, 106, t. 51, fig. 6; Subrahmanyan 1968, 63, fig. 111–112; Taylor 1976, 85, fig. 175; 郭玉洁等 1983, 100, fig. 28; 林金美 1984, 38, t. 4, fig. 3; Balech 1988, 150, lam. 61, fig. 10; Polat & Koray 2007, 196, fig. 2; 林永水 2009, 71, fig. 83, t. 6, fig. 7.

图 85　细长新角藻 *Neoceratium longissimum* (Schröder) Gómez, Moreira & López–Garcia, 2010
a. 腹面观；b, c. 背面观；b, c. 活体

Ceratium tripos var. *macroceras* f. *longissimum* Schröder, 1900: Schröder 1900, 16, t. 1, fig. 17i.

藻体细胞中型，长大于宽，顶角及两底角非常细长且互相平行。上壳稍短，向左侧倾斜，左侧边凸，右侧边直或稍凸。顶角基部较粗且略向右侧弯曲，随后向上笔直伸展。横沟斜直或稍弯，横沟翅窄。下壳较长，右侧边短，左侧边直且向内明显倾斜，底边斜直。右底角自下壳生出后先向斜上方伸出一段距离，然后向上方弯折并与顶角近平行方向伸出；左底角则先向侧方伸出一段距离，再向上弯曲并与顶角平行。壳面较平滑，孔细小。

$D = 51 \sim 59$ μm，$E = 27 \sim 31$ μm，$H = 31 \sim 35$ μm，$A = 542 \sim 729$ μm，$L = 463 \sim 567$ μm，$R = 523 \sim 665$ μm。

东海、南海有分布。样品 2009 年 4 月采自台湾西南部海域、2011 年 9 月采自南海北部海域，数量稀少。

热带大洋嗜阴性物种。太平洋、大西洋、印度洋、地中海、澳大利亚东部海域、巴西东南部海域有记录。

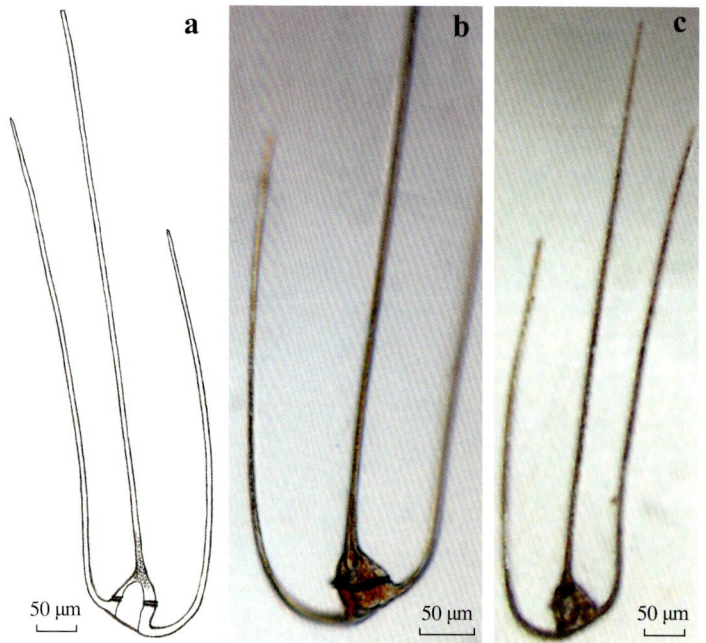

新月新角藻 *Neoceratium lunula* (Schimper ex Karsten) Gómez, Moreira & López-Garcia, 2010

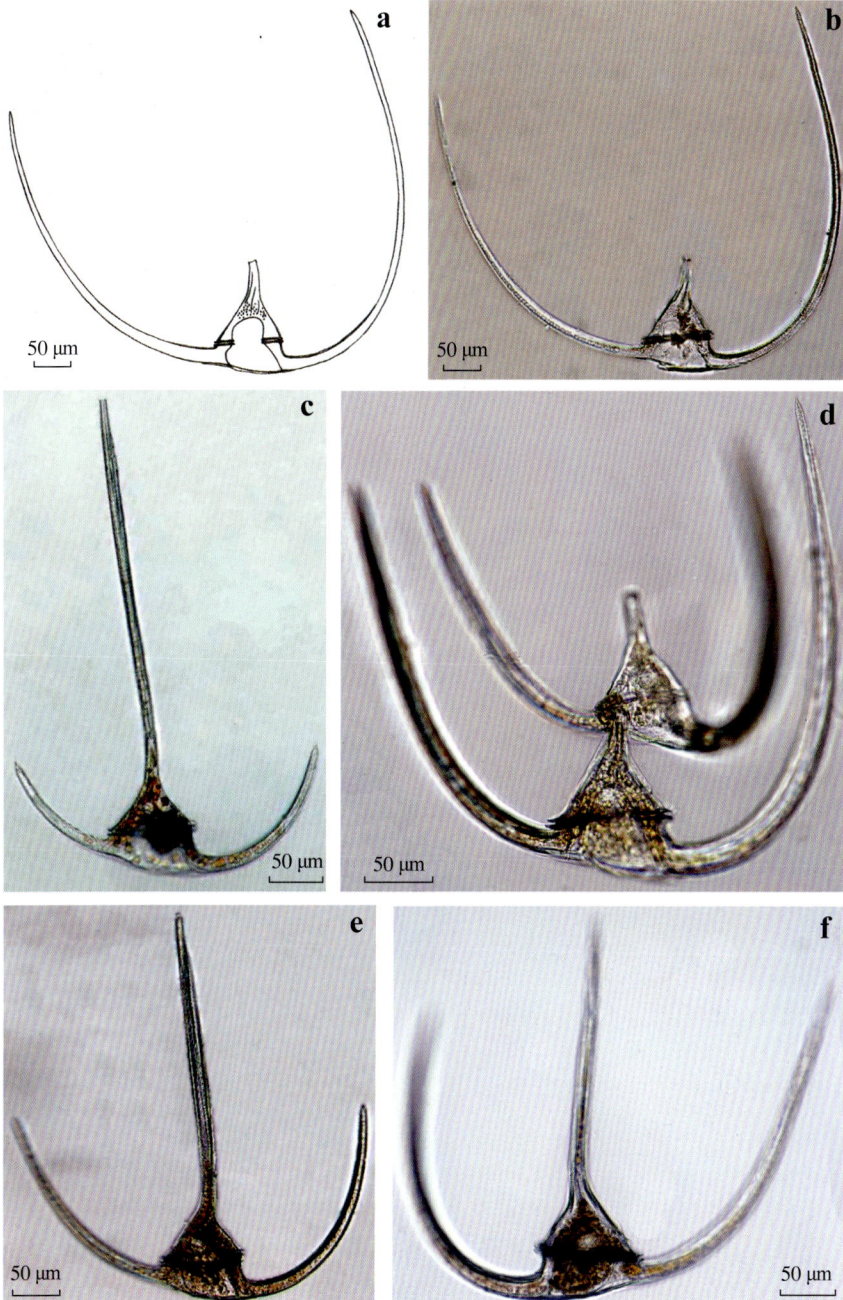

图 86

Gómez, Moreira & López–Garcia 2010, 47; 杨世民和李瑞香 2014, 104.

同种异名：新月角藻 *Ceratium lunula* (Schimper ex Karsten) Jörgensen, 1911: Jörgensen 1911, 51, t. 5, fig. 112–115; Jörgensen 1920, 74, fig. 70; Böhm 1931b, 30, fig. 26; Wang et Nie 1932, 305, fig. 18; Peters 1932, 44, t. 2, fig. 12c; Steemann Nielsen 1934, 23, fig. 50; Nie 1936, 56, fig. 23; Schiller 1937, 399, fig. 439a–b; Graham et Bronikovsky 1944, 33, fig. 17j–n; Gaarder 1954, 14; Wood 1954, 291, fig. 215a–b; Silva 1955, 167, t. 8, fig. 3–5; Margalef 1961b, 142, fig. 3/9; Yamaji 1966, 96, t. 46, fig. 7–9; Halim 1967, 723, t. 2, fig. 21; Sournia 1968, 450, fig. 75–76; Subrahmanyan 1968, 49, fig. 82–87, t. 7, fig. 33; Wood 1968, 35, fig. 76; Norris 1969, 448, fig. 1–2; Steidinger & Williams 1970, 46, t. 10, fig. 28; Taylor 1976, 85, fig. 171; 郭玉洁等 1983, 100, fig. 29, t. 4, fig. 26a–c; Balech 1988, 144, lam. 62, fig. 1–2; Hernández–Becerril 1989, 46, fig. 41, 47; Tomas 1997, 475, t. 29; 林永水 2009, 74, fig. 85, t. 6, fig. 8; Omura et al. 2012, 93.

Ceratium tripos lunula Schimper ex Karsten 1900: Schimper ex Karsten 1900, 73, fig. a.

Ceratium lunula f. *megaceros* Jörgensen, 1911: Jörgensen 1911, 51, fig. 112a–b.

Ceratium lunula f. *brachyceros* Jörgensen, 1911: Jörgensen 1911, 52, fig. 114–115.

Ceratium lunula var. *robustum* Taylor, 1976: Taylor 1976, 86, fig. 183.

藻体细胞大型，单独生活或形成短链。上、下壳约略等长，上壳近等腰三角形，右侧边较直，左侧边稍凸。顶角位于上壳中部，基部较粗壮，长度变化大。横沟较宽阔，直或稍弯，横沟边翅明显。下壳右侧边甚短，左侧边直或稍凹，底边直或略凸。两底角自下壳两隅生出后向上方较平滑的弧形弯曲，两底角末端与顶角近平行或分歧。壳面脊状条纹较粗大，顶角和两底角上线状条纹清晰。

$D=80\sim102$ μm，$E=38\sim55$ μm，$H=37\sim53$ μm，$L=174\sim568$ μm，$R=133\sim475$ μm，$x=56\sim103$ μm。

Taylor（1976）将体形较大（横沟宽超过 100 μm），细胞壁较厚的个体定义为新月角藻粗壮变种 *Ceratium lunula* var. *robustum*，但作者认为此类细胞应该属于年老的个体，是个体间的差异，并非确定变种的依据，因此将其与原种合并。

南黄海、东海、南海、吕宋海峡均有分布。样品 2001 年秋季采自冲绳海槽西侧海域、2007 年 11 月采自东海、2008 年 6 月采自三亚附近海域、2009 年 7 月采自南海北部海域、2010 年 8 月采自吕宋海峡、2011 年 7 月采自黄海南部海域。

暖温带至热带大洋性种。太平洋、大西洋、印度洋、地中海、加勒比海、安达曼海、墨西哥湾、孟加拉湾、佛罗里达海峡、澳大利亚附近海域、加利福尼亚附近海域、巴西附近海域、南非东部海域均有分布。

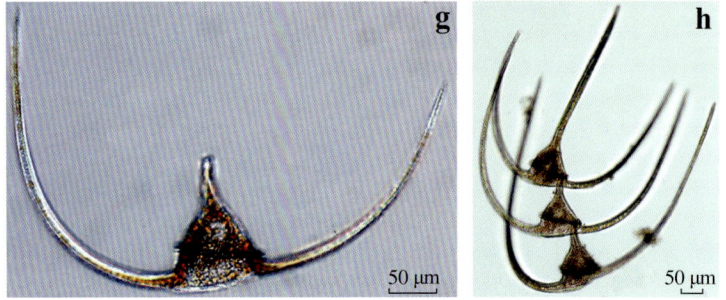

图 86　新月新角藻 *Neoceratium lunula* (Schimper ex Karsten) Gómez, Moreira & López–Garcia, 2010
a–e. 腹面观；f–h. 背面观；d, h. 群体；c, e, g. 活体

圆胖新角藻 *Neoceratium paradoxides* (Cleve) Gómez, Moreira & López–Garcia, 2010

Gómez, Moreira & López-Garcia 2010, 37, fig. 1o; 杨世民和李瑞香 2014, 107.

同种异名：圆胖角藻 *Ceratium paradoxides* Cleve, 1900: Cleve 1900, 15, t. 7, fig. 14; Jörgensen 1911, 57, t. 6, fig. 123; Jörgensen 1920, 79, fig. 73; Steemann Nielsen 1934, 24, fig. 55; Schiller 1937, 408, fig. 449; Graham et Bronikovsky 1944, 36, fig. 19b; Gaarder 1954, 14; Wood 1954, 296; Silva 1955, 168, t. 8, fig. 6; Wood 1963, 40, fig. 147; Yamaji 1966, 99, t. 48, fig. 5; Taylor 1967, t. 93, fig. 54; Sournia 1968, 458, t. 1, fig. 4; Subrahmanyan 1968, 57, fig. 106–107; Wood 1968, 37, fig. 80; Taylor 1976, 86, fig. 178, 509; Balech 1988, 137, lam. 57, fig. 7; Koening et al. 2005, 393, fig. 15; Polat & Koray 2007, 199, fig. 5; Omura et al. 2012, 91.

藻体细胞中至大型，上、下壳近等长。上壳两侧边圆凸，常有分明的棱角。顶角短，稍弯向右侧，基部较粗壮，向上逐渐变细，末端开口，平截。横沟斜，直或稍弯曲，横沟边翅甚窄。下壳底边圆凸。右底角自横沟下缘生出后紧贴体侧向上伸展，并稍稍弯曲呈"S"形；左底角则在基部略离开藻体，随即稍呈弧形向上伸展，两底角末端与顶角近平行或稍向内侧收拢。壳面具许多多角形网格结构，每个网格内有 1～4 个小孔（杨世民和李瑞香，2014）。

$D = 69 \sim 76 \ \mu m$，$E = 44 \sim 47 \ \mu m$，$H = 43 \sim 47 \ \mu m$，$A = 56 \sim 67 \ \mu m$，$L = 86 \sim 108 \ \mu m$，$R = 76 \sim 87 \ \mu m$。

本种与歪斜新角藻 *N. limulus* 相似，但本种上壳两侧边无瘤状突起，且壳面网格结构也较后者更加细小精致。

东海、南海、吕宋海峡有分布。样品 2003 年秋季采自东海、2009 年 4 月采自台湾西南部海域、2010 年 8 月采自吕宋海峡、2012 年 4 月采自南海北部海域，数量少。

热带、亚热带大洋性种。太平洋、大西洋、印度洋、地中海、阿拉伯海、加勒比海、孟加拉湾、佛罗里达海峡、澳大利亚东南部海域、巴西附近海域均有分布。

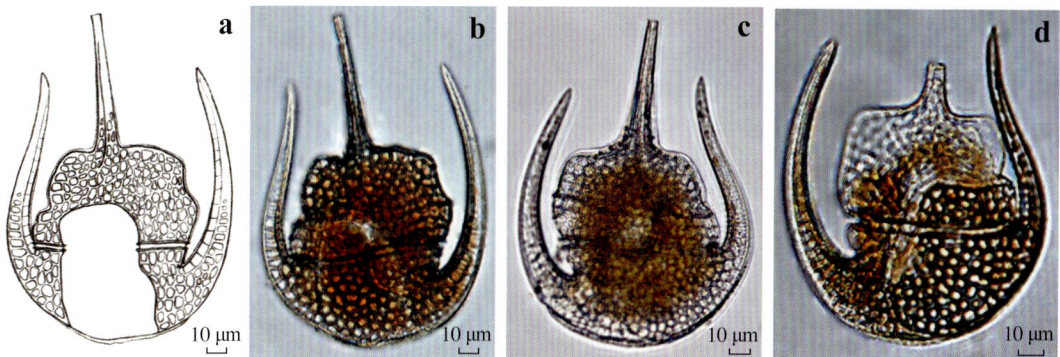

图 87　圆胖新角藻 *Neoceratium paradoxides* (Cleve) Gómez, Moreira & López–Garcia, 2010
a, b. 腹面观；c, d. 背面观；b, d. 活体

彼得斯新角藻 *Neoceratium petersii* (Steemann Nielsen) Gómez, Moreira & López–Garcia, 2010

Gómez, Moreira & López–Garcia 2010, 37, fig. 1m.

同种异名：彼得斯角藻 *Ceratium petersii* Steemann Nielsen, 1934: Steemann Nielsen 1934, 20, fig. 44; Schiller 1937, 406, fig. 446; Graham et Bronikovsky 1944, 31, fig. 16l; Wood 1954, 296, fig. 224a–b; Balech 1962, 183, t. 26, fig. 395–397; Lopez 1966, fig. 25; Sournia 1968, 436, fig. 59–61; Subrahmanyan 1968, 91, fig. 165; Taylor 1976, 86, fig. 161; Dodge 1982, 232, fig. 29e; Balech 1988, 137, lam. 57, fig. 8–9.

藻体细胞小至中型，上、下壳近等长。上壳两侧边均凸。顶角短，直或稍弯向右侧，基部粗壮，向上逐渐变细，末端开口，平截。横沟细弱，但在较老的细胞中横沟较清晰，几无横沟边翅。下壳右侧边甚短，左侧边斜直或稍凹，底边斜凸。左底角自下壳生出后弧形均匀弯向上方，末端与顶角近平行；右底角自横沟下缘生出后略离开藻体，再稍呈弧形弯向上方，末端亦与顶角近平行。壳面较平滑，但在顶角和两底角基部生有线状条纹，顶角上有时还生有棘状小刺，孔细小。

$D = 61\ \mu m$，$E = 39\ \mu m$，$H = 37\ \mu m$，$A = 88\ \mu m$，$L = 129\ \mu m$，$R = 107\ \mu m$。

本种与亚速尔新角藻 *N. azoricum* 相似，但本种右底角与藻体分开一段距离，而后者右底角紧贴藻体。本种与三角新角藻 *N. tripos* 也较相似，但本种个体较后者小，下壳底边也较三角新角藻更加外凸。

样品 2007 年 2 月采自钓鱼岛附近海域，数量稀少，系中国首次记录。

热带、亚热带大洋性种。太平洋、大西洋、印度洋、不列颠群岛、澳大利亚东南部海域、巴西东南部海域有记录。

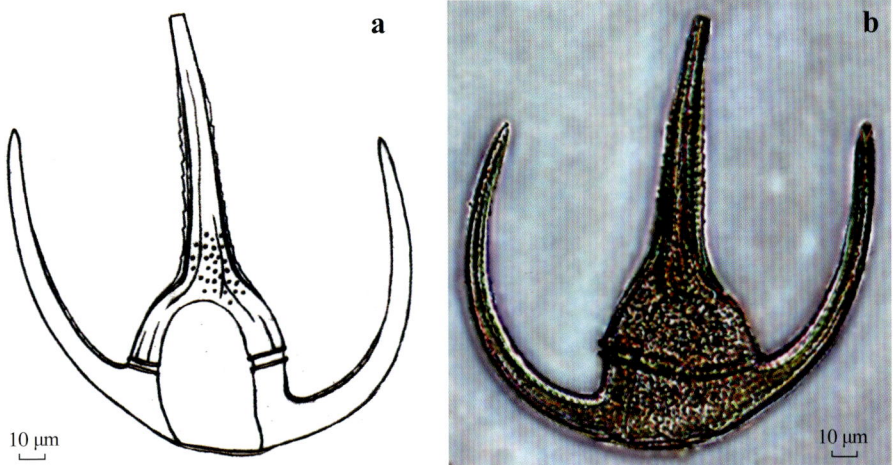

图 88 彼得斯新角藻 *Neoceratium petersii* (Steemann Nielsen) Gómez, Moreira & López–Garcia, 2010
a. 腹面观；b. 背面观

施氏新角藻 *Neoceratium schrankii* (Kofoid) Gómez, Moreira & López–Garcia, 2010

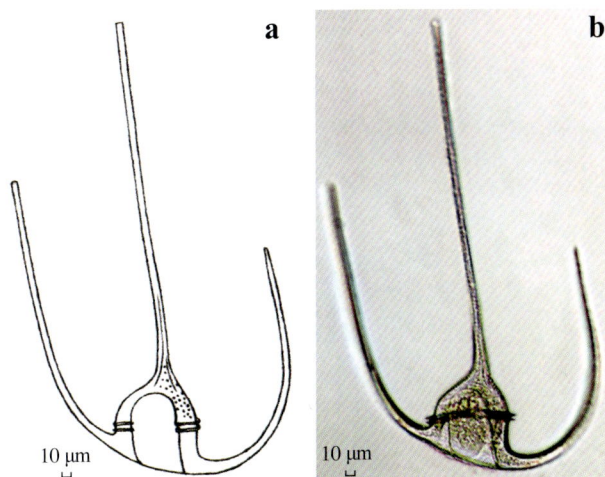

图 89　施氏新角藻 *Neoceratium schrankii* (Kofoid) Gómez, Moreira & López–Garcia, 2010
a, b. 腹面观

Gómez, Moreira & López–Garcia 2010, 47.

同种异名：施氏角藻 *Ceratium schrankii* Kofoid, 1907: Kofoid 1907a, 306, t. 28, fig. 29a–31; Taylor 1976, 87, fig. 176–177; 李瑞香和毛兴华 1985, 48, fig. 13a–b; 林永水 2009, 74, fig. 86, t. 6, fig. 9.

Ceratium tripos schrankii Karsten, 1907: Karsten 1907, 319, t. 51, fig. 3a–b.

Ceratium karstenii f. *robustum* (Karsten) Jörgensen, 1911: Jörgensen 1911, 54, fig. 118; Schiller 1937, 394, fig. 432a.

藻体细胞中型，长大于宽。上壳略长于下壳或上、下壳近等长，上壳稍稍左倾，两侧边皆凸。顶角位于上壳近中部，顶角基部直或稍弯向左侧，尔后向稍偏右方向直伸。横沟较宽，横沟边翅清晰。下壳右侧边短，左侧边稍凹，底边近斜直。两底角约略等长，左底角自下壳生出后先向外侧伸出一段距离，然后弧形均匀弯向上方；右底角则斜向上弧形伸展，两底角末端与顶角近平行。壳面脊状条纹较细弱，顶角基部有时生有透明翼，孔细小。

$D = 79\ \mu m$，$E = 43\ \mu m$，$H = 51\ \mu m$，$A = 337\ \mu m$，$L = 258\ \mu m$，$R = 264\ \mu m$。

本种与扭状新角藻 *N. contortum* 和卡氏新角藻 *N. karstenii* 非常相似，但相比于后两种，本种上壳仅稍稍向左倾斜，顶角自上壳近中部生出，且顶角基部直或仅稍向左侧弯曲，而扭状新角藻和卡氏新角藻上壳向左倾斜明显，顶角基部较急剧的弯向左侧。另外，本种下壳底边近斜直，而后两种底边圆凸（Taylor, 1976）。

南黄海、东海、南海有分布。样品 2008 年 6 月采自三亚附近海域。

暖水大洋性种。太平洋、大西洋、印度洋、地中海、红海、安达曼海、孟加拉湾、莫桑比克海峡有记录。

对称新角藻 *Neoceratium symmetricum* (Pavillard) Gómez, Moreira & López-Garcia, 2010

Gómez, Moreira & López–Garcia 2010, 48; 杨世民和李瑞香 2014, 108.

同种异名：对称角藻 *Ceratium symmetricum* Pavillard, 1905: Pavillard 1905, 52, t. 1, fig. 4; Steemann Nielsen 1934, 19, fig. 40–41; Schiller 1937, 401, fig. 441d; Graham et Bronikovsky 1944, 29, fig. 15i; Wood 1954, 292, fig. 217a–c; Subrahmanyan 1968, 51, fig. 92; Taylor 1976, 87, fig. 154; Dodge 1982, 235, fig. 30g; Balech 1988, 143, lam. 61, fig. 7; Tomas 1997, 478, t. 28.

Ceratium gracile var. *symmetricum* (Gourret) Jörgensen, 1911: Jörgensen 1911, 44, t. 5, fig. 93–94; Jörgensen 1920, 59, fig. 57–59.

藻体细胞小至中型，长大于宽。上壳较长，两侧边均凸。顶角位于上壳中部，短且较粗壮，直或稍向右侧弯曲。横沟宽阔，横沟边翅窄。下壳右侧边甚短，左侧边稍凹，底边略斜凸。两底角自下壳两隅生出后均匀弧形弯向上方，向外侧弯曲伸展的幅度大，左底角末端稍向内侧收拢，右底角末端与顶角近平行或稍向内收拢。壳面较平滑，脊状条纹细弱，孔细小。

$D = 46 \sim 50$ μm，$E = 27 \sim 33$ μm，$H = 24 \sim 27$ μm，$A = 85 \sim 87$ μm，$L = 141 \sim 154$ μm，$R = 113 \sim 133$ μm，$x = 37 \sim 40$ μm。

本种与弓形新角藻 *N. euarcuatum* 较相似，但本种个体稍小于后者，下壳底缘相对后者更对称些（Taylor, 1976）。

样品 2001 年秋季采自冲绳海槽西侧海域、2007 年 2 月采自钓鱼岛附近海域，数量少，系中国首次记录。

暖温带至热带大洋性种。太平洋、大西洋、印度洋、地中海、不列颠群岛、新西兰北部海域、澳大利亚东部海域、巴西东南部海域有记录。

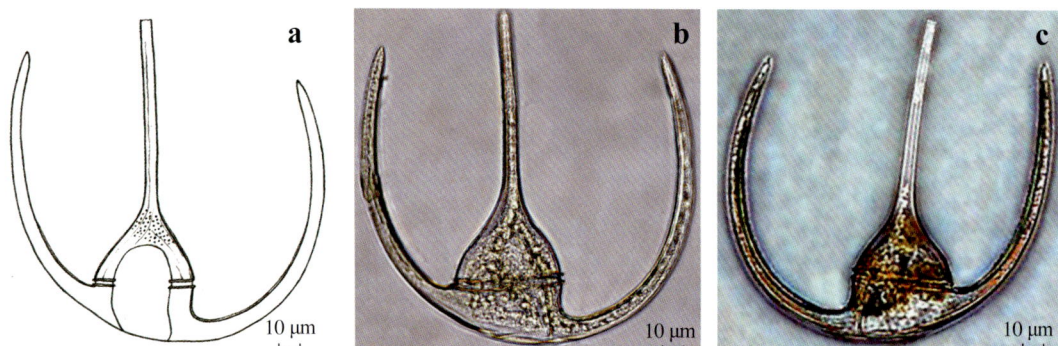

图 90　对称新角藻 *Neoceratium symmetricum* (Pavillard) Gómez, Moreira & López–Garcia, 2010
a, b. 腹面观；c. 背面观（活体）

对称新角藻拢角变种 *Neoceratium symmetricum* var. *coarctatum* (Pavillard)

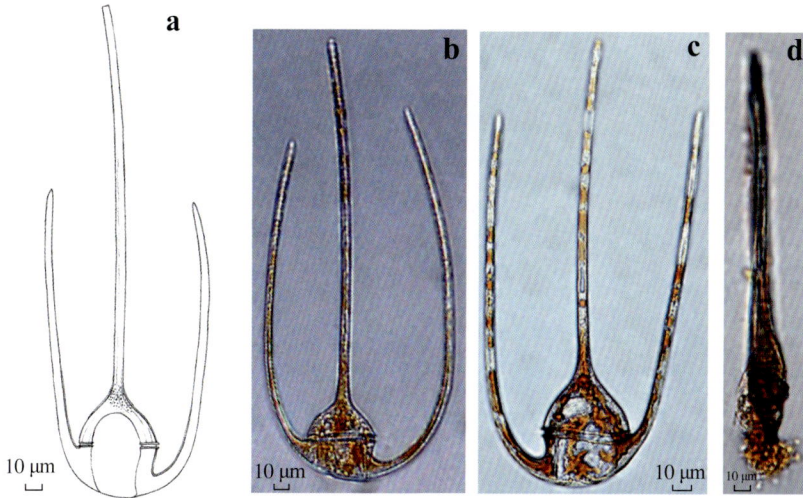

图 91 对称新角藻拢角变种 *Neoceratium symmetricum* var. *coarctatum* (Pavillard)
a, b. 腹面观；c. 背面观；d. 左侧面观；b–d. 活体

同种异名：对称角藻拢角变种 *Ceratium symmetricum* var. *coarctatum* (Pavillard) Graham et Bronikovsky, 1944: Graham et Bronikovsky 1944, 29, fig. 15j–l; Sournia 1968, 433, fig. 56; Steidinger & Williams 1970, 47, t. 13, fig. 34; Taylor 1976, 87, fig. 153, 156; 郭玉洁等 1983, 101, fig. 30, t. 4, fig. 27; 林金美 1984, 38, t. 4, fig. 4; Balech 1988, 144, lam. 61, fig. 9; 林永水和周近明 1993, 72, t. 66; Koening et al. 2005, 393, fig. 11; 林永水 2009, 75, fig. 87, t. 7, fig. 1, t. 17, fig. 4.

Ceratium coarctatum Pavillard, 1905: Pavillard 1905, 52, t. 1, fig. 6; Halim 1967, 714, t. 3, fig. 31.

Ceratium gracile α *coarctatum* (Pavillard) Jörgensen, 1920: Jörgensen 1920, 59, fig. 55.

本变种与原种 *N. symmetricum* 相比顶角和两底角明显更长，尤其顶角的长度可达原种的 3 倍以上。另外，本变种两底角向外侧弧形弯曲的幅度小，相应的，横沟至左底角的距离 x 明显小于原种。

Gómez 等（2010）在对原种种名进行修订时所示实物图（fig. 1j）经作者鉴定应为本变种，而非原种。

D=45～52 μm，E=25～34 μm，H=21～28 μm，A=243～275 μm，L=172～218 μm，R=146～197 μm，x=17～31 μm。

东海、南海、吕宋海峡均有分布。样品 2007 年 2 月采自东海、2010 年 8 月和 2011 年 4 月采自吕宋海峡、2011 年 9 月采自南海北部海域。

热带大洋性种。太平洋、大西洋、印度洋、地中海、墨西哥湾、莫桑比克海峡、巴西附近海域有分布。

对称新角藻直变种 *Neoceratium symmetricum* var. *orthoceras* (Jörgensen)

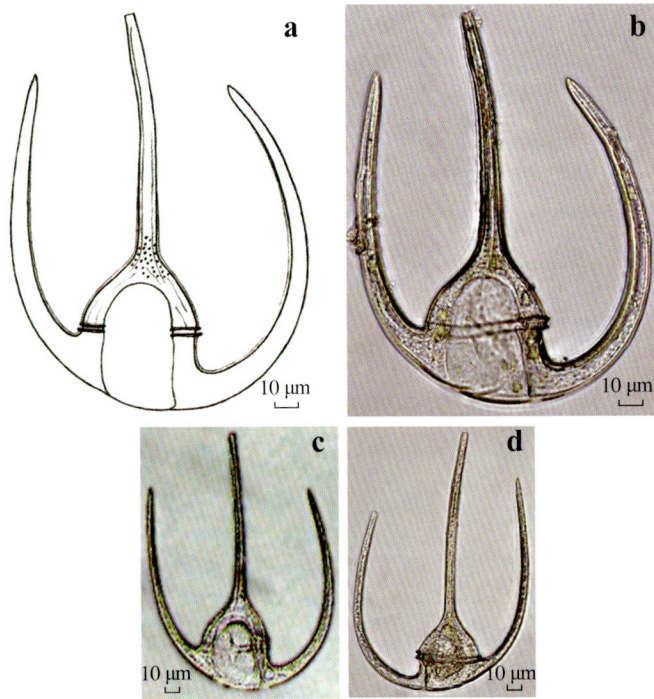

图 92　对称新角藻直变种 *Neoceratium symmetricum* var. *orthoceras* (Jörgensen)
a–c.腹面观；d.背面观

同种异名：对称角藻直变种 *Ceratium symmetricum* var. *orthoceras* (Jörgensen) Graham & Bronikovsky, 1944: Graham et Bronikovsky 1944, 29, fig. 15h; Taylor 1976, 87, fig. 152; 林永水 2009, 77, fig. 88, t. 7, fig. 2.

Ceratium gracile f. *orthoceras* Jörgensen, 1911: Jörgensen 1911, 44, t. 5, fig. 95; Jörgensen 1920, 59, fig. 56.

本变种两底角向外弧形弯曲的幅度介于原种 *N. symmetricum* 和拢角变种 *N. symmetricum* var. *coarctatum* 之间，相应的，横沟至左底角的距离 x 小于原种但大于拢角变种。另外，本种顶角和两底角的长度与原种相近但明显短于拢角变种。

$D = 46 \sim 52$ μm，$E = 27 \sim 34$ μm，$H = 22 \sim 29$ μm，$A = 98 \sim 132$ μm，$L = 151 \sim 162$ μm，$R = 114 \sim 147$ μm，$x = 29 \sim 33$ μm。

东海、南海有分布。样品 2001 年秋季采自冲绳海槽西侧海域、2007 年 2 月采自东海、2009 年 3 月采自台湾东南部海域、2013 年 8 月采自冲绳海槽西侧海域。

暖水大洋性种。太平洋、大西洋、印度洋、地中海有分布。

拟三角新角藻 *Neoceratium tripodioides* (Jörgensen)

同种异名：拟三角角藻 *Ceratium tripodioides* (Jörgensen) Steemann Nielsen, 1934: Steemann Nielsen 1934, 15, fig. 28; 郭玉洁等 1983, 101, fig. 31, t. 4, fig. 28（误写为 *C. tripodoides*）；林永水 2009, 81, fig. 93, t. 18, fig. 3.

Ceratium pulchellum f. *tripodioides* Jörgensen, 1920: Jörgensen 1920, 50, fig. 41–42.

Ceratium tripos f. *tripodioides* (Jörgensen) Paulsen, 1930: Paulsen 1930, 79, fig. 47; Schiller 1937, 384, fig. 421b; Wood 1954, 285, fig. 205c; Halim 1967, 725, t. 2, fig. 27; Balech 1988, 139, lam. 59, fig. 3–4.

藻体细胞中型，腹面观近椭圆形，长大于宽。上壳短，左侧边稍凸，右侧边较斜直。顶角直，长且粗壮。横沟中部略弯曲，横沟边翅发达。下壳长，右侧边短直，左侧边长且稍向内凹陷，底边圆凸。两底角较粗短，左底角自基部起弧形均匀弯向上方，末端与顶角近平行；右底角则斜向上方伸展，末端稍向外分歧或与顶角平行。壳面较平滑，脊状条纹不明显，顶角基部有时生有线状条纹，孔散布。

$D=67\sim72\ \mu m$，$E=35\sim39\ \mu m$，$H=45\sim50\ \mu m$，$A=253\sim291\ \mu m$，$L=120\sim136\ \mu m$，$R=85\sim104\ \mu m$，$x=41\sim45\ \mu m$，$y=12\sim15\ \mu m$。

Gómez（2010）主张将本种与三角新角藻 *N. tripos* 合并，但作者查阅了 Steemann Nielsen（1934）建立本种时的插图，结合作者所采的样本，认为二者有以下几点差异：本种下壳底边凸出明显，而后者底边较平直或仅稍稍外凸，这也是二者最主要的区别。另外，本种下壳长于上壳，而三角新角藻上、下壳近等长。还有，本种为热带大洋性种，而后者为近岸广布性种（郭玉洁等，1983）。因此，作者认为本种应为一独立的物种，并据此对本种的原种名进行了修订。

东海、南海、吕宋海峡有分布。样品 2007 年 2 月采自钓鱼岛附近海域、2010 年 8 月采自吕宋海峡，数量少。

热带大洋性种。太平洋热带海域、地中海、加勒比海、澳大利亚东部海域、新西兰附近海域、巴西东南部海域有分布。

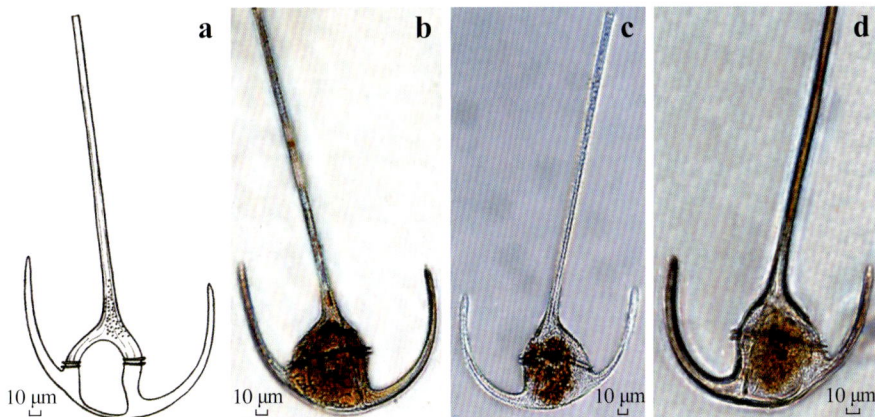

图 93 拟三角新角藻 *Neoceratium tripodioides* (Jörgensen)
a, b. 腹面观；c, d. 背面观；b, d. 活体

三角新角藻 *Neoceratium tripos* (Müller) Gómez, Moreira & López-Garcia, 2010

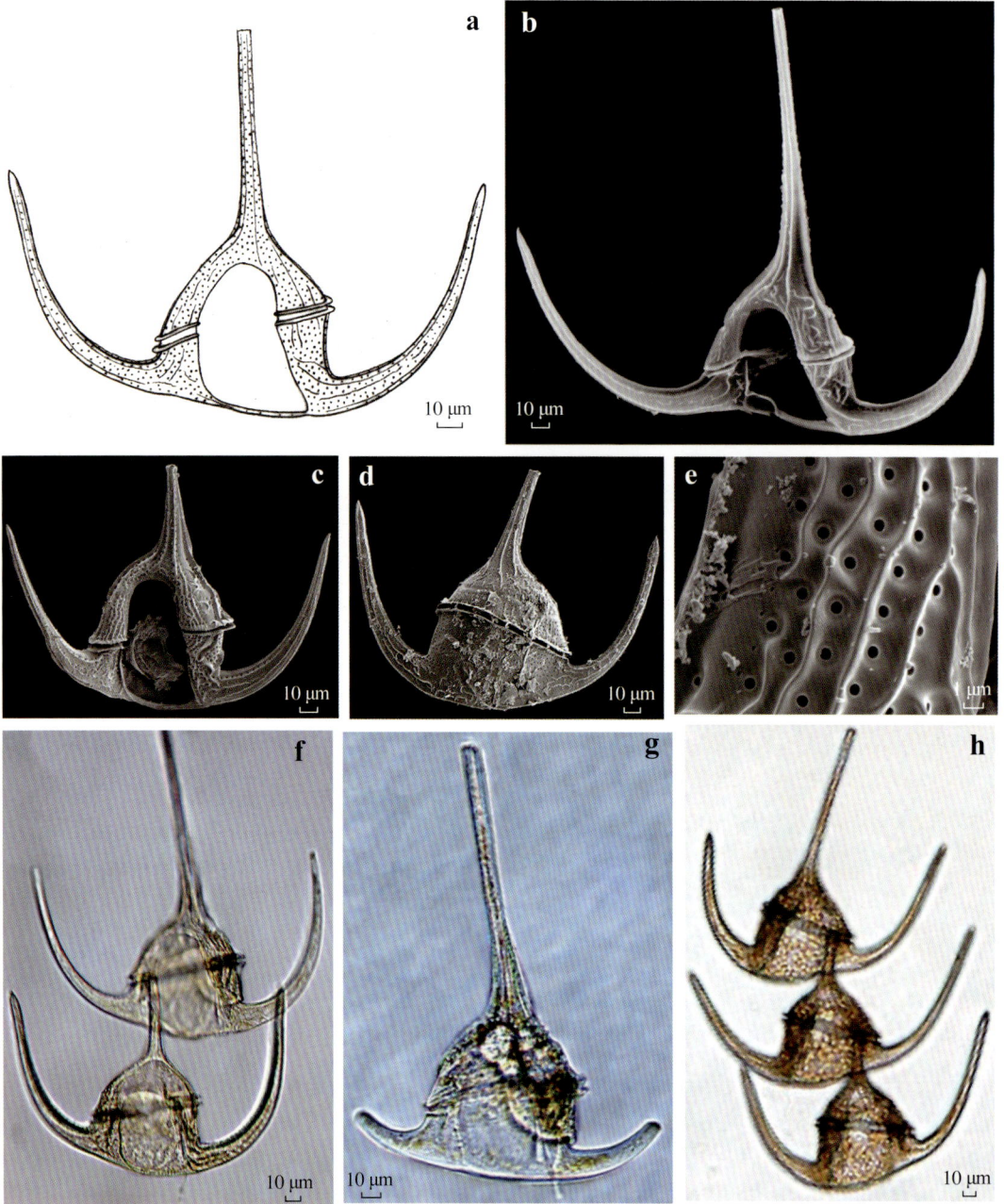

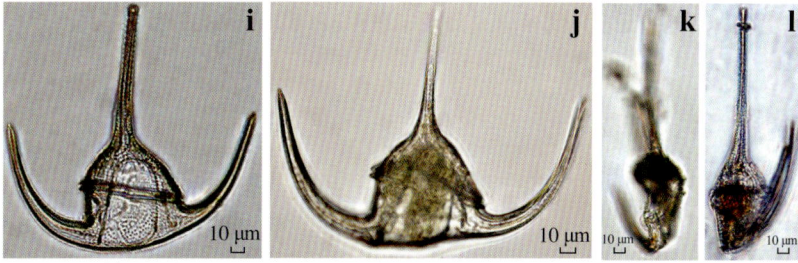

图 94 三角新角藻 *Neoceratium tripos* (Müller) Gómez, Moreira & López–Garcia, 2010
a–c, f, g. 腹面观；d, h–j. 背面观；e. 示壳面脊状条纹及孔；k. 左侧面观；l. 右侧面观；f, h. 群体；
f–h, l. 活体；f, g. 示纵鞭毛；g. 新分裂细胞；b–e. SEM

Gómez, Moreira & López–Garcia 2010, 36, fig. 3j, 7e–f; 杨世民和李瑞香 2014, 109.

同种异名：三角角藻 *Ceratium tripos* var. *tripos* (Müller) Nitzsch, 1817: Nitzsch 1817, 4; Claparède & Lachmann 1859, 397, t. 19, fig. 2; Kent, 1881, 454, t. 25, fig. 33; Stein 1883, t. 16, fig. 1–7, t. 25, fig. 11–12; Pavillard 1905, 50, t. 1, fig. 5–7; Paulsen 1908, 77, fig. 103–107; Marukawa 1920, 40, t. 14, fig. 130a, t. 15, fig. 130b; Lebour et al. 1925, 148, fig. 46b–d, t. 32a–c; Walies 1928, t. 3, fig.1; Martin 1929, 30, t. 7, fig. 7; Wang et Nie 1932, 304, fig. 16–17; Steemann Nielsen 1934, 17, fig. 32–33; Wang 1936, 157, fig. 27; Nie 1936, 48, fig. 17a–b; Silva et Pinto 1948, 172, t. 6, fig. 23; Gaarder 1954, 16; Wood 1954, 284; Lopez 1955, 156, fig. 6; Kato 1957, 15, t. 4, fig. 12a–b; Curl 1959, 306, fig. 123; Halim 1960a, t. 4, fig. 15; Yamaji 1966, 97, t. 47, fig. 1–2, 5; Subrahmanyan 1968, 35, fig. 59, t. 3, fig. 17–18; Wood 1968, 41, fig. 92; Taylor 1976, 88; Dodge 1982, 234, fig. 30a–d; Balech 1988, 139, lam. 58, fig. 1–6; Tomas 1997, 478, t. 26; 林永水等 2001, 28, fig. 81; Al–Kandari et al. 2009, 161, t. 10b–c; 林永水 2009, 77, fig. 89, t. 7, fig. 3; Omura et al. 2012, 93.

Cercaria tripos Müller, 1781: Müller 1781, 206; Müller 1786, 136, t. 19, fig. 22.

Peridinium tripos Ehrenberg, 1883: Ehrenberg 1883, 272.

Ceratium neglectum Ostenfeld, 1903: Ostenfeld 1903, 584, fig. 139.

三角角藻大西洋变种忽视变型 *Ceratium tripos* var. *atlanticum* f. *neglectum* (Ostenfeld) Paulsen, 1908: Paulsen 1908, 78, fig. 103; Jörgensen 1911, 37, fig. 74; Marukawa 1920, 40, t. 15, fig. 132a–b; Kato 1957, 15, t. 4, fig. 13a–b; Balech 1988, 139, lam. 59, fig. 5–6.

藻体细胞中型，长稍大于宽，背腹较扁，上壳稍短于下壳或上、下壳近等长。上壳左侧边直或稍凸，右侧边微微隆起。顶角较长，基部粗壮，末端平截。横沟直或稍弯，横沟边翅发达。下壳右侧边短，左侧边直或稍向内凹，底边略凸或较平直。两底角较粗短，末端尖，左底角自下壳生出后先向外侧伸出一小段距离，然后弧形弯向斜上方，末端与顶角稍分歧；右底角自基部起即向外侧偏上方斜伸，末端亦与顶角分歧。壳面脊状条纹粗大清晰，顶角基部常生有透明翼和棘状小刺，孔大而明显，散布于壳面。

$D = 72 \sim 85$ μm，$E = 34 \sim 42$ μm，$H = 41 \sim 44$ μm，$L = 117 \sim 131$ μm，$R = 106 \sim 113$ μm，$x = 41 \sim 48$ μm，$y = 19 \sim 22$ μm。

中国各海域均有分布。样品采自渤海、北黄海、青岛沿海、东海、南海、吕宋海峡。

世界广布种。从近岸到大洋、从热带至寒带均有分布。

三角新角藻大西洋变种 *Neoceratium tripos* var. *atlanticum* (Ostenfeld) Krachmalny, 2011

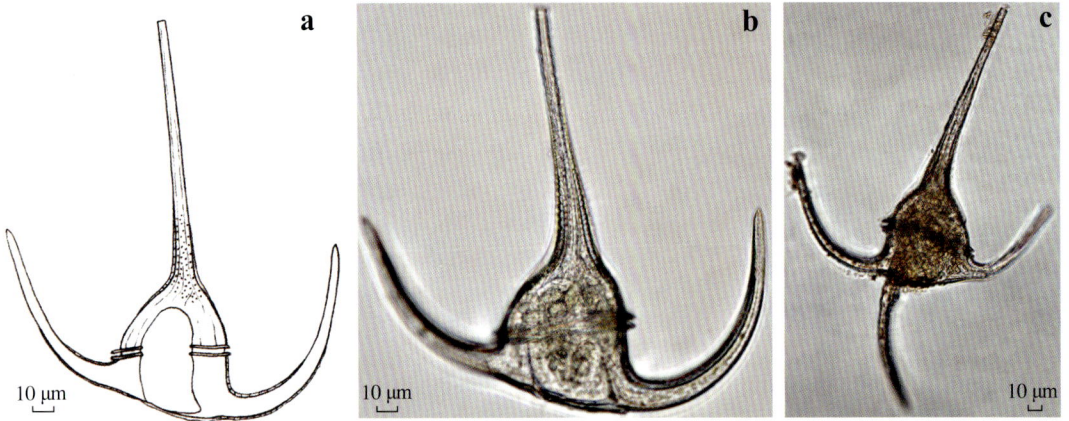

图 95　三角新角藻大西洋变种 *Neoceratium tripos* var. *atlanticum* (Ostenfeld) Krachmalny, 2011
a, b. 腹面观；c. 背面观（畸形细胞）

杨世民和李瑞香 2014, 111.

同种异名：三角角藻大西洋变种 *Ceratium tripos* var. *atlanticum* (Ostenfeld) Paulsen, 1908: Paulsen 1908, 78, fig. 102; Jörgensen 1911, 36, fig. 69–73; Jörgensen 1920, 47, fig. 33–36; Lebour et al. 1925, 149, t. 33; Nie 1936, 50; Schiller 1937, 384, fig. 421a; Graham et Bronikovsky 1944, 26, fig. 13e–k; Wood 1954, 285, fig. 205a; Halim 1967, 725, t. 2, fig. 26–27; Sournia 1967, fig. 43; Steidinger & Williams 1970, 47, t. 14, fig. 37a–b; Taylor 1976, 88, fig. 149, 151; Burns & Mitchell 1982, 64, fig. 17–18; Alfinito & Bazzichelli 1988, 364, t. 3, fig. 27; Hernández–Becerril 1989, 42, fig. 17; 林永水 2009, 78, t. 7, fig. 4, t. 18, fig. 1.

Ceratium tripos f. *atlantica* Ostenfeld, 1903: Ostenfeld 1903, 584, fig. 132–133.

本变种与原种 *N. tripos* 的主要区别在于，本变种两底角展开的角度小于原种，横沟至右底角的距离 y 明显较原种小（Jörgensen, 1920）。另外，本变种两底角末端与顶角近平行，或左底角与顶角近平行，右底角稍向外分歧（林永水，2009）。

$D = 64 \sim 77\ \mu m$，$E = 33 \sim 40\ \mu m$，$H = 38 \sim 47\ \mu m$，$A = 105 \sim 141\ \mu m$，$L = 112 \sim 122\ \mu m$，$R = 89 \sim 100\ \mu m$，$x = 35 \sim 46\ \mu m$，$y = 13 \sim 14\ \mu m$。

中国黄海、东海、南海均有分布。样品 2001 年秋季采自冲绳海槽西侧海域、2003 年秋季采自东海、2008 年 6 月采自三亚附近海域。

广布性种。冷温带至热带海域均有分布。

三角新角藻印度变种 *Neoceratium tripos* var. *indicum* (Böhm) Yang & Li, 2014

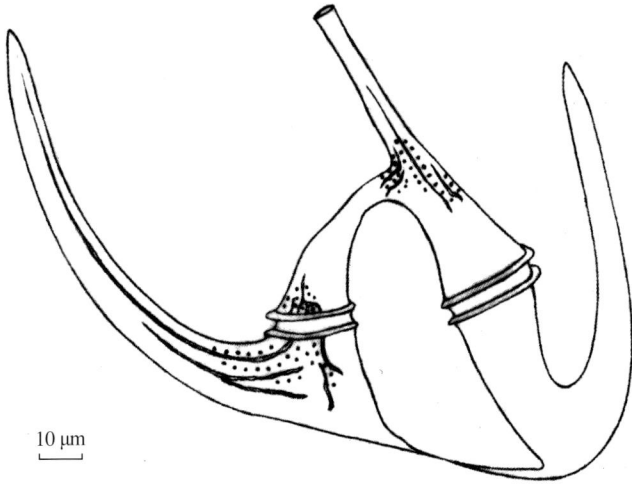

图 96　三角新角藻印度变种 *Neoceratium tripos* var. *indicum* (Böhm) Yang & Li, 2014
腹面观

杨世民和李瑞香 2014, 112.

同种异名：三角角藻印度变种 *Ceratium tripos* var. *indicum* (Böhm) Taylor, 1976: Taylor 1976, 88, fig. 168–169; 林永水 2009, 78, fig. 90, t. 7, fig. 5, t. 18, fig. 2.

本变种与原种 *N. tripos* 的主要区别在于，本变种顶角及两底角较原种更加粗壮（林永水，2009），左底角自下壳生出后先向外侧伸出一段距离，然后较急剧的向上方弯曲，末端与顶角近平行；右底角则向斜上方伸展，末端与顶角分歧。另外，本变种的下壳底边也较原种更加平直（Taylor, 1976）。

$D = 72\ \mu m$, $E = 35\ \mu m$, $H = 41\ \mu m$, $A = 131\ \mu m$, $L = 104\ \mu m$, $R = 101\ \mu m$, $x = 58\ \mu m$, $y = 14\ \mu m$。

东海陆架区、南沙群岛海域有分布。样品 2012 年 4 月采自南海北部海域，数量少。

暖温带至热带大洋性种。中印度洋、安达曼海、阿拉伯海、孟加拉湾、莫桑比克海峡均有分布。

三角新角藻亚美变种 *Neoceratium tripos* var. *semipulchellum* (Schröder) Yang & Li, 2014

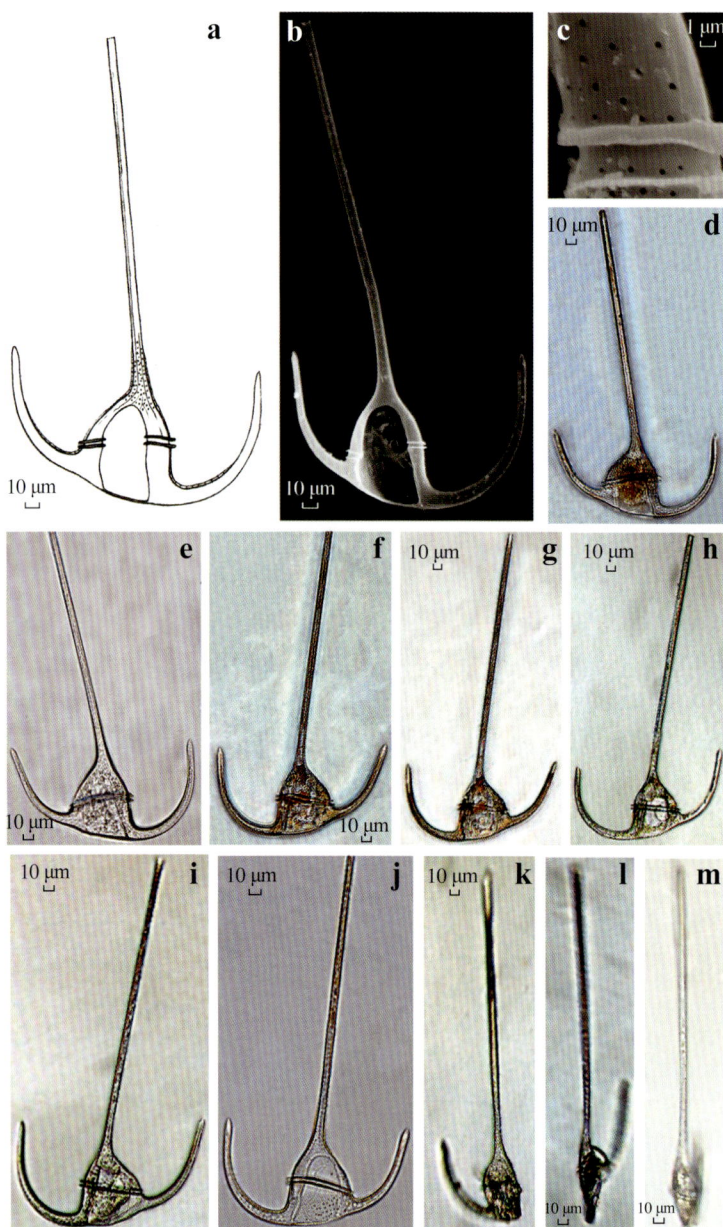

图 97 三角新角藻亚美变种 *Neoceratium tripos* var. *semipulchellum* (Schröder) Yang & Li, 2014
a, b, d, e. 腹面观；c. 示壳面孔；f–j. 背面观；k. 左侧面观；l, m. 右侧面观；d, f–i, k, l. 活体；b, c. SEM

杨世民和李瑞香 2014, 113.

同种异名：三角角藻美丽变种亚美变型 *Ceratium tripos* var. *pulchellum* f. *semipulchellum* (Schröder) Jörgensen, 1920: Taylor 1976, 88, fig. 150; 林永水 2009, 80, fig. 92, t. 7, fig. 6.

三角角藻亚美变种 *Ceratium tripos* var. *semipulchellum* (Jörgensen) Graham et Bronikovsky, 1944: Graham et Bronikovsky 1944, 26, fig. 13l–n.

美丽角藻亚美变型 *Ceratium pulchellum* f. *semipulchellum* Jörgensen, 1920: Jörgensen 1920, 50, fig. 43–44; Schiller 1937, 387, fig. 423a–b; Wood 1954, 286, fig. 206b–c; Subrahmanyan 1958, 439.

亚美角藻 *Ceratium semipulchellum* (Jörgensen) Steemann Nielsen, 1934: Steemann Nielsen 1934, 16, fig. 29–30; Burns & Mitchell 1982, 62, fig. 15.

Ceratium tripos f. *semipulchellum* (Jörgensen) Peters, 1932: Peters 1932, 39, t. 4, fig. 20.

藻体细胞中型，长大于宽，背腹扁平，上壳稍短于下壳或上、下壳近等长。上壳左侧边直或稍凸，右侧边较斜直。顶角长且直，粗细均匀，末端平截。横沟直或稍弯，横沟边翅窄。下壳右侧边短，左侧边直或稍凹，底边圆凸。左底角自下壳生出后先向外侧伸出一段距离，然后弧形均匀弯向上方，末端与顶角近平行；右底角则向斜上方弯曲，末端与顶角平行或稍分歧。壳面平滑，脊状条纹细弱或无，孔清晰，均匀散布。

$D=51\sim59$ μm，$E=29\sim32$ μm，$H=35\sim38$ μm，$A=228\sim285$ μm，$L=117\sim143$ μm，$R=79\sim105$ μm，$x=51\sim54$ μm，$y=11\sim19$ μm。

东海、南海、吕宋海峡均有分布。样品 2001 年秋季采自冲绳海槽西侧海域、2003 年秋季采自东海、2007 年 2 月采自钓鱼岛附近海域、2007 年 11 月采自东海、2008 年 6 月采自三亚附近海域、2009 年 3 月采自台湾东南部海域、2009 年 7 月采自南海北部海域、2010 年 8 月和 2011 年 4 月采自吕宋海峡、2011 年 7 月采自中沙群岛北部海域，较为常见。

热带至亚热带大洋性种。太平洋、大西洋、印度洋、地中海、莫桑比克海峡、新西兰附近海域有记录。

美丽新角藻 *Neoceratium pulchellum* (Schröder) Gómez, Moreira & López–Garcia, 2010

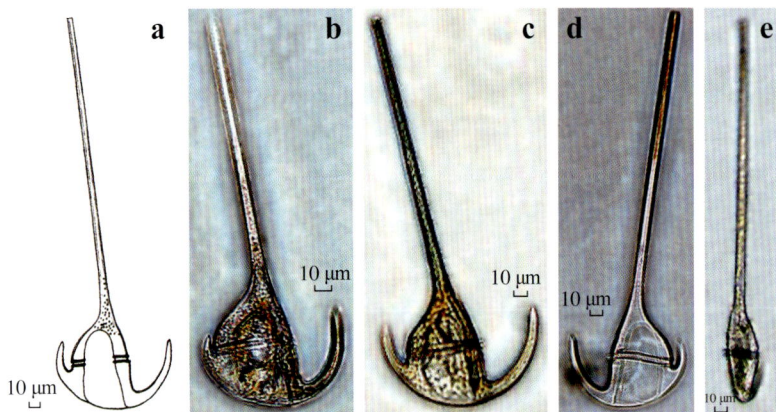

图 98　美丽新角藻 *Neoceratium pulchellum* (Schröder) Gómez, Moreira & López–Garcia, 2010
a–c. 腹面观；d. 背面观；e. 右侧面观；b, c. 活体

Gómez, Moreira & López–Garcia 2010, 47; 杨世民和李瑞香 2014, 114.

同种异名：美丽角藻 *Ceratium pulchellum* Schröder, 1906: Schröder 1906, 358, fig. 27; Jörgensen 1920, 50, fig. 46; Paulsen 1930, 81; Böhm 1931, 15, fig. 15c; Steemann Nielsen 1934, 16, fig. 31; Schiller 1937, 386, fig. 422a–b; Graham et Bronikovsky 1944, 27, fig. 14c–f; Wood 1954, 286, fig. 206a; Steidinger & Williams 1970, 47, t. 13, fig. 32; Balech 1988, 140, lam. 60, fig. 4; Tomas 1997, 478, t. 27; Omura et al. 2012, 92.

三角角藻美丽变种 *Ceratium tripos* var. *pulchellum* (Schröder) López, 1955: López 1955, 155, fig. 13; Taylor 1976, 88, fig. 147; Koening et al. 2005, 396, fig. 10; 林永水 2009, 79, fig. 91.

Ceratium schroderi Nie, 1936: Nie 1936, 47, fig. 16a–b.

藻体细胞小至中型，长大于宽，背腹较扁。上壳短，左侧边稍凸或近斜直，右侧边明显隆起。顶角长且直，较纤细。横沟直，横沟边翅窄。下壳长，右侧边甚短，左侧边直或稍向内凹陷，底边斜凸。右底角非常短，自下壳生出后即上翘；左底角较长，自下壳生出后向斜上方弧形弯曲，末端向外分歧。壳面平滑，几无脊状条纹，有时在顶角基部生有细弱的线状条纹，孔细小，均匀散布。

$D = 45 \sim 51$ μm，$E = 32 \sim 34$ μm，$H = 36 \sim 38$ μm，$A = 162 \sim 218$ μm，$L = 48 \sim 69$ μm，$R = 11 \sim 24$ μm，$x = 21 \sim 29$ μm，$y = 3 \sim 6$ μm。

东海、南海、吕宋海峡有分布。样品 2007 年 1 月采自冲绳海槽西侧海域、2009 年 4 月采自东沙群岛附近海域、2010 年 8 月采自吕宋海峡，数量少。

热带至亚热带大洋性种。太平洋、大西洋、印度洋、地中海、墨西哥湾、澳大利亚东部海域、新西兰附近海域、巴西东部海域有分布。

角甲藻科 Ceratocoryaceae Lindemann, 1928

角甲藻属 *Ceratocorys* Stein, 1883

　　本属藻体细胞中等大小，呈多面体形至近球形，上壳明显短于下壳，无顶角。横沟左旋，多数物种具横沟边翅（cingular lists）。下壳有多个长或短的底刺（antapical spines），有的物种还有腹刺（ventral spine）和背刺（dorsal spine），少数物种底部无刺。壳面具脊、网纹、眼纹（areolate）等结构。

　　关于本属的甲板结构，国内外学者有不同的观点，主要争议之处在于下壳腹面靠近鞭毛孔的一块小甲板，陈国蔚（1981）、Balech（1988）认为其应属于纵沟甲板，而 Taylor（1976）、Carbonell–Moore（1996）则认为其应该属于后沟板。作者比对这两种观点后更倾向于前者，另外，根据 Balech 对底板的定义，以前学者认为的第一后间插板 1p 应更正为第一底板 1‴′，因此，本属的甲板公式为：Po, 3′, 1a, 5″, 6c, 6s, 5‴, 2‴′。其中，纵沟甲板有纵沟前板（S.a.）、纵沟左板（S.s.）、纵沟右前板（S.d.a.）、纵沟右后板（S.d.p.）、连接板（S.c.）、纵沟后板（S.p.）。

　　本属共 12 种，本书记述了 6 种，其中首次记录 1 种。

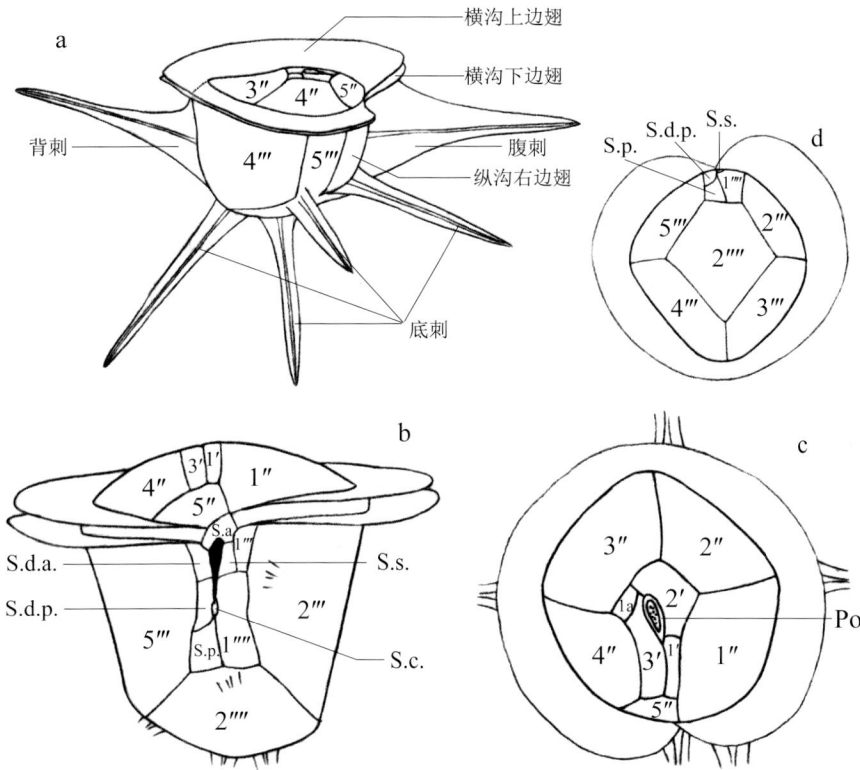

图 99　角甲藻属结构示意图

a. 右侧面观；b. 腹面观；c. 顶面观；d. 底面观

装甲角甲藻 *Ceratocorys armata* (Schütt) Kofoid, 1910

Kofoid 1910, 181; Schiller 1937, 444, fig. 486a–e; Graham 1942, 40, fig. 53a–e, fig. 54a–e; Wood 1954, 314, fig. 243a–b; Wood 1968, 42, fig. 95; Steidinger & Williams 1970, 48, t. 15, fig. 41a–b; Taylor 1976, 90, fig. 269a–b, 272, 273; Balech 1988, 158, lam. 79, fig. 5–7, lam. 80, fig. 1; Tomas 1997, 482, t. 30; Omura et al. 2012, 100.

同种异名：*Goniodoma fimbriatum* Murray & Whitting, 1899: Murray & Whitting 1899, 325, t. 27, fig. 1a–b.

藻体细胞中型，长 59～68 μm，左右宽 60～69 μm，腹面观近五边形。上壳短，约为体长的 1/3，大体呈圆锥形。横沟左旋，下降距离约等于横沟宽度。横沟边翅窄，宽度与横沟宽度相近，具肋刺。下壳较长，纵沟边翅清晰。底面较宽阔，由腹侧向背侧倾斜。在底面甲板相接处生有 3～4 个短刺，短刺上具翼。在扫描电子显微镜下可以看到藻体各甲板相接处均生有边翅，壳面孔细致均匀。色素体棕色至棕绿色。

样品 2012 年 4 月采自南海北部海域、2013 年 8 月采自冲绳海槽西侧海域，数量少，系中国首次记录。

热带、亚热带大洋性种。西太平洋、南大西洋、印度洋、澳大利亚东南部海域有记录。

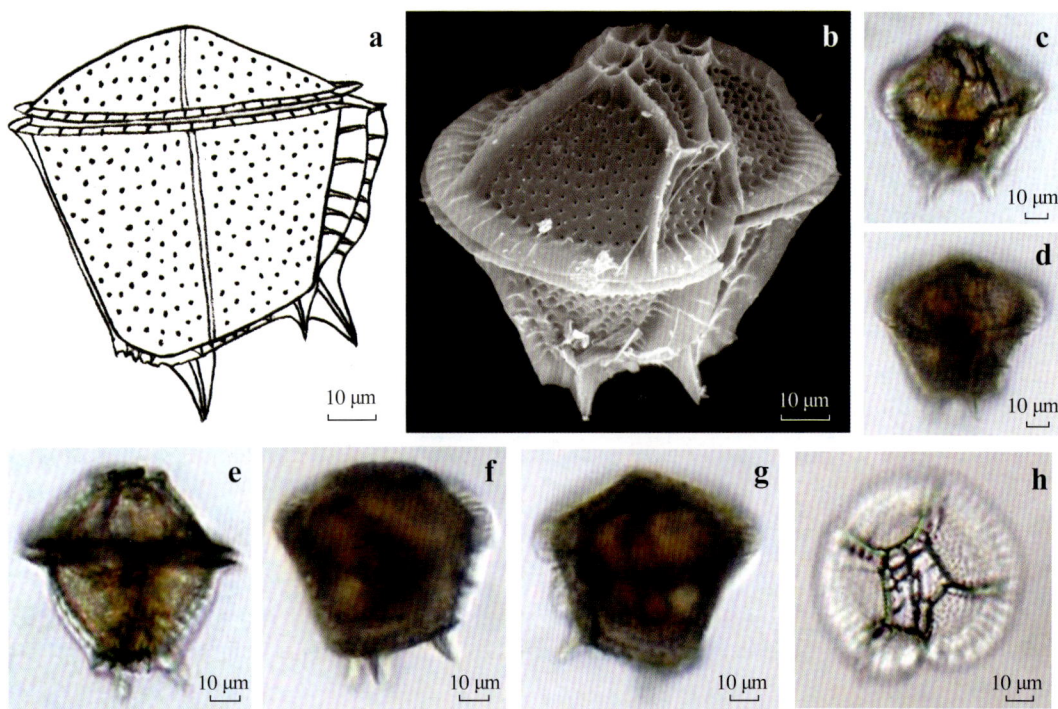

图 100　装甲角甲藻 *Ceratocorys armata* (Schütt) Kofoid, 1910
a, f. 右侧面观；b–d. 腹面观；e. 背面观；g. 左侧面观；h. 顶面观；c–g. 活体；b. SEM

双足角甲藻 *Ceratocorys bipes* (Cleve) Kofoid, 1910

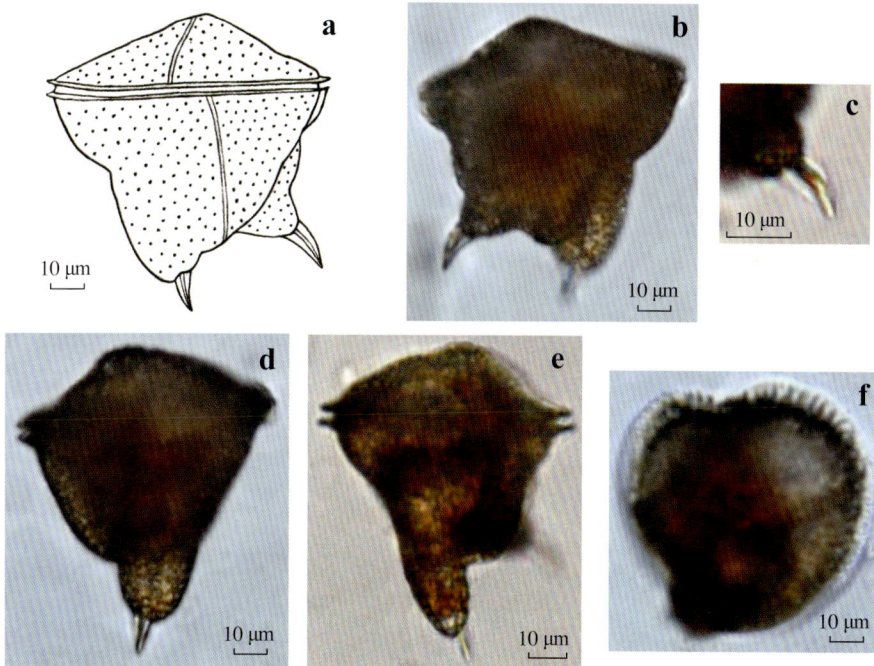

图 101　双足角甲藻 *Ceratocorys bipes* (Cleve) Kofoid, 1910
a. 右侧面观；b. 左侧面观；c. 腹面底角、底刺；d. 腹面观；e. 背面观；f. 顶面观；b–f. 活体

Kofoid 1910, 183; Schiller 1937, 445, fig. 488a; Graham 1942, 43, fig. 57a–f; Gaarder 1954, 16, fig. 15; Wood 1963b, 16, fig. 56; Taylor 1976, 90, fig. 271, 276, 514; 陈国蔚 1981, 96, fig. 5; Balech 1988, 194, lam. 80, fig. 6, lam. 81, fig. 3–4.

同种异名：*Goniodoma bipes* Cleve, 1903: Cleve 1903, 371, fig. 2a–d.

Ceratocorys asymmetrica Karsten, 1907: Karsten 1907, 419, pl. 47, fig. 9a–d.

藻体细胞中型，长 79 μm，背腹宽 76 μm，侧面观近五边形，腹面观楔形。上壳短，呈矮圆锥形。横沟稍左旋，横沟边翅窄，宽度约等于横沟宽度，其上具肋刺。下壳较长。左、右侧边与细胞纵轴约呈 30°夹角（陈国蔚 1981, 29°）。背、腹面底部各有一个球状底角，两底角末端均生有一短刺，短刺上具翼。壳面孔排列规则且清晰。

西沙群岛附近海域有记录。样品 2010 年 8 月采自吕宋海峡，数量稀少。

热带、亚热带狭温性种。太平洋日本附近海域、红海、阿拉伯海、孟加拉湾、南大西洋、地中海有记录。

戈氏角甲藻 *Ceratocorys gourretii* Paulsen, 1931

Paulsen 1931, 36; Schiller 1937, 446, fig. 488b; Graham 1942, 44, fig. 59a–h; Wood 1954, 314, fig. 244a–b; Silva 1956, 69, t. 11, fig. 13; Wood 1968, 42, fig. 96; Taylor 1976, 90, fig. 274, 277; Balech 1988, 195, lam. 80, fig. 4–5, 7–8; Alfinito & Bazzichelli 1988, 364, t. 3, fig. 25; Omura et al. 2012, 101.

同种异名：*Ceratocorys allenii* B.F.Osorio–Tafall, 1942: Osorio–Tafall 1942, 443, t. 36, fig. 20, 22, 23, 26.

Ceratocorys jourdanii (Gourret) Schütt, 1895: Schütt 1895, 64, t.4, fig. 20.

藻体细胞小型，长 43～54 μm，背腹宽 42～53 μm，侧面观椭圆形至近圆形，腹面观扁椭圆形。上壳短，明显凸起。横沟左旋，横沟边翅较窄，宽度约为背腹宽的 1/4～1/5，其上具肋刺。下壳较长。通常有腹刺、背刺各 1 根，底刺 3 根，但作者也见到生有两根背刺的（如图 102g）。壳面具排列规则的孔，孔较细弱。

东海、南海、吕宋海峡有分布，数量少。样品 2008 年 6 月采自三亚近岸、2012 年 5 月采自南海北部海域、2013 年 7 月采自冲绳海槽西侧海域。

暖水近岸至大洋性种。西太平洋、印度洋、地中海、墨西哥湾、澳大利亚东海岸有记录。

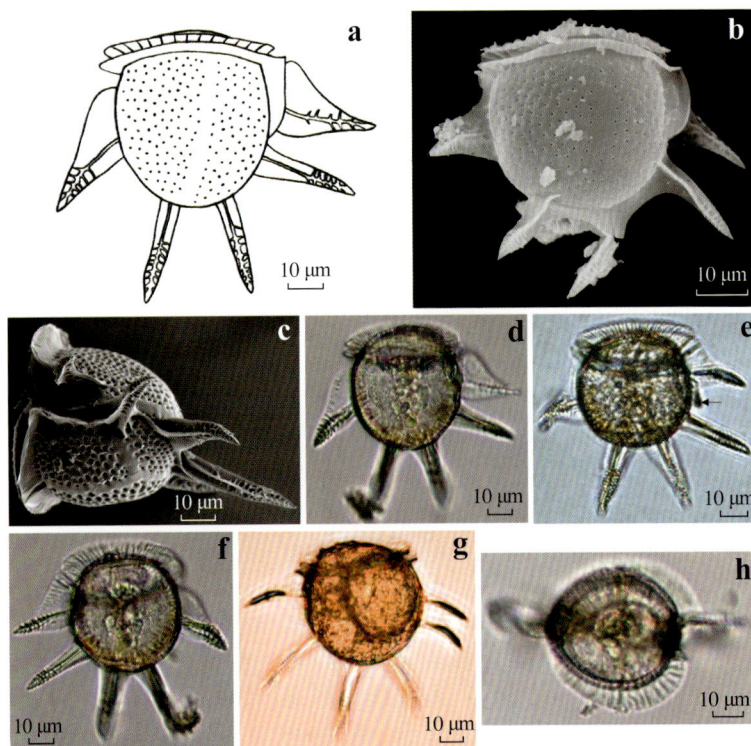

图 102　戈氏角甲藻 *Ceratocorys gourretii* Paulsen, 1931
a, b, d, e. 右侧面观；c. 腹面观；f, g. 左侧面观；h. 底面观；e. 示纵鞭毛；d–f, h. 活体；b, c. SEM

多刺角甲藻 *Ceratocorys horrida* Stein, 1883

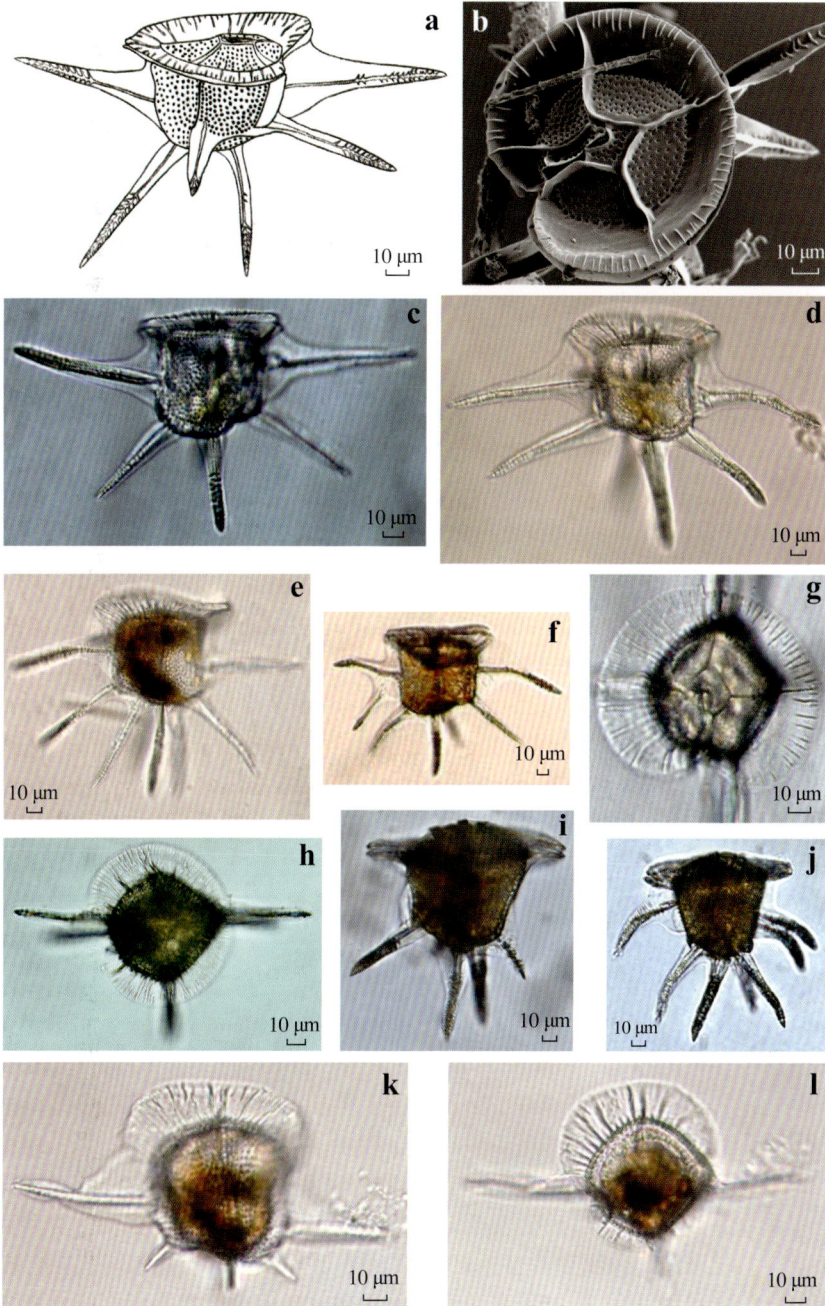

图 103

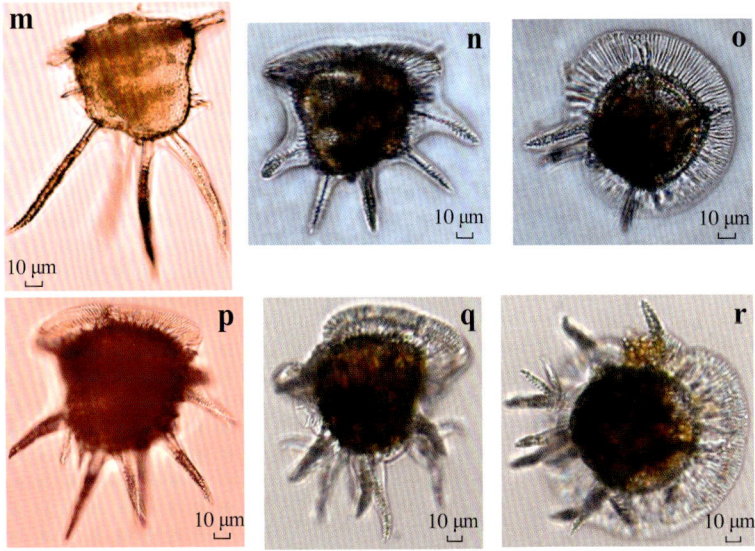

图 103　多刺角甲藻 *Ceratocorys horrida* Stein, 1883

a, c. 右侧面观；b, g. 顶面观；d–f, j. 左侧面观；h. 底面观；i. 腹面观；

k. 新分裂的左子细胞左侧面观；l. 新分裂的左子细胞底面观；m. 新分裂的右子细胞左侧面观；

n, p. 短刺类型右侧面观；o, r. 短刺类型底面观；q. 短刺类型左侧面观；f, k, l. 活体；b. SEM

Stein 1883, 20, t. 6, fig. 4–11; Okamura 1907, 131, fig. 25a–c; Kofoid 1910, 180; Matzenauer 1933, 452, fig. 20a–c; Schiller 1937, 443, fig. 485a–c; Graham 1942, 38, fig. 47–50; Rampi 1950, 246, t. 4, fig. 20; Wood 1954, 313, fig. 242a–b; Gaarder 1954, 16, fig. 16a–b; Silva 1955, 173, t. 10, fig. 1–4; Halim 1967, t. 1, fig. 14; Wood 1968, 42, fig. 97; Steidinger & Williams 1970, 48, t. 16, fig. 42a–d; Taylor 1976, 91, fig. 265–268, 529; 陈国蔚 1981, 95, fig. 1–3; Andreis et al. 1982, 227, fig. 16; Dodge 1985, 89; Balech 1988, 157, lam. 79, fig. 1–4, lam. 80, fig. 3; Hernández–Becerril 1988b, 431, fig. 30; 林永水和周近明 1993, 78, t. 72; Tomas 1997, 482, t. 30; Omura et al. 2012, 101; 杨世民和李瑞香 2014, 119–120.

同种异名：*Ceratocorys hirsuta* Matzenauer, 1933: Matzenauer 1933, 453, fig. 23.

Dinophysis jourdanii Gourret, 1883: Gourret 1883, 79, t. 3, fig. 55.

藻体细胞中型，单个生活，长 59～91 μm，背腹宽 57～89 μm，侧面观多为棱角较钝的多角形，也有卵圆形至近圆形的。上壳短，呈顶端平截的三角形。横沟左旋，下降距离等于或稍大于横沟宽度。横沟边翅发达，宽度可达背腹宽的一半，其上有明显的肋刺支撑。下壳较长，其中部常略向内凹，背侧边长于腹侧边，使得底面向背侧倾斜。腹刺、背刺各 1 根，底刺 4 根，因此通常共有 6 根长刺，但作者在观察样本时发现也有 7 根、8 根甚至长刺末端分枝的情况（如图 103e–f, j, p–r）。壳面孔粗大清晰且排列规则。

细胞分裂后，左子细胞会获得母细胞的背、腹两根长刺；而右子细胞会获得 4 根底刺。

黄海南部、东海、南海、吕宋海峡均有分布。样品采自东海、南海北部海域、吕宋海峡。

暖温带至热带近岸至大洋性种。世界广布，是角甲藻属中分布最广且数量最多的物种。

大角甲藻 *Ceratocorys magna* Kofoid, 1910

Kofoid 1910, 182; Schiller 1937, 445, fig. 487; Taylor 1976, 92, fig. 270; 林永水和周近明 1993, 79–80, t. 73–74.

藻体细胞大型，长 92～126 μm，左右宽 103～134 μm，腹面观大体呈五边形。上壳较短，近圆锥形。横沟左旋，下降约 1～1.5 倍横沟宽度。横沟边翅窄，肋刺明显。下壳较长，左、右侧边与细胞纵轴约呈 42°夹角。底面较宽阔，底面甲板相接处通常生有 3～4 个具翼短刺，但也有的个体短刺数量较多。扫描电镜下可以看到上壳各个甲板相接处生有粗大的、蚯蚓状的脊状凸起，壳面孔亦粗大明显。

本种与装甲角甲藻 *C. armata* 相似，但本种的个体明显大于后者，且本种上壳甲板之间具粗脊，而后者甲板相接处为薄翼状边翅，另外，本种壳面的孔也较后者更加粗大清晰。

样品 2003 年 11 月采自东海、2008 年 6 月采自三亚近岸、2010 年 8 月采自吕宋海峡、2013 年 8 月采自冲绳海槽西侧海域，数量少。

热带、亚热带种。北大西洋、印度洋有记录。

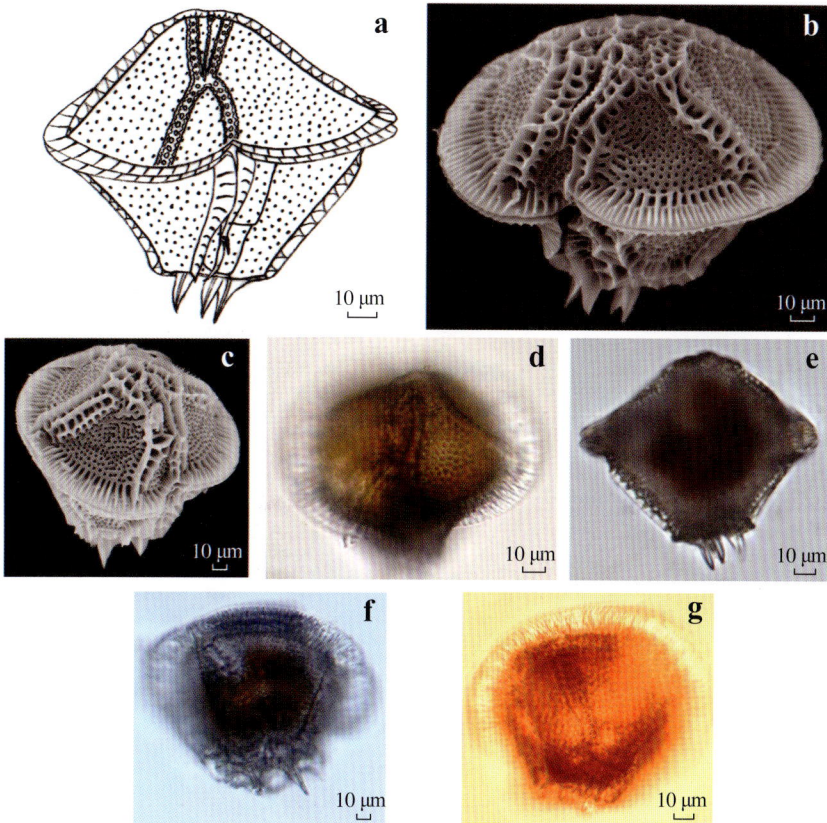

图 104　大角甲藻 *Ceratocorys magna* Kofoid, 1910
a, b, d. 腹面观；e. 背面观；c, f. 右侧面观；g. 左侧面观；d–f. 活体；b, c. SEM

网纹角甲藻 *Ceratocorys reticulata* Graham, 1942

Graham 1942, 42, fig. 55a–d; Taylor 1976, 92, fig. 275, 510; 陈国蔚 1981, 95, fig. 4; Balech 1988, 194, lam. 80, fig. 2, lam. 81, fig. 1.

藻体细胞中型至大型，长 101 μm，左右宽 106 μm，宽略大于长，腹面观大体呈菱形。上、下壳长度相近，均为近圆锥形。横沟左旋，下降约 1 倍横沟宽度。下壳左、右侧边近等长，与细胞纵轴约呈 36°夹角（陈国蔚 1981，32°）。底面较窄，生有 2～4 个短刺。壳面甲板相接处生有发达的脊状凸起，壳面外壁为粗大的孔，内壁为向里凸起的一个个半球形小室，小室中央具小孔（陈国蔚，1981）。

本种与大角甲藻 *C. magna* 极为相似，但本种个体稍小于后者，下壳底面由于较窄而使得下壳呈较尖锐的圆锥形，而大角甲藻的底面则较平坦宽阔（Taylor, 1976）。本种与装甲角甲藻 *C. armata* 也较为相似，但本种个体较后者大，壳面甲板相接处具凸脊而不是较薄的边翅，另外，本种较尖的底面也可将二者区分开来。

西沙群岛附近海域有记录。样品 2007 年 2 月采自钓鱼岛附近海域，数量少。

热带性种。太平洋和大西洋热带海域、墨西哥湾、孟加拉湾有分布。

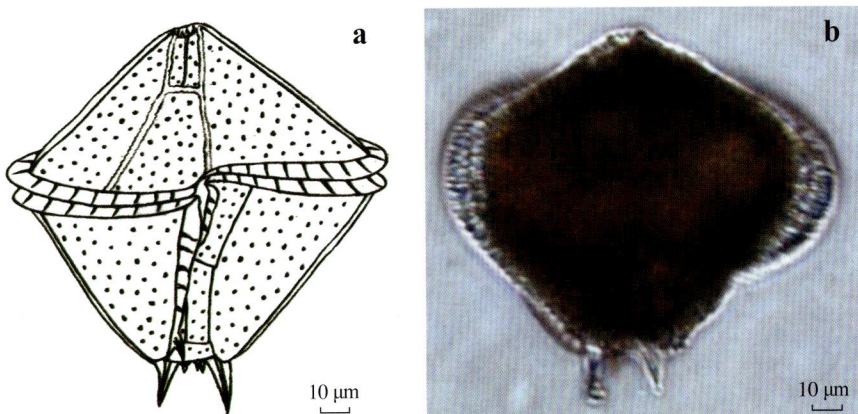

图 105　网纹角甲藻 *Ceratocorys reticulata* Graham, 1942
a, b. 腹面观；b. 活体

刺板藻科 Cladopyxidaceae Lindemann, 1928

刺板藻属 *Cladopyxis* Stein, 1883

本属藻体细胞卵圆形、椭圆形或近圆形。横沟稍左旋。壳面生有多个枝干状附属物（appendages），枝干的末端又分成多个分枝（branches）。Tomas（1997）认为本属仅有 3 块前间插板，但 Balech（1964）在其所建立的新种 *C. hemibrachiata* 中找到了 4 块前间插板，因此，作者认为本属的甲板公式为：Po, 3′, 3~4a, 7″, 6c, 7s, 6‴, 2⁗。

本属共 5 种，其中存疑 2 种，本书记述 1 种。

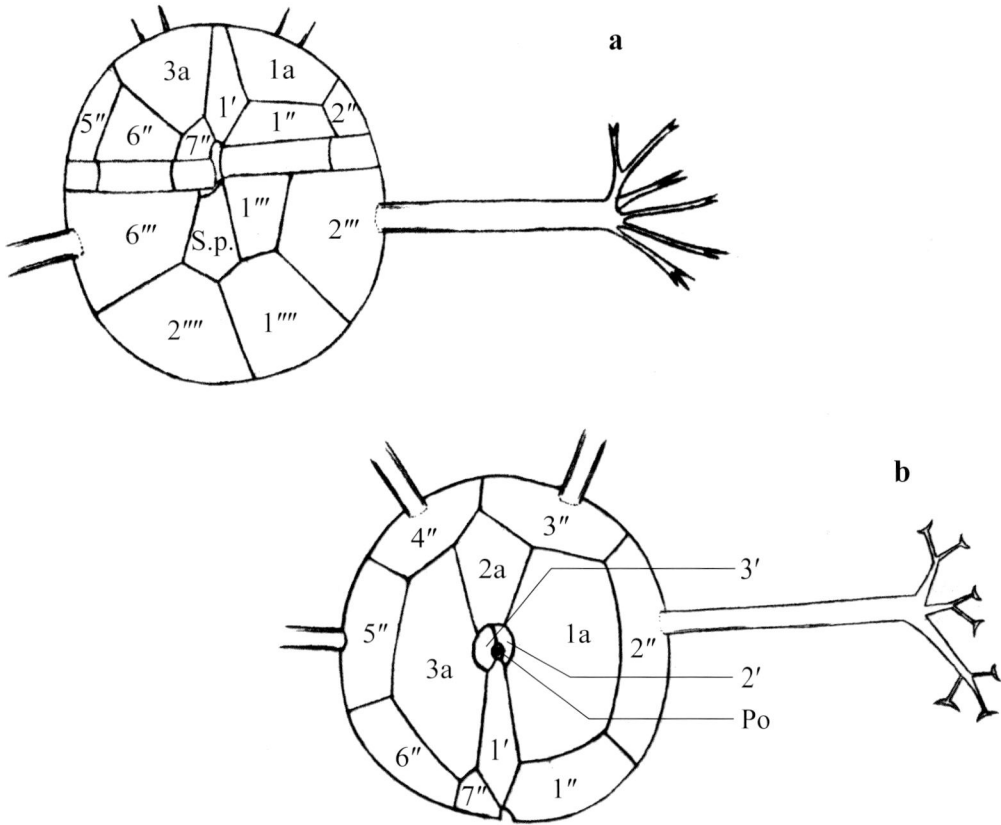

图 106 刺板藻属结构示意图

a. 腹面观；b. 顶面观

短柄刺板藻 *Cladopyxis brachiolata* Stein, 1883

Stein 1883, t. 2, fig. 7–8; Pavillard 1931, 101, t. 3, fig. 18; Schiller 1937, 471, fig. 541a–b; Rampi 1950, 246, fig. 22; Gaarder 1954, 17, fig. 17a–j; Balech 1964, 28, fig. 1–10; Wood 1968, 43, fig. 100; Taylor 1976, 93, fig. 255–259a,b, 506–508; Dodge 1985, 116; Balech 1988, 194, lam. 71, fig. 1–3; 林永水和周近明 1993, 81, t. 75; Tomas 1997, 487; Omura et al. 2012, 108.

同种异名：*Cladopyxis steinii* Zacharias, 1906: Zacharias 1906, 567, fig. 20.

藻体细胞小型，直径 17～21 μm，腹面观椭圆形、卵圆形至近圆形。上壳稍短，约为体长的 2/5，横沟稍左旋，下降 0.5～1 倍横沟宽度，横沟边翅不明显。上、下壳面生有多个粗壮的枝干，这些枝干呈放射状向外伸展，长度 11～23 μm，在新分裂的细胞中，新生的枝干会比较细小（如图 107f），甚至只有小的隆起（如图 107a, d）。枝干的末端形成分枝，分枝的末端又分为更细小的分枝。壳面孔稀疏。

关于本种的命名与形态描述国外学者有不同的观点，Schiller（1937）依据枝干分枝情况的不同将本种与 *C. caryophyllum*、*C. spinosa* 区分开来，认为 *C. spinosa* 枝干末端不具分枝，*C. caryophyllum* 枝干末端通常沿 4 个方向伸出分枝，分枝末端不再分叉。而 Gaarder（1954）则认为枝干末端的分枝情况不能作为分类依据，枝干分枝与否以及分枝上是否再有分叉是细胞在不同的生长阶段表现出来的形态特点，故 *C. caryophyllum*、*C. spinosa* 应为短柄刺板藻 *C. brachiolata* 的同种异名。由于作者采得的样本数量稀少，无法对本种的生长阶段进行详细的了解，因此对这一问题需要今后深入研究后才能得出正确的结论。

样品 2012 年 4 月采自中沙群岛附近海域、2013 年 8 月采自冲绳海槽西侧海域，数量稀少。

热带、亚热带大洋性种。南太平洋、北大西洋、印度洋、地中海、墨西哥湾有分布。

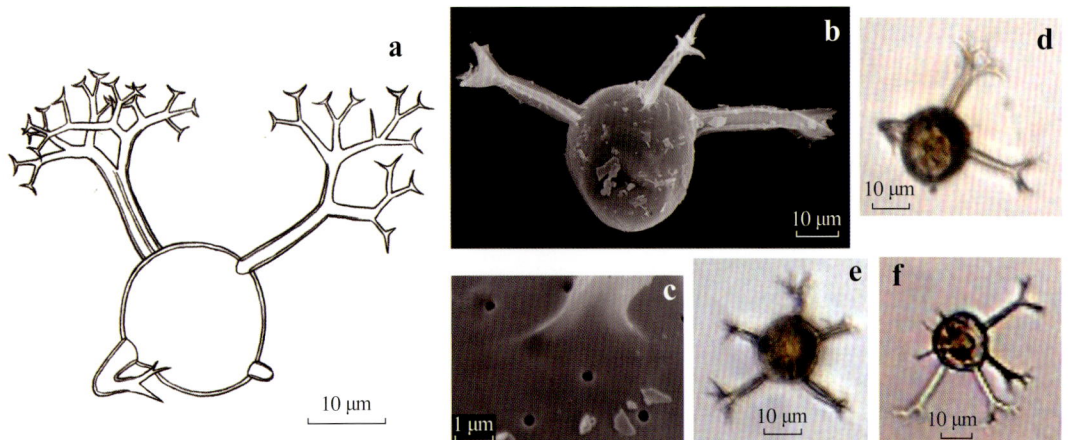

图 107　短柄刺板藻 *Cladopyxis brachiolata* Stein, 1883

a, d. 具有 1 个小隆起；b. 仅有 3 个枝干的细胞；c. 示壳面孔；e. 成熟细胞；f. 具有 3 个不成熟枝干的细胞；
d–f. 活体；b, c. SEM

小棘藻属 *Micracanthodinium* Deflandre, 1937

本属藻体细胞小，圆形至椭圆形。横沟左旋，深凹。壳面生有许多细长的、无分枝的刺（spines），多数刺着生在横沟边缘。本属的甲板公式为：Po, 4′, 7″, 7c, ?s, 6‴, 2‴′。

本属共 4 种，其中存疑 2 种，本书记述 1 种，为首次记录。

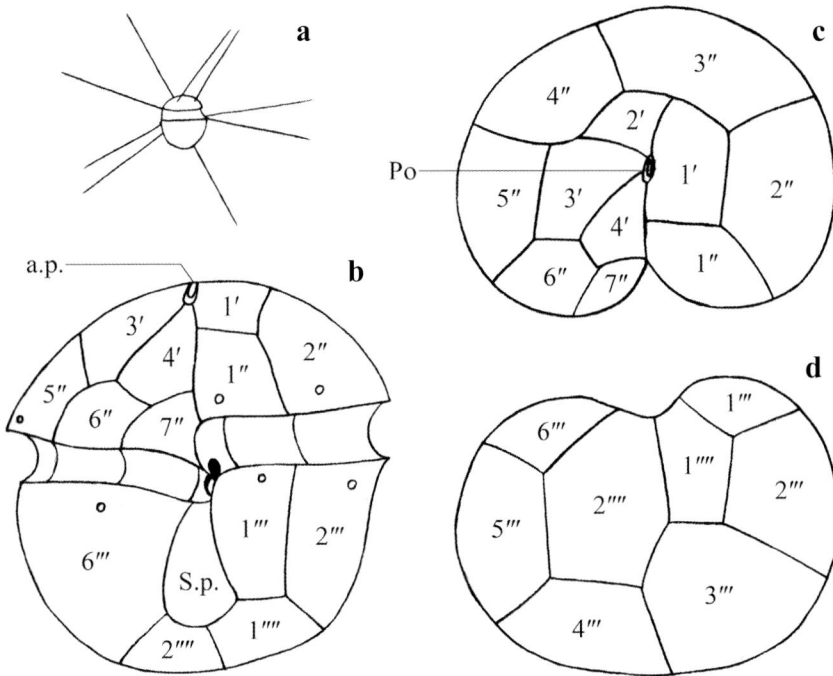

图 108 小棘藻属结构示意图
a. 具刺藻体；b. 腹面观；c. 顶面观；d. 底面观；a. 仿 Schiller（1937）；b–d. 仿 Dodge（1995）

刚毛小棘藻 *Micracanthodinium setiferum* (Lohmann) Deflandre, 1937

Deflandre 1937, 114; Dodge 1982, 250, fig. 32k; Dodge 1995, 307, fig. 1–7.

同种异名：*Cladopyxis setifera* Lohmann, 1902: Lohmann 1902, 54, t. 1, fig. 15.

藻体细胞小型，长 17～21 μm，宽 16～18 μm，腹面观近圆形，生有多个无分枝的长刺，但容易脱落。上壳较短，无顶角。横沟左旋，下降 0.5～1 倍横沟宽度，不交叠。横沟上边翅明显，无横沟下边翅，仅横沟下缘稍向外凸出。纵沟较短，前端狭窄，后端逐渐变宽，无纵沟边翅。下壳较长，底部圆钝。壳面粗糙，具许多棘状突起。

样品 2012 年 5 月采自南海，数量稀少，系中国首次记录。

暖温带至热带性种，大西洋、印度洋、加勒比海、马尾藻海、北海、挪威海、地中海、亚得里亚海、那不勒斯湾、巴哈马群岛附近海域有记录。

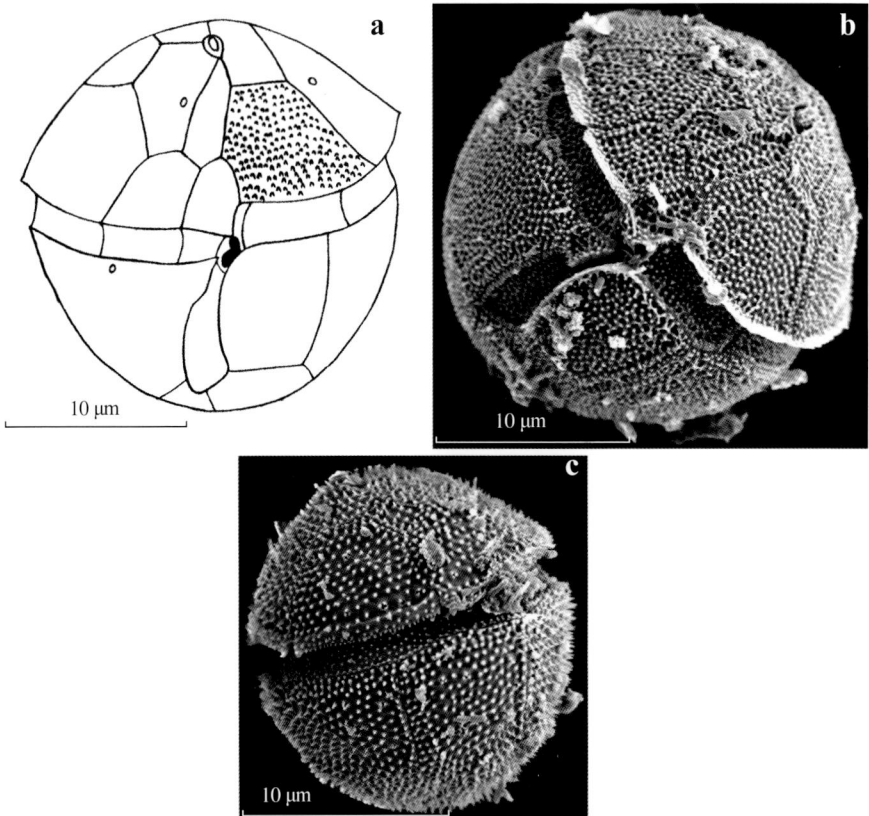

图 109　刚毛小棘藻 *Micracanthodinium setiferum* (Lohmann) Deflandre, 1937

a, b. 腹面观；c. 背面观；b, c. SEM

古秃藻属 *Palaeophalacroma* Schiller, 1928

本属藻体细胞小，椭球形至球形。横沟左旋，下降约 1 倍横沟宽度。具横沟上边翅而无横沟下边翅。第一顶板 1′ 窄。本属的甲板公式为：Po, 4′, 3a, 7″, 6c, 6s, 6‴, 2⁗。

本属共 4 种，其中存疑 1 种，所确认的 3 种本书皆有记述。

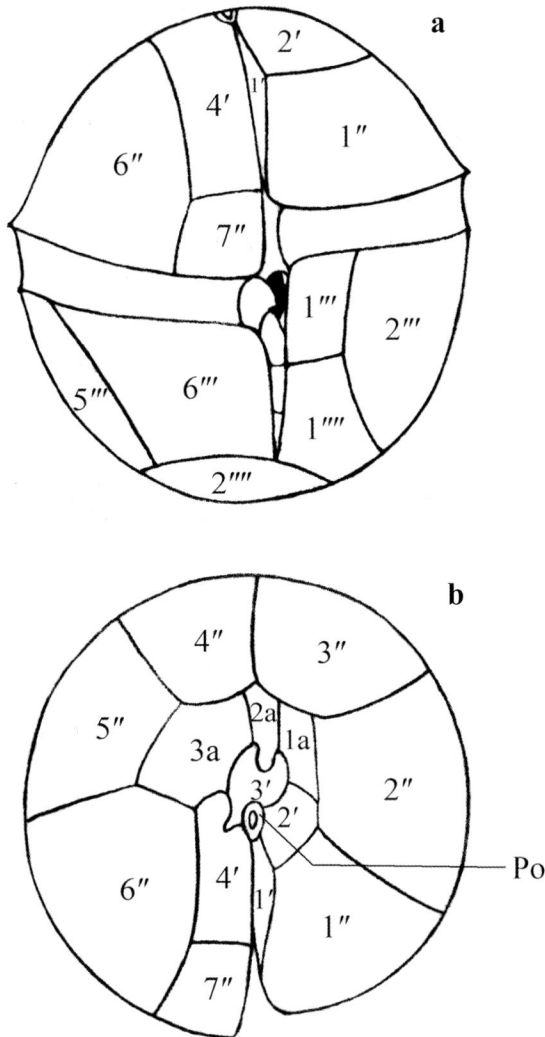

图 110　古秃藻属结构示意图
a. 腹面观；b. 顶面观

球形古秃藻 *Palaeophalacroma sphaericum* Taylor, 1976

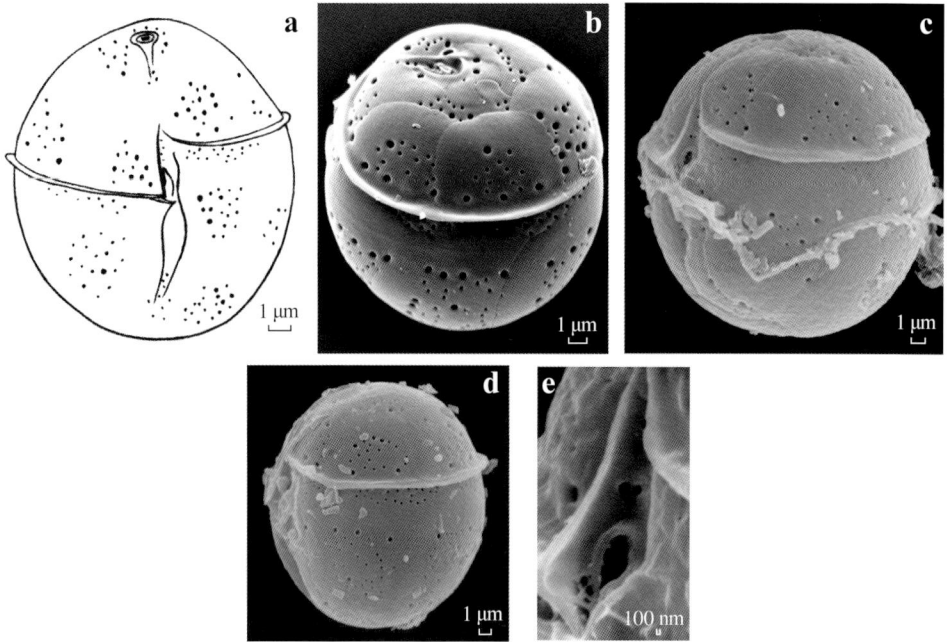

图 111　球形古秃藻 *Palaeophalacroma sphaericum* Taylor, 1976
a. 腹面观；b. 顶面观；c, d. 左侧面观；e. 示鞭毛孔；b–e. SEM

Taylor 1976, 94, fig. 261a–b; 杨世民和李瑞香 2014, 121.

藻体细胞小型，长 17~19 μm，宽 16~18 μm，腹面观近圆形。上壳约占体长的 2/5，无明显的顶角。横沟左旋。横沟上边翅明显，其两端自腹区沿细胞纵轴方向伸出一段距离后陡然的、近乎直角的向左、右两侧弯折；无横沟下边翅，横沟下缘仅稍稍向外凸出。纵沟狭窄，向下延伸至横沟与底部距离的 2/3 处，纵沟左、右边翅狭长。壳面具少数微弱的脊状条纹，第一顶板 1′ 与顶孔间被脊状条纹分隔（Taylor, 1976）。孔大小不一，大者孔径约 0.3 μm，小者约 0.1 μm，散布于壳面。

样品 2012 年 5 月采自西沙群岛附近海域、2013 年 8 月采自冲绳海槽西侧海域，数量稀少。

热带性种，世界罕见，仅印度洋毛里求斯西部海域有记录。

单围古秃藻 *Palaeophalacroma unicinctum* Schiller, 1928

Schiller 1928, 65, fig. 27; Schiller 1931, 48, fig. 49a–b; Dodge 1985, 115; Balech 1988, 156, lam. 70, fig. 6–9; Tomas 1997, 487, t. 7c, t.30; Omura et al. 2012, 109; 杨世民和李瑞香 2014, 122.

同种异名：*Epiperidinium michaelsarsi* Gaarder, 1954: Gaarder 1954, 22, fig. 24a–d.

Heterodinium detonii Rampi, 1943: Rampi 1943, 52, fig. 1–6.

藻体细胞椭圆形、卵圆形至球形，长 31～36 μm，宽 27～30 μm。上壳稍短，约为体长的 2/5，无顶角，但顶孔明显。横沟左旋，下降约 1 倍横沟宽度。横沟上边翅明显，无横沟下边翅。纵沟狭窄，长度约为体长的 1/2。扫描电镜下可以看到壳面散布大小不一的孔。色素体多数。

本种与球形古秃藻 *P. sphaericum* 非常相似，但本种个体明显大于后者，另外，在扫描电镜下，本种壳面的孔比后者更加粗大且密集（杨世民和李瑞香，2014）。

南海北部海域有记录，数量少。样品 2012 年 4 月采自南海北部海域、2013 年 8 月采自冲绳海槽西侧海域。

热带至暖温带大洋性种。西太平洋、北大西洋、亚得里亚海、墨西哥湾、巴西东南部海域有记录。

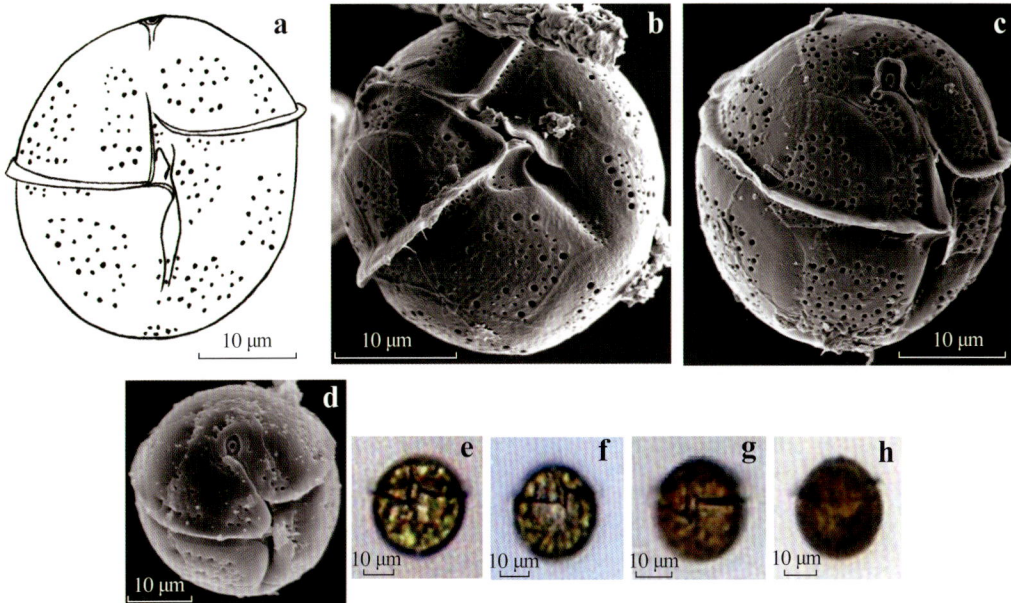

图 112　单围古秃藻 *Palaeophalacroma unicinctum* Schiller, 1928
a, b, e–g. 腹面观；c, h. 右侧面观；d. 顶面观；e–h. 活体；b–d. SEM

疣突古秃藻 *Palaeophalacroma verrucosum* Schiller, 1928

Schiller 1928, 65, fig. 26; Schiller 1931, 48, fig. 49c; Taylor 1976, 94, fig. 260a–b; 杨世民和李瑞香 2014, 123.

藻体细胞小型，长 19～24 μm，宽 16～19 μm，腹面观椭圆形至卵圆形。上壳较短小，无顶角，具顶孔。横沟左旋，下降 1 倍横沟宽度。横沟上边翅凸出明显，无横沟下边翅。纵沟非常狭窄。壳面较平滑，大小不一的孔散布于壳面。

本种与单围古秃藻 *P. unicinctum* 相似，但本种个体明显较后者小，且多为长椭圆形，而后者为近球形。本种与球形古秃藻 *P. sphaericum* 也非常相似，但本种长椭圆形的形态、更狭长的纵沟可以与后者区分开来。另外，相对于球形古秃藻，本种横沟上边翅与第一顶板 1′ 相连处脊状条纹几乎不可见，下壳仅纵沟左边翅较长并向底部延伸，纵沟右边翅较短（Taylor, 1976）。

样品 2012 年 5 月采自南海北部海域，数量稀少。

热带、亚热带大洋性种。大西洋热带海域、南印度洋、亚得里亚海有记录。

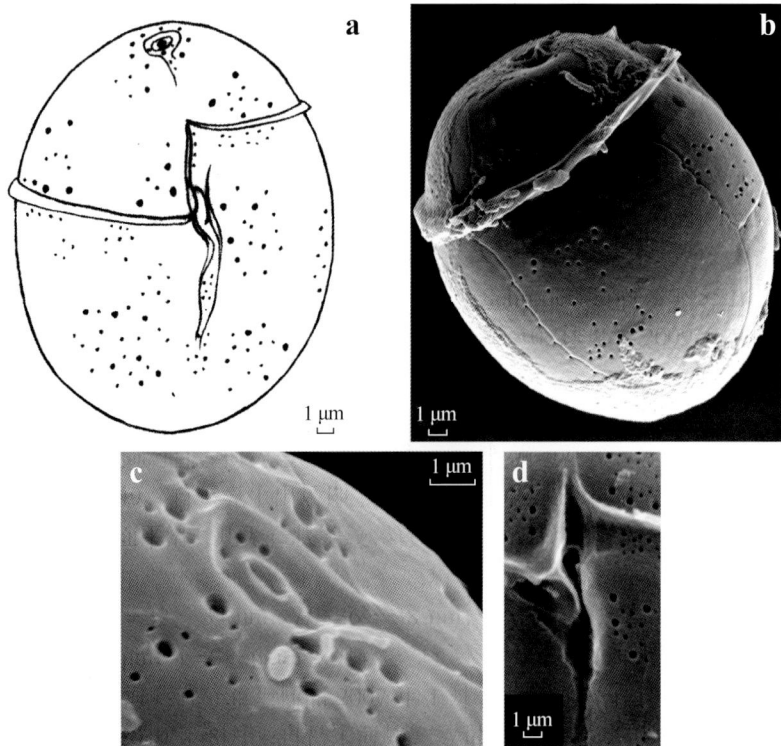

图 113　疣突古秃藻 *Palaeophalacroma verrucosum* Schiller, 1928
a. 腹面观；b. 背面观；c. 示顶孔；d. 示鞭毛孔；b–d. SEM

围鞭藻属 *Peridiniella* Kofoid & Michener, 1911

本属藻体细胞小，圆形至椭圆形，横沟左旋。有的物种壳面具网孔结构（reticulation），有的物种壳面较平滑。Balech（1988）认为本属有6~7块纵沟甲板，Okolodkov 和 Dodge（1995）在记载本属物种 *Peridiniella danica* 时怀疑仅有4块纵沟甲板，但并未明确，因此，作者依旧采用 Balech（1988）的纵沟甲板数目，即纵沟前板（S.a.）、纵沟左前板（S.s.a.）、纵沟左后板（S.s.p.）、纵沟右前板（S.d.a.）、纵沟右后板（S.d.p.）、纵沟中间板（S.m.）、纵沟后板（S.p.）。本属的甲板公式为：Po, 4′, 3~4a, 7″, 6c, 6~7s, 6‴, 2⁗。

本属共3种，本书记述1种，为首次记录。

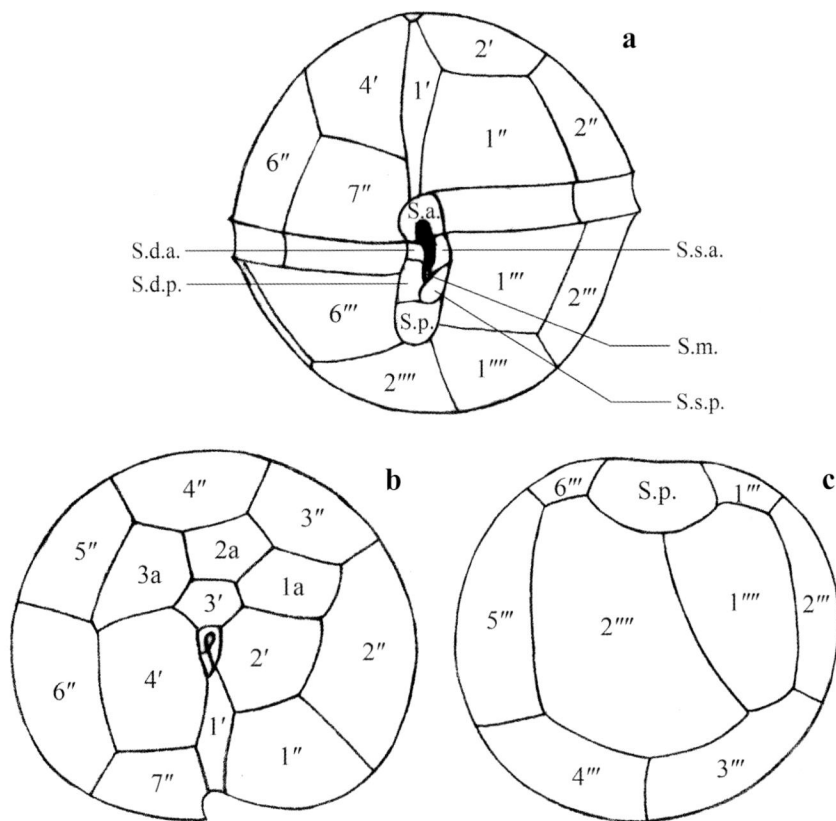

图 114　围鞭藻属结构示意图

a. 腹面观；b. 顶面观；c. 底面观；b、c. 仿 Okolodkov & Dodge（1995）

球状围鞭藻 *Peridiniella sphaeroidea* Kofoid & Michener, 1911

Kofoid & Michener 1911, 280; Schiller 1935, 319; Dodge 1985, 83; Balech 1988, 163, lam. 71, fig. 17–20, lam. 72, fig. 1–2.

藻体细胞球形，长 31 μm，宽 30 μm。上、下壳近等长。上壳半球形，顶端圆钝无顶角，第一顶板 1′ 窄且不对称，3 块前间插板 1a、2a、3a 位于背侧（Kofoid & Michener, 1911），第七前沟板 7″ 四边形。横沟宽阔且稍凹陷，左旋，下降 1～1.5 倍横沟宽度，不交叠，横沟边翅窄，无肋刺。纵沟较直，前窄后宽，纵沟边翅明显。下壳亦呈半球形，无底刺。壳面具粗大的网孔，每个网孔内具数个小孔。

样品 2013 年 8 月采自冲绳海槽西侧海域，数量稀少，系中国首次记录。

世界稀有种。太平洋、英国附近海域、巴西东南部海域有记录。

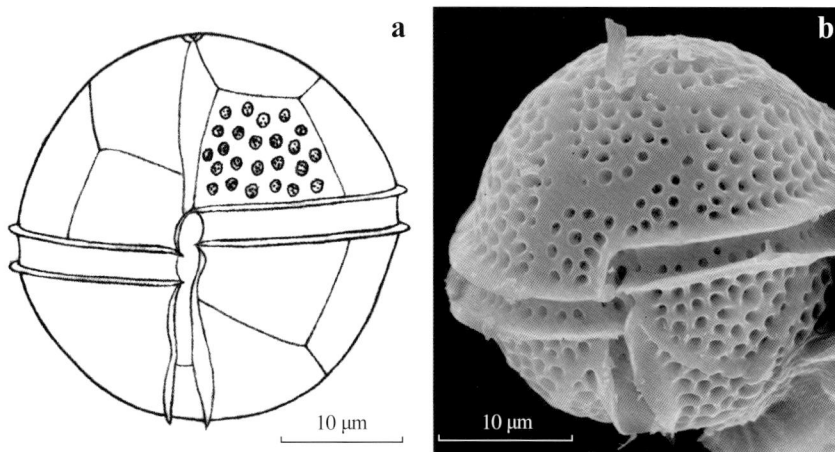

图 115　球状围鞭藻 *Peridiniella sphaeroidea* Kofoid & Michener, 1911
a, b. 腹面观；b. SEM

屋甲藻科 Goniodomataceae Lindemann, 1928

屋甲藻属 *Goniodoma* Stein, 1883

本属藻体细胞多面体形至球形,上、下壳近等长或上壳稍短于下壳,无明显顶角,具顶孔 a.p. (apical pore) 和腹孔 v.p. (ventral pore)。横沟左旋,不交叠,具横沟边翅。下壳底部平坦或圆钝。壳面甲板相接处具边翅或粗壮的龙骨。Balech (1988) 认为本属有 3 块顶板 (′),但 Tomas (1997) 认为上壳具腹孔的那块甲板应与亚历山大藻属 *Alexandrium* 的第一顶板 1′ 同源,故此块甲板应属顶板而非前沟板 (″)。作者通过对比观察也同意 Tomas 的观点,因此,采用其甲板公式为:Po, 4′, 6″, 6c, 6s, 6‴, 2⁗。

本属共 5 种,本书记述了 3 种,其中首次记录 1 种。

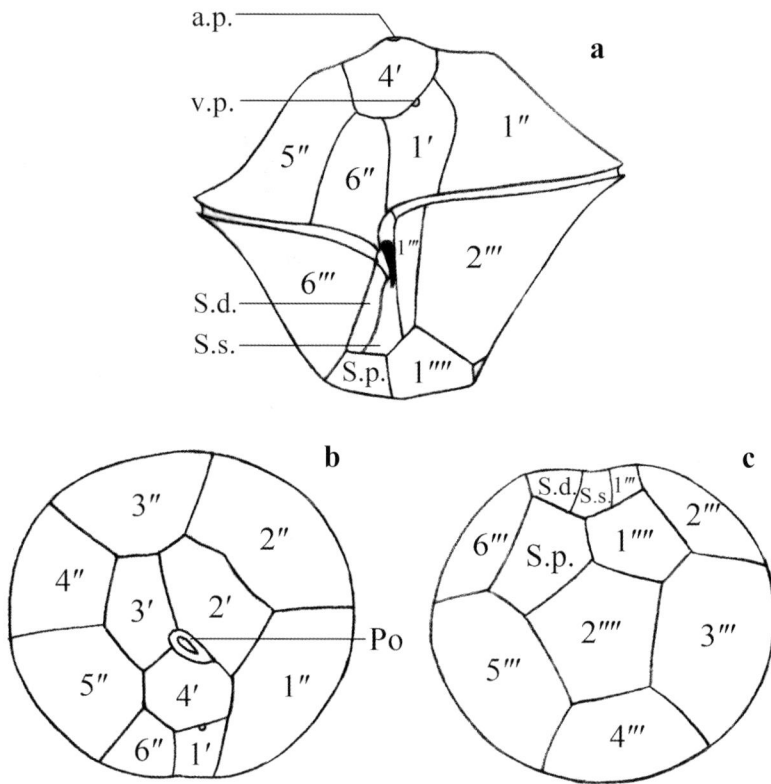

图 116　屋甲藻属结构示意图
a. 腹面观;b. 顶面观;c. 底面观

东方屋甲藻 *Goniodoma orientale* (Lindemann) Balech, 1979

Balech 1979b, 101, lam. 2, fig. 1–12; Balech 1988, 192, lam. 72, fig. 8–11.

同种异名：*Gonyaulax orientalis* Lindemann, 1924: Lindemann 1924, 222, fig. 24–47.

藻体细胞中等大小，椭球形至近球形，长 50～57 μm，宽 51～56 μm。上、下壳约略等长。第一顶板 1′ 三角形，其上缘具腹孔。横沟左旋，下降约 1 倍横沟宽度，横沟边翅肋刺少。纵沟向下延伸至下壳长度的 2/3 处，纵沟边翅窄而短。壳面各甲板相接处具边翅，但边翅通常较细弱。壳面孔清晰而规则。

Taylor（1976）曾认为球形屋甲藻 *G. sphaericum* 的第一顶板 1′ 为三角形，但 Balech（1979b）证实 1′ 为三角形的个体实际应为本种，而球形屋甲藻的 1′ 应该呈四边形。

样品 2013 年 8 月采自冲绳海槽西侧海域，数量稀少，系中国首次记录。

本种最早由 Lindemann（1924）在土耳其博斯普鲁斯海峡（伊斯坦布尔海峡）低盐度水域采得，Lebour（1925）在英国南部普利茅斯附近海域也采到本种，但 Balech（1988）在巴西圣保罗外海盐度较高的水域采得本种，作者采得本种的海域盐度也较高，因此本种的生态习性可能为温带至热带广盐性种。

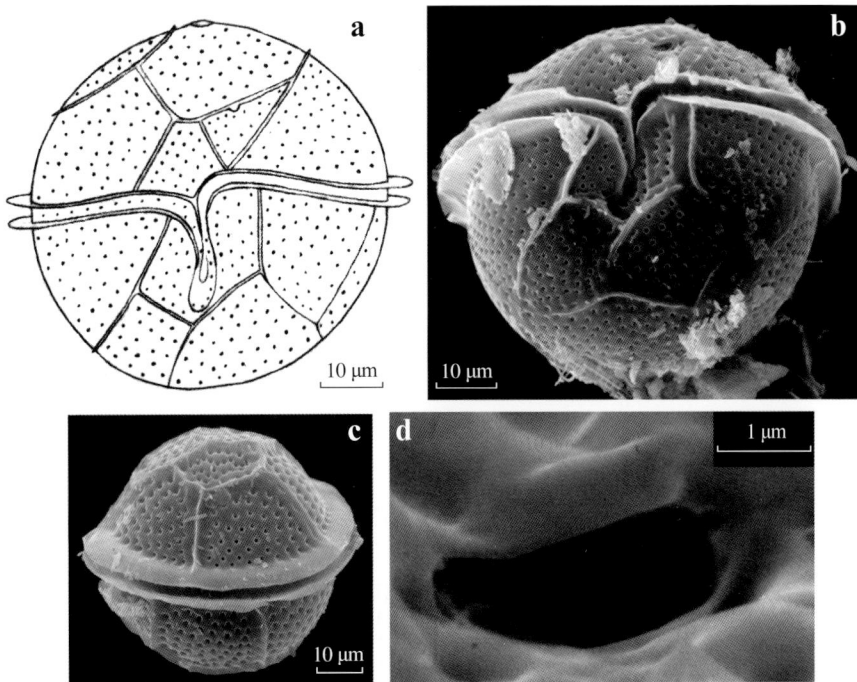

图 117　东方屋甲藻 *Goniodoma orientale* (Lindemann) Balech, 1979
a, b. 腹面观；c. 背面观；d. 示腹孔；b–d. SEM

多边屋甲藻 *Goniodoma polyedricum*（Pouchet）Jörgensen, 1899

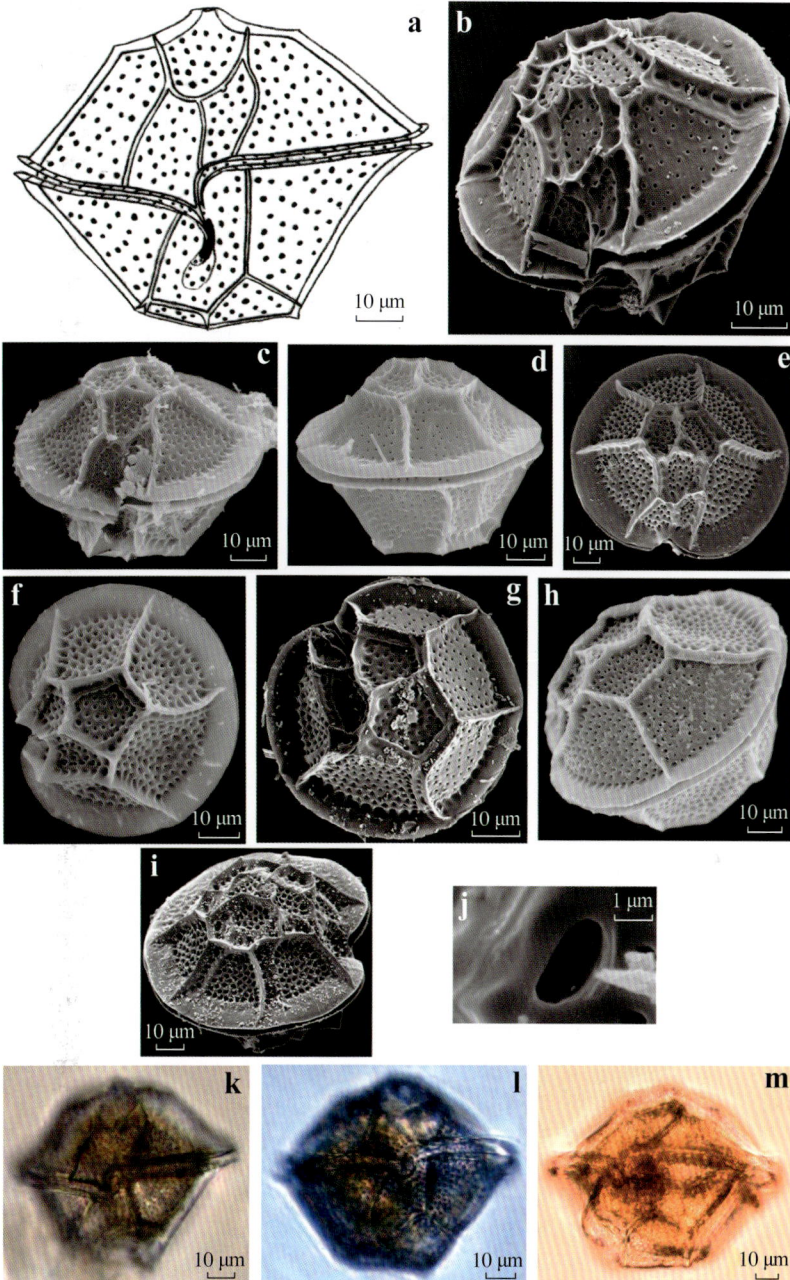

图 118

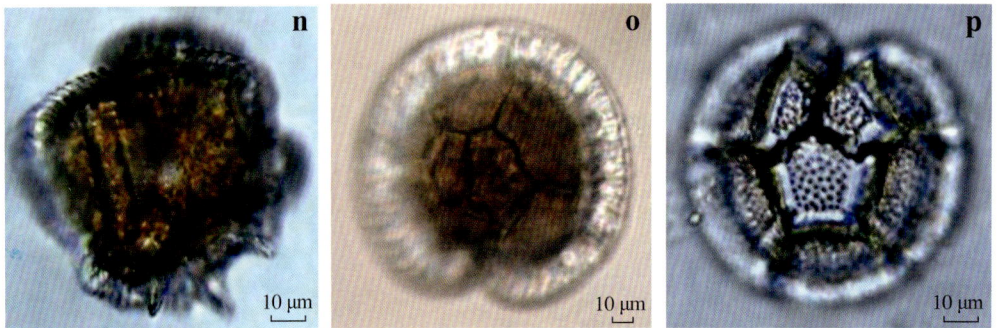

图 118　多边屋甲藻 *Goniodoma polyedricum*（Pouchet）Jörgensen, 1899
a–c, k–m. 腹面观；d. 背面观；e, o. 顶面观；f, g, p. 底面观；h. 左侧面观；i, n. 右侧面观；j. 示腹孔；
k, l, n, o. 活体；b–j. SEM

Jörgensen 1899, 33; Lebour et al. 1925, 90, fig. 26; Schiller 1937, 438, fig. 479a–e; Nie & Wang 1942, 65, fig. 1a–k, fig. 2a–d; Graham 1942, 46, fig. 60; Silva 1949, 341, t. 5, fig. 1; Rampi 1950, 245, fig. 10; Wood 1954, 313, fig. 241a–c; Halim 1967, 729, t. 4, fig. 53–54; Wood 1968, 62, fig. 163; Balech 1979b, 98, lam. 1, fig. 1–9; Balech 1988, 164, lam. 72, fig. 3–7; Tomas 1997, 501, t. 40; Al-Kandari et al. 2009, 165, t. 13e; Omura et al. 2012, 102; 杨世民和李瑞香 2014, 125–126.

同种异名：*Peridinium polyedricum* Pouchet, 1883: Pouchet 1883, 42, t. 20–21, fig. 34.

Goniodoma acuminatum Stein, 1883: Stein 1883, t. 7, fig. 1–16, t. 8, fig. 1–2; Schütt 1887, fig. 13–16; Schütt 1895, t. 7, fig. 31, t. 8, fig. 30; Schütt 1896, 21, fig. 30; Aurivillius 1898, 98; Entz 1905, fig. 65–66.

Goniaulax polyedra Okamura, 1907: Okamura 1907, t. 5, fig. 35.

Heteraulacus polyedricus (Pouchet) Drugg et Loeblich, 1967: Drugg et Loeblich 1967, 183; Taylor 1976, 115, fig. 291–294, 513; Andreis et al. 1982, 227, fig. 17; 林永水和周近明 1993, 89–91, t. 83–85.

Triadinium polyedricum (Pouchet) Dodge, 1981: Dodge 1981, 279, fig. 9–11; Dodge 1982, 219, fig. 27a–b, t. 7a–b; Dodge 1985, 90.

藻体细胞多面体形，长 54～105 μm，宽 52～101 μm，腹面观上壳具四条边，下壳具 3 条边。上、下壳等长或上壳稍短，顶角不明显，顶孔较长。第一顶板 1′ 四边形，其上具腹孔。横沟左旋，下降约 1 倍横沟宽度，不向内凹陷。横沟边翅发达，约为 1.5～2 倍横沟宽度，沿水平方向伸出，但其上肋刺较少。纵沟向下延伸至横沟与底部距离的约 2/3 处，纵沟边翅不明显。壳面各个甲板相接处生有龙骨状的粗脊，壳面孔粗大，且排列紧密而规则。

黄海南部、东海、南海、吕宋海峡均有分布。样品采自冲绳海槽西侧海域、钓鱼岛附近海域、南海北部海域、三亚近岸、吕宋海峡、南沙群岛附近海域。

大洋性种。广泛分布于世界热带、亚热带海域。

球形屋甲藻 *Goniodoma sphaericum* Murray & Whitting, 1899

Murray & Whitting 1899, 325, t. 27, fig. 3; Dangeard 1927, 336, fig. 9; Schiller 1929, 411, fig. 29–30; Matzenauer 1933, 452; Schiller 1937, 439, fig. 480a–d; Nie & Wang 1942, 66, fig. 3a– d; Rampi 1950, 245, fig. 18; Silva 1956, 68, t. 11, fig. 12; Halim 1960a, t. 3, fig. 13a–c; Wood 1968, 62, fig. 164; Hada 1970, 18, fig. 16; Balech 1979b, 100, lam. 1, fig. 10–19; Balech 1988, 164, lam. 72, fig. 12–16; Hernández–Becerril 1988, 433, fig. 19; Tomas 1997, 503, t. 40; Omura et al. 2012, 102; 杨世民和李瑞香 2014, 124.

同种异名：*Heteraulacus sphaericus* (Murray & Whitting) Loeblich III, 1970: Loeblich III 1970, 904; Taylor 1976, 115, fig. 290; Andreis et al. 1982, 227, fig. 18.

Triadinium sphaericum (Murray & Whitting) Dodge, 1981: Dodge 1981, 279; Dodge 1982, 219, fig. 27c–d; Dodge 1985, 91.

藻体细胞较小，近球形，直径 31～42 μm。上、下壳近等长，顶孔短。第一顶板 1′ 四边形，具腹孔。横沟较宽，不凹陷，左旋，下降 1 倍横沟宽度。横沟边翅发达，约为 1 倍横沟宽度，具少许肋刺支撑。壳面各个甲板相接处生有翼状边翅，有时边翅细弱不明显（如图 119e），不加粗为龙骨状。壳面孔排列规则而紧密。

本种与东方屋甲藻 *G. orientale* 非常相似，但本种个体稍小于后者，且本种的 1′ 为四边形，而东方屋甲藻的 1′ 为三角形。

东海、南海有分布，数量少。样品 2012 年 5 月采自南海北部海域、2013 年 7 月采自冲绳海槽西侧海域。

大洋性种。西太平洋、大西洋、印度洋、地中海、墨西哥湾有分布。

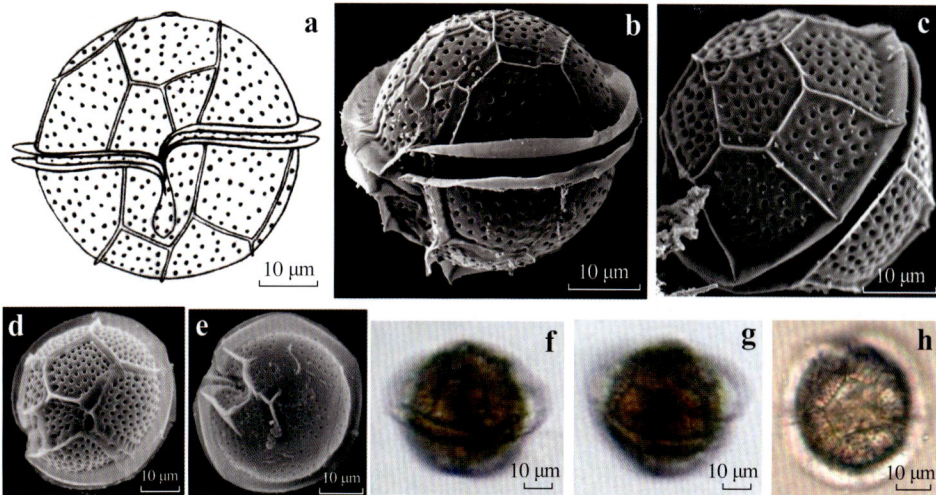

图 119　球形屋甲藻 *Goniodoma sphaericum* Murray & Whitting, 1899
a, b. 腹面观；c, f. 背面观；d, e, h. 底面观；g. 右侧面观；f, g. 活体；b–e. SEM

膝沟藻科 Gonyaulacaceae Lindemann, 1928

亚历山大藻属 *Alexandrium* Halim, 1960

本属藻体细胞小至中等大小，球形、卵圆形至双锥形，无底角或底刺，具顶孔 a.p. 和腹孔 v.p.，在可形成链状群体的物种中，还有前连接孔 a.a.p.（anterior attachment pore）和后连接孔 p.a.p.（posterior attachment pore）。横沟左旋，不交叠。壳面具孔、网纹、蠕虫状短脊等结构。本属的甲板公式为：Po, 4′, 6″, 6c, 9～10s, 5‴, 2⁗。其中，纵沟甲板有纵沟前板（S.a.）、纵沟左前板（S.s.a.）、纵沟左后板（S.s.p.）、纵沟右前板（S.d.a.）、纵沟右后板（S.d.p.）、纵沟前中间板（S.m.a.）、纵沟后中间板（S.m.p.）、纵沟前附板（S.ac.a.）、纵沟后附板（S.ac.p.）、纵沟后板（S.p.）。

本属共 30 余种，绝大多数物种可以产生神经毒素，多为近岸性种，少数为大洋性种。本书记述 10 种，其中首次记录 5 种。

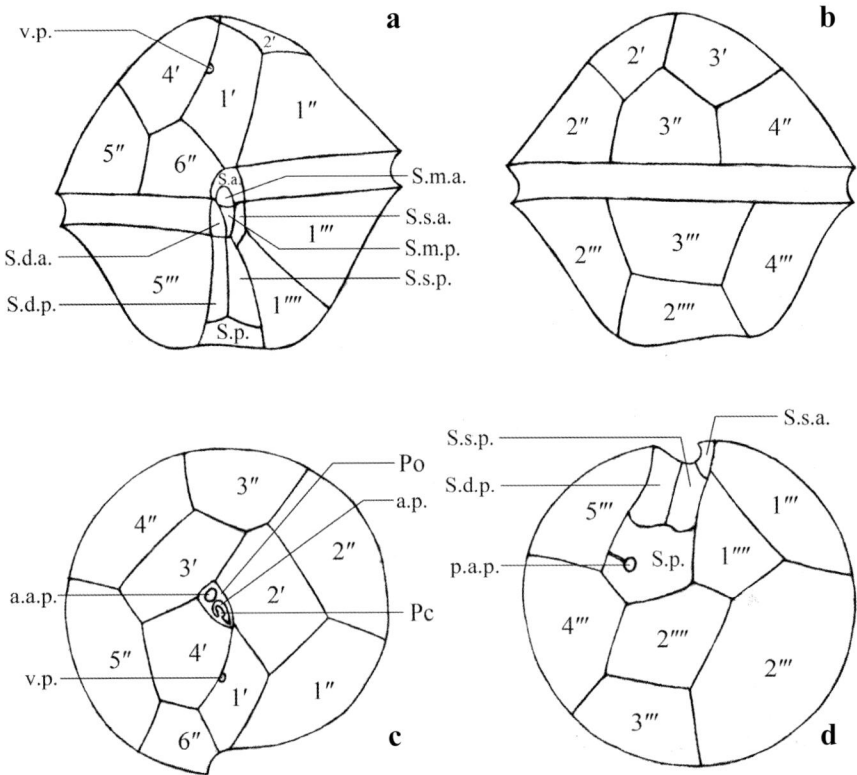

图 120　亚历山大藻属结构示意图
a.腹面观；b.背面观；c.顶面观；d.底面观

细纹亚历山大藻 *Alexandrium affine* (Inoue & Fukuyo) Balech,1995

Balech 1995, 55, t. 13, fig. 20–36; Tomas 1997, 490, t. 3, 37; Nguyen–Ngoc 2004, 118, fig. 1–26; Omura et al. 2012, 97.

同种异名：*Protogonyaulax affine* Inoue & Fukuyo, 1985: Inoue & Fukuyo 1985, 30, fig. 1e, 3a–c, 24–29.

Alexandrium fukuyoi Balech, 1985: Balech 1985, 38, fig. 6a, c.

藻体细胞中型，长 28~36 μm，宽 27~35 μm，腹面观为凸五边形，长略大于宽或长宽近相等，可形成链状群体。上壳长于下壳，近凸圆锥形，有的个体具肩。顶孔复合结构窄而长，略呈子弹状，背缘直而短，与两侧缘近垂直。顶孔小，卵圆形，前连接孔大而圆，位于近背缘处。第一顶板 1′ 右侧边缘中部具一小的腹孔。横沟凹陷，左旋，下降 1 倍横沟宽度。纵沟前板上缘有一缺刻，纵沟后板近五边形。后连接孔大且圆，位于纵沟后板中部偏右侧，纵沟后板右侧缘和后连接孔之间有一条窄沟相连。下壳底部凹陷，有时稍不对称。壳面较平滑，孔散布。

样品 2007 年 8 月采自青岛前海，2013 年 9 月采自獐子岛附近海域，系中国首次记录。

近岸性种。泰国湾、日本、韩国、越南、菲律宾、西班牙、葡萄牙附近海域有记录。

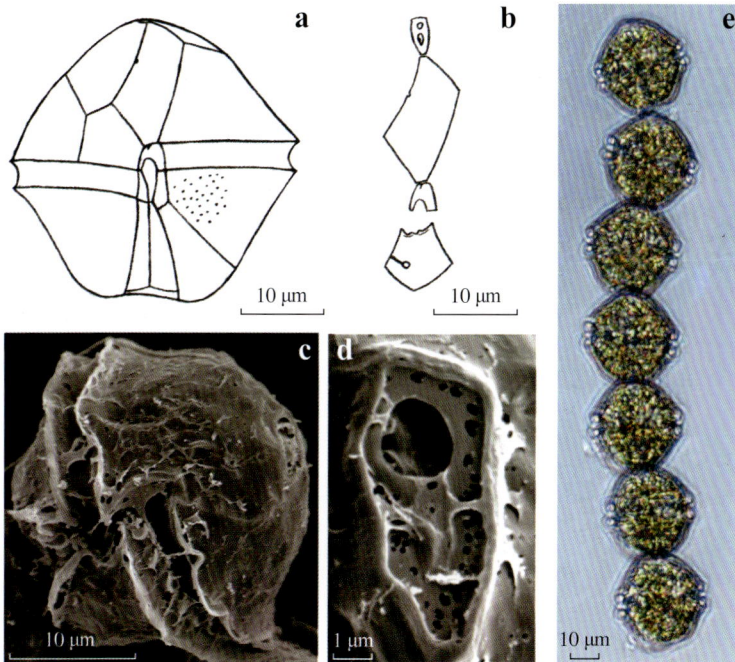

图 121 细纹亚历山大藻 *Alexandrium affine* (Inoue & Fukuyo) Balech, 1995
a, c. 腹面观；b. 顶孔复合结构、第一顶板、纵沟前板和纵沟后板；d. 顶孔复合结构；e. 链状群体

链状亚历山大藻 *Alexandrium catenella* (Whedon & Kofoid) Balech, 1985

Balech 1985, 37, fig. 2; 福代康夫等 1990, 86, fig. a–g; 齐雨藻和钱锋 1994, 208, fig. 5; Balech 1995, 48, t. 10, fig. 1–31, t. 11, fig. 1–12; 李瑞香和夏滨 1996, 37, fig. 3a–c; Tomas 1997, 492, t. 35; MacKenzie et al. 2004, 75, fig. 2a–g, 12; Omura et al. 2012, 97.

同种异名：*Gonyaulax catenella* Whedon & Kofoid, 1936: Whedon & Kofoid 1936, 25, fig. 1–7, 14.

Gonyaulax washingtonensis Hsu, 1967: Hsu 1967, 73, fig. 45.

Gessnerium catenellum Loeblich Ⅲ & Loeblich, 1979: Loeblich Ⅲ & Loeblich 1979, 44.

Protogonyaulax catenella (Whedon & Kofoid) Taylor, 1979: Taylor 1979, 51.

藻体细胞小至中型，长 27～35 μm，宽 30～37 μm，长略小于宽，扁球形至近球形，通常由 2～8 个细胞组成短链。本种与塔马亚历山大藻 *A.tamarense* 非常相似，但本种第一顶板 1′ 无腹孔，这也是两者的主要区别。还有，本种相对于塔马亚历山大藻后连接孔更靠近纵沟后板内部，离边缘稍远。而且，本种较后者顶孔复合结构稍宽，前连接孔更大（齐雨藻和钱锋，1994）。另外，本种外形与塔马亚历山大藻相比更宽扁些（李瑞香和夏滨，1996）。

胶州湾、大鹏湾、香港周边海域有记录。样品 2003 年 11 月采自浙江舟山群岛附近海域。

冷水近岸性种。北美太平洋沿岸、堪察加半岛、日本、澳大利亚南部海域、智利、阿根廷附近海域、非洲西南部海域均有记录。

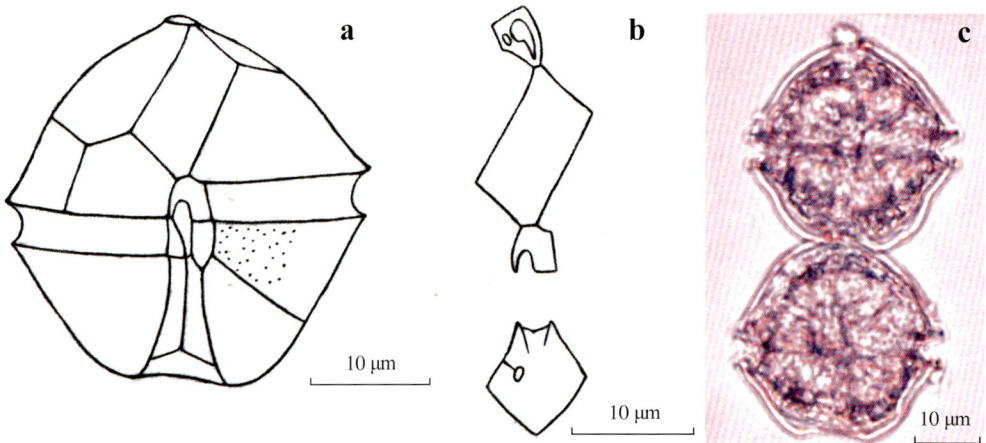

图 122　链状亚历山大藻 *Alexandrium catenella* (Whedon & Kofoid) Balech, 1985
a.腹面观；b.顶孔复合结构、第一顶板、纵沟前板和纵沟后板；c.链状群体

定组亚历山大藻 *Alexandrium cohorticula* (Balech) Balech, 1985

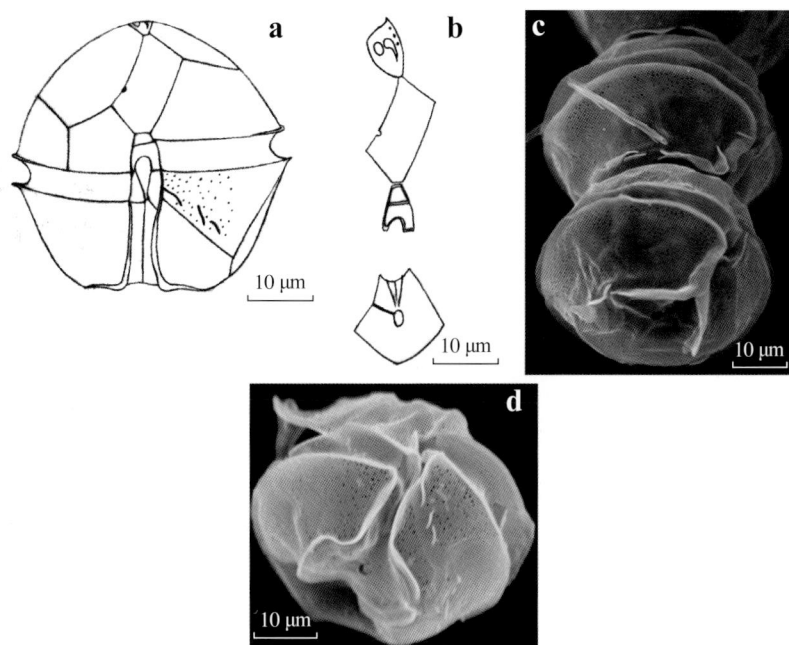

图 123 定组亚历山大藻 *Alexandrium cohorticula* (Balech) Balech, 1985
a, d. 腹面观；b. 顶孔复合结构、第一顶板、纵沟前板和纵沟后板；c. 链状群体；c, d. SEM

Balech 1985, 37, fig. 5; 福代康夫等 1990, 88, fig. a–i; Balech 1995, 54, t. 11, fig. 24–33; Tomas 1997, 492, t. 37.

同种异名：*Gonyaulax cohorticula* Balech, 1967: Balech 1967a, 111, fig. 117–122.

Gessnerium cohorticula (Balech) Loeblich & Loeblich Ⅲ, 1979: Loeblich & Loeblich Ⅲ 1979, 44.

Protogonyaulax cohorticula (Balech) Taylor, 1979: Taylor 1979, 51.

藻体细胞中型，长 41 μm，宽 44 μm，腹面观圆形至扁圆形，单独生活或形成链状群体。上、下壳近等长。上壳较圆钝，无明显凸出的肩。顶孔复合结构背缘直，有时左侧边与背缘相接处较尖锐，腹缘短而平截。第一顶板 1′ 右侧边缘中下部具一清晰的腹孔。横沟中位，凹陷明显，左旋，下降 1 倍横沟宽度。纵沟前板横沟以上部分发达，为四边形至梯形。纵沟后板近五边形，后连接孔长卵圆形，大而明显，位于纵沟后板近中部。纵沟边翅发达，可达下壳底部。壳面较平滑，有时生有少数蠕虫状短脊，孔散布。

本种与 *A. fraterculus* 相似，但后者上壳具较明显的肩，顶孔复合结构窄而不规则，且纵沟前板横沟以上部分非常窄小（Balech, 1995）。

样品 2012 年 5 月采自南海北部海域，数量稀少，系中国首次记录。

暖水近岸性种。墨西哥湾、泰国湾、日本太平洋沿岸有记录。

扁形亚历山大藻 *Alexandrium compressum* (Fukuyo, Yoshida & Inoue) Balech, 1995

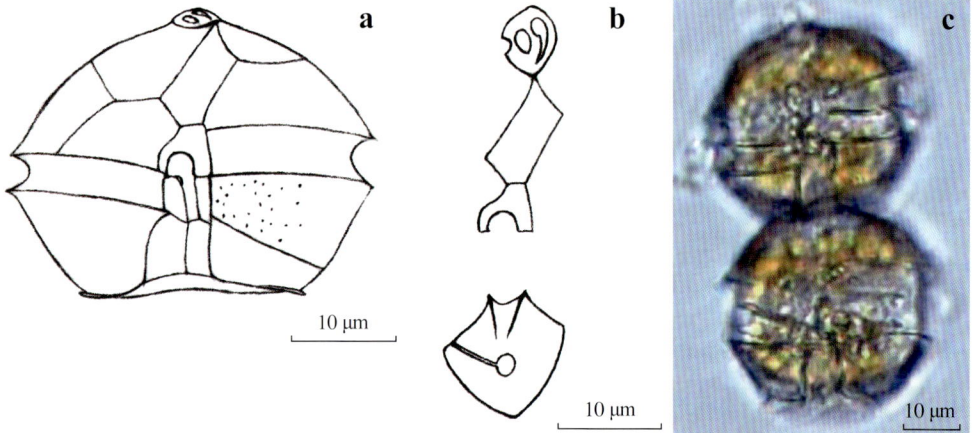

图 124 扁形亚历山大藻 *Alexandrium compressum* (Fukuyo, Yoshida & Inoue) Balech, 1995
a. 腹面观；b. 顶孔复合结构、第一顶板、纵沟前板和纵沟后板；c. 链状群体

Balech 1995, 51, t. 12, fig. 1–9; Tomas 1997, 492, t. 35; Omura et al. 2012, 97.

同种异名：*Protogonyaulax compressa* Fukuyo, Yoshida & Inoue, 1985: Fukuyo, Yoshida & Inoue 1985, 30, fig. 3d–f, 30–33.

藻体细胞小至中型，长 29 μm，宽 38 μm，腹面观扁圆形，宽大于长，单独生活或形成短链。上壳边缘弧形，顶端显著外凸。顶孔复合结构宽卵圆形，其背缘和右侧边相接处有一槽形缺口（Balech, 1995）。第一顶板 1′ 无腹孔。横沟明显凹陷，左旋，下降约 1 倍横沟宽度。纵沟宽大，纵沟边翅窄。纵沟后板大，近五边形。后连接孔大而明显，几近位于纵沟后板中部。下壳底部宽阔且稍凹。壳面较平滑，孔散布。

样品 2008 年 6 月采自三亚近岸海域，数量稀少，系中国首次记录。

近岸性种。太平洋日本近岸海域、南加利福尼亚附近海域有记录。

凹形亚历山大藻 *Alexandrium concavum* (Gaarder) Balech, 1985

Balech 1985, 37, fig. 17a–b; Balech 1995, 60, t. 17, fig. 24–29; Tomas 1997, 492, t. 36; MacKenzie et al. 2004, 81, fig. 8a–f, 12; Omura et al. 2012, 97.

同种异名：*Goniodoma concavum* Gaarder, 1954: Gaarder 1954, 27, fig. 32a–f.

Gonyaulax concava (Gaarder) Balech, 1967: Balech 1967a, 108, lam. 6, fig. 108–116.

藻体细胞中至大型，长 41～57 μm，宽 37～52 μm，腹面观五边形，单独生活或形成短链。上、下壳近等长或上壳稍短于下壳。上壳近圆锥形，顶端圆钝，两侧边直或稍凹。顶孔复合结构近三角形，顶孔鱼钩状，第一顶板 1′ 右侧边缘中下部具一腹孔。横沟近中位，凹陷，左旋，下降约 1 倍横沟宽度。纵沟后板小，近四边形或五边形，其右侧近边缘处有时具一小的凹槽（Balech，1995）。下壳两侧边亦直或稍凹，底部圆钝或较平坦。壳面较平滑，孔散布。

样品 2009 年 7 月采自南海北部海域，数量稀少，系中国首次记录。

暖温带至热带大洋性种。北大西洋欧洲近岸、新西兰中部和北部海域有记录。

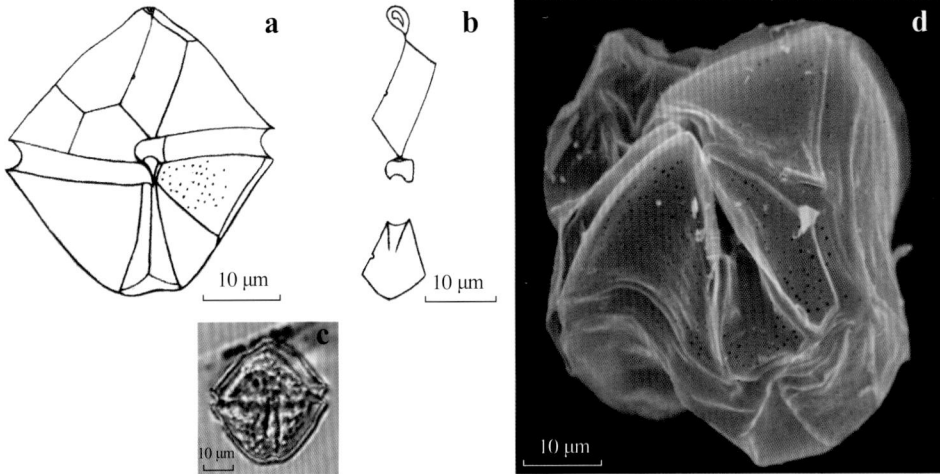

图 125　凹形亚历山大藻 *Alexandrium concavum* (Gaarder) Balech, 1985
a, c, d. 腹面观；b. 顶孔复合结构、第一顶板、纵沟前板和纵沟后板；d. SEM

异常亚历山大藻 *Alexandrium insuetum* Balech, 1985

Balech 1985, 37, fig. 1a–b; Balech 1995, 80, t. 17, fig. 1–23; Tomas 1997, 494, t. 38; Nikolaidis et al. 2005, 79, fig. 2h; Omura et al. 2012, 98.

藻体细胞小型，长 25 μm，宽 24 μm，腹面观卵圆形。上、下壳近等长，上壳呈两侧边外凸的圆锥形。顶孔复合结构卵圆形至近三角形，第一顶板 1′ 与顶孔复合结构完全分离不连接，1′ 右侧边缘中部具一腹孔。横沟中位，凹陷，左旋，下降 1 倍横沟宽度。纵沟稍凹，纵沟后板近四边形。下壳圆钝，底部稍稍不对称。壳面具发达的网纹结构，网纹结构细密且不规则，其内散布微小的孔。

样品 2003 年秋季采自东海，数量稀少，系中国首次记录。

近岸性种。日本、韩国、希腊附近海域有记录。

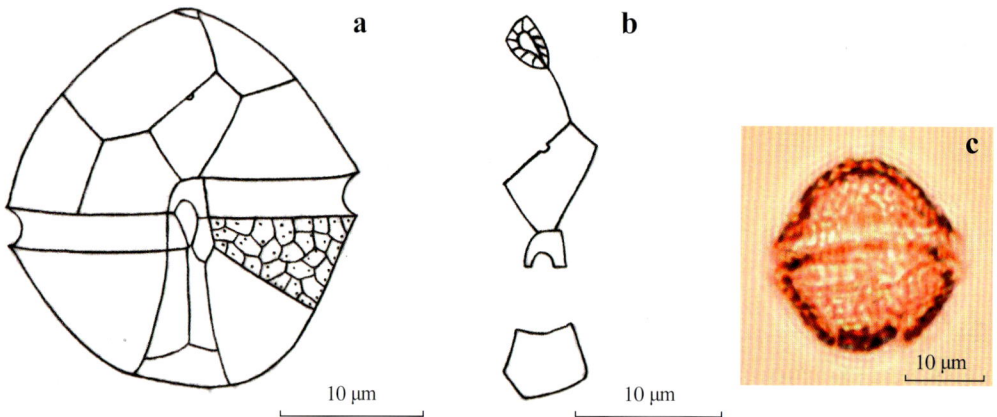

图 126　异常亚历山大藻 *Alexandrium insuetum* Balech, 1985
a. 腹面观；b. 顶孔复合结构、第一顶板、纵沟前板和纵沟后板；c. 背面观

微小亚历山大藻 *Alexandrium minutum* Halim, 1960

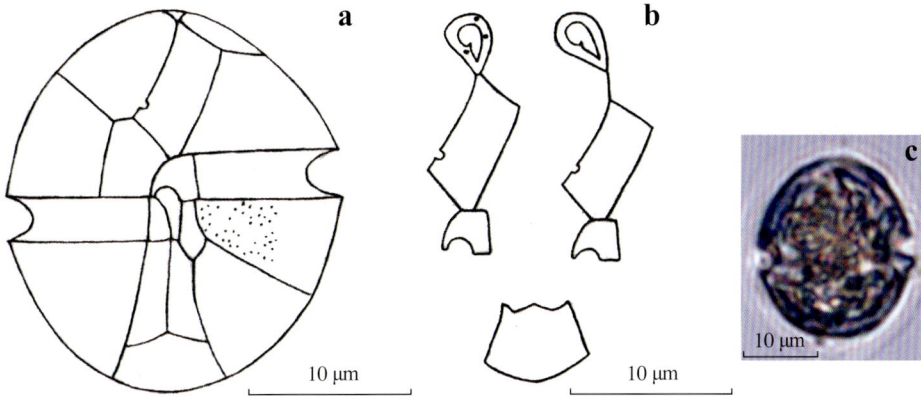

图 127　微小亚历山大藻 *Alexandrium minutum* Halim, 1960

a, c. 腹面观；b. 顶孔复合结构、第一顶板、纵沟前板和纵沟后板

Halim 1960b, 101, fig. 1a–g; Balech 1989, 206, fig. 1–22; Balech 1995, 24, t. 1, fig. 1–50; Tomas 1997, 497, t. 37; Lilly et al. 2005, 1004, fig. 1a, 4b–e, 5d; Ranston et al. 2007, 29, fig. 3–12; Pitcher et al. 2007, 824, fig. 2a–f; Al-Kandari et al. 2009, 164, t. 12c–f; Omura et al. 2012, 98.

同种异名：*Alexandrium ibericum* Balech, 1985: Balech 1985, 37, fig. 15.

Alexandrium lusitanicum Balech, 1985: Balech 1985, 37, fig. 16.

Alexandrium angustitabulatum Taylor, 1995: Taylor 1995, 28, t. 2, fig. 16–30.

藻体细胞小型，长 24 μm，宽 21 μm，腹面观卵圆形至椭圆形，单独生活，极少成对出现。上壳凸圆锥形，稍长于下壳。顶孔复合结构卵圆形，较狭窄。第一顶板 1′ 窄，与顶孔板 Po 相连或不相连。腹孔小，位于 1′ 右侧边缘下部。横沟中位，明显凹陷，左旋，下降 0.5～1 倍横沟宽度，无横沟边翅。纵沟前板上缘平直，纵沟后板几近对称，无后连接孔。下壳半椭圆形，底部有时较平坦。壳面孔细弱难辨。

台湾附近海域有分布。

近岸性种。埃及、意大利、土耳其、希腊、西班牙、葡萄牙、法国、南英格兰、美国、牙买加、澳大利亚、日本、科威特、南非附近的海域及港湾均有分布。

拟膝沟亚历山大藻 *Alexandrium pseudogonyaulax* (Biecheler) Horiguchi ex Kita & Fukuyo, 1992

Horiguchi ex Kita & Fukuyo 1992, 398; Balech 1995, 73, t. 16, fig. 1–18; Tomas 1997, 499, t. 39.

同种异名：*Goniodoma pseudogonyaulax* Biecheler, 1952: Biecheler 1952, 55, fig. 20–22.

藻体细胞中至大型，长 59 μm，宽 67 μm，腹面观为不规则的五边形，宽大于长，单独生活不形成链状群体。上壳稍短于下壳，为圆顶状的短锥形，两侧边皆凸。顶孔复合结构卵圆形，顶孔较窄，顶孔周围具多个边缘孔。第一顶板 1′ 前端宽阔，与顶孔板 Po 完全分离不相连，腹孔位于其右上缘。横沟稍凹，左旋，下降 0.75～1 倍横沟宽度，无横沟边翅。纵沟前板横沟以上部分甚凸，纵沟后板非常不规则，无后连接孔。下壳底部宽且稍凹，并向左下方略微倾斜。壳面平滑，孔难辨。

香港周边海域有记录。样品 2008 年 6 月采自三亚附近海域，数量少。

近岸性半咸水种。法国南部、意大利、葡萄牙、挪威、日本附近海域有记录。

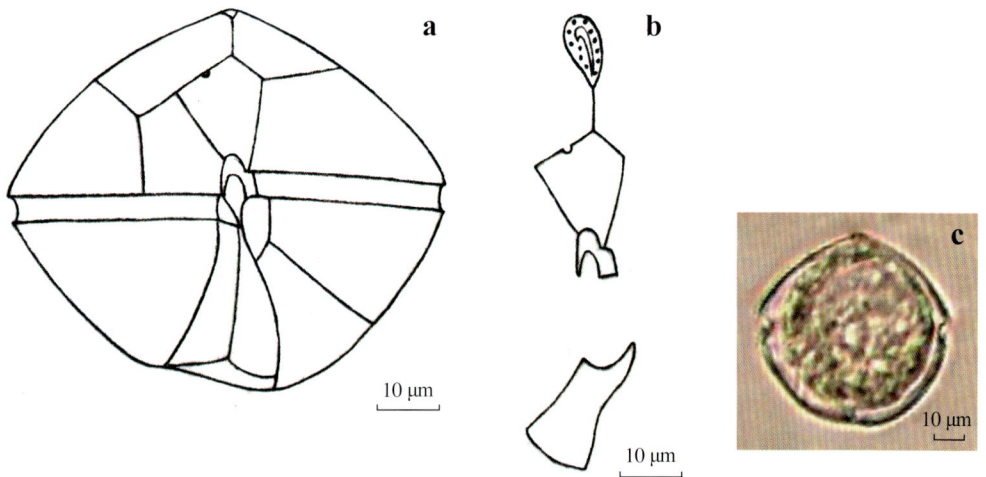

图 128　拟膝沟亚历山大藻 *Alexandrium pseudogonyaulax* (Biecheler) Horiguchi ex Kita & Fukuyo, 1992
a, c. 腹面观；b. 顶孔复合结构、第一顶板、纵沟前板和纵沟后板

塔马亚历山大藻 *Alexandrium tamarense* (Lebour) Balech,1985

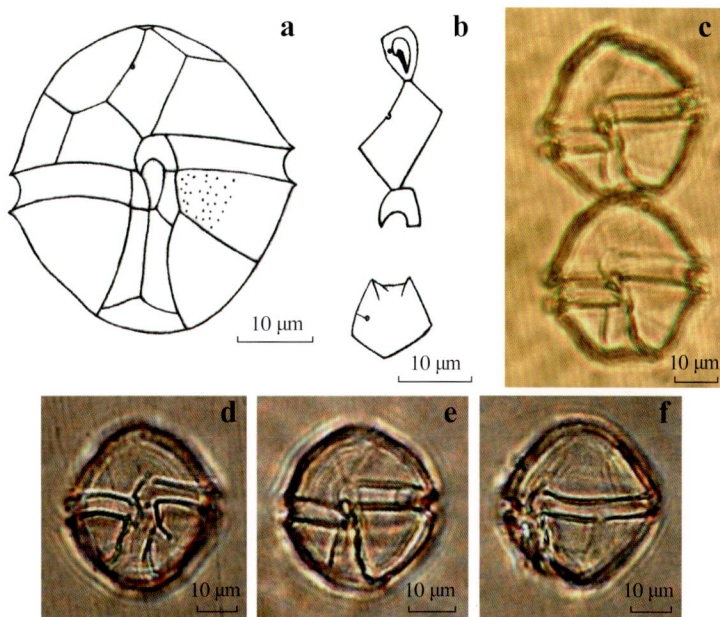

Balech 1985, 38, fig. 20; 福代康夫等 1990, 94, fig. a–k; 齐雨藻和钱锋 1994, 208, fig. 3; Balech 1995, 38, t. 6, fig. 1–40, t. 7, fig. 1–9; 李瑞香和夏滨 1996, 37, fig. 2a–d; Tomas 1997, 500, t. 36; MacKenzie et al. 2004, 78, fig. 5a–g, 12; Omura et al. 2012, 99.

图 129　塔马亚历山大藻 *Alexandrium tamarense* (Lebour) Balech, 1985
a, d, e. 腹面观；b. 顶孔复合结构、第一顶板、纵沟前板和纵沟后板；
c. 链状群体；f. 左侧面观

同种异名：*Gonyaulax tamarensis* Lebour, 1925: Lebour 1925, t. 14, fig. 1a–d.

Gonyaulax tamarensis var. *excavata* Braarud, 1945: Braarud 1945, 10, t. 2, fig. 5a.

Gonyaulax excavata (Braarud) Balech, 1971: Balech 1971, 20.

Gessnerium tamarensis Loeblich III & Loeblich, 1979: Loeblich III & Loeblich 1979, 45.

Protogonyaulax tamarensis (Lebour) Taylor, 1979: Taylor 1979, 51.

Alexandrium excavatum Balech & Tangen, 1985: Balech & Tangen 1985, 334, fig. 1a–l, 2.

藻体细胞小至中型，长 34～41 μm，宽 32～38 μm，长略大于宽或长宽近相等，椭球形至近球形。上壳两肩微凸，顶孔复合结构近三角形或四边形，顶孔鱼钩状，顶孔右侧具一个小的前连接孔，第一顶板 1′ 右侧边缘中部具一腹孔。横沟中位，凹陷，左旋，下降约 1 倍横沟宽度。纵沟深，后部宽，纵沟后板右侧近边缘处具后连接孔。下壳两侧边不等长，左侧长于右侧，底部凹陷或稍凸。

胶州湾、厦门海域、大鹏湾、香港东南部海域、台湾南部海域有记录。样品 2005 年夏季采自福建罗源湾、2011 年 7 月采自青岛栈桥附近海域。

近岸广布性种。加拿大太平洋沿岸、堪察加半岛、日本海、泰国湾、菲律宾、马来西亚、新西兰近岸、巴伦支海、挪威至伊比利亚半岛沿岸、埃及附近海域、美国大西洋沿岸、委内瑞拉、阿根廷附近海域均有记录。

塔氏亚历山大藻 *Alexandrium tamiyavanichii* Balech, 1994

Balech 1994, 217, fig. 1–6; Balech 1995, 57, t. 13, fig. 1–19; Tomas 1997, 500, t. 37; Usup et al. 2002, 60, fig. 1a–f; Kim & Sako 2005, 985, fig. 1, 3–5; Omura et al. 2012, 99.

藻体细胞中型，长 28～36 μm，宽 30～37 μm，腹面观近圆形，长宽相等或长略小于宽，形成短或长的链状群体。上壳稍短于下壳，近短锥形或约呈 1/3 球形，有的个体两边具肩。顶孔复合结构宽椭圆形，背缘直或稍凸，顶孔大，左侧边缘具数个边缘孔，前连接孔位于右侧近背缘处，顶孔右侧还有 2～3 个小孔。第一顶板 1' 右侧边缘下部具一腹孔。横沟明显凹陷，左旋，下降约 1 倍横沟宽度。纵沟前板横沟以上部分三角形至梯形。纵沟后板近五边形。后连接孔圆形至椭圆形，大小变化较大，位于纵沟后板偏中部，在纵沟后板右侧缘和后连接孔之间有一条窄沟连接。纵沟边翅较发达，可达下壳底部。壳面平滑，孔散布。

东海、香港周边海域有分布。样品 2003 年 11 月采自浙江舟山群岛附近海域。

近岸性种。太平洋、泰国湾、马六甲海峡、日本、菲律宾附近海域有记录。

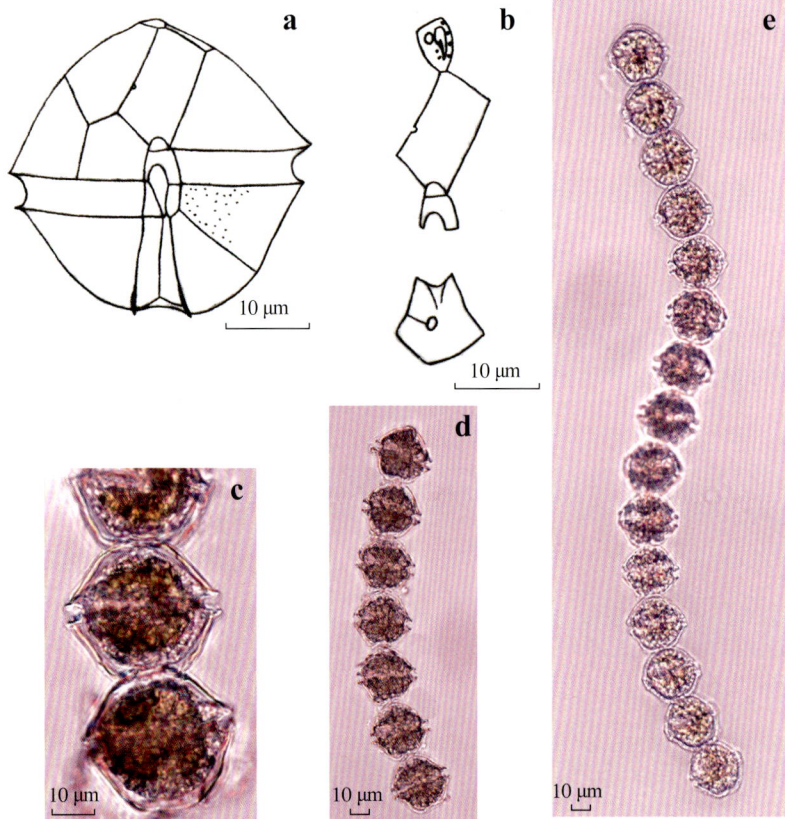

图 130　塔氏亚历山大藻 *Alexandrium tamiyavanichii* Balech, 1994
a. 腹面观；b. 顶孔复合结构、第一顶板、纵沟前板和纵沟后板；c–e. 链状群体

淀粉藻属 *Amylax* Meunier, 1910

　　本属藻体细胞小至中型，具长且突兀的顶角，一至数个尖锥形的底刺。在第一顶板 1′ 右缘底端具一腹孔。横沟左旋，不交叠。本属的甲板公式为：Po, 3′, 3a, 6″, 6c, 7～8s, 6‴, 2⁗。

　　本属共 4 种，本书记述了 1 种。

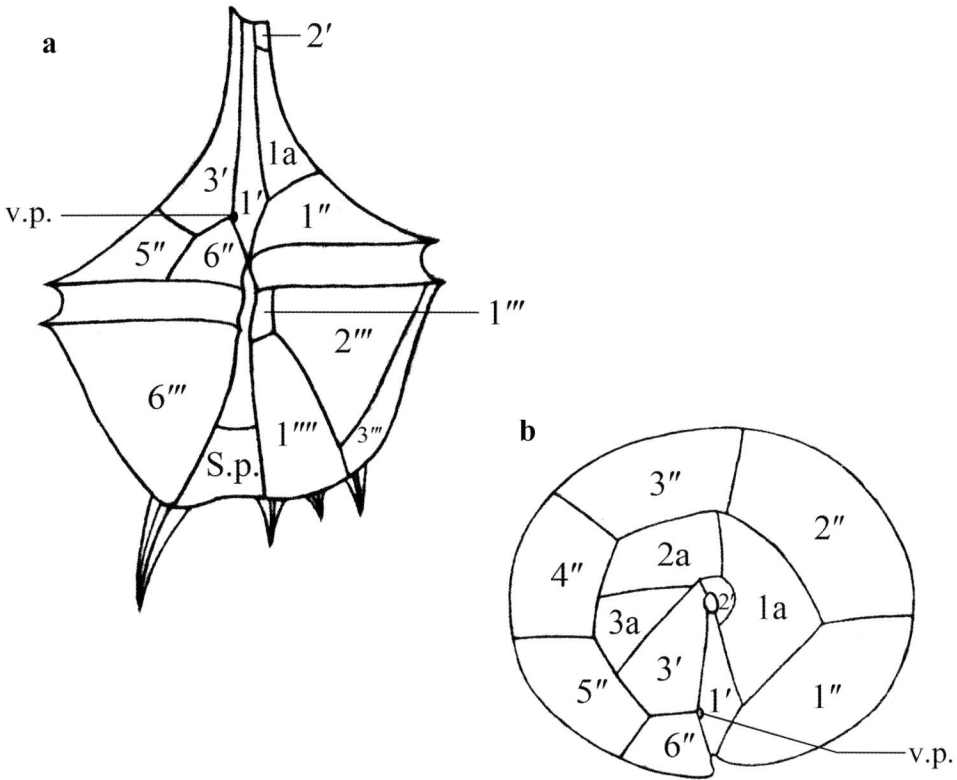

图 131　淀粉藻属结构示意图

a. 腹面观；b. 顶面观

三刺淀粉藻 *Amylax triacantha* (Jörgensen) Sournia, 1984

Sournia 1984, 350; Dodge 1989, 291, fig. 1j, k, 28, 30, 31, 33; 福代康夫等 1990, 96, fig. a–h; Tomas 1997, 504, t. 41; Omura et al. 2012, 103.

同种异名：*Gonyaulax triacantha* Jörgensen, 1899: Jörgensen 1899, 35; Kofoid 1911, 221, t. 11, fig. 11–15; Balech 1977, 123, t. 2, fig. 36–47.

藻体细胞小型，长（不包括底刺）45 μm，宽 35 μm，背腹有时较扁。上壳近锥形，两侧边凹，向上逐渐变细形成突兀的顶角，顶角末端平截。横沟左旋，明显凹陷，下降 1 倍横沟宽度，不交叠。纵沟较直，不伸入上壳，前端狭窄，后端逐渐变宽，纵沟左边翅宽大。下壳近梯形，两侧边较直，底边直或较圆凸，生有数个长短不一的、尖锥形底刺。壳面具发达的网纹结构，孔散布其中。

样品 2007 年 4 月采自黄海南部海域，数量稀少。

近岸冷水性种。太平洋、大西洋、不列颠群岛、日本附近海域有记录。

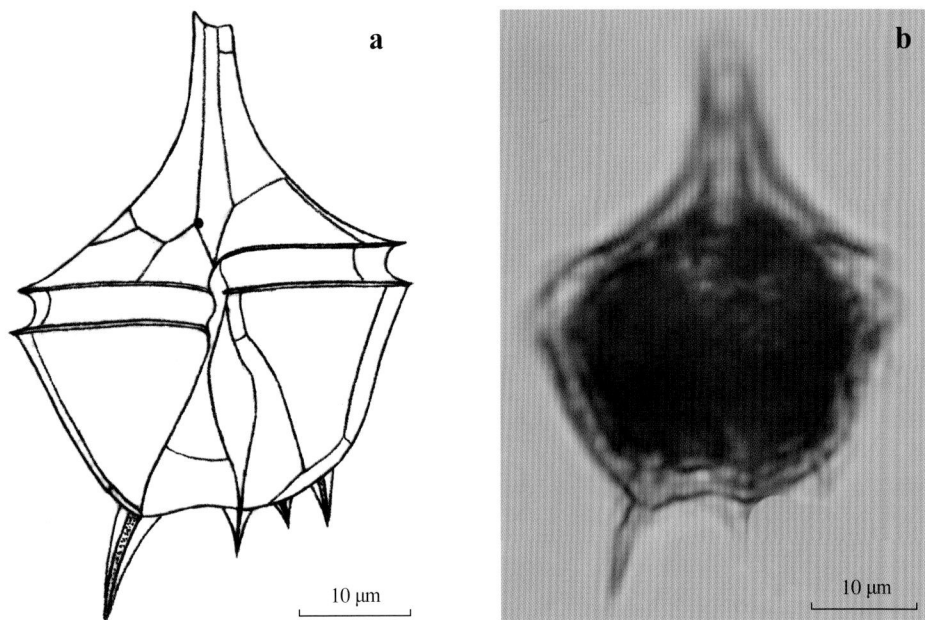

图 132　三刺淀粉藻 *Amylax triacantha* (Jörgensen) Sournia, 1984
a, b. 腹面观

膝沟藻属 *Gonyaulax* Diesing, 1866

本属藻体细胞小至大型、球形、椭圆形、卵圆形、双锥形至多面体形，多数物种具顶角和底刺。横沟左旋，凹陷，大多交叠。纵沟直或弯曲，前端狭窄，后端通常变宽并延伸至下壳底部。壳面光滑或具网纹、孔、纵脊等结构。本属的甲板公式为：Po, 3′, 2a, 6″, 6c, 7~9s, 6‴, 2⁗。Dodge（1989）认为最小的一块后沟板 1‴ 为纵沟甲板，但作者通过观察样本发现，在纵沟边翅较发达的物种如具刺膝沟藻 *G. spinifera*、球状膝沟藻 *G. sphaeroidea*、钻形膝沟藻 *G. subulata* 中，1‴ 明显位于纵沟左边翅的外侧，因而不能被列为纵沟甲板。

Kofoid（1911）依据藻体形态将本属分为 4 个亚属 6 个组，因为其中的 *G. polyedra* 现已被更名为多边舌甲藻 *Lingulodinium polyedrum* 并独立出来，而角突膝沟藻 *G. ceratocoroides*、米尔纳膝沟藻 *G. milneri* 形态特异明显有别于本属其他物种，因此作者在 Kofoid 观点的基础上减少一组（*Gonyaulax polyedra* 组）又增加一组（*Gonyaulax ceratocoroides* 组），依然分为 6 个组进行阐述。

本属共 70 余种，本书记述了 30 种，其中首次记录 15 种。

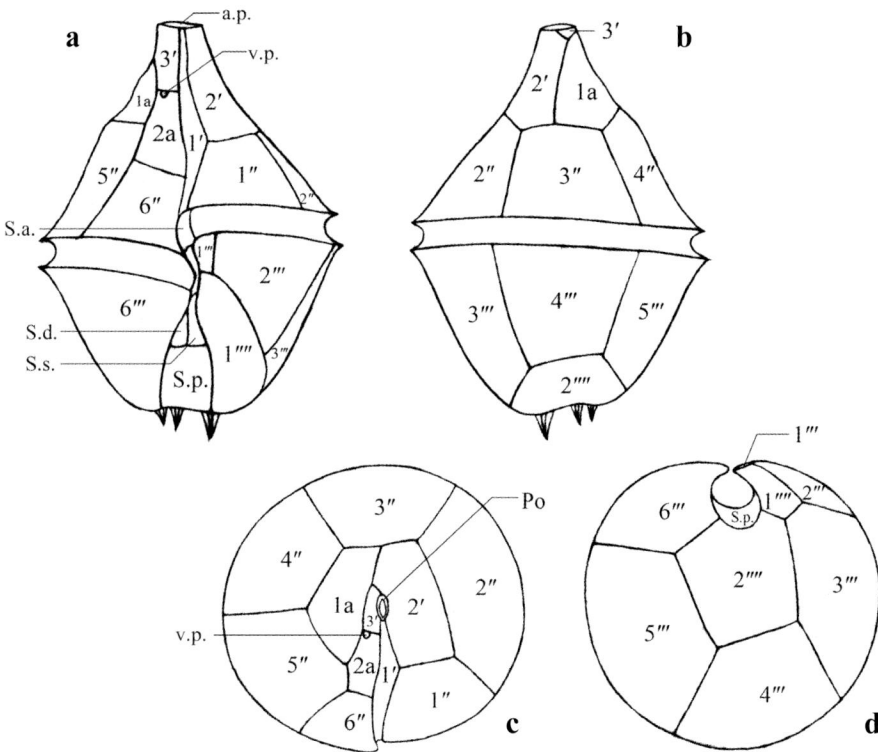

图 133　膝沟藻属结构示意图
a. 腹面观；b. 背面观；c. 顶面观；d. 底面观

> *Gonyaulax sphaeroidea* 组：藻体球状至椭球状，壳面平滑或具细弱的网纹，横沟几乎不凹陷。

短纵沟膝沟藻 *Gonyaulax brevisulcata* Dangeard, 1927

Dangeard 1927, 338, fig. 5a–b; Schiller 1935, 279, fig. 282a–b; Taylor 1976, 98, fig. 411–413.

同种异名：*Gonyaulax paulsenii* Gaarder, 1954: Gaarder 1954, 25, fig. 28a–d.

藻体细胞大型，椭球状至球状，长 92 μm，宽 100 μm。上、下壳近等长，均呈半球形。上壳顶端无顶角，但围绕顶孔具一马蹄形的脊状突起。上壳顶板 4 块，第一顶板 1′ 窄菱形状，具 3 块前间插板，均匀的排列于背侧（Gaarder, 1954），前沟板 7 块，第七前沟板 7″ 四边形。横沟中位，宽阔且不凹陷，左旋，下降 1~1.5 倍横沟宽度，不交叠，横沟边翅清晰。纵沟稍弯曲，前窄后宽，纵沟边翅发达，可达下壳底部。下壳底部无刺。壳面较平滑，有时具细弱的网纹结构，孔密布。

本种与本属 *Gonyaulax* 中其他物种最大的区别在于其上壳甲板并不是膝沟藻属通常的数量及排列（3′, 2a, 6″），而是与原多甲藻属 *Protoperidinium* 相同的数量与排列（4′, 3a, 7″）。但本种的下壳甲板数量与排列却与膝沟藻属相同，因此本种可能为介于膝沟藻属和原多甲藻属的过渡物种，更值得在今后的研究中予以重点关注。

本种与球状膝沟藻 *G. sphaeroidea* 相似，但本种个体明显大于后者，顶端具马蹄形脊状突起，纵沟边翅也较后者更加发达（Taylor, 1976）。

作者所采得的样本与以前学者所采的样本相比，个体更大（Gaarder, 1954, 细胞直径 58~69 μm; Taylor, 1976, 细胞直径 58~78 μm）。

样品 2009 年 7 月采自台湾南部海域，数量稀少，系中国首次记录。

热带大洋性种。大西洋、印度洋、地中海、孟加拉湾、毛里求斯附近海域有记录。

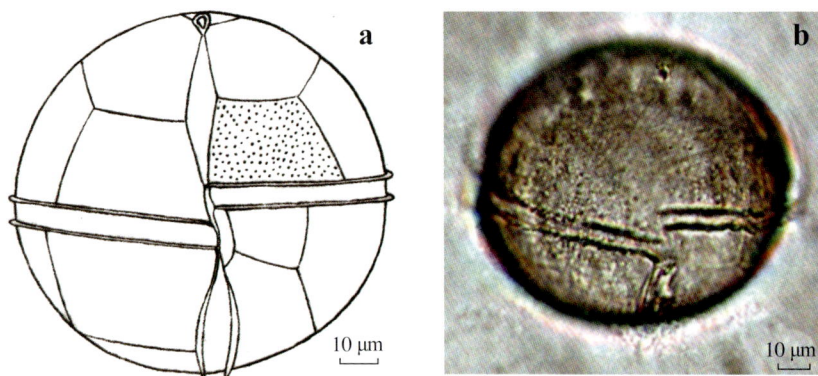

图 134　短纵沟膝沟藻 *Gonyaulax brevisulcata* Dangeard, 1927

a、b. 腹面观

球状膝沟藻 *Gonyaulax sphaeroidea* Kofoid, 1911

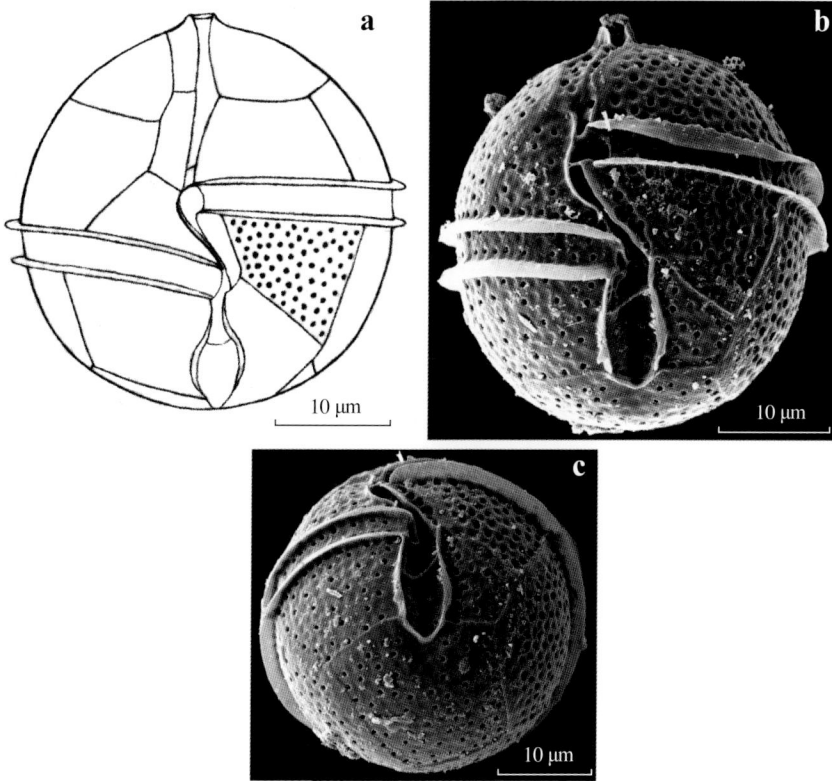

图 135　球状膝沟藻 *Gonyaulax sphaeroidea* Kofoid, 1911
a, b. 腹面观；c. 底面观；b, c. SEM

Kofoid 1911, 206, t.16, fig. 41–42; Matzenauer 1933, 451; Schiller 1935, 296, fig. 304a–d; Rampi 1943, 324; Gaarder 1954, 26, fig. 29; Wood 1968, 61, fig. 159; Balech 1988, 169, lam. 76, fig. 2–6; 杨世民和李瑞香 2014, 135.

同种异名：*Gonyaulax globosum* Schiller, 1929: Schiller 1929, 398, fig. 8.

藻体细胞中等大小，近球形，长 43 μm，宽 41 μm。上、下壳近等长，均呈半球形。上壳顶端无顶角或有一个稍微凸出的顶角，第六前沟板 6″ 四边形。横沟中位，不凹陷，左旋，下降 2~3 倍横沟宽度，交叠 0.5~1 倍横沟宽度。横沟边翅窄，无肋刺支撑。纵沟稍弯曲，前端狭窄，后部较宽阔。纵沟左、右边翅明显，但亦无肋刺支撑。壳面较平滑，孔排列规则但较稀疏。

样品 2012 年 5 月采自南海北部海域，数量稀少。

亚热带大洋性种。太平洋加利福尼亚附近海域、大西洋、印度洋、地中海、阿根廷东部海域有记录。

Gonyaulax spinifera 组：藻体壳面无纵脊，顶角粗短，具一个至数个底刺。

小窝膝沟藻 *Gonyaulax areolata* Kofoid & Michener, 1911

Kofoid & Michener 1911, 270; Schiller 1935, 278; Taylor 1976, 98, fig. 408.

藻体细胞小型，长 43 μm，宽 40 μm。上壳两侧边直或稍凸，顶端具一粗短的顶角，顶角末端平截，第一顶板 1′ 窄，中后部稍稍变宽，第六前沟板 6″ 四边形，腹孔位于第二前间插板 2a 上缘。横沟近中位，较宽，稍凹陷，左旋，下降 1～2 倍横沟宽度，不交叠，横沟边翅窄但具粗壮的肋刺支撑。纵沟几近垂直，前端窄，后部逐渐变宽至下壳底部，纵沟边翅窄且具少数肋刺。下壳两侧边凸，底端生有 2 个、3 个甚至更多个具翼小刺，第一后沟板 1‴ 狭小，第一底板 1″″ 宽阔。壳面具粗壮发达的窝状网纹结构，孔散布其中。

作者观察到的样本下壳稍凹，这可能是由于电镜制片干燥时细胞收缩造成的，正常细胞下壳应该比较凸出。

本种由 Kofoid 和 Michener 于 1911 年建立，但只对本种进行了文字描述并未绘图，此后 Taylor（1976）在印度洋找到本种并第一次绘制了结构图。作者观察到的样本与以前的描述有一点不同，即作者的样本横沟下降较大，为 2 倍横沟宽度，而以前的样本下降约 1 倍横沟宽度，其他结构特征及藻体大小均相符。

样品 2013 年 8 月采自冲绳海槽西侧海域，数量稀少，系中国首次记录。

可能为热带、亚热带大洋性种。世界罕见，仅太平洋赤道海域、印度洋马达加斯加南部海域有记录。

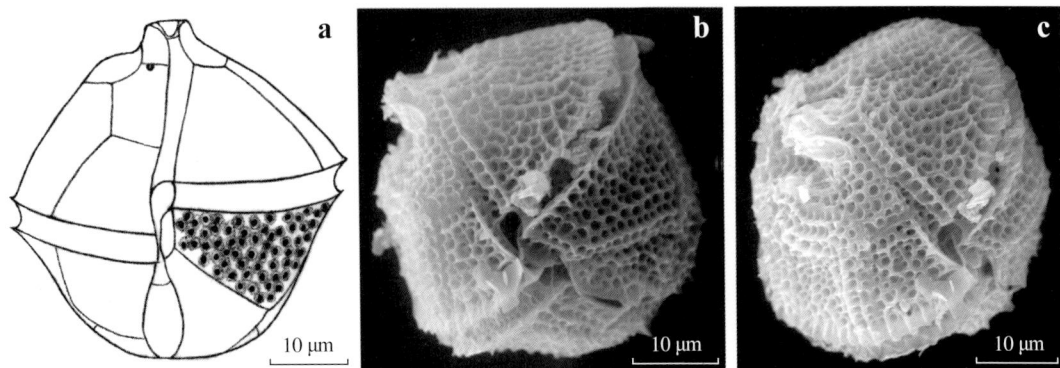

图 136　小窝膝沟藻 *Gonyaulax areolata* Kofoid & Michener, 1911
a, b. 腹面观；c. 顶面观；b, c. SEM

布鲁尼膝沟藻 *Gonyaulax bruunii* Taylor, 1976

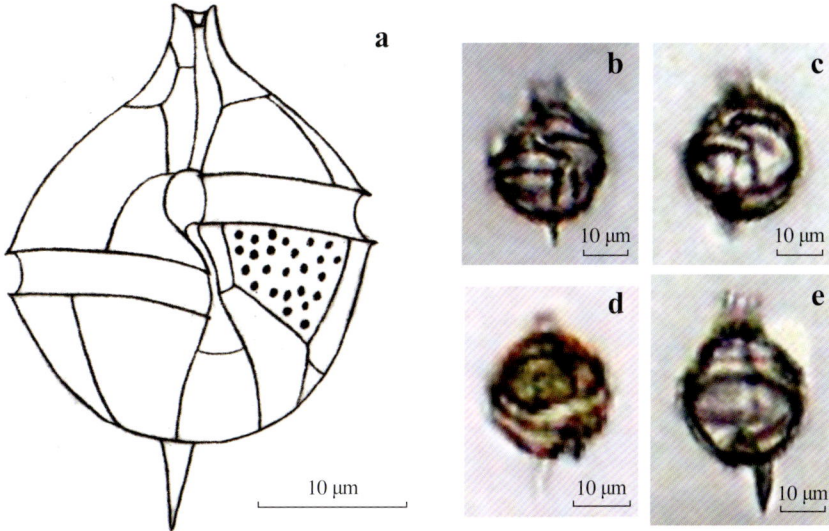

图 137　布鲁尼膝沟藻 *Gonyaulax bruunii* Taylor, 1976
a–d. 腹面观；e. 背面观；d. 活体

Taylor 1976, 99, fig. 409a–d; Dodge 1989, 281, fig. 2g, 5.

　　藻体细胞小型，长（不包括底刺）28～39 μm，宽21～27 μm，腹面观卵圆形。上壳近圆锥形，两侧边稍凸，顶角粗壮明显，末端平截，第一顶板 1′ 窄，第六前沟板 6″ 三角形。横沟中位，宽且稍凹，左旋，下降 1～2 倍横沟宽度，交叠约 1 倍横沟宽度，横沟边翅窄。纵沟前端窄且稍伸入上壳，后端较宽阔，纵沟边翅亦窄。第一后沟板 1‴ 小，窄矩形。下壳底部圆钝，底部右侧自第二底板 2″″ 生出一发达的具翼长刺（长 7～11 μm），底部左侧则生有一个微小的楔形短刺。壳面粗糙并具凹陷结构（Dodge, 1989），孔散布其中。

　　样品 2013 年 8 月采自冲绳海槽西侧海域，数量稀少，系中国首次记录。

　　暖温带至热带大洋性种。东大西洋、莫桑比克海峡有记录。

螺状膝沟藻 *Gonyaulax cochlea* Meunier, 1919

Meunier 1919, 71, t. 19, fig. 26–31; Schiller 1935, 280, fig. 283a–d; 杨世民和李瑞香 2014, 128.

藻体细胞小型，长（不包括底刺）27~31 μm，宽 21~24 μm，腹面观卵圆形。上壳圆锥形，两侧边稍凸，顶角甚短，顶端较尖或稍平截，第一顶板 1′ 窄，第六前沟板 6″ 三角形。横沟中位，宽且明显凹陷，左旋，下降 1.5 倍横沟宽度，交叠约 1.5 倍横沟宽度，横沟边翅非常窄。纵沟前窄后宽，明显弯曲。第一后沟板 1‴ 窄且长。下壳底端中部生有一个楔形小刺，也有底部右侧生有 1 个较大的小刺，而左侧小刺很小的个体，很少有左侧小刺较大的（Schiller, 1935）。壳面具粗大的凹陷结构（杨世民和李瑞香，2014），凹陷内具孔。

南海北部海域有记录。样品 2008 年 5 月采自三亚附近海域，数量稀少。

可能为暖温带至热带性种，世界罕见，仅比利时尼乌波特附近海域有记录。

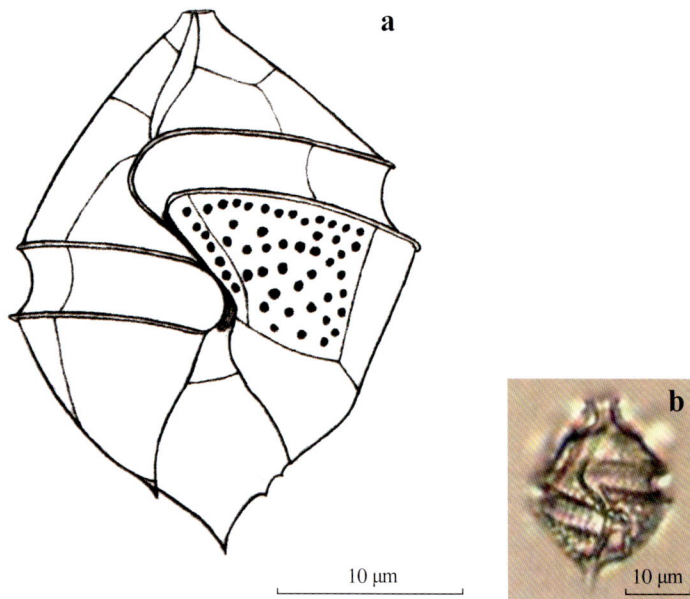

图 138　螺状膝沟藻 *Gonyaulax cochlea* Meunier, 1919
a, b. 腹面观

双刺膝沟藻 *Gonyaulax diegensis* Kofoid, 1911

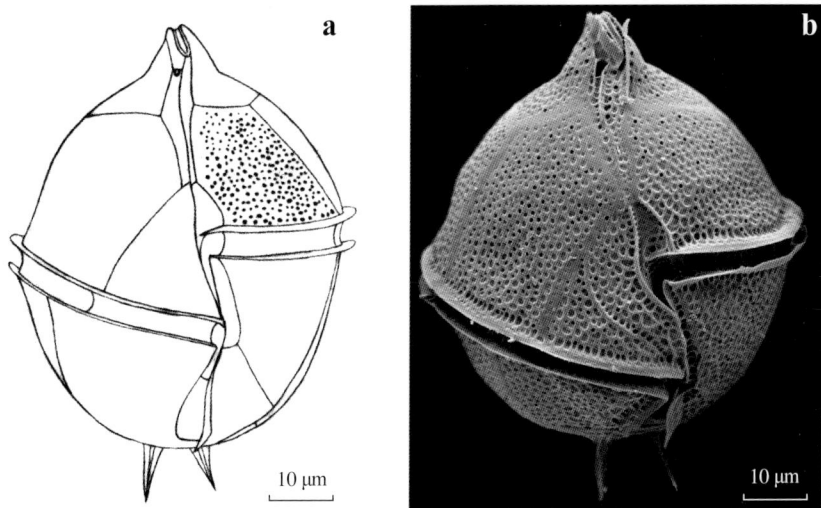

图 139　双刺膝沟藻 *Gonyaulax diegensis* Kofoid, 1911
a, b. 腹面观；b. SEM

Kofoid 1911, 217, t. 13, fig. 21–24, t. 16, fig. 40; Lebour et al. 1925, 95, t. 13, fig. 5a–d; Schiller 1935, 281, fig. 285a–i; Wang 1936, 148, fig. 21; Rampi 1943, 319, fig. 1; Silva 1949, 342, t. 5, fig. 4; Gaarder 1954, 25; Wood 1954, 259, fig. 164; Wood 1968, 58, fig. 148; Hada 1967, 16, fig. 27b; Taylor 1976, 100, fig. 400; Dodge 1982, 208, fig. 26g; Balech 1988, 166, lam. 74, fig. 10; Dodge 1989, 281, fig. 2O, 7; Omura et al. 2012, 105.

藻体细胞大型，长（不包括底刺）69 μm，宽 61 μm，呈椭球状。上壳具宽而圆的肩，顶角粗短，末端平截，第一顶板 1′ 狭长，第六前沟板 6″ 三角形，第二前间插板 2a 上缘具腹孔。横沟宽且凹陷，左旋，下降 4 倍横沟宽度，交叠 1 倍横沟宽度，横沟边翅窄。纵沟前端伸入上壳 1.5～2 倍横沟宽度，中段狭窄而弯曲，向后则逐渐变宽，纵沟左边翅明显。下壳两侧边凸，底部生有 2～3 个针状底刺，底刺具翼，第一后沟板 1‴ 窄。壳面网孔结构清晰。

据 Kofoid（1911）记载，本种的大小、横沟下降和交叠的幅度变化很大（长 60～100 μm；宽 45～82 μm；横沟下降 3～6 倍横沟宽度；交叠 0～1.5 倍横沟宽度）。

渤海、威海附近海域有记录。样品 2016 年 5 月采自南海北部海域，数量稀少。

广温性种。西太平洋、北大西洋、印度洋、安达曼海、澳大利亚沿岸、圣迭戈附近海域、英国西北部海域、巴西东南部海域有分布。

具指膝沟藻 *Gonyaulax digitale* (Pouchet) Kofoid, 1911

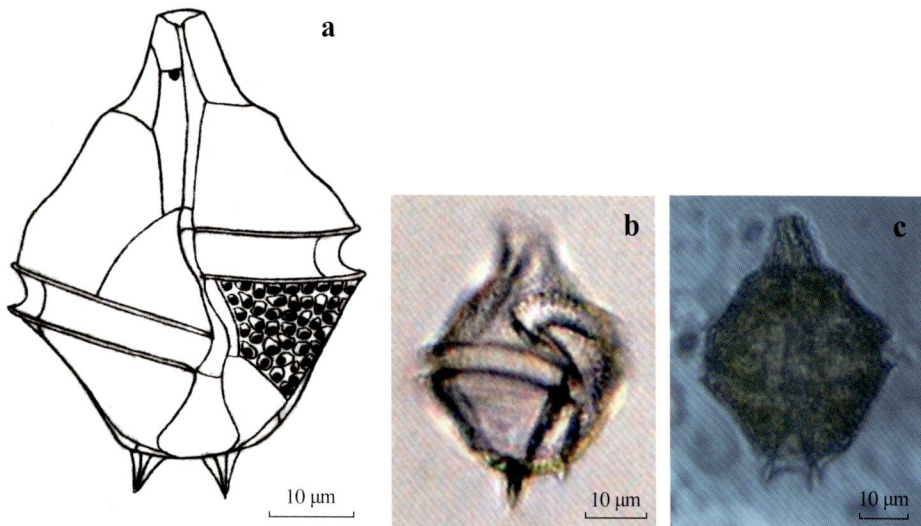

图 140　具指膝沟藻 *Gonyaulax digitale* (Pouchet) Kofoid, 1911
a–c.腹面观；c.活体

Kofoid 1911, 214, t. 9, fig. 1–5; Lebour 1925, 92, fig. 28a; Schiller 1935, 283, fig. 286a–k; Böhm 1936, 32; Gaarder 1954, 25; Wood 1954, 259, fig. 165; Wood 1968, 58, fig. 149; Steidinger & Williams 1970, 50, t. 20, fig. 60a–b; Andreis et al. 1982, 232, fig. 25; Dodge 1982, 208, fig. 26a, t. 6c–d; Dodge 1985, 72; Dodge 1988, 242, fig. 1; Balech 1988, 166, lam. 74, fig. 7–9; Hernández–Becerril 1988b, 429, fig. 20, 43; Dodge 1989, 281, fig. 2c, 6, 8; Omura et al. 2012, 104; 杨世民和李瑞香 2014, 129.

同种异名：*Protoperidinium digitale* Pouchet, 1883: Pouchet 1883, 443, t. 18, fig. 14.

Peridinium digitale Lemmermann, 1899: Lemmermann 1899, 369.

藻体细胞小型，长（不包括底刺）38~49 μm，宽 32~39 μm。上壳近圆锥形，两侧边直或稍凸，肩有时略呈棱角状，顶角粗壮明显，其末端平截，第一顶板 1′ 窄且弯曲，第六前沟板 6″ 近三角形，第二前间插板 2a 上缘具腹孔。横沟中位，宽阔且凹陷，左旋，下降 2~2.5 倍横沟宽度，交叠 1~1.5 倍横沟宽度，横沟边翅窄。纵沟前端窄且斜，与细胞纵轴夹角 15°~25°（Kofoid 1911，13°~18°，少数可达 26°），中后部逐渐变宽并稍弯向左侧，纵沟边翅亦窄。下壳较圆，两侧边直或较凸，底端平坦或稍外凸，生有两个粗壮的底刺，第一后沟板 1‴ 狭窄并弯曲。壳面常形成粗大的网孔结构。

中国各海域均有分布。样品 2007 年 9 月采自青岛沿海、2012 年 4 月采自南海北部海域、2013 年 8 月采自东海。

广温性种。太平洋沿岸、大西洋、地中海、欧洲沿岸、澳大利亚和新西兰沿岸均有分布。

加布里埃莱膝沟藻 *Gonyaulax grabrielae* Schiller, 1935

Schiller 1935, 306, fig. 317a–f.

藻体细胞小至中型，长 50 μm，宽 42 μm，腹面观梨形。上壳稍长于下壳。上壳圆锥形，具明显的肩，顶角粗壮但甚短，有时几乎难以分辨，第一顶板 1′ 窄且稍弯曲，第六前沟板 6″ 近三角形。横沟左旋，下降 2～3 倍横沟宽度，交叠 0.5～1 倍横沟宽度，横沟边翅窄。纵沟弯曲，前窄后宽。下壳半球形，底端圆钝无底刺，第一后沟板 1‴ 狭长。壳面平滑或具少数纵脊，孔规则散布。

本种建立时命名为 *G. gabrielae*，后被 Gómez（2005）修改为 *G. grabrielae*。

样品 2013 年 8 月采自冲绳海槽西侧海域，数量稀少，系中国首次记录。

世界罕见种，仅意大利的里雅斯特湾有记录。

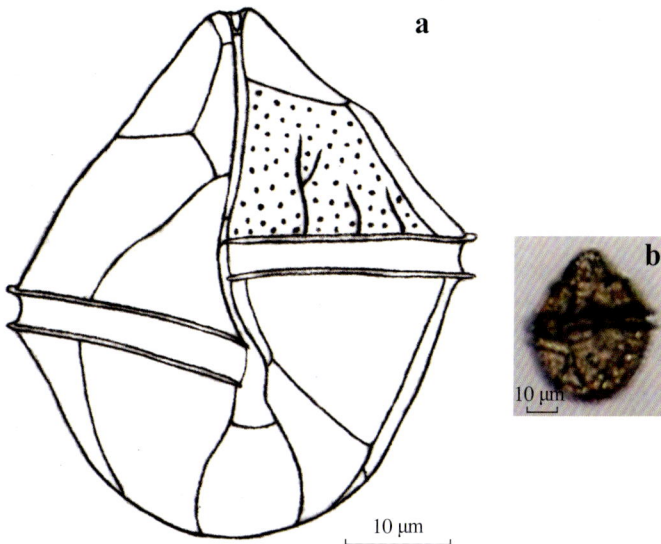

图 141　加布里埃莱膝沟藻 *Gonyaulax grabrielae* Schiller, 1935
a, b. 腹面观；b. 活体

大孔膝沟藻 *Gonyaulax macroporus* Mangin, 1922

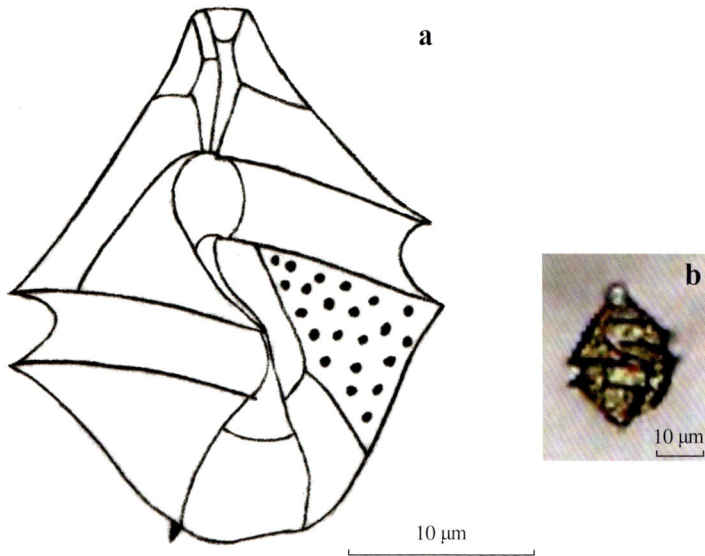

图 142　大孔膝沟藻 *Gonyaulax macroporus* Mangin, 1922
a, b. 腹面观；b. 活体示纵鞭毛

Mangin 1922, 73, fig. 16(1); Schiller 1935, 310, fig. 324; Balech 1988, 168, lam. 75, fig. 5–6.

藻体细胞小型，长 30 μm，宽 22 μm，腹面观双锥形。上壳圆锥形，两侧边直或稍凸，顶角短且末端平截，第六前沟板 6″ 三角形。横沟近中位，宽且明显凹陷，左旋，下降约 2 倍横沟宽度，交叠 1.5～2 倍横沟宽度，无横沟边翅。纵沟较短，弯曲如匙形，前端窄，后部变宽呈椭圆形。下壳底部较尖，无底刺，但有时纵沟后端外缘会形成小刺（Balech, 1988）。壳面孔较明显。

本种与螺状膝沟藻 *G. cochlea* 相似，但本种较后者更加纤小，底端也较尖，且无底刺。

样品 2013 年 8 月采自冲绳海槽西侧海域，数量稀少，系中国首次记录。

冷水大洋性种。南极海域、阿根廷东南部海域有记录。

单脊膝沟藻 *Gonyaulax monacantha* Pavillard, 1916

Pavillard 1916, 21, t. 1, fig. 78; Forti 1922, 79, t. 6, fig. 65–66; Paulsen 1930, 39; Schiller 1935, 287, fig. 293; Wood 1954, 260, fig. 169a–b; Gaarder 1954, 25; Wood 1968, 60, fig. 155.

藻体细胞中型，长（不包括底刺）49 μm，宽 42 μm，呈多面体形。上壳稍长于下壳，为不对称的圆锥形，两侧边凸，具明显的肩，顶角粗壮，末端平截，第六前沟板 6″ 大体呈三角形。横沟凹陷，左旋，下降 3～4 倍横沟宽度，交叠约 2 倍横沟宽度，横沟上、下边缘外凸。纵沟前窄后宽。下壳底部较圆钝，仅有 1 个底刺着生于右侧，底刺粗壮且具翼，长约 9 μm，第一后沟板 1‴ 狭长且弯曲。壳面孔粗大且排列规则。

本种与布鲁尼膝沟藻 *G. bruunii* 相似，但本种个体明显较后者大且粗壮。

样品 2012 年 4 月采自南海北部海域，数量稀少，系中国首次记录。

暖水性种。地中海、加勒比海、佛罗里达海峡、澳大利亚附近海域、巴西北部海域、安哥拉附近海域有记录。

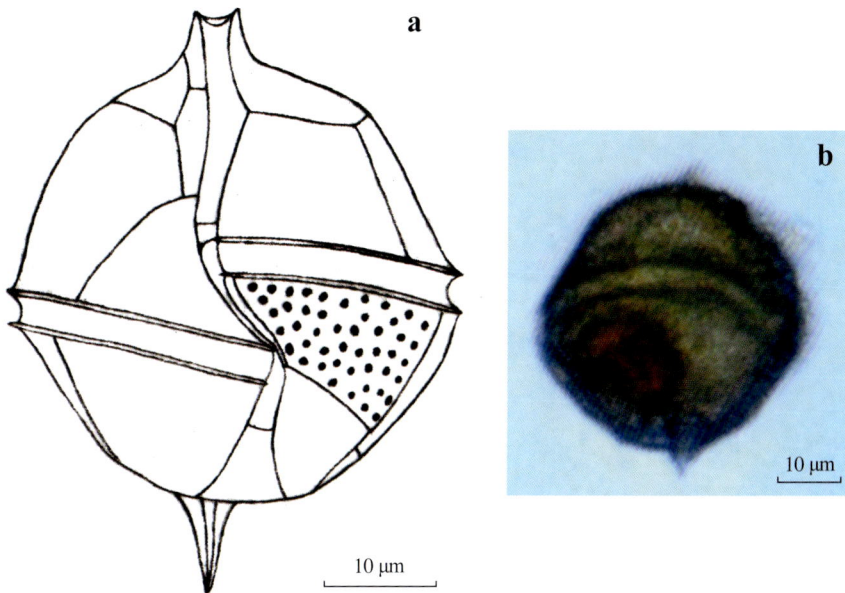

图 143　单脊膝沟藻 *Gonyaulax monacantha* Pavillard, 1916
a. 腹面观；b. 背面观；b. 活体

单刺膝沟藻 *Gonyaulax monospina* Rampi, 1951

Rampi 1951, 108, fig. 19; Dodge 1985, 74; Dodge 1989, 285, fig. 2D, 14.

藻体细胞小型，长（不包括底刺）26 μm，宽 21 μm，卵圆形至椭球形。上壳两侧边凸，顶角短而粗壮，末端平截，第一顶板 1′ 窄，第六前沟板 6″ 三角形，第二前间插板 2a 上缘具腹孔。横沟中位，宽阔，左旋，下降 1～1.5 倍横沟宽度，交叠 1 倍横沟宽度，横沟边翅窄。纵沟前窄后宽，纵沟边翅亦窄。下壳半球形，底部右侧生有 1 个短小的底刺，第一后沟板 1‴ 狭小。壳面较平滑，孔清晰。

本种与布鲁尼膝沟藻 *G. bruunii* 相似，但本种藻体细胞更加饱满，且右侧底刺也不若后者长而发达。

样品 2016 年 5 月采自南海北部海域，数量稀少，系中国首次记录。

广温性种。北大西洋有记录。

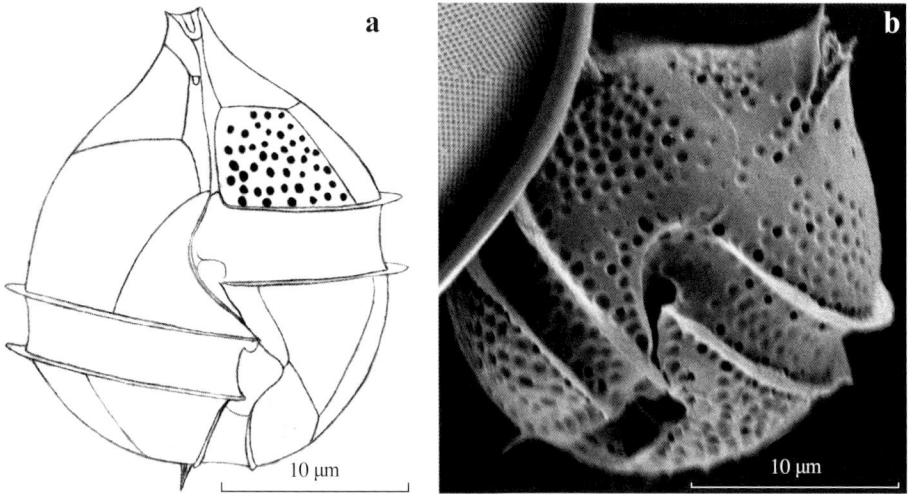

图 144　单刺膝沟藻 *Gonyaulax monospina* Rampi, 1951
a, b. 腹面观；b. SEM

具刺膝沟藻 *Gonyaulax spinifera* (Claparede & Lachmann) Diesing, 1866

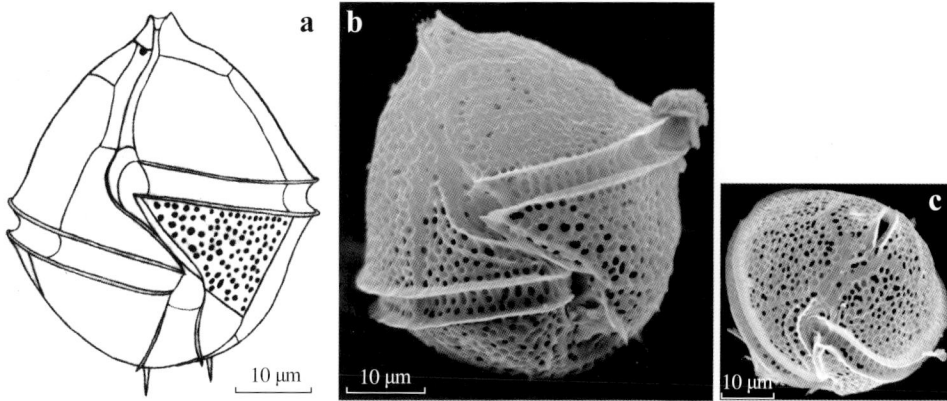

图 145　具刺膝沟藻 *Gonyaulax spinifera* (Claparede & Lachmann) Diesing, 1866
a, b. 腹面观；c. 顶面观；b, c. SEM

Diesing 1866, 96; Kofoid 1911, 209, t. 10, fig. 8–10, t. 16, fig. 39, textfig. a–d; Lebour 1925, 92, t. 13, fig. 1a–b; Lindemann 1927, 419, fig. 5–8; Matzenauer 1933, 449; Schiller 1935, 297, fig. 305a–n; Böhm 1936, 33, fig. 13a–b; Gaarder 1954, 27; Wood 1954, 263, fig. 174; Wood 1968, 61, fig. 160; Andreis et al. 1982, 232, fig. 23; Dodge 1982, 214, fig. 26c–f, t. 6f; Balech 1988, 166, lam. 74, fig. 1–4; Hernández–Becerril 1988b, 431, fig. 42; Dodge 1989, 287, fig. 2b, 18–19; 福代康夫等 1990, 102, fig. a–g; Tomas 1997, 507, t. 42; Omura et al. 2012, 105; 杨世民和李瑞香 2014, 136.

同种异名：*Gonyaulax levanderi* (Lemmermann) Paulsen, 1907: Paulsen 1907, t. 8, fig. 8.

Peridinium spiniferum Claparède & Lachmann, 1859: Claparède & Lachmann 1859, 405, t. 20, fig. 4–5.

藻体细胞小型，长（不包括底刺）48 μm，宽 43 μm，近椭球形。上壳两侧边凸，顶端具一短顶角，顶角末端平截，第一顶板 1′ 窄且弯曲，第六前沟板 6″ 三角形，腹孔位于第三顶板 3′ 和第二间间插板 2a 之间。横沟近中位，宽阔且凹陷，左旋，下降 2～3 倍横沟宽度，交叠 1～2 倍横沟宽度，横沟边翅窄。纵沟前端甚斜，与细胞纵轴夹角约 35°（Kofoid 1911, 27°～40°），稍伸入上壳；后部较直，仅稍弯向左侧，并逐渐变宽至下壳底部，纵沟边翅亦窄。下壳近半球形，两侧边凸，底端凸或较平坦，通常生有两个尖锥形的底刺，也有 1 个或多个底刺的，很少有不具底刺的，第一后沟板 1‴ 狭长如线形。壳面孔较粗大，有时会形成网纹结构。

本种与具指膝沟藻 *G. digitale* 相似，但本种上、下壳两侧边更凸，横沟交叠程度更大，顶角不似后者明显，底刺也不如后者粗壮。

渤海、青岛沿海、东海、南海有分布。样品 2013 年 8 月采自东海，数量不多。

温带至热带广布性种，近岸半咸水至大洋均可采到。太平洋、大西洋、地中海、墨西哥湾、英吉利海峡、巴西北部沿岸有分布。

春膝沟藻 *Gonyaulax verior* Sournia, 1973

Sournia 1973, 34; Dodge 1982, 217, fig. 25l; Dodge 1985, 81; Balech 1988, 167, lam. 74, fig. 5–6; Dodge 1989, 289, fig. 2m, 24–27; 福代康夫等 1990, 106, fig. a–h; Tomas 1997, 509; Omura et al. 2012, 106.

同种异名：*Amylax diacantha* Meunier, 1919: Meunier 1919, 74, t. 19, fig. 33–36.

Gonyaulax longispina Lebour, 1925: Lebour 1925, 97, t. 14, fig. 4a–c.

Gonyaulax diacantha (Meunier) Schiller, 1935: Schiller 1935, 300, fig. 309a–c.

藻体细胞小型，长（不包括底刺）31～37 μm，宽 18～26 μm，腹面观近五边形。上壳稍长于下壳。上壳三角形，两侧边直，顶角粗短且末端平截，第一顶板 1′ 窄，第六前沟板 6″ 四边形，腹孔不显著，位于第二前间插板 2a 上缘。横沟凹陷，左旋，下降 1 倍横沟宽度，几乎不交叠，横沟边翅窄。纵沟前端狭，后部逐渐变宽。下壳近四边形，两侧边亦直，底端平坦或稍凹，生有 2 个长锥形的具翼底刺。壳面具精致细密的网纹结构，孔散布其中。

中国各海域均有分布。样品 2003 年 11 月采自东海、2005 年 9 月采自福建沿海、2009 年 7 月采自南海北部海域、2011 年 9 月采自中沙群岛附近海域。

温带至热带性种。太平洋、大西洋、欧洲沿岸、不列颠群岛、日本附近海域有记录。

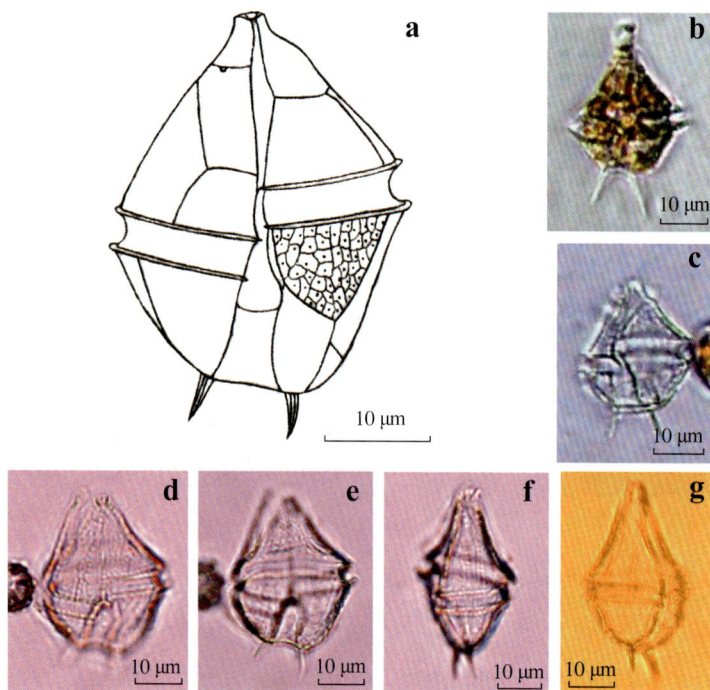

图 146 春膝沟藻 *Gonyaulax verior* Sournia, 1973
a–e. 腹面观；f. 左侧面观；g. 右侧面观；b. 活体

> *Gonyaulax polygramma* 组：藻体壳面具纵脊，纵脊粗壮或细弱，顶角粗短或无顶角，底刺有或无。

科氏膝沟藻 *Gonyaulax kofoidii* Pavillard, 1909

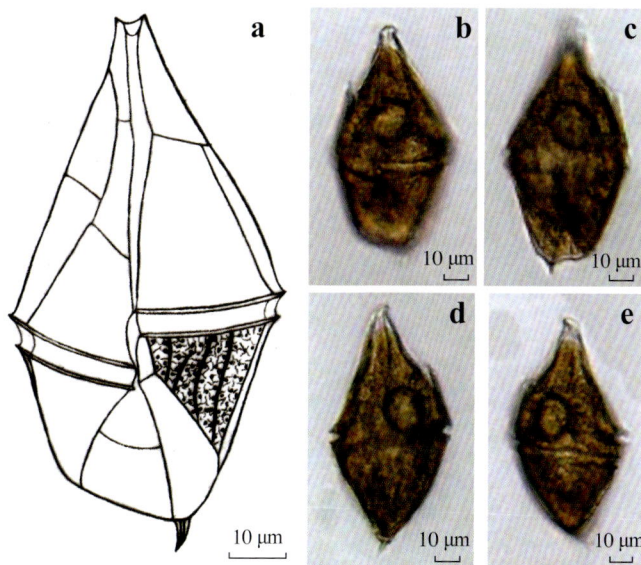

图 147　科氏膝沟藻 *Gonyaulax kofoidii* Pavillard, 1909
a、b. 腹面观；c. 背面观；d. 左侧面观；e. 右侧面观；b–e. 活体

Pavillard 1909, 278, fig. 1; Kofoid 1911, 233, t.14, fig. 30; Pavillard 1916, 22; Schiller 1935, 285, fig. 288; Rampi 1943, 320, fig. 4; Silva 1949, 343, t. 5, fig. 8–9; Wood 1954, 260, fig. 168a–c; Gaarder 1954, 25; Wood 1968, 59, fig. 151; Taylor 1976, 104, fig. 393–394; 杨世民和李瑞香 2014, 131.

藻体细胞长，大型，长（不包括底刺）93 μm，宽 49 μm，腹面观近五边形，侧面观近菱形。上壳长于下壳。上壳圆锥形，向上逐渐变细形成顶角，顶角末端平截，第一顶板 1′ 窄细且弯曲，第六前沟板 6″ 四边形。横沟凹陷，左旋，下降约 2 倍横沟宽度，几乎不交叠，无横沟边翅。纵沟前端狭窄，后端明显变宽至下壳底部，纵沟边翅窄。下壳近梯形，底部不对称，两侧边直，底边斜，底边左侧生有一个楔形的具翼底刺。壳面具多条粗壮的纵脊，纵脊间有时还生有细弱的网纹，孔排列较密。

中沙群岛附近海域有记录。样品 2013 年 8 月采自冲绳海槽西侧海域，数量稀少。

寒温带至热带大洋性种。西南太平洋、大西洋、印度洋、地中海、孟加拉湾、加利福尼亚附近海域、澳大利亚附近海域、巴西北部海域有记录。

小型膝沟藻 *Gonyaulax minuta* Kofoid & Michener, 1911

Kofoid & Michener 1911, 271; Schiller 1935, 287; Wood 1968, 59, fig. 154; Taylor 1976, 105, fig. 402.

藻体细胞小型，长 24 μm，宽 21 μm，腹面观椭圆形。上壳顶角不明显，顶角末端稍微斜截，第一顶板 1′ 较窄，第六前沟板 6″ 近四边形，第三顶板 3′ 和第二前间插板 2a 之间具腹孔。横沟明显凹陷且内具条纹，左旋，下降 1 倍横沟宽度，稍稍交叠，无横沟边翅。纵沟稍弯曲，前端狭窄且不伸入上壳，后端变宽近圆形，亦无纵沟边翅。下壳半球形，无底刺，第一后沟板 1‴ 小。壳面较平滑或具许多细弱的纵脊，孔散布。

样品 2012 年 4 月采自南海北部海域，数量稀少，系中国首次记录。

可能为热带大洋性种。东太平洋热带海域、莫桑比克海峡有记录。

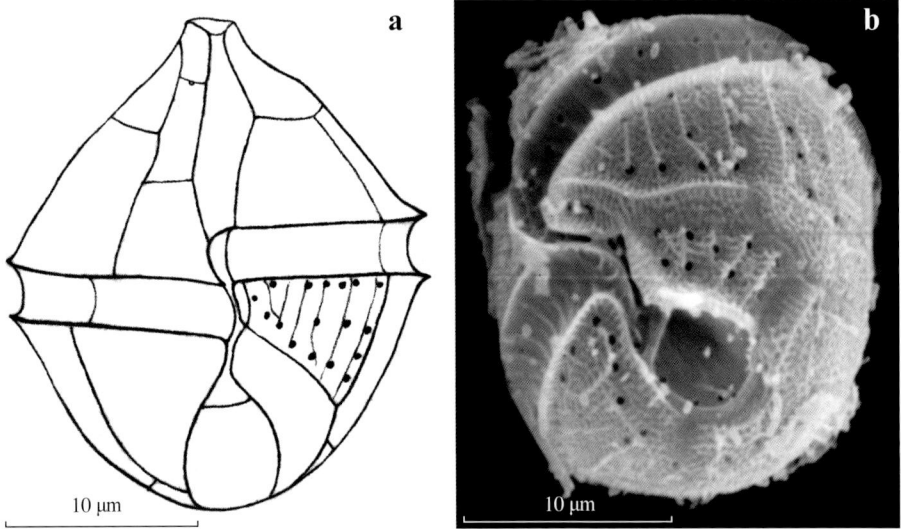

图 148　小型膝沟藻 *Gonyaulax minuta* Kofoid & Michener, 1911
a, b. 腹面观；b. SEM

椭圆膝沟藻 *Gonyaulax ovalis* Schiller, 1929

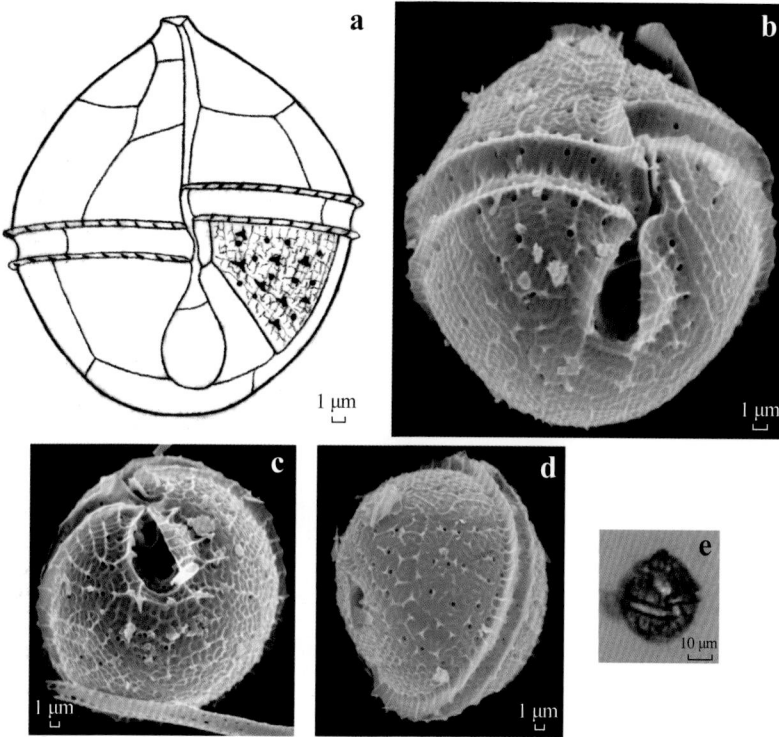

图 149　椭圆膝沟藻 *Gonyaulax ovalis* Schiller, 1929
a, b, e. 腹面观；c. 底面观；d. 右侧面观；e. 活体；b–d. SEM

Schiller 1929, 397, fig. 7a–d; Schiller 1935, 289, fig. 296a–d; Taylor 1976, 105, fig. 405.

藻体细胞小型，长 30～38 μm，宽 27～32 μm，腹面观近椭圆形。上壳具一粗短的顶角，顶角末端平截，第一顶板 1′ 窄且长，第六前沟板 6″ 近四边形。横沟宽阔且稍凹陷，左旋，下降 1 倍横沟宽度，不交叠，横沟边翅窄，其上具肋刺支撑。纵沟较直，前端狭窄且不伸入上壳，后端较宽，纵沟边翅上亦有肋刺支撑。下壳底端圆钝，无底刺，第一后沟板 1‴ 小。壳面具密实的网纹结构，网纹相交处常生有棘状凸起，孔散布。

本种与卵形膝沟藻 *G. ovata* 相似，但后者无顶角，且壳面不具密实的网纹结构。

作者所采得的样本与 Schiller 相比个体稍小（Schiller 1935，长 48～52 μm; 宽 30～32 μm），但与 Taylor 所述的个体大小相近（Taylor 1976，长 30 μm）。

样品 2013 年 8 月采自冲绳海槽西侧海域，数量稀少，系中国首次记录。

热带大洋性种。南太平洋、地中海、莫桑比克海峡有记录。

太平洋膝沟藻 *Gonyaulax pacifica* Kofoid, 1907

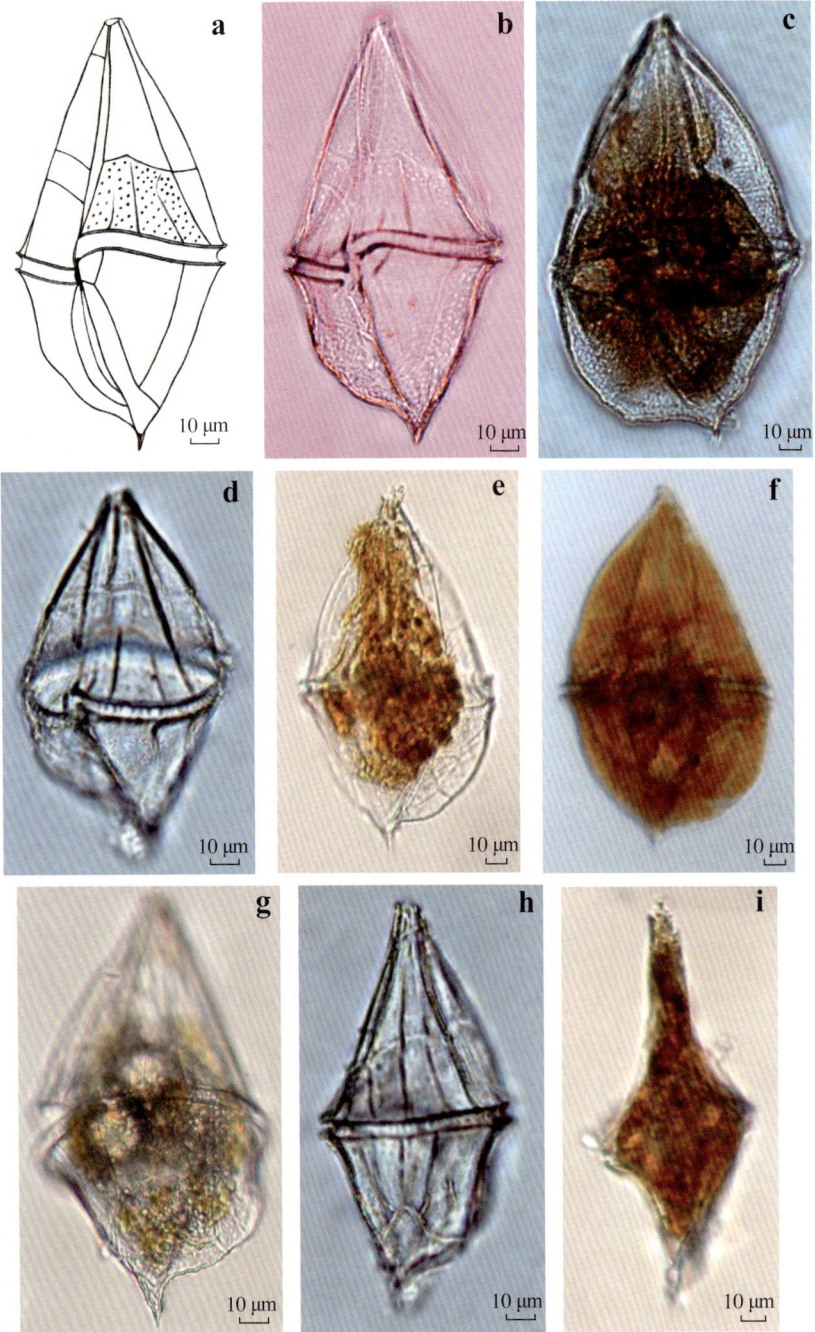

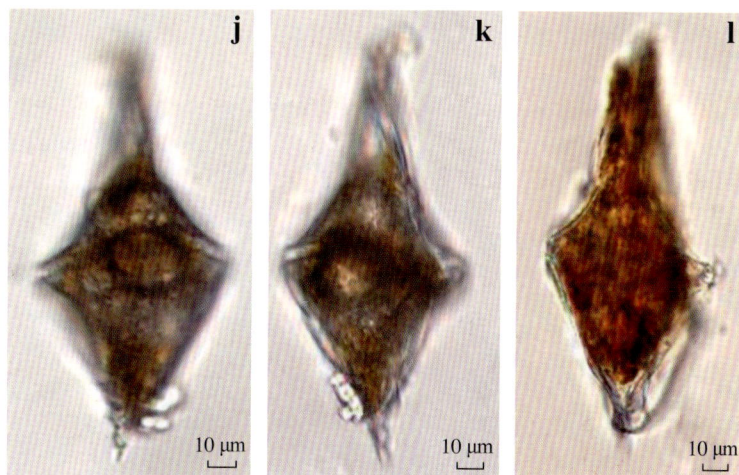

图150　太平洋膝沟藻 *Gonyaulax pacifica* Kofoid, 1907

a–d. 腹面观；e–g. 背面观；h–j. 左侧面观；k, l. 右侧面观；c, f, i–l. 活体

Kofoid 1907a, 308, t. 30, fig. 37–39; Kofoid 1911, 235, t. 15, fig. 35; Dangeard 1927, 340, fig. 6a; Schiller 1935, 290, fig. 297; Graham 1942, 48, fig. 62a–l; Rampi 1943, 321, fig. 3; Silva 1949, 343, t. 5, fig. 7; Wood 1954, 261, fig. 170a–b; Gaarder 1954, 25; Taylor 1969, 165, t. 1, fig. 1–2; Taylor 1976, 106, fig. 395, 397, 482; Balech 1988, 193, lam. 87, fig. 4; Hernández–Becerril 1988b, 431, fig. 23, 44; Dodge 1989, 285, fig. 2e; 林永水和周近明 1993, 87, t. 81; Omura et al. 2012, 107; 杨世民和李瑞香 2014, 132.

同种异名：*Steiniella cornuta* Karsten, 1907: Karsten 1907, 348, t. 53, fig. 7.

Murrayella brianii Rampi, 1943: Rampi 1943, 60, t. 2, fig. 1.

藻体细胞长，大型，长（不包括底刺）129～178 μm，宽68～109 μm，是本属已知物种中个体最大的，腹面观近纺锤形，侧面观除横沟区域外背腹甚扁。上壳长于下壳。上壳圆锥形，两侧边稍凸，顶角粗短且末端平截，第一顶板 1′ 窄且弯曲，第六前沟板 6″ 四边形。横沟左旋，明显凹陷，下降1.5～3倍横沟宽度，不交叠，无横沟边翅。纵沟前端狭窄，后端陡然变宽呈椭圆形，亦无纵沟边翅。下壳底部圆钝且不对称，两侧边凸出明显，底部左侧具一楔形底刺，第一底板 1‴ 长而窄。壳面具多条细长的纵脊，孔排列规则但较松散。

本种与科氏膝沟藻 *G. kofoidii* 相似，但本种个体明显大于后者，科氏膝沟藻长很少超过110 μm，而本种最短的个体也在115 μm以上（Taylor, 1976）。另外，本种底部较圆钝，而后者底边斜且直。还有，本种壳面纵脊较后者纤细，孔的排列也较后者更松散些。

东海、南海、台湾海峡、吕宋海峡均有分布，数量不多但不难找到。样品2001年秋季采自东海、2003年秋季采自台湾东部海域、2007年2月采自台湾北部海域、2008年6月采自三亚附近海域、2010年8月采自吕宋海峡、2012年4月采自南海北部海域。

暖温带至热带大洋性种。世界分布广，太平洋、大西洋、印度洋、地中海、加利福尼亚湾、墨西哥湾、孟加拉湾、澳大利亚东部海域均有记录。

巴氏膝沟藻 *Gonyaulax pavillardii* Kofoid & Michener, 1911

Kofoid & Michener 1911, 271; Schiller 1935, 290; Taylor 1976, 106, fig. 403.

藻体细胞小至中型，长 37～43 μm，宽 32～38 μm，腹面观椭圆形至圆形。上、下壳近等长，均为半球形。上壳顶端具一短且粗壮的顶角，顶角末端平截，有的个体前沟板上缘稍凸形成棱角（Kofoid & Michener, 1911），第一顶板 1′ 窄，第六前沟板 6″ 四边形，第三顶板 3′ 和第二前间插板 2a 之间具腹孔。横沟左旋，稍凹，下降 1 倍横沟宽度，不交叠。纵沟较直或稍弯曲，后端变宽呈近圆形，达下壳底部。下壳底部圆钝，稍不对称，有时底部会生有几个小刺。壳面具许多较细弱的纵脊，孔规则散布。

样品 2010 年 8 月采自吕宋海峡，数量稀少，系中国首次记录。

热带、亚热带大洋性种。东太平洋、安达曼海、莫桑比克沿岸有记录。

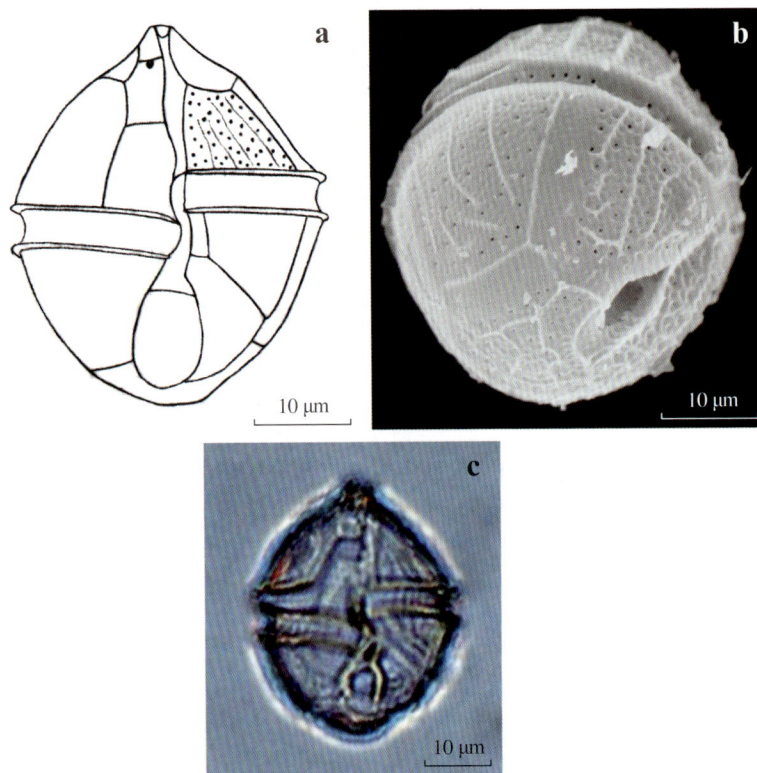

图 151 巴氏膝沟藻 *Gonyaulax pavillardii* Kofoid & Michener, 1911
a, c. 腹面观；b. 右侧面观；b. SEM

多纹膝沟藻 *Gonyaulax polygramma* Stein, 1883

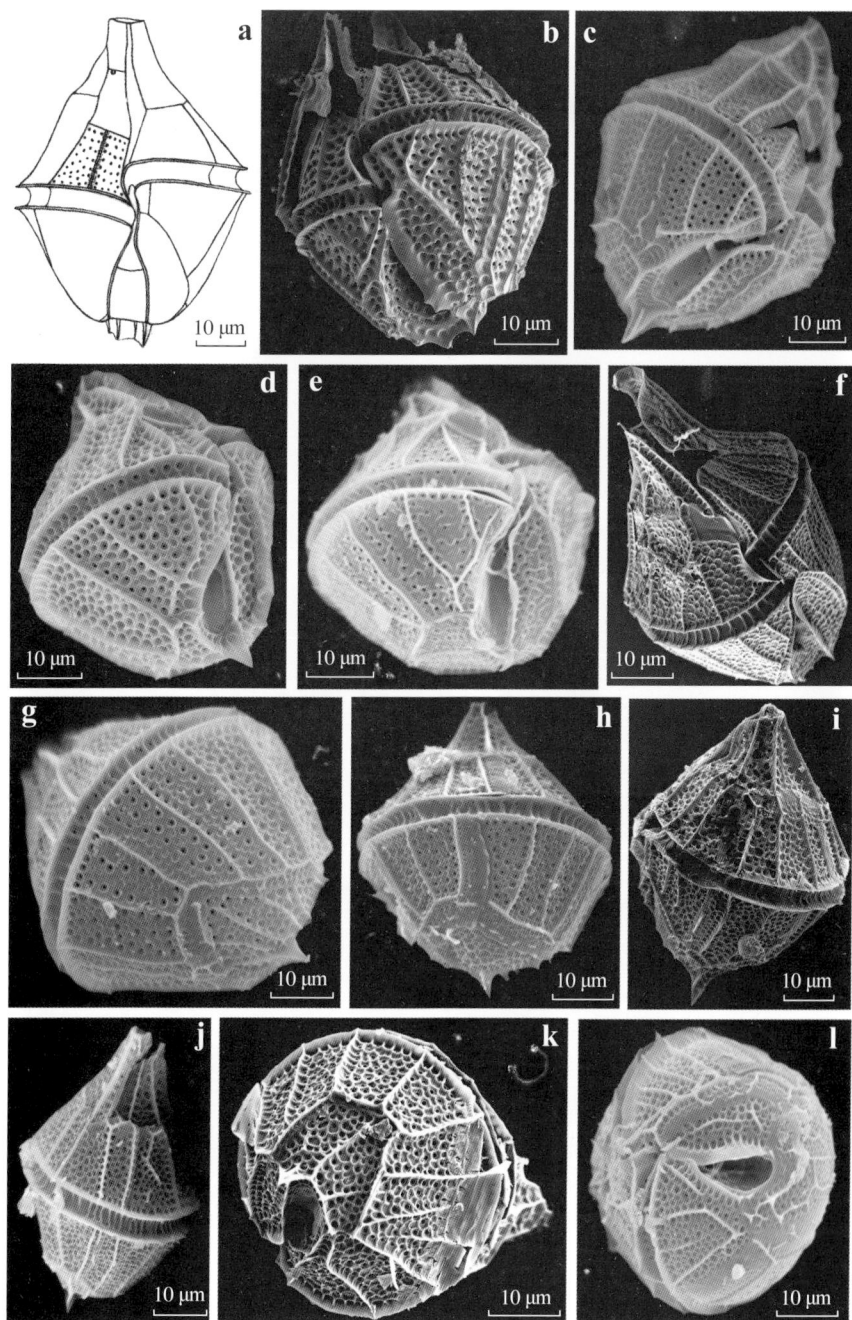

图 152

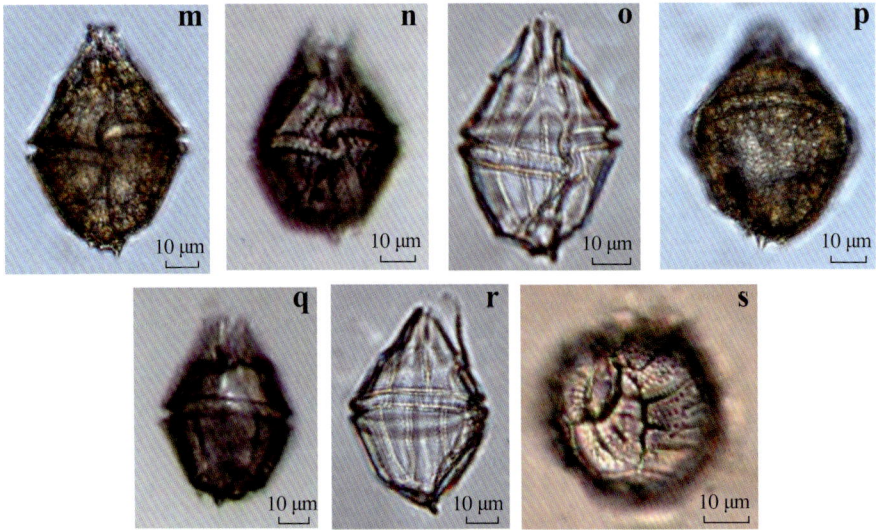

图 152　多纹膝沟藻 *Gonyaulax polygramma* Stein, 1883
a–f, m–o. 腹面观；g–j, p, q. 背面观；k, l, s. 底面观；r. 右侧面观；m, p. 活体；b–l. SEM

Stein 1883, t. 4, fig. 15; Schütt 1895, fig. 33; Kofoid 1911, 229, t. 10, fig. 6–7, t. 17, fig. 47; Lebour 1925, 94, t. 13, fig. 4a–c; Matzenauer 1933, 449, fig. 15; Schiller 1935, 292, fig. 300a–j, 301g–h; Böhm 1936, 32; Rampi 1943, 323, fig. 8; Silva 1949, 342, t. 5, fig. 5–6; Gaarder 1954, 26; Wood 1954, 261, fig. 172a–c; Wood 1968, 60, fig. 157; Steidinger 1968, 1, fig. 1a–c, 2–6, 8–9, 10a–c, 11–13, 14a–c; Steidinger & Williams 1970, 51, t. 21, fig. 64a–c; Taylor 1976, 107, fig. 398; Andreis et al. 1982, 227, fig. 19; Dodge 1982, 212, fig. 26j; Dodge 1985, 76; Dodge 1988, 242, fig. 2; Balech 1988, 167, lam. 74, fig. 11–15; Hernández–Becerril 1988b, 431; Dodge 1989, 287, fig. 2e, 15–16; 福代康夫等 1990, 98, fig. a–g; 林永水和周近明 1993, 84–86, t. 78–80; Tomas 1997, 507, t. 42; Faust 2002, 37, t. 21, fig. 1–6; Al-Kandari et al. 2009, 167, t. 14e–l; Omura et al. 2012, 105; 杨世民和李瑞香 2014, 133–134.

同种异名：*Peridinium pyrophorum* Lemmermann, 1889: Lemmermann 1889, 369.

Protoperidinium pyrophorum Pouchet, 1893: Pouchet 1893, 433, t. 18, fig. 15.

Gonyaulax schuettii Lemmermann, 1899: Lemmermann 1899, 367.

藻体细胞中型，长（不包括底刺）45～67 μm，宽 36～49 μm，腹面观近长菱形。上、下壳约略等长。上壳圆锥形，两侧边直，顶角粗短坚实，末端平截，第一顶板 1′ 窄，第六前沟板 6″ 四边形，第二前间插板 2a 上缘具腹孔。横沟较宽，明显凹陷，左旋，下降 1～1.5 倍横沟宽度，稍稍交叠，横沟边翅非常窄。纵沟稍弯曲，前端窄，后部逐渐变宽至下壳底部，纵沟边翅亦窄。下壳两侧边也较直，底端较圆钝，具有一个至数个小的底刺，也有底部无刺的，第一后沟板 1‴ 窄小。壳面具多条近乎平行的、粗壮的纵脊，孔粗大明显。

中国各海域均有分布。样品采自青岛近海、黄海南部海域、东海、南海、吕宋海峡。

冷温带至热带、近岸至大洋性种。世界广布，可大量繁殖引发赤潮。

网状膝沟藻 *Gonyaulax reticulata* Kofoid & Michener, 1911

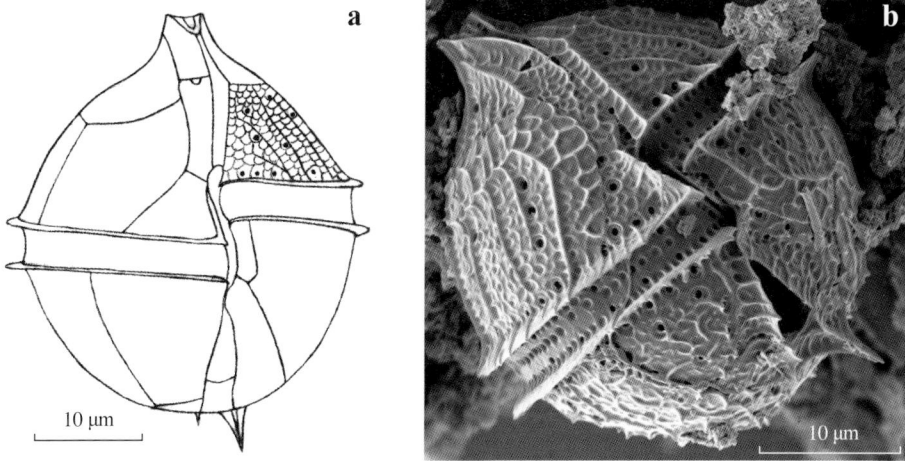

图 153　网状膝沟藻 *Gonyaulax reticulata* Kofoid & Michener, 1911
a, b. 腹面观；b. SEM

Kofoid & Michener 1911, 271; Schiller 1935, 294; Dodge 1989, 287, fig. 17.

藻体细胞小至中型，长 36～41 μm，宽 30～35 μm，腹面观近圆形。上壳两侧边较圆凸，具一粗短的顶角，顶角末端平截，第一顶板 1′ 甚窄，下端稍弯向右侧，第六前沟板 6″ 近四边形，腹孔位于第二前间插板 2a 上缘，上壳甲板相接处略有棱角。横沟左旋，下降 1.5～2 倍横沟宽度，不交叠，横沟边翅窄。纵沟稍稍弯曲，前端伸入上壳，后端至下壳底部。下壳呈半球形，底端生有 1～2 个具翼小刺，也有底端无刺的（Kofoid & Michener, 1911）。第一后沟板 1‴狭小，第一底板 1⁗长且窄。壳面粗糙具纵脊和网纹结构，孔散布其中。

本种由 Kofoid 和 Michener 于 1911 年建立，但只对本种进行了文字描述并未绘图，Dodge（1989）在记载本种时虽然附了一张图，但只显示了局部顶面观。作者观察到的样本较以前样本稍小（Kofoid & Michener 1911，长 50～65 μm，宽 45～50 μm；Dodge 1989，长 47～60 μm，宽 45～55 μm），其他结构特征相符。

本种与多纹膝沟藻 *G. polygramma* 有相似之处，但本种藻体近圆形，且壳面纵脊也不若后者的粗大明显。

样品 2012 年 4 月采自西沙群岛附近海域，数量稀少，系中国首次记录。

热带大洋性种。世界罕见，东太平洋热带海域、北大西洋有记录。

斯克里普膝沟藻 *Gonyaulax scrippsae* Kofoid, 1911

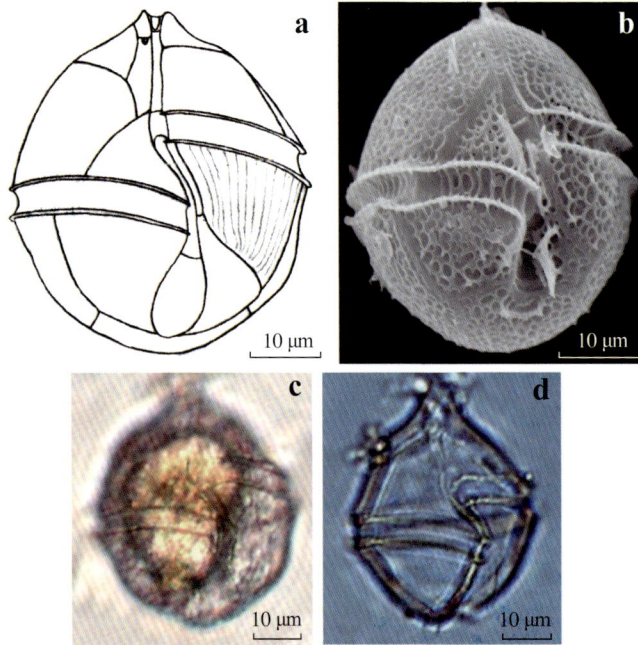

图 154 斯克里普膝沟藻 *Gonyaulax scrippsae* Kofoid, 1911
a–d. 腹面观；c. 活体；b. SEM

Kofoid 1911, 228, t. 13, fig. 26–27, t. 16, fig. 38; Lebour 1925, 94, fig. 28b; Schiller 1929, 395, fig. 4a–b; Schiller 1935, 295, fig. 303a–d; Wood 1954, 263, fig. 173; Wood 1968, 60, fig. 158; Steidinger & Williams 1970, 51; Dodge 1982, 214, fig. 26h–i; Dodge 1985, 77; Hernández–Becerril 1988b, 431, fig. 28; Dodge 1989, 287, fig. 2i, 21; 福代康夫等 1990, 100, fig. a–h; Tomas 1997, 507, t. 42; Omura et al. 2012, 104.

　　藻体细胞小型，长 42～48 μm，宽 35～43 μm，腹面观近圆形。上壳两侧边明显外凸，顶角短且粗壮，末端平截，第一顶板 1′ 窄细并弯曲，第六前沟板 6″ 三角形，第二前间插板 2a 上缘具腹孔。横沟中位，宽可达 5 μm，稍稍凹陷，左旋，下降 2～3 倍横沟宽度，交叠 0.1～1 倍横沟宽度，横沟边翅窄。纵沟明显弯曲，前端狭窄，后部逐渐变宽，纵沟边翅亦窄。下壳半球形，两侧边凸，底端圆钝，无底刺或有两个非常细小的底刺，第一后沟板 1‴ 狭长如线形。壳面具许多近平行的线纹，这些线纹是由排列规则的小点组成，也有形成蠕虫状或网纹状纹饰的（如图 154b）。孔不明显。

　　样品 2008 年 6 月采自三亚近岸、2010 年 9 月采自黄海南部海域，数量少，系中国首次记录。

　　近岸至大洋性种。世界广布，太平洋、大西洋、印度洋、地中海、加勒比海、加利福尼亚湾、巴西北部海域有记录。

条纹膝沟藻 *Gonyaulax striata* Mangin, 1926

Mangin 1926, 74, fig. 16 Ⅱ; Schiller 1935, 297; Dodge 1985, 79; Balech 1988, 168, lam. 75, fig. 16; Dodge 1989, 289, fig. 2J, 22; Omura et al. 2012, 105.

藻体细胞小型，长 33 μm，宽 27 μm。上壳两侧边直或稍凸，顶角短且粗壮，末端平截，第一顶板 1′ 窄，第六前沟板 6″ 四边形，第二前间插板 2a 上缘具腹孔。横沟中位，宽阔且凹陷，左旋，下降 1～1.5 倍横沟宽度，稍稍交叠，横沟边翅窄。纵沟前窄后宽，纵沟边翅亦窄。下壳两侧边较直，底部圆盾，无底刺，第一后沟板 1‴ 短小。壳面具纵脊，纵脊间生有粗大的网纹结构。

本种与多纹膝沟藻 *G. polygramma* 相似，但本种个体稍小，壳面纵脊较后者细弱，且纵脊间有网纹结构相连。

样品 2016 年 5 月采自南海北部海域，数量稀少，系中国首次记录。

温带至热带性种。南大西洋有记录。

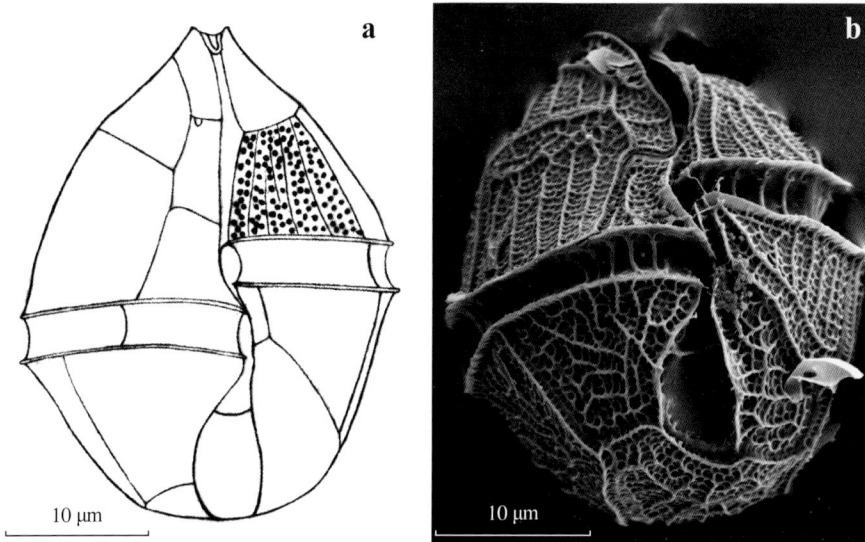

图 155　条纹膝沟藻 *Gonyaulax striata* Mangin, 1926
a, b. 腹面观；b. SEM

陀形膝沟藻 *Gonyaulax turbynei* Murray & Whitting, 1899

Murray & Whitting 1899, 323, t. 28, fig. 4; Kofoid 1911, 225, t. 17, fig. 44; Lebour 1925, 94, fig. 28c; Schiller 1929, 395, fig. 3; Matzenauer 1933, 449; Schiller 1935, 299, fig. 307a–b; Rampi 1943, 324, fig. 12; Gaarder 1954, 27; Wood 1954, 263, fig. 175; Silva 1955, 153, t. 6, fig. 14–15; Wood 1968, 61, fig. 161; Balech 1971, 164, t. 35, fig. 689–691, t. 36, fig. 692–694; Taylor 1976, 108, fig. 399; Andreis et al. 1982, 232, fig. 24; Balech 1988, 168, lam. 74, fig. 16, lam. 75, fig. 1–4; Hernández–Becerril 1988b, 431, fig. 26; Dodge 1989, 289, fig. 2h, 23; 福代康夫等 1990, 104, fig. a–g; Omura et al. 2012, 105; 杨世民和李瑞香 2014, 138.

藻体细胞小型，长 45～51 μm，宽 37～45 μm，腹面观卵圆形。上、下壳约略等长。上壳两侧边凸，顶端稍稍凸起形成一个顶角或顶角不明显，第一顶板 1′ 狭长且弯曲，第六前沟板 6″ 四边形，腹孔椭圆形，位于第三顶板 3′ 和第二前间插板 2a 之间。横沟左旋，下降 1～1.5 倍横沟宽度，稍稍交叠或几乎不交叠，横沟边翅窄。纵沟前端狭窄，后部逐渐变宽呈椭圆形。下壳半球形，底端圆钝，无底刺或底刺非常微小，第一后沟板 1‴ 非常短。壳面具多条粗壮的纵脊，有时纵脊上会形成许多分枝并相互连接形成网状，孔粗大明显。

本种与多纹膝沟藻 *G. polygramma* 相似，但本种个体较小，长宽比也稍小于后者（本种为 1.1～1.2，后者为 1.3～1.4），而且，本种顶角不明显而多纹膝沟藻的顶角明显且粗短坚实。本种与斯克里普膝沟藻 *G. scrippsae* 也较相似，但二者横沟下降和交叠程度明显不同。

南海北部海域有记录。样品 2003 年 11 月采自东海、2010 年 8 月采自吕宋海峡、2012 年 4 月采自南海北部海域、2013 年 8 月采自冲绳海槽西侧海域，数量不多。

热带、亚热带大洋性种。太平洋热带海域、南大西洋、印度洋、地中海、加勒比海、加利福尼亚湾、佛罗里达两岸有记录。

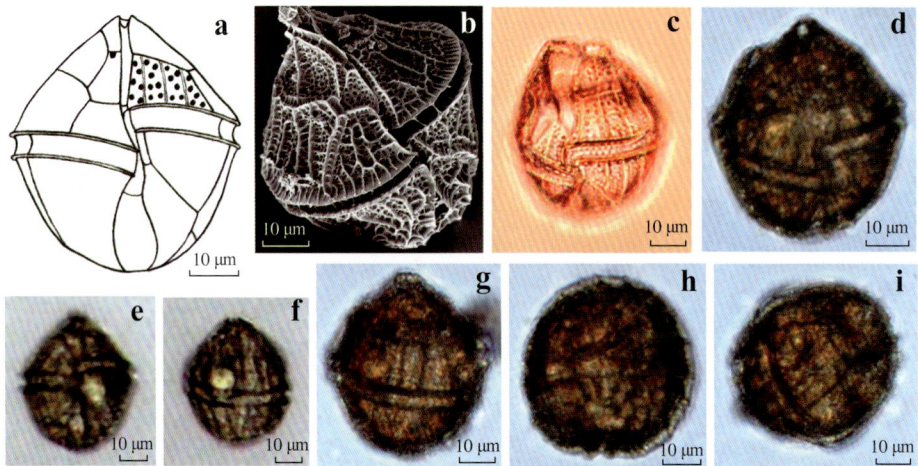

图 156 陀形膝沟藻 *Gonyaulax turbynei* Murray & Whitting, 1899
a–e. 腹面观；f, g. 背面观；h. 顶面观；i. 底面观；d–i. 活体；b. SEM

Gonyaulax birostris 组：藻体纺锤形至双锥形，具长且发达的顶角和底角。

井脊膝沟藻 *Gonyaulax birostris* Stein, 1883

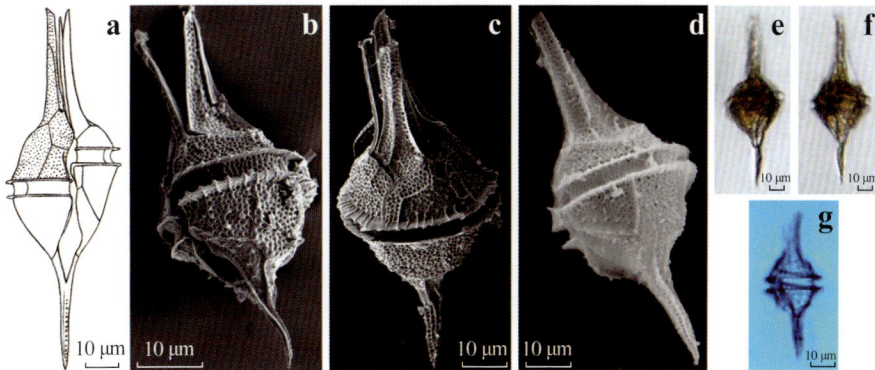

图 157　井脊膝沟藻 *Gonyaulax birostris* Stein, 1883
a, e. 腹面观；b–d, f, g. 左侧面观；e, f. 活体；b–d. SEM

Stein 1883, t. 4, fig. 20; Kofoid 1911, 246; Matzenauer 1933, 451; Schiller 1935, 300, fig. 308; Rampi 1943, 325, fig. 7; Rampi 1951, 119, fig. 5; Wood 1954, 258, fig. 163; Silva 1957, 148, t. 6, fig. 3–4; Ballantine 1961, 224, fig. 44–45; Balech 1962, 160, t. 22, fig. 352; Wood 1968, 57, fig. 143; Steidinger & Williams 1970, 210, t. 43, fig. 161; Balech 1988, 171, lam. 77, fig. 6–8; Carbonell–Moore 1996, 354, fig. 2c,f, 5, 8, 11, 40–63, 69f; Omura et al. 2012, 103; 杨世民和李瑞香 2014, 127.

同种异名：*Gonyaulax glyptorhynchus* Murray & Whitting, 1899: Murray & Whitting 1899, 324, t. 28, fig. 3a–c; Cleve 1901, 247; Cleve 1902, 31; Schiller 1937, 301, fig. 310a–c; Wood 1954, 260, fig. 167; Taylor 1976, 102, fig. 404; Carbonell 1981, 26, t. 2, fig. 22; Omura et al. 2012, 103.

Gonyaulax highleyi Murray & Whitting, 1899: Murray & Whitting 1899, 324, t. 28, fig. 2a–b; Cleve 1902, 31; Okamura 1912, 16, t. 5, fig. 96a–b.

藻体细胞中型，长 63～112 μm，宽 25～37 μm，呈细长纺锤形，中部陡然膨大如球状。上、下壳近等长。上壳具一细长且末端平截的顶角，第一顶板 1′ 非常狭长，在第三顶板 3′ 和第二前间插板 2a 之间具一腹孔。横沟中位，左旋，稍凹，下降 1.5～2 倍横沟宽度，交叠不超过 0.5 倍横沟宽度。横沟边翅明显，无肋刺支撑。纵沟前窄后宽，纵沟边翅狭，亦无肋刺。下壳底角细长尖锐，与顶角近等长，均可达细胞长度的 1/3。顶角与底角有数条狭长的纵脊，壳面具许多短脊和棘刺状突起，孔小而细密。

中沙群岛附近海域、黄岩岛附近海域有记录。样品 2012 年 4 月采自南海北部海域、2013 年 8 月采自冲绳海槽西侧海域，数量稀少。

热带、亚热带大洋性种。太平洋、大西洋、印度洋、地中海、加勒比海、墨西哥湾、孟加拉湾、澳大利亚东部海域、阿根廷东部海域有记录。

纺锤膝沟藻 *Gonyaulax fusiformis* Graham, 1942

Graham 1942, 50, fig. 63a–g; Balech 1962, 161, t. 22, fig. 353; Taylor 1976, 102, fig. 421–422; Carbonell 1981, 27, t. 2, fig. 21; Hernández–Becerril 1988c, 192, fig. 13–14; 陈国蔚 1989, 230, fig. 1; Carbonell–Moore 1996, 354, fig. 2b,e, 4, 7, 10, 21–22, 24–39; Omura et al. 2012, 103; 杨世民和李瑞香 2014, 130.

藻体细胞中型，长 93 μm，宽 47 μm，呈宽纺锤形。上、下壳约略等长，均呈近锥形。上壳自 1/2 处向上变细收缩形成一长且粗壮的顶角，顶角末端平截；上壳下 1/2 宽大，具明显的肩。第一前间插板 1a 类似弯折的飞来器形，第二前间插板 2a 为较窄的五边形（Carbonell–Moore, 1996）。在第三顶板 3′ 和 2a 之间具一大而明显的腹孔。横沟左旋，稍凹，下降 1.5～2.5 倍横沟宽度，交叠 0.5 倍横沟宽度或几乎不交叠。横沟边翅窄，具粗壮的肋刺支撑。纵沟前端狭窄，后端宽阔呈椭圆形。在纵沟后端右侧与第六后沟板 6‴ 相连处生有一楔形小刺。下壳底角与顶角近等长，但末端明显尖锐。顶角与底角有多条粗壮的纵脊，壳面粗糙，亦生有许多排列不规则的短脊。孔清晰可辨。

本种与乔利夫螺沟藻 *Spiraulax jolliffei* 非常相似，但本种藻体更加细长，长宽比为 2:1，而后者约为 1.5:1。而且，乔利夫螺沟藻无腹孔，1a 和 2a 的形态也与本种不同，分别呈近五边形和宽四边形（Carbonell–Moore, 1996）。另外，乔利夫螺沟藻壳面孔粗大明显，无粗壮脊。

本种与井脊膝沟藻 *G. birostris* 也较为相似，但本种明显较后者更加粗壮。

样品采上后，顶部甲板时常会开裂将细胞质释放出来（如图 158f, g）。

西沙群岛、南海北部海域、吕宋海峡有记录。样品 2010 年 8 月采自吕宋海峡，数量少。

热带、亚热带大洋性种。太平洋、大西洋、珊瑚海（所罗门海）、加勒比海、安达曼海、孟加拉湾有记录。

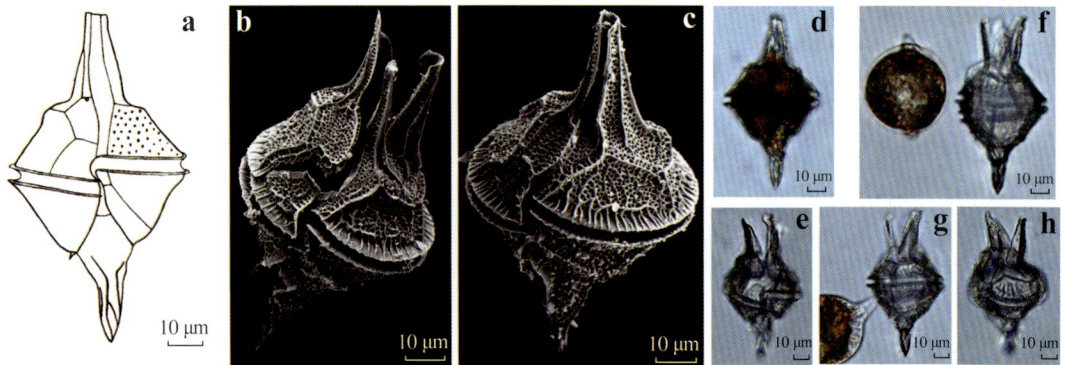

图 158 纺锤膝沟藻 *Gonyaulax fusiformis* Graham, 1942
a–e. 腹面观；f, g. 背面观；h. 左侧面观；d. 活体；b, c. SEM

钻形膝沟藻 *Gonyaulax subulata* Kofoid & Michener, 1911

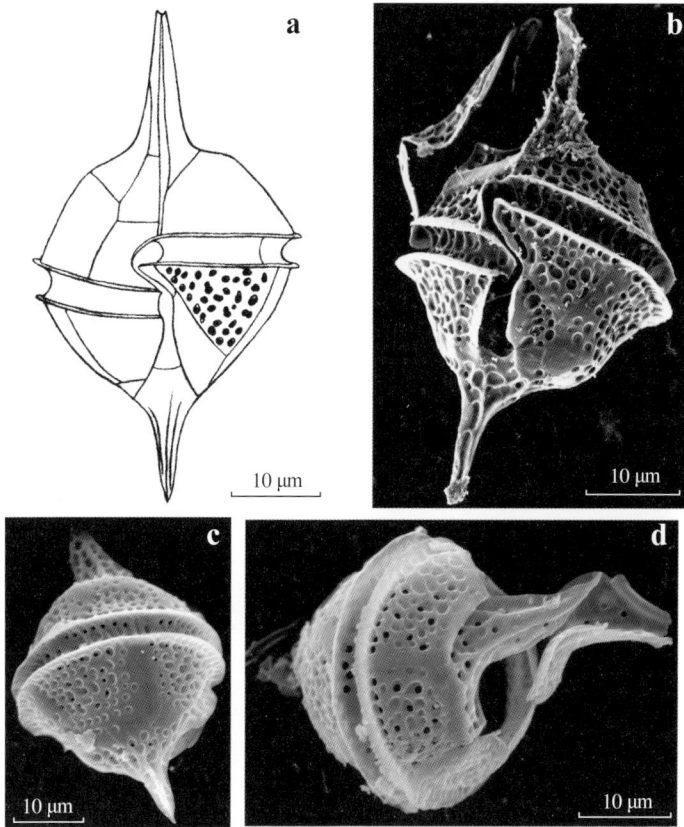

图 159　钻形膝沟藻 *Gonyaulax subulata* Kofoid & Michener, 1911
a, b. 腹面观；c, d. 右侧面观；b–d. SEM

Kofoid & Michener 1911, 270; Schiller 1935, 303; Taylor 1976, 107, fig. 407; 杨世民和李瑞香 2014, 137.

同种异名：*Gonyaulax buxus* Balech, 1967: Balech 1967a, 106, t. 6, fig. 100–107; Silva 1968, 38, t. 7, fig. 14–17.

藻体细胞小型，长 45～55 μm，宽 29～32 μm，呈纺锤形，中部膨大近球状。上壳顶角锥形，末端平截，第一顶板 1′ 非常狭窄，第六前沟板 6″ 四边形。横沟近中位，左旋，稍凹，下降 1～1.5 倍横沟宽度，交叠 0.5～1 倍横沟宽度。横沟边翅窄，具肋刺支撑。纵沟曲折，不伸入上壳，后部较宽阔。底角位于下壳底缘中部，但也有底角着生位置在右侧的（Taylor, 1976），亦呈锥形，末端尖锐。顶角与底角均有纵脊，壳面较平滑，孔圆形、肾形或蠕虫状散布。

黄岩岛附近海域有记录。样品 2013 年 8 月采自东海冲绳海槽西侧海域，数量稀少。

暖温带至热带大洋性种。东太平洋热带海域、墨西哥湾、西班牙沿岸、毛里求斯附近海域有记录。

> *Gonyaulax fragilis* 组：藻体椭圆形，顶端宽阔无顶角，壳面具纵条纹。

脆弱膝沟藻 *Gonyaulax fragilis* (Schütt) Kofoid, 1911

Kofoid 1911, 248, t. 13, fig. 25, t. 15, fig. 33–34, 36–37; Lebour 1925, 99, fig. 31b–c; Schiller 1935, 305, fig. 316a–i; Böhm 1936, 33; Kisselev 1950, 225, fig. 394; Wood 1954, 260, fig. 166; Gaarder 1954, 25; Wood 1968, 58, fig. 150; Steidinger & Williams 1970, 50, t. 20, fig. 61a–c; Taylor 1976, 101, fig. 420; Andreis et al. 1982, 227, fig. 21; Balech et al. 1984, 17, fig. 1–3; Hernández–Becerril 1988b, 429, fig. 21; Dodge 1989, 283, fig. 2k, 9–10; Tomas 1997, 506, t. 42; Omura et al. 2012, 106.

同种异名：*Steiniella* fragilis Schütt, 1895: Schütt 1895, t. 6, fig. 26.

藻体细胞中至大型，长 77～84 μm，宽 67～73 μm，腹面观椭圆形至近圆形。上、下壳近等长。上壳呈较扁的圆锥形，两侧边稍凸，无顶角，但在顶部区域有一个向背部延伸的短突起，第一顶板 1′ 非常狭窄，第六前沟板 6″ 近三角形。横沟窄且稍凹，左旋，下降 3 倍横沟宽度，稍稍交叠或几乎不交叠。无横沟边翅，但横沟上、下边缘外凸。纵沟前端狭窄，后端较宽阔。下壳较圆钝，底部不对称，无底刺。壳面具许多断断续续的、蜿蜒曲折的细弱条纹，这些条纹相互交织如网状，孔散布其中。

西沙群岛西部海域有记录。样品 2013 年 8 月采自冲绳海槽西侧海域，数量稀少。

暖温带至热带大洋性种。西太平洋、大西洋热带海域、印度洋中南部海域、澳大利亚东部海域、加利福尼亚湾有记录。

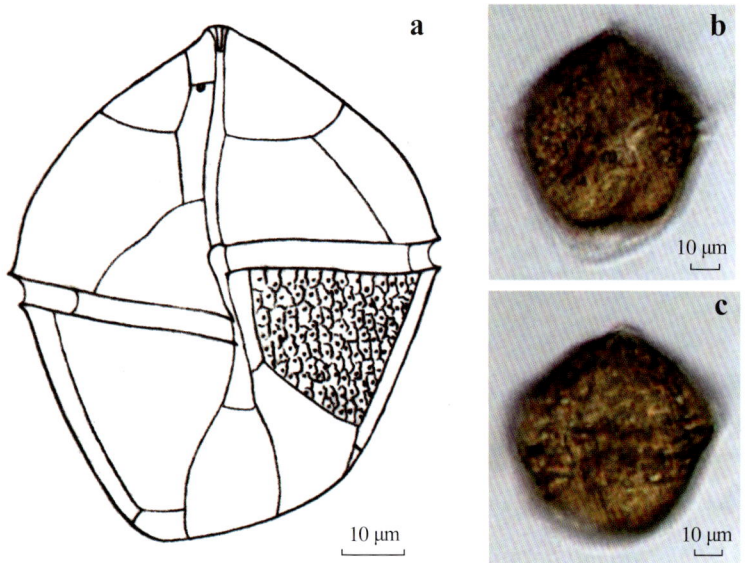

图 160　脆弱膝沟藻 *Gonyaulax fragilis* (Schütt) Kofoid, 1911
a–c. 腹面观

透明膝沟藻 *Gonyaulax hyalina* Ostenfeld & Schmidt, 1901

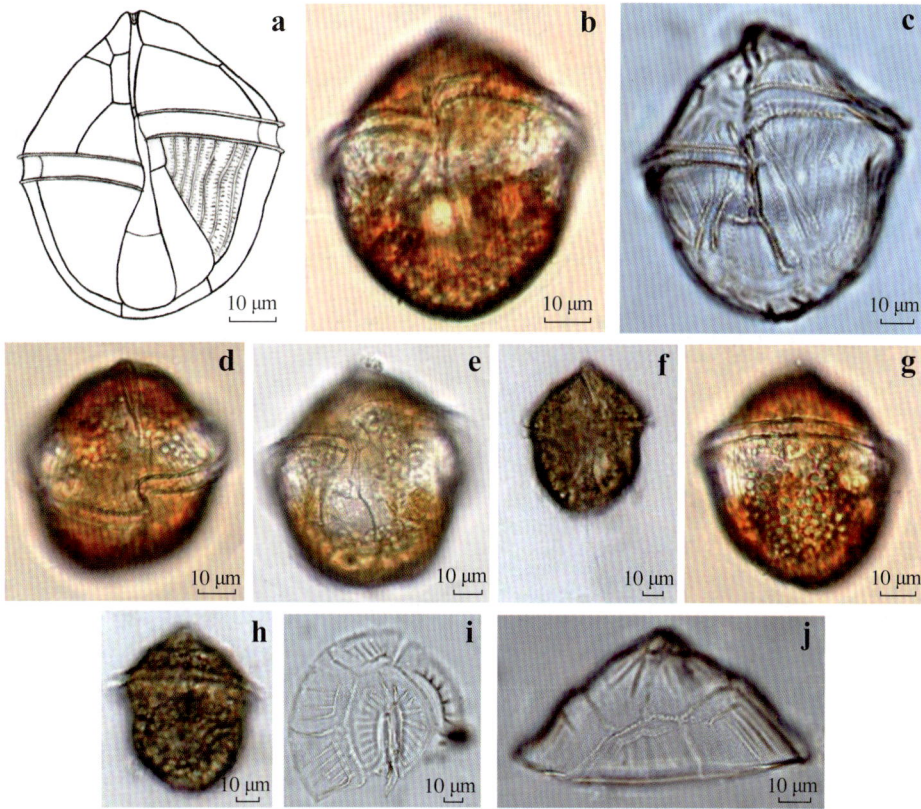

图 161　透明膝沟藻 *Gonyaulax hyalina* Ostenfeld & Schmidt, 1901
a–f.腹面观；g、h.背面观；i.上壳顶面观；j.上壳背面观；b、d–h.活体；f.示纵鞭毛

Ostenfeld & Schmidt 1901, 172, fig. 24; Schiller 1935, 306, fig. 318a–c; Wood 1954, 264, fig. 177; Taylor 1976, 103, fig. 415–416, 418–419; Dodge 1989, 283, fig. 2n, 12; Omura et al. 2012, 106.

藻体细胞中至大型，长 65～109 μm，宽 56～94 μm，腹面观椭圆形至近菱形。上、下壳近等长或上壳稍短于下壳。上壳圆锥形，两侧边稍凸，无顶角，第一顶板 1′ 窄。横沟左旋，稍凹，下降 2～3 倍横沟宽度，几乎不交叠，横沟边翅窄。纵沟前端狭窄，后端宽阔。下壳较圆，后沟板下缘处常生有小刺（如图 161f, h）。壳面具许多粗壮的、相互平行的纵条纹，有时纵条纹上还生有许多细弱微小的横纹（如图 161c）。

东海、南海、吕宋海峡均有分布。样品 2008 年 6 月采自三亚附近海域、2010 年 8 月采自吕宋海峡、2013 年 8 月采自冲绳海槽西侧海域，数量不多但不难找到，系中国首次记录。

暖水大洋性种。广泛分布于世界各大洋的热带、亚热带、暖温带海域。

> *Gonyaulax ceratocoroides* 组：藻体多边形，具发达的横沟、纵沟边翅，在壳面甲板相接处亦有清晰的边翅。

角突膝沟藻 *Gonyaulax ceratocoroides* Kofoid, 1910

Kofoid 1910, 182; Schiller 1935, 309, fig. 321a–c; Wood 1963b, 13, fig. 47; Wood 1968, 57, fig. 144; Taylor 1976, 100, fig. 410, 515–516; Omura et al. 2012, 102.

同种异名：*Ceratocorys spinifera* Murray & Whitting, 1899: Murray & Whitting 1899, 329, t. 30, fig. 6a–b, e, non c–d.

Acanthogonyaulax spinifera (Murray & Whitting) Graham, 1942: Graham 1942, 53, fig. 64a–e, 65; Balech 1962, 163, t. 22, fig. 357–358; Ricard 1974, 129, fig. 23–24; Hernández–Becerril 1988b, 429, fig. 24, 45; Tomas 1997, 504, t. 40.

藻体细胞中型，长（不包括刺）68 μm，宽 57 μm，腹面观近五边形。上壳短，呈扁圆锥形。顶角短且粗壮，末端平截。横沟左旋，下降 2～3 倍横沟宽度，几乎不交叠。横沟边翅宽阔发达，具粗壮的肋刺支撑。纵沟边翅较窄，无肋刺。下壳较长。下壳底面腹缘与纵沟左侧缘相接处斜向外生有 1 根长刺，下壳左侧缘、底面腹缘与右侧缘相接处也各生有 1 根长刺。另外，在下壳底面背缘与左、右侧缘相接处还各生有 1 根较短的刺。这 5 根刺上均有肋刺支撑，肋刺在中段或末端还有许多短小的分枝。壳面各甲板相接处具发达的边翅，孔显见且排列规则。

东海有记录。样品 2013 年 8 月采自冲绳海槽西侧海域，数量稀少。

热带、亚热带大洋性种。西太平洋、大西洋热带海域、地中海、安达曼海、加利福尼亚湾、墨西哥湾、孟加拉湾有记录。

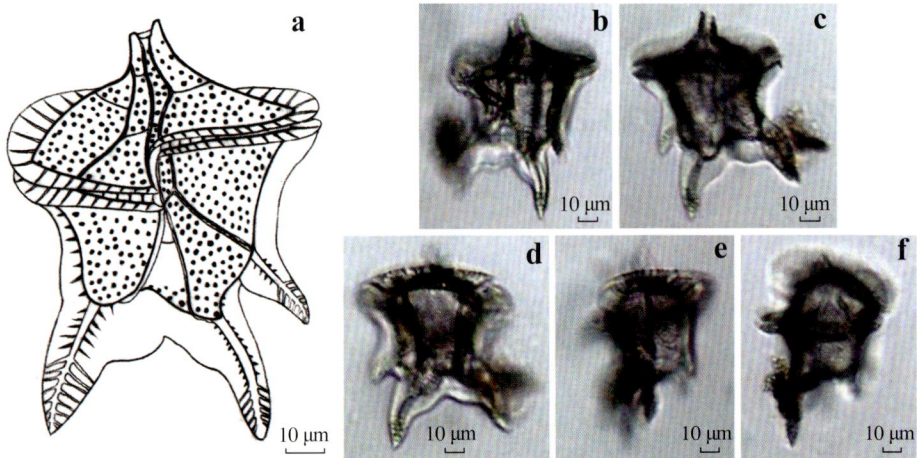

图 162　角突膝沟藻 *Gonyaulax ceratocoroides* Kofoid, 1910
a, b. 腹面观；c, d. 背面观；e. 左侧面观；f. 右侧面观

米尔纳膝沟藻 *Gonyaulax milneri* (Murray & Whitting) Kofoid, 1911

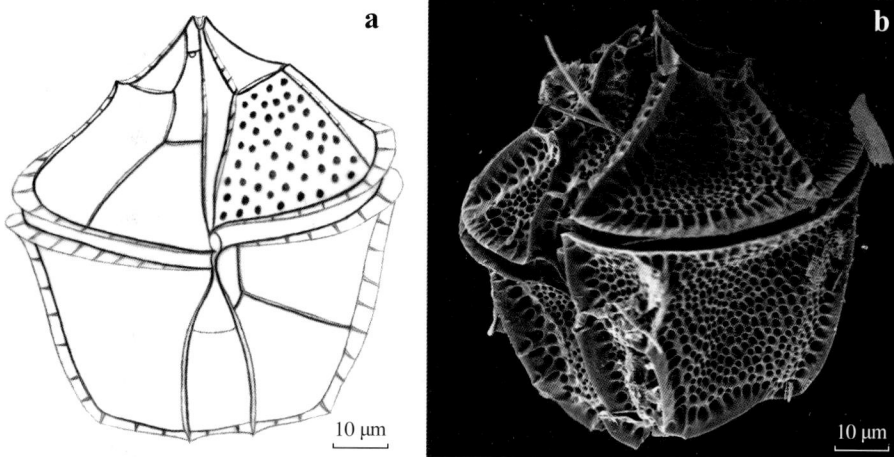

图 163　米尔纳膝沟藻 *Gonyaulax milneri* (Murray & Whitting) Kofoid, 1911
a. 腹面观；b. 左侧面观（SEM）

Kofoid 1911, 203; Schiller 1937, 522, fig. 612a–c; Rampi 1952b, 108, fig. 11; Wood 1963a, 37, fig. 133; Wood 1968, 59, fig. 152; Taylor 1976, 104, fig. 401, 517a–c; Balech 1988, 169, lam. 76, fig. 1.

同种异名：*Goniodoma milneri* Murray & Whitting, 1899: Murray & Whitting 1899, 325, fig. 2a–d.

藻体细胞中型，长 77 μm，宽 75 μm，腹面观近五边形。上壳短圆锥状，向上逐渐变细形成顶角，顶角甚短。第一顶板 1′ 窄，第六前沟板 6″ 四边形，第二前间插板 2a 上缘具腹孔。横沟左旋，下降约 1 倍横沟宽度，不交叠。横沟边翅发达，具粗壮的肋刺支撑。纵沟前窄后宽，纵沟边翅清晰，亦具肋刺。下壳近四方体形，底部平坦无底刺，第一后沟板 1‴ 短小。壳面各甲板相接处具发达的边翅，孔粗大明显。

样品 2016 年 5 月采自南海北部海域，数量稀少，系中国首次记录。

热带大洋性种。太平洋、大西洋、印度洋、地中海、阿拉伯海、孟加拉湾有记录。

舌甲藻属 *Lingulodinium* Wall, 1967

本属与膝沟藻属 *Gonyaulax* Diesing 相似，不同之处在于上壳多了 1 块前间插板 a（Dodge，1989），甲板公式为：Po, 3′, 3a, 6″, 6c, 7s, 6‴, 2⁗。

本属共 2 种，本书记述了 1 种。

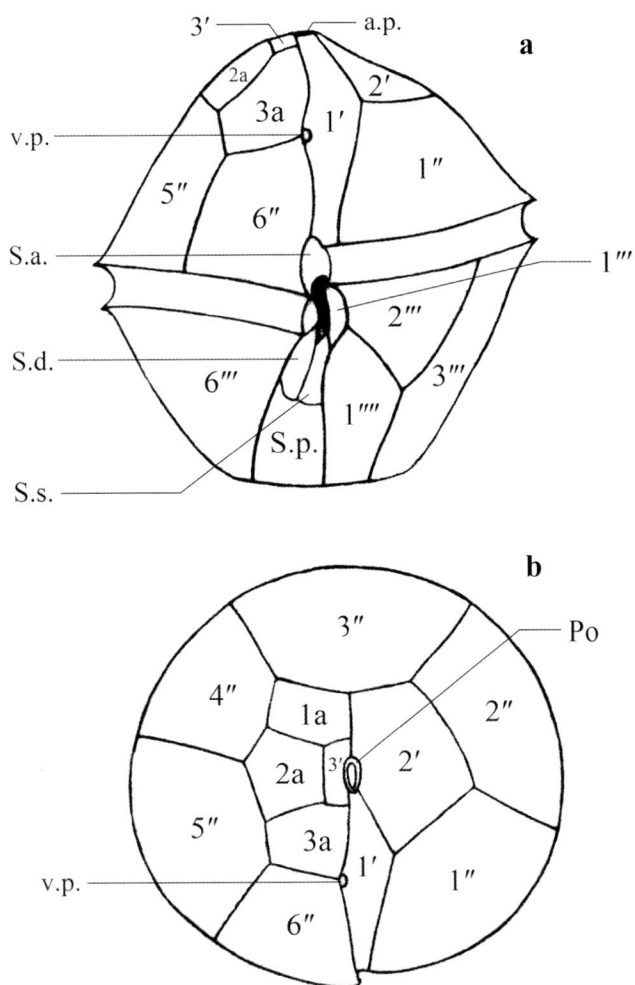

图 164　舌甲藻属结构示意图
a. 腹面观；b. 顶面观

多边舌甲藻 *Lingulodinium polyedrum* (Stein) Dodge, 1989

Dodge 1989, 291, fig. 1h–i, 34–38; 福代康夫等 1990, 108, fig. a–h; Tomas 1997, 510, t. 43; Faust 2002, 45, t. 29, fig. 1–6; Bennouna et al. 2002, 162, fig. 3a–i; Omura et al. 2012, 107; 杨世民和李瑞香 2014, 139.

同种异名：*Gonyaulax polyedra* Stein, 1883: Stein 1883, 13, t. 4, fig. 7–9; Schütt 1896, 21, fig. 29; Kofoid 1911, 238, t. 12, fig. 16–20, t. 14, fig. 28–29, 31, t. 17, fig. 43; Lebour 1925, 97, t. 14, fig. 3a–d; Matzenauer 1933, 451; Schiller 1935, 291, fig. 299a–f; Rampi 1943, 321, fig. 14; Nordli 1951, 207, fig. 1a–f; Gaarder 1954, 26; Wood 1954, 261, fig. 171a–b; Wood 1968, 60, fig. 156; Wall 1971, t. 2, fig. 7–9; Taylor 1976, 106, fig. 396; Dodge 1982, 211, fig. 25d–f, t. 6a; Dodge 1985, 75; Balech 1988, 170, lam. 75, fig. 17–24; Hernández–Becerril 1988b, 431, fig. 27.

藻体细胞小至中型，长 45～50 μm，宽 41～48 μm，呈多面体形。上、下壳近等长。上壳两侧边直，顶端平或稍凸，无顶角，第一顶板 1′ 窄且长，其右缘具腹孔，第三顶板 3′ 为小的四边形，第六前沟板 6″ 近四边形。横沟较宽且凹陷，左旋，下降 1～2 倍横沟宽度，不交叠，横沟边翅窄，有时具肋刺支撑。纵沟直，前窄后宽，纵沟边翅亦窄。下壳两侧边直，底部平坦，无底刺，第一后沟板 1‴ 非常狭小。壳面各甲板相接处生有发达的脊，孔粗大明显，有时会形成网状结构。本种可发光（Sweeney, 1969）。

黄海、东海、南海、吕宋海峡均有分布。样品 2012 年 4 月采自西沙群岛附近海域、2013 年 8 月采自东海舟山群岛附近海域。

暖温带至热带浅水性种，世界分布广。太平洋、大西洋、印度洋、地中海、加勒比海、阿拉伯海、佛罗里达海峡均有分布。

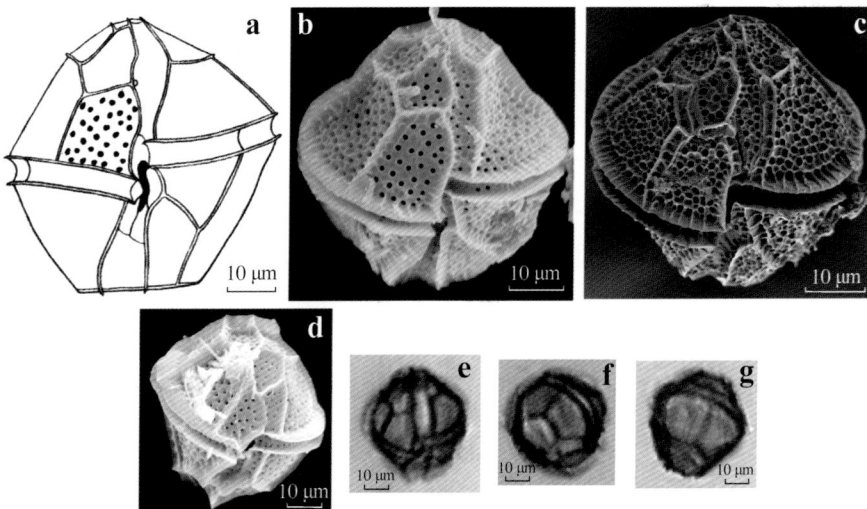

图 165 多边舌甲藻 *Lingulodinium polyedrum* (Stein) Dodge, 1989
a–e. 腹面观；f. 底面观；g. 左侧面观；b–d. SEM

原角藻属 *Protoceratium* Bergh, 1881

本属藻体细胞小至中等大小，球形、卵圆形、多面体形至宽双锥形，无顶角、底角或底刺。横沟左旋，不交叠。壳面形成许多厚重的网格，每个网格内有一至数个小孔。Balech（1988）认为本属无前间插板（a），但通常认为归于本属的物种网状原角藻 *P. Reticulatum* 具一块前间插板 1a（Dodge，1989），因此本属的甲板公式为：Po, 3′, 0 ~ 1a, 6″, 6c, 6s, 6‴, 2⁗。

本属共 9 种，本书记述了 3 种，其中首次记录 1 种。

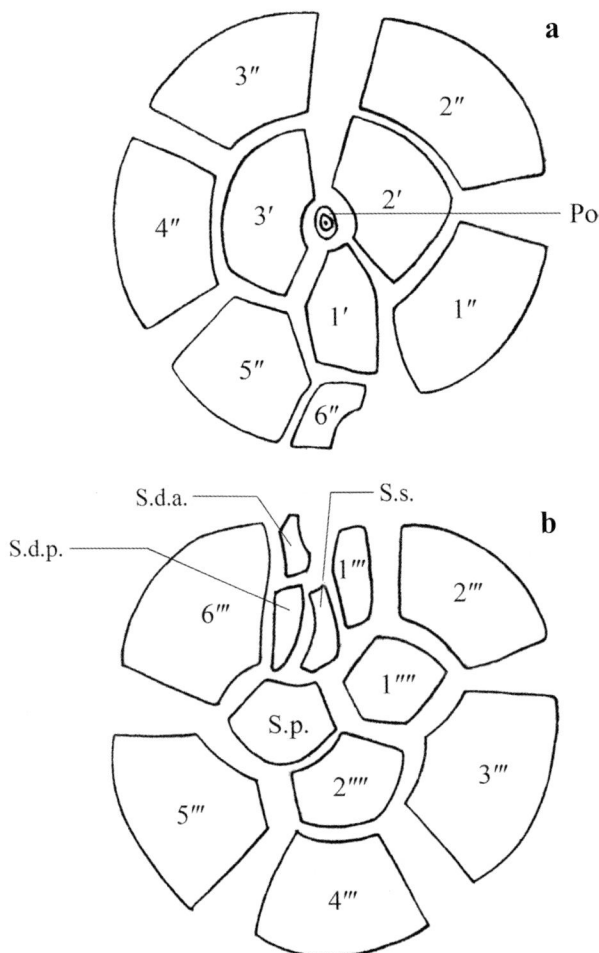

图 166　原角藻属结构示意图
a. 顶面观；b. 底面观；a, b. 仿 Balech（1988）

小窝原角藻 *Protoceratium areolatum* Kofoid, 1907

Kofoid 1907b, 169, t. 12, fig. 71; Matzenauer 1933, 449, fig. 13; Schiller 1937, 323, fig. 339b; Gaarder 1954, 58; Wood 1968, 124, fig. 388; Balech 1988, 162, lam. 73, fig. 5–6; 林永水和周近明 1993, 88, t. 82; 杨世民和李瑞香 2014, 141.

藻体细胞小，椭球形，长 27～37 μm，宽 25～33 μm。上壳稍短于下壳，具顶孔，无顶角。横沟宽阔且稍凹陷，左旋，下降 1 倍横沟宽度，横沟左侧下缘与右侧上缘几乎紧贴在一起。下壳较长，纵沟凹陷并向下延伸可达下壳底部。上、下壳面及横、纵沟内生有许多横纵交叉的粗脊，粗脊交叉处形成更加突出的刺，这些粗脊和刺将壳面、横沟、纵沟分隔为若干个多角形的网格，每个网格内有几个至十几个微小的孔。

样品 2012 年 5 月采自南海北部海域、2013 年 8 月采自冲绳海槽西侧海域，数量不多。

暖水大洋性种。太平洋、大西洋、印度洋、墨西哥湾有记录。

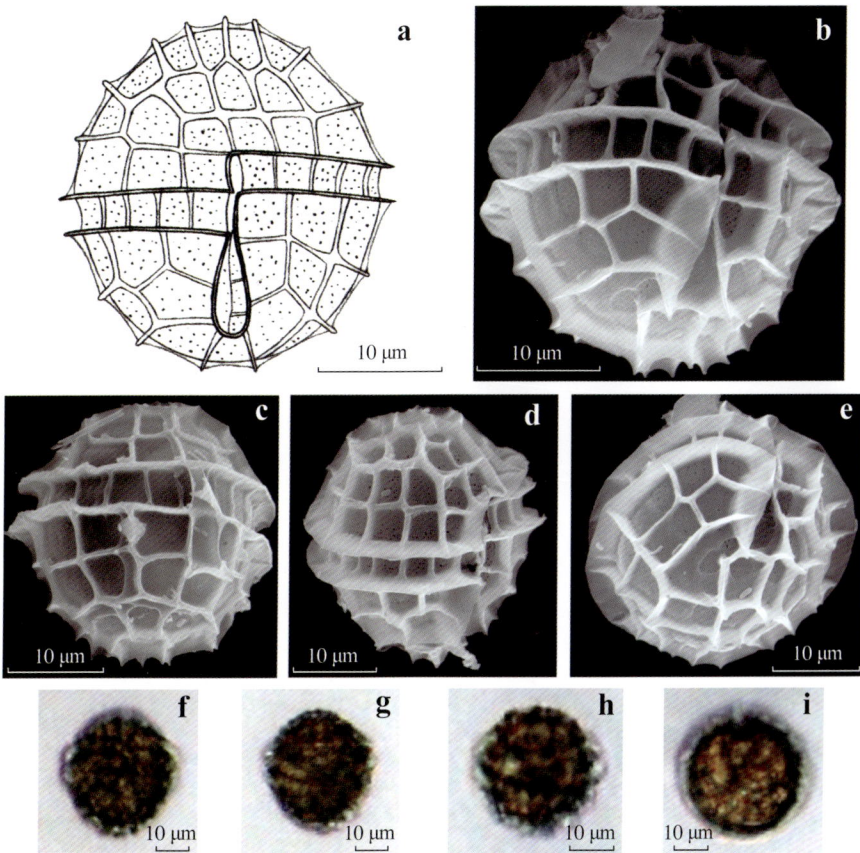

图 167 小窝原角藻 *Protoceratium areolatum* Kofoid, 1907
a, b, f. 腹面观；c, g, h. 背面观；d. 右侧面观；e, i. 底面观；b–e. SEM

网状原角藻 *Protoceratium reticulatum* (Claparède & Lachmann) Butschli, 1885

Butschli 1885, 1007, t. 52, fig. 2; Schütt 1895, t. 7, fig. 28; Lebour 1925, 89, t. 12, fig. 7a–c; Matzenauer 1933, 448; Schiller 1937, 322, fig. 338a–d; Gaarder 1954, 58; Wood 1954, 266, fig. 182; Wood 1968, 125, fig. 389; Dodge 1985, 86; Dodge 1989, 294, fig. 1d–e, 39–42; 福代康夫等 1990, 110, fig. a–h; Omura et al. 2012, 107; 杨世民和李瑞香 2014, 142.

同种异名：*Peridinium reticulatum* Claparède & Lachmann, 1859: Claparède & Lachmann 1859, t. 20, fig. 3.

Gonyaulax grindleyi Reinecke, 1967: Reinecke 1967, 157, fig. 1; Dodge 1982, 210, fig. 25g–i, t. 6b; Balech 1988, 169, lam. 77, fig. 1–5.

藻体细胞小，多面体形至椭球形，长 33～48 μm，宽 29～43 μm。上、下壳近等长。上壳宽圆锥形，两侧边较直，无顶角。横沟宽阔且明显凹陷，左旋，下降 1～1.5 倍横沟宽度，横沟边翅非常窄。纵沟直，前端稍伸入上壳，后部逐渐变宽。下壳近四边形，两侧边直或稍凸，底边平坦或较凸出，无底刺。壳面具粗壮发达的多角形网格结构，每个网格内通常有一个大而明显的孔。

样品 2012 年 5 月采自黄海北部海域、2013 年 7 月采自黄海南部海域，容易找到。

温带河口至近岸性种。世界分布广，太平洋、大西洋、印度洋、加勒比海、亚得里亚海、博斯普鲁斯海峡、智利北部海域、日本附近海域、欧洲沿岸、南非沿岸、巴西东南部海域均有分布，可大量繁殖引发赤潮（福代康夫等，1990; Álvarez et al., 2011）。

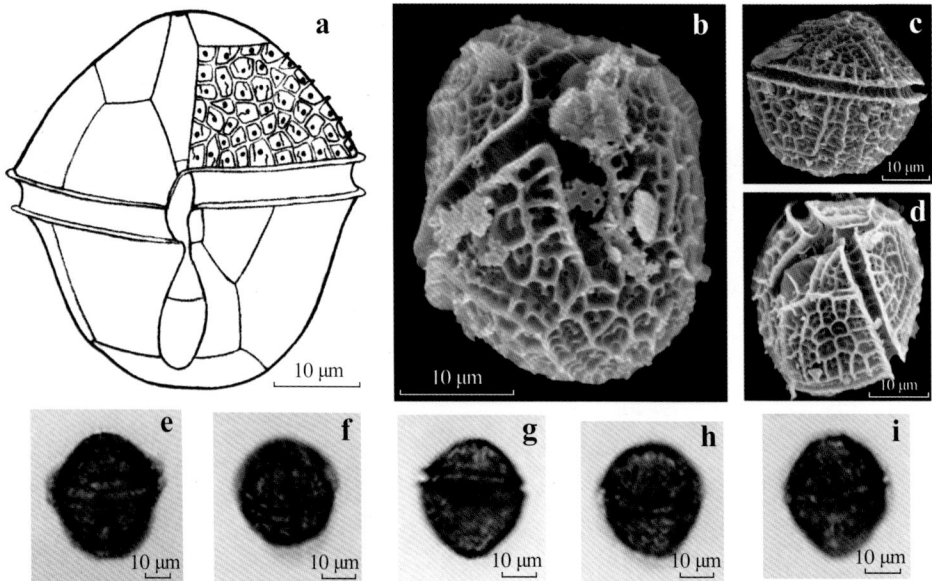

图 168　网状原角藻 *Protoceratium reticulatum* (Claparède & Lachmann) Butschli, 1885
a, b, e, f. 腹面观；c, g. 背面观；d, h. 左侧面观；i. 右侧面观；e–i. 活体；b–d. SEM

桫椤原角藻 *Protoceratium spinulosum* (Murray & Whitting) Schiller, 1937

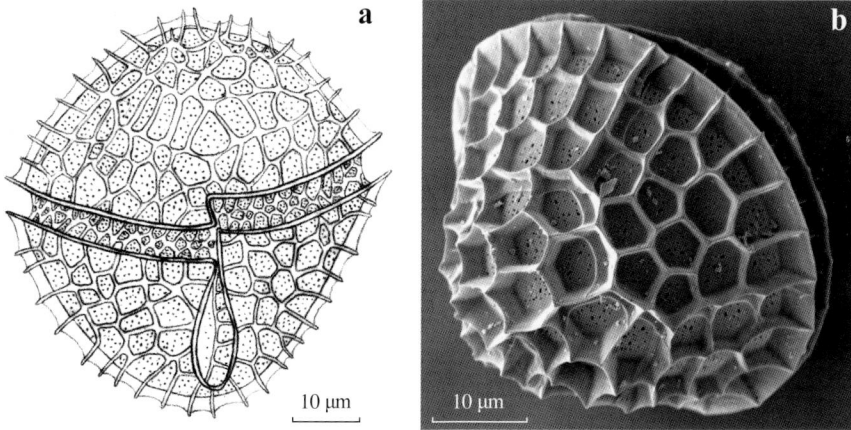

图 169 桫椤原角藻 *Protoceratium spinulosum* (Murray & Whitting) Schiller, 1937
a. 腹面观；b. 底面观（SEM）

Schiller 1937, 326, fig. 340; Taylor 1976, 109, fig. 414; Balech 1988, 162, lam. 73, fig. 1–4; Tomas 1997, 510, t. 43.

同种异名：*Peridinium spinulosum* Murray & Whitting, 1899: Murray & Whitting 1899, 328, t. 29, fig. 8.

藻体细胞中等大小，椭球形，长 53 μm，宽 50 μm。上壳顶部圆钝，无顶角。横沟左旋，下降 1 倍横沟宽度。纵沟前端狭窄，后端宽阔至下壳底部。壳面由许多粗脊交叉形成网格，粗脊交叉处形成刺状凸起，最高可达近 6 μm（Taylor, 1976），网格内微孔清晰。

本种与小窝原角藻 *P. areolatum* 相似，但后者个体明显小于本种，且粗脊和刺也不若本种的突出发达（Schiller, 1937; Taylor, 1976）。Balech（1988）认为两者除了上述两点区别外，本种下壳网格有 4～5 排，而小窝原角藻下壳网格不超过 3 排，但作者采得的小窝原角藻样本中也有上、下壳网格均超过 4 排的（杨世民和李瑞香，2014），而且 Kofoid（1907b）在建立小窝原角藻时也明确记述了其上、下壳网格均有 4～6 排，因此，作者认为此两物种上、下壳网格排数的变化范围相近，不能作为区分两者的依据。

样品 2012 年 4 月采自南海北部海域，数量稀少，系中国首次记录。

暖水大洋性种。北大西洋、印度洋、安达曼海、孟加拉湾有记录。

异甲藻科 Heterodiniaceae Lindemann, 1928

异甲藻属 *Heterodinium* Kofoid, 1906

本属藻体细胞小至大型，有些物种背腹较扁，上壳锥形至半球形，具顶孔 a.p. 和腹孔 v.p.，有些物种具一顶角。横沟左旋，横沟上缘明显外凸或具窄边翅，横沟下缘通常仅稍稍凸出。下壳底部圆钝或具两个底角或数个底刺。多数物种成熟的细胞个体具网格结构，网格内具孔。Kofoid 和 Adamson（1933）认为本属有 1 块前间插板（a），7 块后沟板（‴）和 3 块底板（‴‴）。但 Balech（1962）证实腹孔处还有 1 块小的甲板，并将其定为前间插板，而且认为第七块后沟板 7‴ 应为纵沟右板（S.d.）。Gómez 等（2012）进一步认为先前认定的第一后沟板 1‴ 和第一底板 1‴‴ 也都属于纵沟甲板，即纵沟左板（S.s.）和纵沟后板（S.p.）。作者通过对样本的观察初步同意 Balech 和 Gómez 等的观点，因此，本属的甲板公式为：Po, 3′, 2a, 6″, 6c, 5‴, 2‴‴。

Kofoid 和 Adamson（1933）依据藻体形态将本属分为 3 个亚属 7 个组，作者认为本属可直接分为 7 个组进行阐述，本书记述了其中 6 个组的物种。

本属共 50 余种，多为暖温带至热带大洋深水性种（Kofoid & Adamson, 1933），本书记述了 15 种，其中首次记录 5 种。

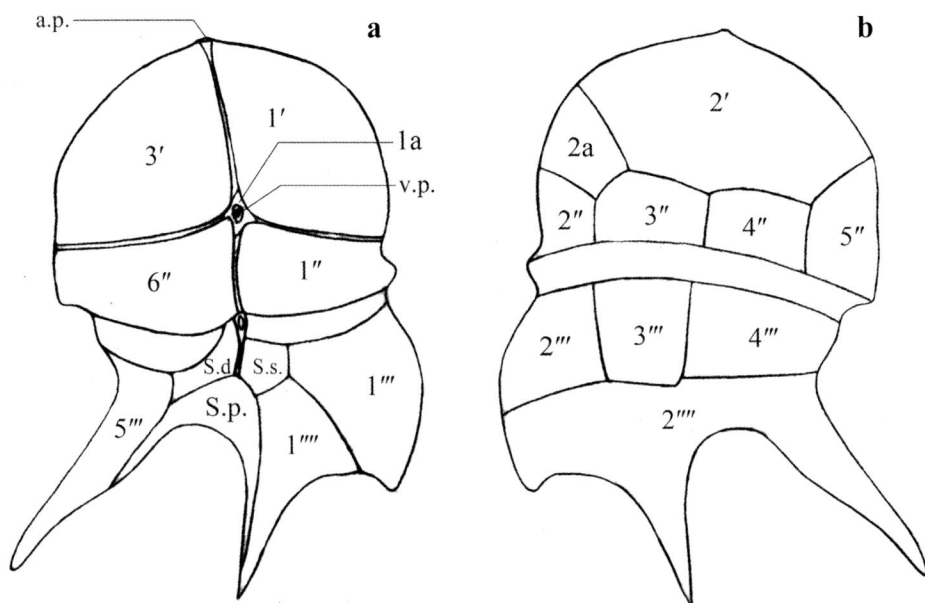

图 170　异甲藻属结构示意图
a. 腹面观；b. 背面观

Heterodinium kofoidii 组：藻体细胞球形至椭球形，无顶角、底角或底刺。

巢形异甲藻 *Heterodinium doma* (Murray & Whitting) Kofoid, 1906

Kofoid 1906, 352; Kofoid & Adamson 1933, 30, t. 1, fig. 8–9, t. 15, fig. 3; Schiller 1937, 331, fig. 346; Wood 1954, 267; Balech 1962, 150, t. 20, fig. 329; Taylor 1976, 116, fig. 236; Gómez et al. 2012, 97, fig. 1–7.

同种异名：*Peridinium doma* Murray & Whitting, 1899: Murray & Whitting 1899, 327, t. 30, fig. 3.

藻体细胞中型，长 83 μm，宽 78 μm，腹面观近椭圆形。上、下壳近等长或上壳稍长于下壳，顶端圆钝且稍不对称，偏向左侧，具顶孔，无顶角。上壳腹面平坦，腹孔较小。横沟宽阔，稍向内凹，不交叠，左旋，下降约 1 倍横沟宽度，具横沟上边翅而无横沟下边翅，横沟下缘与后沟板相连处仅稍稍外凸。纵沟短而窄，内陷较深，无纵沟边翅，鞭毛孔呈不规则的圆形。下壳半球形，底部较平坦，无底角或底刺，但在网格结构相交处常有锯齿状小刺。壳面网格结构细密而发达，网格内具孔。

样品 2013 年 8 月采自冲绳海槽西侧海域，数量稀少，系中国首次记录。

热带大洋深水性种。东太平洋热带海域、大西洋、印度洋、地中海、孟加拉湾有记录。

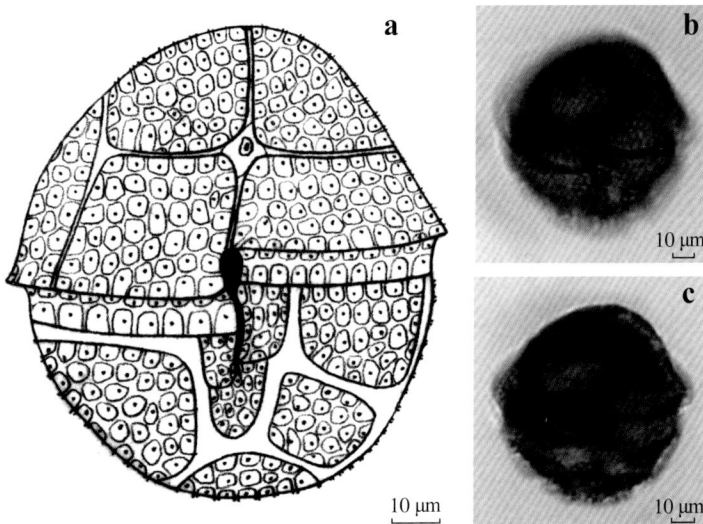

图 171　巢形异甲藻 *Heterodinium doma* (Murray & Whitting) Kofoid, 1906
a–c. 腹面观；b, c. 活体

Heterodinium minutum 组：藻体细胞近球形，顶角粗短或无顶角、具底角或底刺。

球状异甲藻 *Heterodinium globosum* Kofoid, 1907

Kofoid 1907b, 181, fig. 51; Kofoid & Adamson 1933, 45, t. 4, fig. 1–4, t. 15, fig. 10; Schiller 1937, 333, fig. 353; Gaarder 1954, 31; Balech 1962, 152, t. 20, fig. 331–332; Wood 1968, 73, fig. 203; Taylor 1976, 117, fig. 231; Balech 1988, 154, lam. 70, fig. 2, 2′; 陈国蔚 1989, 231, fig. 3a–c; Gómez et al. 2012, 98, fig. 22–29.

藻体细胞中型，长 88 μm，宽 56 μm。上、下壳近等长。上壳圆锥形，两侧边在接近横沟处明显外凸。顶角粗短，末端平截且不对称，稍斜向右侧。腹孔小，肾形至椭圆形。横沟宽阔，不凹陷，左旋，下降距离小于 1 倍横沟宽度。横沟上边翅具肋，无横沟下边翅。纵沟窄而短，约为体长的 1/5，纵沟边翅窄而透明。下壳近半球形，具两个基部粗壮、末端尖细的底角，两底角不等长，左底角长度约为右底角长度的 2～3 倍，且两底角均向腹侧倾斜约 30°（Kofoid & Adamson, 1933）。腹面甲板具不规则的网格结构或网格结构不完全，背面甲板除前间插板和底板具网格结构外，其余甲板较平滑，只有孔稀疏分布（陈国蔚，1989）。

西沙群岛附近海域有记录。样品 2011 年 9 月采自南海北部海域，数量稀少。

热带大洋深水性种。东太平洋热带海域、大西洋、地中海、加勒比海、波罗的海、孟加拉湾、亚丁湾有记录。

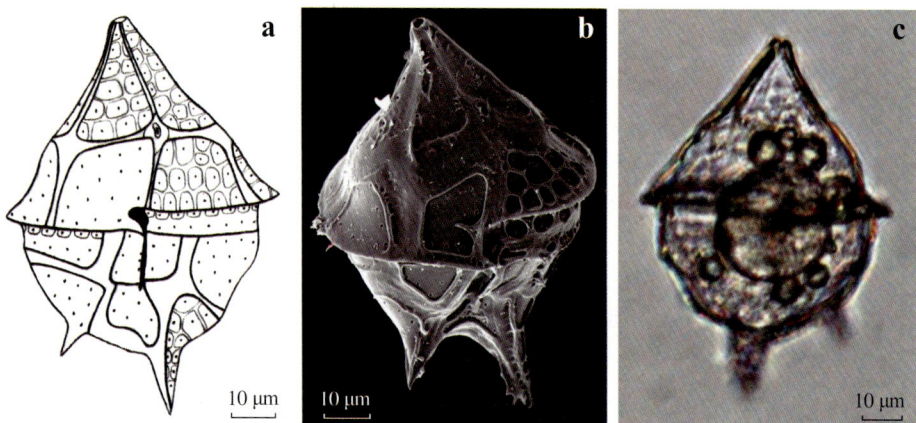

图 172　球状异甲藻 *Heterodinium globosum* Kofoid, 1907
a, b. 腹面观；c. 背面观；b. SEM

内陆异甲藻 *Heterodinium mediterraneum* Pavillard, 1932

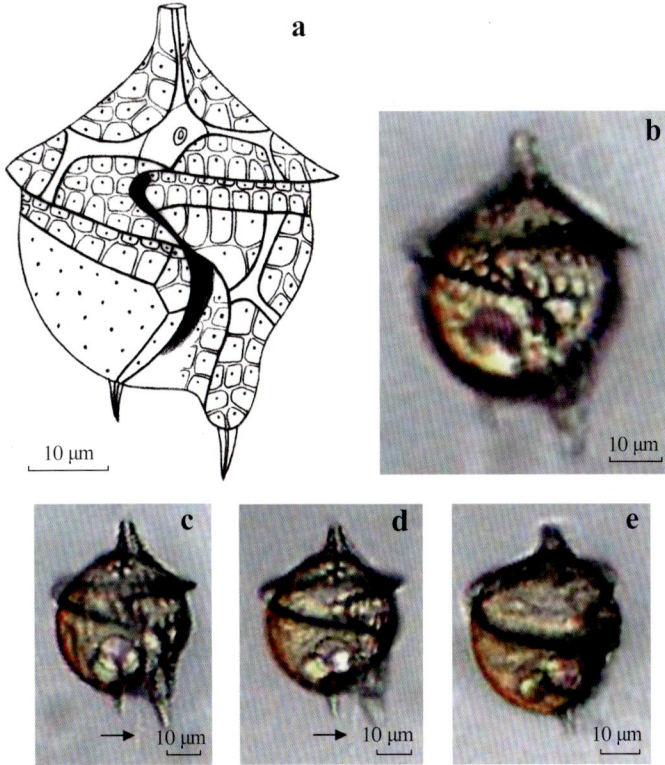

图 173　内陆异甲藻 *Heterodinium mediterraneum* Pavillard, 1932
a–d. 腹面观；e. 右侧面观；c, d. 示纵鞭毛；b–e. 活体

Pavillard 1932, 3, fig. 3; Schiller 1937, 332, fig. 349; Wood 1968, 74, fig. 206.

藻体细胞小型，长 56 μm，宽 38 μm。上壳短，近圆锥形，两侧边直或稍凸。顶角明显，末端平截，稍斜向右侧和腹侧。横沟交叠约 1.5～2 倍横沟宽度，左旋，下降约 2 倍横沟宽度，横沟上边翅发达，无横沟下边翅。纵沟窄而深，蜿蜒曲折，纵沟末端壳面向内形成凹陷并至下壳底端。下壳长，左侧底部向下球形凸出形成左底角，左底角稍向内斜生 1 个较长的底刺，底刺具翼。下壳右侧圆钝，无右底角，但有 1 个斜生的、较短的底刺，底刺上亦具翼。壳面网格结构不完全，下壳右侧甲板常仅在甲板相接处具脊状线。

本种与肥胖异甲藻 *H. obesum* 极为相似，但后者左底角具两个向内斜生的、较短的底刺，而右侧生有 1 个较长的底刺（Kofoid & Adamson, 1933）。

样品 2013 年 8 月采自冲绳海槽西侧海域，数量稀少，系中国首次记录。

热带大洋性种。太平洋、地中海、加勒比海、巴西北部海域有记录。

米尔纳异甲藻 *Heterodinium milneri* (Murray & Whitting) Kofoid, 1906

Kofoid 1906, 353; Kofoid & Adamson 1933, 41, t. 3, fig. 1–2, 4–6, t. 15, fig. 8; Schiller 1937, 333, fig. 351a–b; Gaarder 1954, 31; Balech 1962, 151, t. 20, fig. 330; Wood 1968, 74, fig. 207; Taylor 1976, 118, fig. 232; Dodge 1982, 220, fig. 27f; Balech 1988, 154, lam. 69, fig. 8–10; Tomas 1997, 513; Omura et al. 2012, 103; Gómez et al. 2012, 97, fig. 8–21; 杨世民和李瑞香 2014, 145.

同种异名：*Peridinium milneri* Murray & Whitting, 1899: Murray & Whitting 1899, 327, t. 29, fig. 3a–b.

藻体细胞小而粗壮，近球形，长 43～56 μm，宽 39～54 μm。上壳短，呈扁圆锥形，两侧边直，夹角约为 100°～110°（Kofoid & Adamson 1933，100°）。顶角短而粗，顶孔明显，腹孔小且靠近顶端。横沟宽阔，稍凹陷，交叠 2 倍横沟宽度，左旋，下降 2 倍横沟宽度，横沟上边翅窄，约为 0.5 倍横沟宽度，无横沟下边翅。纵沟约为体长的 2/5，窄而深，蜿蜒曲折。下壳长，近半球形。下壳底部生有 4 个底刺，其中 3 个较明显（Taylor，1976），底刺上具翼。壳面网格结构坚实粗大，网格内具孔。

东海、南海有分布，数量不多但不难找到。样品 2008 年 6 月采自三亚附近海域、2012 年 4 月采自西沙群岛附近海域、2013 年 7 月采自冲绳海槽西侧海域。

暖温带至热带大洋性种，世界分布广。太平洋热带海域、大西洋、地中海、墨西哥湾、印度东部海域有记录。

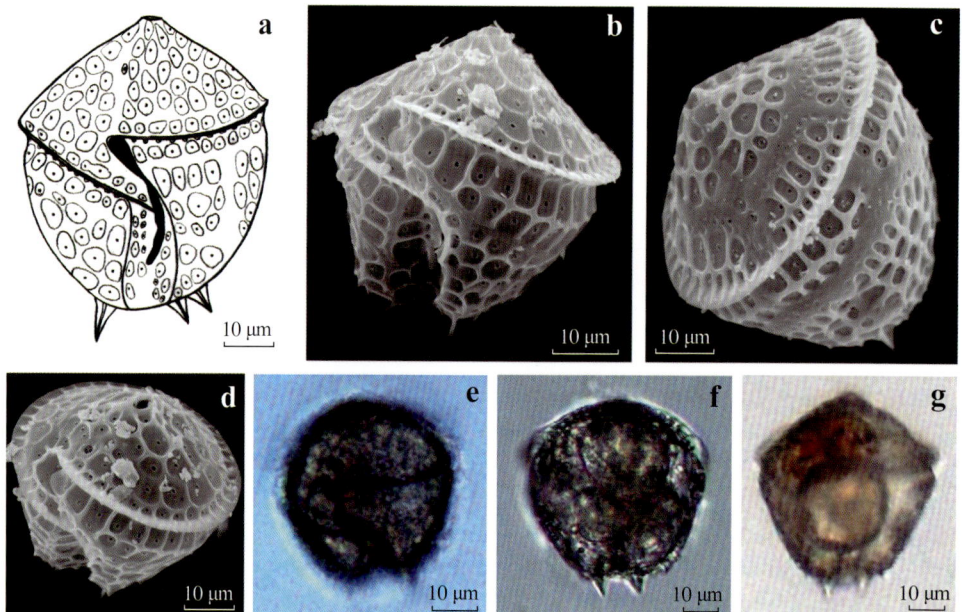

图 174 米尔纳异甲藻 *Heterodinium milneri* (Murray & Whitting) Kofoid, 1906
a, b, e. 腹面观；c, f, g. 背面观；d. 顶面观；g. 活体；b–d. SEM

小型异甲藻 *Heterodinium minutum* Kofoid & Michener, 1911

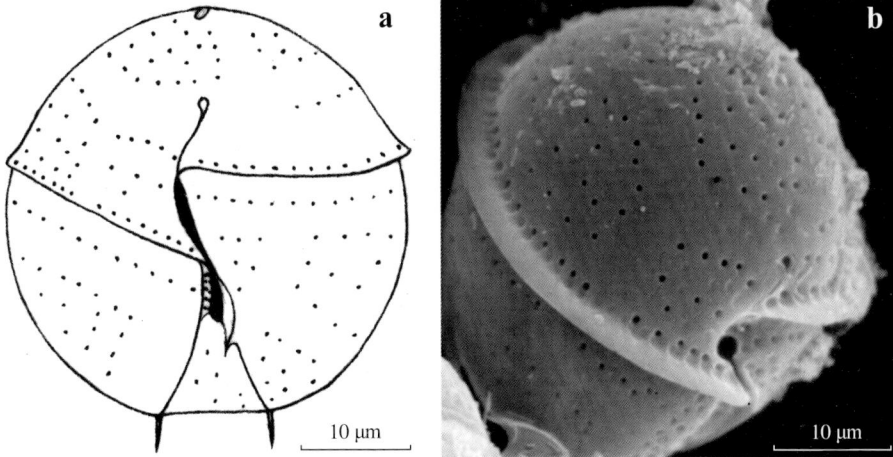

图 175 小型异甲藻 *Heterodinium minutum* Kofoid & Michener, 1911

a. 腹面观；b. 右侧面观（SEM）

Kofoid & Michener 1911, 285; Kofoid & Adamson 1933, 34, t. 1, fig. 4–7, t. 15, fig. 5; Schiller 1937, 331, fig. 345; Wood 1968, 74, fig. 208; Balech 1988, 153, lam. 69, fig. 7.

藻体细胞小，近球形，长 40 μm，宽 39 μm。上壳短，约为体长的 2/5，顶端圆钝，具顶孔，无顶角，腹孔小。横沟交叠约 1 倍横沟宽度，左旋，下降约 2 倍横沟宽度，具横沟上边翅无横沟下边翅。纵沟延伸至下壳中部，约为体长的 1/3，窄且弯曲，具纵沟左边翅，纵沟右边翅不明显。在纵沟末端壳面向内凹陷并向下延伸至下壳底端，在下壳底端与凹陷两边缘相交处各生有 1 个针状底刺，两底刺等长，且均向腹侧倾斜约 30°（Kofoid & Adamson, 1933）。在纵沟下端左侧，还生有 1 个腹刺，腹刺同为针状，长度与底刺相近。壳面较平滑，无网格结构，其上有孔稀疏散布。

样品 2012 年 5 月采自南海北部海域，数量稀少，系中国首次记录。

热带大洋深水性种。东太平洋热带海域、加勒比海、乌拉圭东南部海域有记录。

穆雷异甲藻 *Heterodinium murrayi* Kofoid, 1906

Kofoid 1906, 343; Kofoid & Adamson 1933, 38, t. 2, fig. 1–3, t. 3, fig. 3, t. 15, fig. 7; Böhm 1936, 33; Schiller 1937, 332, fig. 350; Gaarder 1954, 32; Dodge 1982, 220, fig. 27e; Balech 1988, 154, lam. 70, fig. 1.

同种异名：*Peridinium tripos* Murray & Whitting, 1899: Murray & Whitting 1899, 327, t. 30, fig. 4a–b; Ostenfeld & Paulsen 1904, 167.

藻体细胞小型，长 47 μm，宽 36 μm。上、下壳近等长。上壳圆锥形，两侧边夹角 70°～75°（Kofoid & Adamson 1933, 70°），直或稍凹。顶角较粗壮，末端平截，略不对称，稍斜向左侧和腹侧。腹孔很小，椭圆形。横沟不凹陷，交叠 1～1.5 倍横沟宽度，左旋，下降 2 倍横沟宽度，横沟上边翅薄翼状，无横沟下边翅。纵沟约为体长的 1/3，较曲折，纵沟左边翅窄而长，纵沟右边翅不明显。下壳半球形，底部圆钝，无底角。下壳底端左、右两侧各生有 1 个针状的、斜向外的底刺，底刺具翼。在下壳底端靠近腹侧处，还生有 1 个针状的、具翼的底刺。有时在下壳中下部或纵沟下方，还会生出数个三角形具翼短刺。壳面网格结构粗大，网格内具孔。

本种与米尔纳异甲藻 *H. milneri* 相似，但本种顶角较后者长，上壳两侧边夹角较后者小，藻体细胞也不如后者粗壮。

海南岛东南海域、南沙群岛西部海域有记录。样品 2012 年 4 月采自南海北部海域，数量稀少。

热带大洋深水性种。东太平洋热带海域、大西洋热带海域、地中海、加那利群岛附近海域有记录。

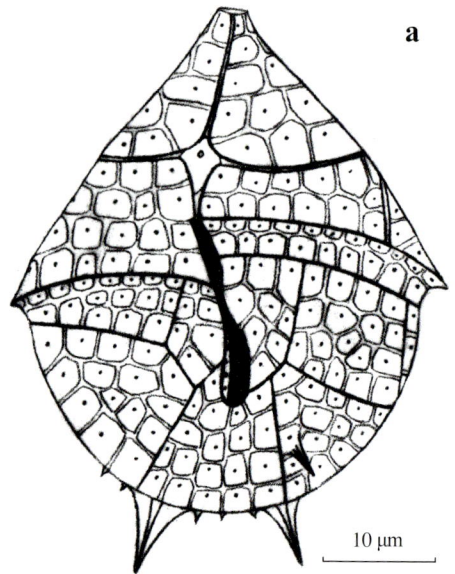

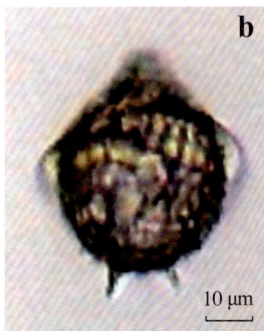

a

10 μm

b

c

d

10 μm   10 μm   10 μm

图 176　穆雷异甲藻 *Heterodinium murrayi* Kofoid, 1906
a, b. 腹面观；c. 背面观；d. 右侧面观；b–d. 活体

Heterodinium dispar 组：藻体细胞较长，背腹较扁，上壳近锥形，无顶角，下壳左底角或两底角长而发达。

勃氏异甲藻 *Heterodinium blackmanii* (Murray & Whitting) Kofoid, 1906

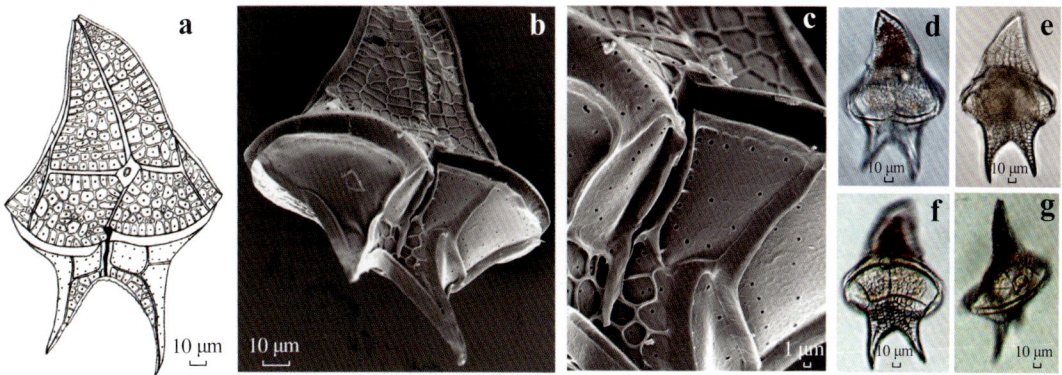

图 177　勃氏异甲藻 *Heterodinium blackmanii* (Murray & Whitting) Kofoid, 1906
a, b, d. 腹面观；c. 示腹区；e, f. 背面观；g. 左侧面观；b, c. SEM

Kofoid 1906, 358; Kofoid & Adamson 1933, 74, t. 9, fig. 1–4, 7, t. 15, fig. 25; Böhm 1936, 34; Schiller 1937, 340, fig. 366–367; Wood 1954, 267, fig. 184a–b; Balech 1962, 154, t. 21, fig. 341–342; Taylor 1976, 116, fig. 225; 林金美 1984, 39, t. 5, fig. 5; Balech 1988, 193, lam. 87, fig. 3; 林永水和周近明 1993, 92–93, t. 86–87; Omura et al. 2012, 102; 杨世民和李瑞香 2014, 143.

同种异名：*Peridinium blackmani* Murray & Whitting, 1899: Murray & Whitting 1899, 327, t. 29, fig. 6a–c.

藻体细胞瘦长，大型，长 211~226 μm，宽 119~128 μm，侧面观顶部和底部较扁，中部膨大。上壳长，偏向右侧，呈不对称的圆锥形，具顶孔。左侧边直或弧形外凸，右侧边明显内凹，两侧边夹角 60°~65°。腹孔小，位于上壳腹面中部，椭圆形至肾形。横沟较窄，凹陷而不交叠，左旋，下降 1 倍横沟宽度。横沟上、下边缘外凸，但无横沟边翅。纵沟弯曲，达下壳底部。下壳短，两侧边内凹明显。左、右两底角细长，右底角直，左底角内弯。壳面网格结构不完全，下壳腹面常仅在甲板相接处具脊状线。

东海、南海、台湾南部吕宋海峡均有分布。样品采自东海、南海北部海域、吕宋海峡。
暖温带至热带性种，世界分布广。太平洋、大西洋、印度洋均有记录。

不等异甲藻 *Heterodinium dispar* Kofoid & Adamson, 1933

Kofoid & Adamson 1933, 59, t. 5, fig. 2–3, t. 15, fig. 20; Schiller 1937, 336, fig. 357; Wood 1954, 266, fig. 183; Wood 1968, 73, fig. 202; Balech 1988, 155, lam. 70, fig. 3.

同种异名：*Heterodinium gracile* Böhm, 1936: Böhm 1936, 33, fig. 12d.

藻体细胞小型，长 72 μm，宽 45 μm。上、下壳长度近相等。上壳圆锥形，背腹较扁。两侧边直或稍凹，夹角 70°（Kofoid & Adamson 1933, 70°～75°）。顶部三角形，顶端平截具顶孔，稍向右侧偏斜。腹孔大，肾形至椭圆形。横沟宽阔且稍凹陷，交叠 0.5 倍横沟宽度，左旋，下降 1 倍横沟宽度，横沟上边翅窄，横沟下缘与后沟板相连处外凸。纵沟约为体长的 1/4，几乎是直的。下壳近梯形，底边斜，左、右两侧各有一底角，两底角非常不均等。左底角长，基部粗壮，尖锥形；右底角短，长度仅为左底角的 1/5～1/2，三角形至尖锥形。壳面网格结构不完全，大部分区域较平滑或仅在甲板相接处具脊状线，孔分布稀疏。

Böhm（1936）曾在南沙群岛西部海域找到并发表了新种——细长异甲藻 *H. gracile*，但作者对比了其所绘的腹面、背面、左侧面观的图和对形态的描述后发现，细长异甲藻无论是藻体大小、上壳形态（Böhm 描述细长异甲藻顶端对称，但其所绘的腹、背面图显示顶端稍向右斜）和两侧边夹角，还是两底角长短有明显差异等主要特征上，均与本种相同，因此，作者认为细长异甲藻应为本种的同种异名。

样品 2012 年 4 月采自南海北部海域，数量稀少。

热带大洋深水性种。东太平洋热带海域、巴西东南部海域有记录。

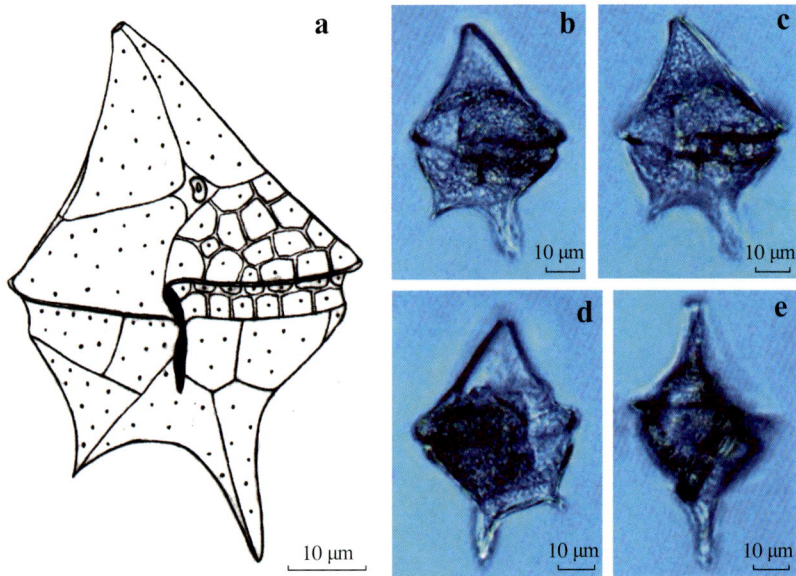

图 178　不等异甲藻 *Heterodinium dispar* Kofoid & Adamson, 1933
a–c. 腹面观；d. 背面观；e. 右侧面观

延长异甲藻 *Heterodinium elongatum* Kofoid & Michener, 1911

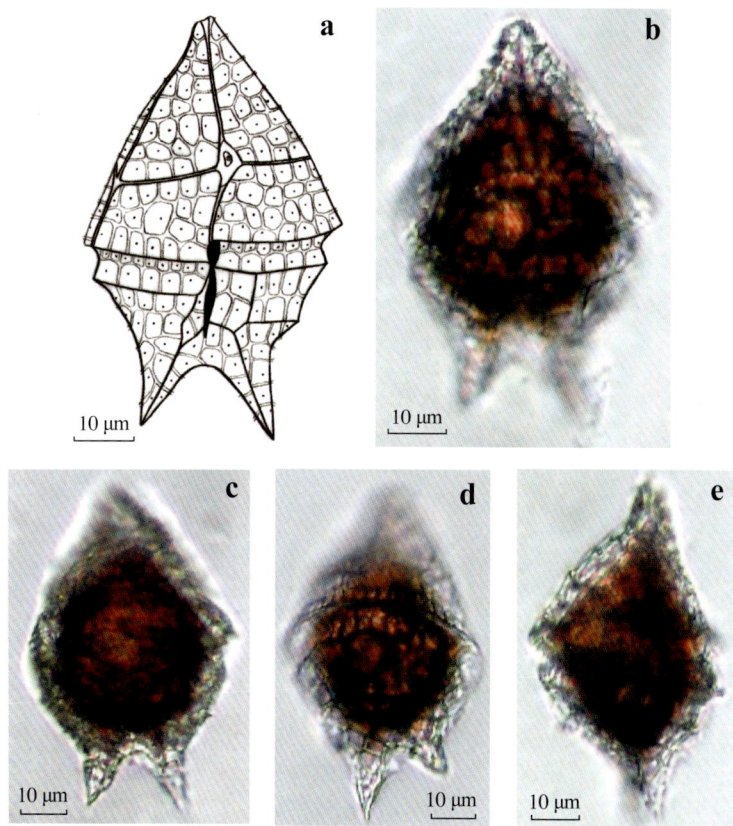

图 179　延长异甲藻 *Heterodinium elongatum* Kofoid & Michener, 1911
a–c.腹面观；d.背面观；e.右侧面观；b–e.活体

Kofoid & Michener 1911, 284; Kofoid & Adamson 1933, 61, t. 8, fig. 1–3, t. 15, fig. 21; Schiller 1937, 336, fig. 358; Gaarder 1954, 31; 杨世民和李瑞香 2014, 144.

藻体细胞长，小型，长 71 μm，宽 43 μm，侧面观近菱形。上壳长于下壳，呈圆锥形。两侧边稍凸，夹角约 60°。顶角粗短且稍偏向右（Kofoid & Adamson 描述本种顶部对称，但其图形显示顶角稍偏向右），顶端斜，具顶孔。腹孔大，肾形。横沟宽阔，明显向内凹陷，几乎不交叠，左旋，下降 1 倍横沟宽度。横沟上、下边缘与前沟板、后沟板相连处外凸，无明显的横沟边翅。纵沟几乎是直的，约为体长的 1/4。下壳短，底部生有左、右两底角。两底角近相等，圆锥形，其上无刺或翼。壳面网格结构粗大且完全，据 Kofoid 和 Adamson（1933）记载本种纵沟右板（S.d.）无网格结构，但作者采到的个体 S.d. 上亦具网格结构。

南海北部海域有分布。样品 2008 年 6 月采自三亚附近海域，数量稀少。

热带大洋深水性种。世界罕见，仅东太平洋热带海域、亚速尔群岛北部海域有记录。

> *Heterodinium rigdeniae* 组：藻体细胞较长，上壳宽扁，下壳两底角粗短。

坚硬异甲藻 *Heterodinium rigdeniae* Kofoid, 1906

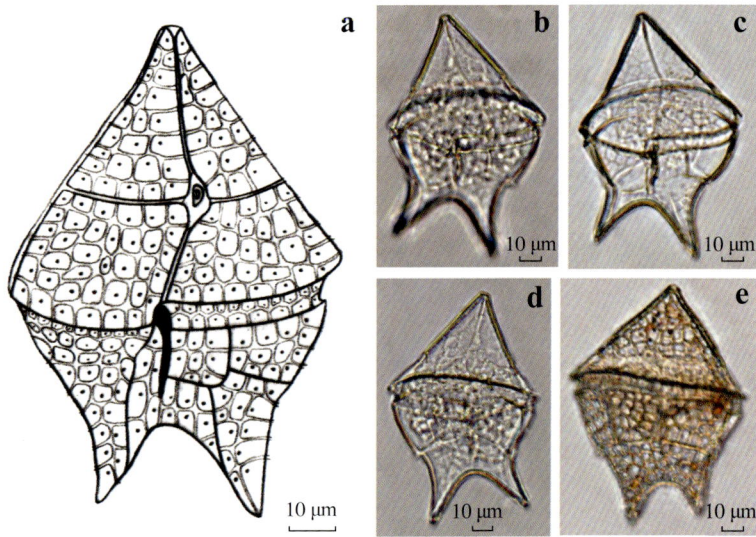

图 180　坚硬异甲藻 *Heterodinium rigdeniae* Kofoid, 1906

a–c. 腹面观；d, e. 背面观

Kofoid 1906, 356, t. 18, fig. 6–8; Kofoid & Adamson 1933, 78, t. 5, fig. 4, t. 15, fig. 16, t. 17, fig. 42–47; Schiller 1937, 337, fig. 360a–d; Gaarder 1954, 32; Balech 1962, 153, t. 21, fig. 336–338; Taylor 1976, 119, fig. 227, 230; Tomas 1997, 513, t. 44; Omura et al. 2012, 103; Gómez et al. 2012, 98, fig. 30–32; 杨世民和李瑞香 2014, 146.

藻体细胞中型，长 113～125 μm，宽 75～83 μm，背腹甚扁。上壳腹面观三角形，偏向右侧。两侧边直，夹角 65°～85°（Kofoid & Adamson 1933, 70°～90°）。腹孔肾形，位于上壳腹面中部。横沟凹陷，不交叠，左旋，下降约 1 倍横沟宽度。横沟上缘外凸；下缘左侧凸，右侧近乎平坦。纵沟窄而直。下壳左侧边凸，右侧边稍凹。左、右两底角粗壮，圆锥形，其长度和伸展角度变化范围大，有时右底角会向外弯曲，两底角末端尖或钝。壳面网格结构覆盖范围变化大，有的网格结构粗大完全，有的仅部分甲板具细弱的网格结构，而在不成熟的细胞壳面，甚至很难找到网格结构（Taylor，1976；杨世民和李瑞香，2014）。

本种初始的拉丁文名为 *H. rigdenae*，后经 Gómez（2012）修订为 *H. rigdeniae*。

东海、南海有分布。样品 2011 年 9 月采自南海北部海域，数量少。

暖温带至热带性种。太平洋、印度洋、地中海有记录。

斯克里普异甲藻 *Heterodinium scrippsii* Kofoid, 1906

Kofoid 1906, 359, t. 17, fig. 1–5; Kofoid & Adamson 1933, 81, t. 5, fig. 1, t. 15, fig. 18, t. 18, fig. 48–51; Schiller 1937, 338, fig. 363a–d; Gaarder 1954, 32; Wood 1954, 268; Wood 1968, 75, fig. 209; Gómez et al. 2012, 98, fig. 33–40.

同种异名: *Peridinium areolatum* Karsten, 1906: Karsten 1906, 150, t. 23, fig. 18a–b.

Heterodinium richardi Pavillard, 1932: Pavillard 1932, 2, fig. 2.

Heterodinium pulchrum Böhm, 1933: Böhm 1933, 354, fig. 4.

藻体细胞中型，长 147 μm，宽 97 μm，腹面观粗壮且通常棱角分明。上壳长，近五边形，顶角可见但不明显，具顶孔。左、右侧边在上方顶端和横沟距离的 1/3 处各有 1 个约略对称的棱角，但也有的个体上壳两侧边较圆润，棱角不清晰（Kofoid, 1906），两侧边在顶端区域的夹角约 100°（Kofoid & Adamson 1933, 90°）。腹孔近环形至肾形，位于上壳腹面中部。横沟凹陷不交叠，左旋，下降 1 倍横沟宽度。横沟上缘外凸明显，横沟下缘仅稍凸，但均无横沟边翅。纵沟短而弯曲，长度不及横沟至下壳底缘的一半。下壳短，左侧边凸，右侧边凹陷。左、右两底角粗短，近锥形，末端尖锐，右底角稍小于左底角。壳面网格结构粗壮发达，网格内具孔。

本种初始的拉丁文名为 *H. scrippsi*，后经 Gómez（2012）修订为 *H. scrippsii*。

样品 1984 年采自东海大陆架，数量稀少，系中国首次记录。

热带大洋深水性种。太平洋、大西洋热带海域、地中海、加勒比海、加利福尼亚附近海域、巴西北部海域有记录。

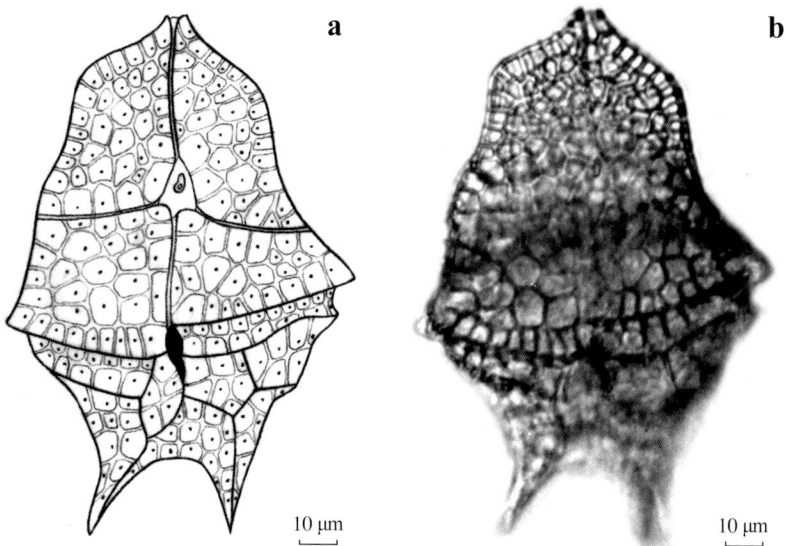

图 181 斯克里普异甲藻 *Heterodinium scrippsii* Kofoid, 1906
a, b. 腹面观

Heterodinium pavillardii 组：藻体背腹较扁，上壳顶端宽而圆，下壳左侧边较平直，右侧边向内收拢。

阿格异甲藻 *Heterodinium agassizii* Kofoid, 1907

Kofoid 1907b, 177, fig. 35; Kofoid & Adamson 1933, 86, t. 10, fig. 4–8, t. 16, fig. 27; Schiller 1937, 342, fig. 369; Gaarder 1954, 31; Halim 1967, 730, t. 4, fig. 55~57; Taylor 1976, 116, fig. 229; Omura et al. 2012, 102.

藻体细胞长，大型，长 152~159 μm，宽 76~83 μm，侧面观顶部和底部较扁，中部膨大。上壳半椭圆形，两侧边在横沟上方稍向内凹，通常左右对称，但也有右侧顶端稍低而不对称的。无顶角，具顶孔。腹孔位于上壳腹面中上部，肾形。横沟窄且凹，不交叠，左旋，下降 1 倍横沟宽度。横沟上、下边翅薄翼状，甚狭窄。纵沟几乎是直的，窄而长，达下壳底部。下壳左、右两底角近相等，为粗壮的圆锥形，两底角直或右底角稍稍外斜。壳面网格结构完全，网格内具孔。

东海、南海有分布。样品 2003 年秋季采自东海，数量稀少。

热带大洋深水性种。太平洋热带海域、大西洋、地中海、加勒比海、孟加拉湾有记录。

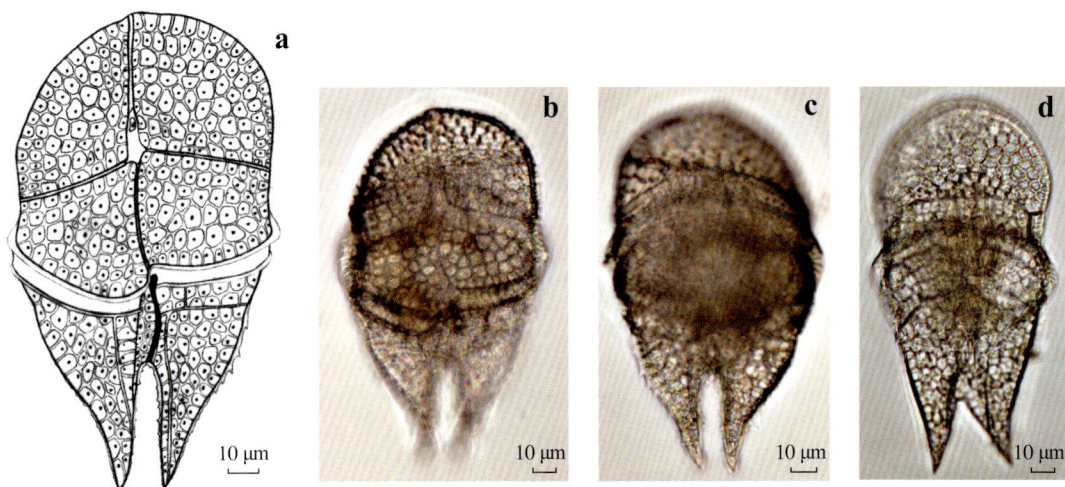

图 182　阿格异甲藻 *Heterodinium agassizii* Kofoid, 1907
a, b. 腹面观；c, d. 背面观

巴氏异甲藻 *Heterodinium pavillardii* Kofoid & Adamson, 1933

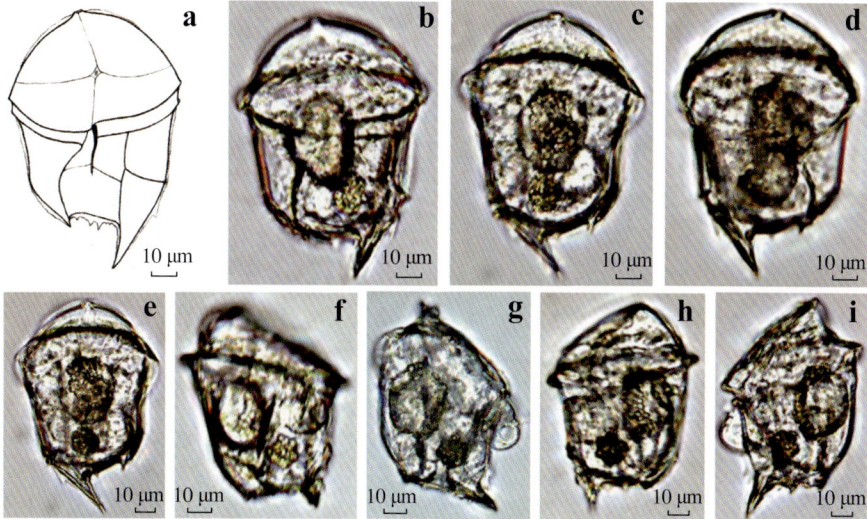

图 183　巴氏异甲藻 *Heterodinium pavillardii* Kofoid & Adamson, 1933
a, b. 腹面观；c–e. 背面观；f, g. 右侧面观；h, i. 左侧面观

Kofoid & Adamson 1933, 86, t. 16, fig. 26; Gómez et al. 2012, 98, fig. 41–42.

藻体细胞较细长，中型，长 102 μm，宽 68 μm，侧面观近梯形。上壳短，半圆形，无顶角，顶孔偏向右侧从而使上壳不对称。腹孔很小，位于上壳腹面中部。横沟不凹陷且不交叠，左旋，下降约 0.5 倍横沟宽度。横沟上边翅窄；横沟下边翅左侧较明显，右侧几乎不可见。纵沟短而窄，至下壳中部，几乎是直的。下壳左、右两底角非常不均等，左底角长，尖锥形，向内弯曲；右底角甚短，长度仅为左底角的 1/4，亦向内弯曲。下壳底部常生有多个锯齿状小刺。壳面较平滑，无网格结构，孔分布稀疏。

Schiller（1937）认为本种与 *H. laticinctum* 同为 *H. inaequale* 的同种异名，但 Taylor（1976）认为本种个体较小，且底角向内弯曲的角度小于后两者，因而应保留本种。作者通过所采的实物样本对比了此三者的绘图、描述以及实物照片（Kofoid & Adamson, 1933; Schiller, 1937; Polat & Koray, 2003; Gómez, 2012）后认为：本种个体明显小于 *H. laticinctum* 和 *H. inaequale*，后两者长 120 μm 以上，而本种很少超过 120 μm。而且，本种细胞较细长，宽：长约为 0.6，而后两者宽大粗壮，宽：长为 0.7 以上。另外，本种的右底角长度仅为左底角的 1/4 甚至更短，而后两者右底角相对较长，约为左底角的 1/2。因此，作者认为本种应作为一个独立的种予以保留。但对于 Taylor 以底角弯曲角度作为区分本种和后两者的分类依据，作者持怀疑态度，因为作者在观察本种样本时发现，当观察腹面或背面的角度稍微改变时，底角弯曲的角度也会随之发生明显改变，因而以此作为区分依据有可能出现偏差。

样品 2010 年 8 月采自台湾南部吕宋海峡，数量稀少，系中国首次记录。

热带大洋深水性种。世界罕见，仅太平洋热带海域、地中海有记录。

灰白异甲藻 *Heterodinium whittingiae* Kofoid, 1906

Kofoid 1906, 361, t. 19, fig. 11–14; Kofoid & Adamson 1933, 92, t. 16, fig. 29; Schiller 1937, 343, fig. 371; Gaarder 1954, 32, fig. 35a–b; Taylor 1976, 119, fig. 226a–b; Dodge 1985, 92; 林永水和周近明 1993, 94–95, t. 88–89; 杨世民和李瑞香 2014, 147.

藻体细胞大型，长 168～208 μm，宽 109～155 μm，背腹甚扁。上、下壳约略等长。上壳腹面观近三角形，两侧边弧形外凸，夹角 85°～100°，具顶孔。腹孔小，位于上壳腹面中部，椭圆形至肾形。横沟很窄，不凹陷且不交叠，左旋，下降 1 倍横沟宽度。横沟上边翅窄翼状，横沟下缘左侧与后沟板相连处外凸，下缘右侧则近乎平坦（Dodge, 1985）。纵沟短，约为体长的 1/4。下壳两侧边亦弧形外凸。左、右两底角粗而短，近锥形，均向内弯曲，左底角稍长于右底角。壳面除纵沟右板（S.d.）外均具网格结构，网格内具孔。

本种初始的拉丁文名为 *H. whittingae*，后经 Gómez（2012）修订为 *H. whittingiae*。

东海、南海有分布。样品 2012 年 5 月采自南海北部海域，数量稀少。

暖温带至热带大洋性种。太平洋热带海域、大西洋、印度洋有记录。

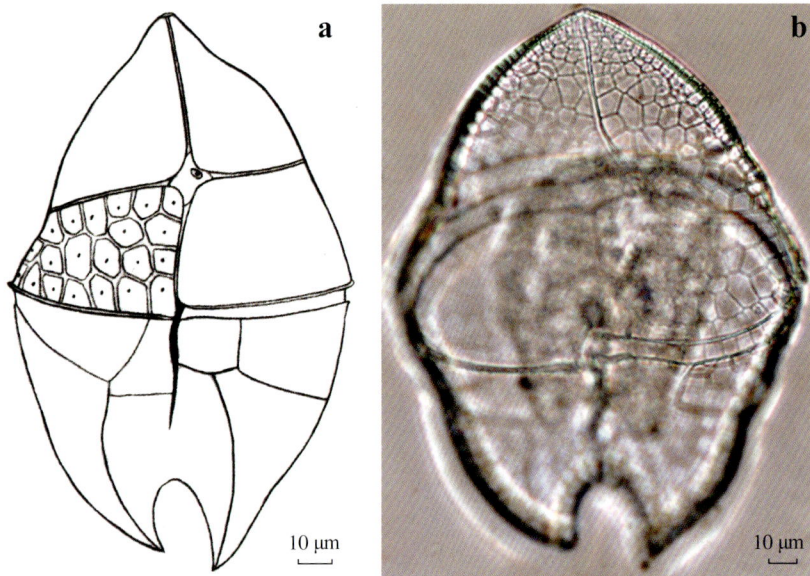

a

b

10 μm

10 μm

图 184 灰白异甲藻 *Heterodinium whittingiae* Kofoid, 1906
a, b. 腹面观

> *Heterodinium gesticulatum* 组：藻体上壳顶端宽而圆，下壳左侧边具耳垂状凸起，右侧边向内深深凹陷。

最外异甲藻 *Heterodinium extremum* (Kofoid) Kofoid & Adamson, 1933

Kofoid & Adamson 1933, 113, t. 16, fig. 38, t. 21, fig. 79–81, t. 22, fig. 82–84; Schiller 1937, 347, fig. 379a–b.

同种异名：*Heterodinium gesticulatum* f. *extrema* Kofoid, 1907: Kofoid 1907b, 181, t. 6, fig. 38.

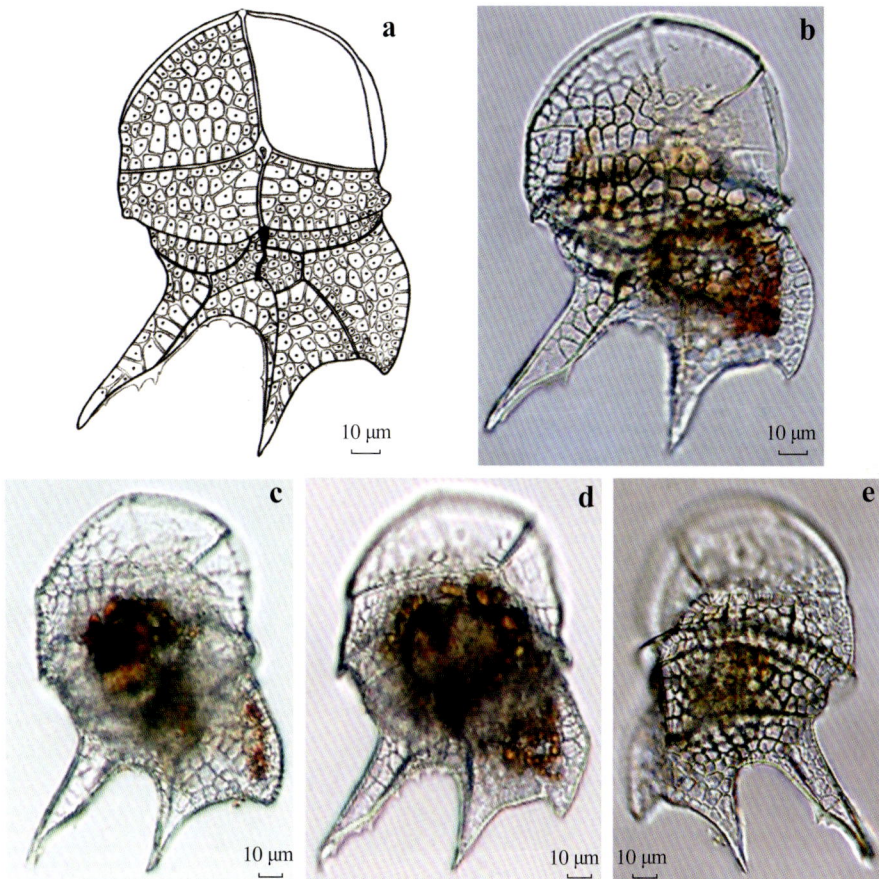

图 185

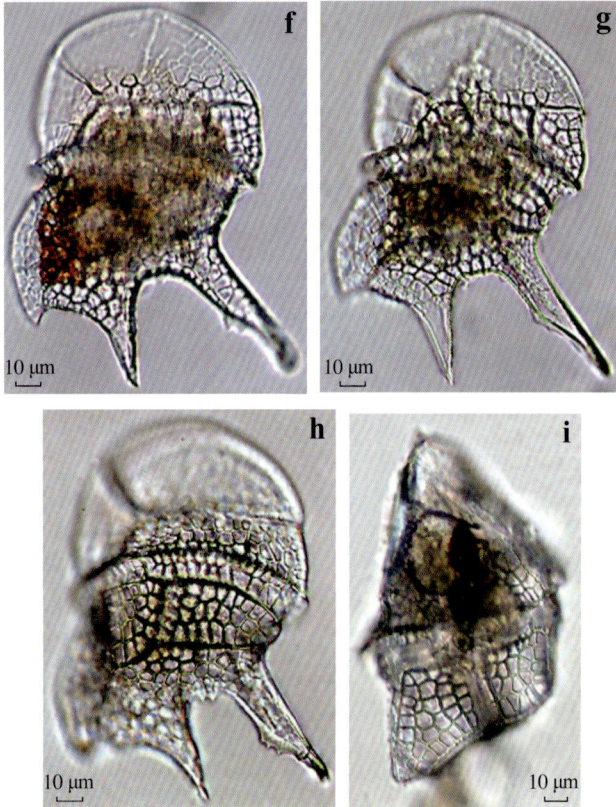

图 185　最外异甲藻 *Heterodinium extremum* (Kofoid) Kofoid & Adamson, 1933

a–d. 腹面观；e–h. 背面观；i. 左侧面观

藻体细胞大型，长 148～157 μm，宽 92～100 μm，侧面观近梯形。上壳约呈半圆形，顶孔偏向右侧，左侧边在横沟上方稍向内凹。腹孔小，位于上壳腹面中部，肾形。横沟宽阔，稍向内凹，不交叠，左旋，下降约 0.5 倍横沟宽度。横沟上缘与前沟板相连处外凸；下缘与后沟板相连处则近平坦。纵沟弯曲，窄而短，长度仅约为横沟宽度的 2 倍。下壳非常不对称，下壳左侧向外凸出并下坠呈耳垂状，"耳垂"内侧生有 1 个粗壮的、尖锥形的左底角，左底角稍斜向右伸展，长度约为体长的 1/4。下壳右侧底端具右底角，右底角亦呈粗壮的尖锥形，长度约为体长的 1/3，与细胞纵轴呈 40°～50°夹角斜向外伸出，右底角内侧从中下部开始急剧收缩变窄。在两底角内侧和下壳底端，常生有多个锯齿状小刺。壳面网格结构粗大但常常不完全，尤其是顶板和前间插板部分甚至全部平滑无网格结构。

本种与手势异甲藻 *H. gesticulatum* 极为相似，Kofoid 和 Adamson（1933）认为两者的区别主要为：本种右底角内侧中下部急剧收缩变窄，而后者右底角内侧不收缩，为对称的尖锥形，这一特征也是区分此两种最主要的依据；本种下壳左侧"耳垂"下坠更明显，末端更尖，而后者"耳垂"较宽大圆滑；本种上壳两侧边在横沟上方均向内凹，而后者仅上壳左侧边在横沟上方稍向内凹。但是，作者在观察中发现，作者所采集的本种样本细胞上壳都仅在左侧边横沟上方内凹，而非在两侧边均内凹。而且，本种也有"耳垂"较宽大圆滑的个体（如图 185c）。因此，作者认为，如果最外异甲藻与手势异甲藻确为两个独立的物种，那么右底角内侧收缩与否或为区分两者的唯一依据。

本种与 *H. mediocre*、*H. deformatum*、*H. varicator* 均较相似，但本种左侧"耳垂"更加下坠凸出的特点可将本种与后 3 种区分开来。

Omura et al.（2012）曾收录了 *H. mediocre* 的 3 张实物照片，但作者通过对比后确认，此 3 张照片所展示的物种确为本种无疑。

东海有记录。样品 2008 年 6 月采自三亚附近海域，数量少。

热带大洋深水性种。太平洋热带海域有记录。

长甲藻属 *Dolichodinium* Kofoid & Adamson, 1933

本属结构与异甲藻属 *Heterodinium* Kofoid 相似，不同之处在于上壳比异甲藻属多了 1 块顶板（′）而少了 1 块前间插板（a）。因此，本属的甲板公式为：Po, 4′, 1a, 6″, 6c, 5‴, 2⁗。

本属为中国首次记录，世界仅有 1 种。

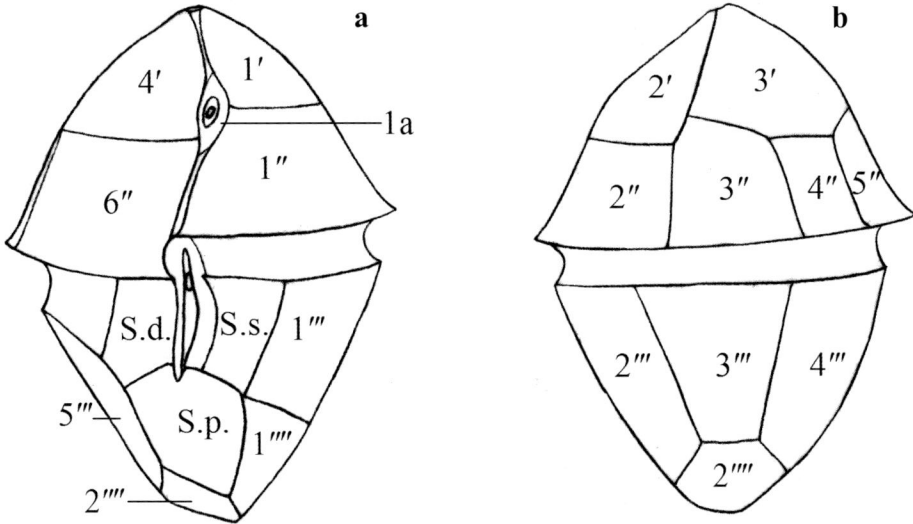

图 186　长甲藻属结构示意图
a. 腹面观；b. 背面观

线纹长甲藻 *Dolichodinium lineatum* (Kofoid & Michener) Kofoid & Adamson, 1933

Kofoid & Adamson 1933, 123, t. 12, fig. 6–8, t. 17, fig. 41, t. 22, fig. 87–88; Schiller 1937, 349, fig. 382a–b.

同种异名：*Heterodinium lineatum* Kofoid & Michener, 1911: Kofoid & Michener 1911, 285.

藻体细胞长，小型，长 55 μm，宽 35 μm，腹面观近双锥形。上壳稍短于下壳，无顶角，顶孔大且斜截，两侧边稍凸。横沟稍凹，不交叠，左旋，下降约 1 倍横沟宽度，横沟上缘与前沟板相连处外凸非常明显，而横沟下缘与后沟板相连处几乎不凸起。纵沟窄而短，长度仅约为体长的 1/5。下壳近多面体形，尤其在下壳底部，具明显棱角，无底角或底刺。壳面具许多大且呈长椭圆形的孔，上壳面较平滑，下壳面多具粗脊。

样品 2012 年 4 月采自南海北部海域，数量稀少，系中国首次记录。

热带大洋深水性种。世界罕见，仅东太平洋热带海域有记录。

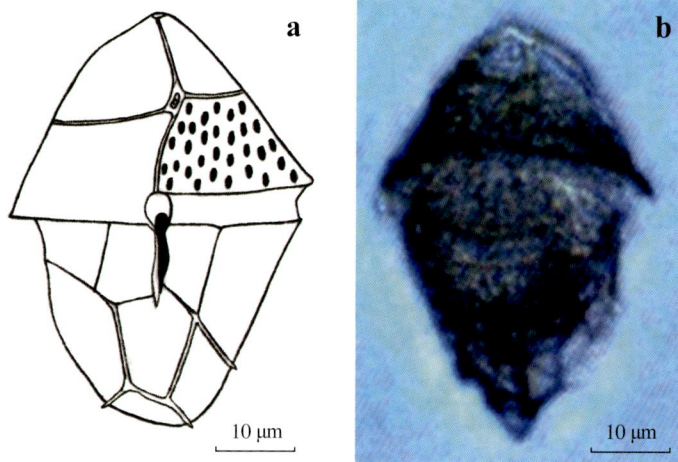

图 187　线纹长甲藻 *Dolichodinium lineatum* (Kofoid & Michener) Kofoid & Adamson, 1933
a. 腹面观；b. 左侧面观

扁甲藻科 Pyrophacaceae Lindemann, 1928

扁甲藻属 *Pyrophacus* Stein, 1883

本属藻体细胞大型，扁双锥形至凸透镜形，横沟窄，轻微左旋，纵沟很短，有时细胞纵轴偏斜。壳面较粗糙，散布颗粒状小凸起。本属非常引人注目之处在于其各系列甲板的变化（Taylor，1976）。早先的学者认为本属的后间插板（p）和底板（‴）均有较大范围的变化（Steidinger & Davis, 1967; Wall & Dale, 1971; Taylor, 1976），但 Balech（1979c）对此进行了修订，认为只有围绕纵沟甲板的3块底部甲板方为底板，其余底部甲板均为后间插板，这一观点也被后来的学者采纳（Tomas, 1997; Faust, 1998; Pholpunthin et al., 1999），作者通过对比也同意 Balech 的观点，根据所记录的样本，作者认为本属的甲板公式为：Po, 5～9′, 0～9a, 7～15″, 9～16c, 8s, 8～17‴, 1～11p, 3‴′。

本属共3种，本书皆有记述。

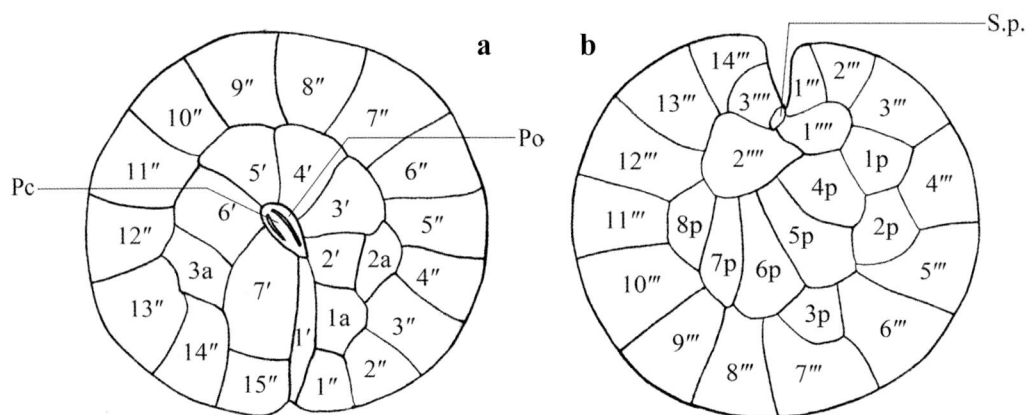

图188 扁甲藻属结构示意图
a.顶面观；b.底面观

钟扁甲藻 *Pyrophacus horologium* Stein, 1883

Stein 1883, t. 24, fig. 8–13; Schütt 1895, 159, t. 17, fig. 51; Pavillard 1916, 13; Lebour et al. 1925, 139, t. 29, fig. 4a–c; Abé, 1927, 390, fig. 10; Schiller 1935, 87, fig. 73a–e; Rampi 1950, 243, fig. 7; Wood 1954, 221, fig. 84a; Silva 1956, 59, t. 10, fig. 1; Steidinger & Davis 1967, 2, fig. 1–5; Wood 1968, 128, fig. 398; Steidinger & Williams 1970, 62, t. 39, fig. 146a–b; Wall & Dale 1971, 230, fig. 1a,d, fig. 4d–g, fig. 9, fig. 31–37; Taylor 1976, 182, fig. 387–388, 390; Balech 1979c, 29, lam. 1, fig. 1, 4–18; Dodge 1982, 144, fig. 17a–b; Balech 1988, 183, lam. 88, fig. 1–5; Tomas 1997, 523, t. 46; Al-Kandari et al. 2009, 171, t. 18a–d; Omura et al. 2012, 109.

藻体细胞透镜形，长 39 μm，左右宽 74～79 μm，背腹宽 68～72 μm，但本种的大小变化范围非常大（Steidinger & Davis 1967，长 26～48 μm，左右宽 38～143 μm；Wall & Dale 1971，左右宽 35～136 μm；Balech 1979b，左右宽 53～98 μm）。上壳稍长于下壳或上、下壳近等长，具顶孔，顶角不明显。横沟很窄，环状，轻微左旋；纵沟很短。壳面覆盖许多颗粒状小凸起，孔散布其间。

与本属中其他两种相比，本种上、下壳面的甲板数目最少，甲板公式为：Po, 5～6′, 0～1a, 7～10″, 9c, 8s, 8～10‴, 1～2p, 3⁗。最常见细胞个体的甲板公式为：Po, 5′, 0a, 9″, 9c, 8s, 9‴, 1p, 3⁗。

关于本种的拉丁名，许多学者在转载时误将"*horologium*"写为"*horologicum*"（Lebour et al., 1925; Schiller, 1935; Wood, 1954; Steidinger & Davis, 1967; Wood, 1968; Al-Kandari et al., 2009）。

香港附近海域有记录。样品 2007 年 1 月和 2013 年 7 月采自东海，数量少。

从河口至大洋、从冷水海域到热带海域均能找到本种。西太平洋、北大西洋、波罗的海、北海、阿拉伯海、墨西哥湾、切萨皮克湾、孟加拉湾、博斯普鲁斯海峡（伊斯坦布尔海峡）、西欧近岸、澳大利亚近岸、新几内亚岛附近海域、新加坡附近海域均有记录。

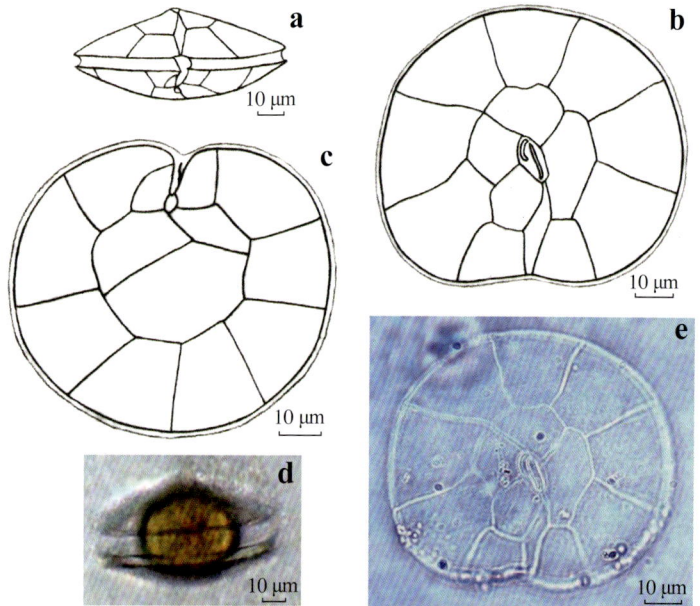

图 189 钟扁甲藻 *Pyrophacus horologium* Stein, 1883
a. 腹面观；b, e. 顶面观；c. 底面观；d. 背面观

斯氏扁甲藻 *Pyrophacus steinii* (Schiller) Wall & Dale, 1971

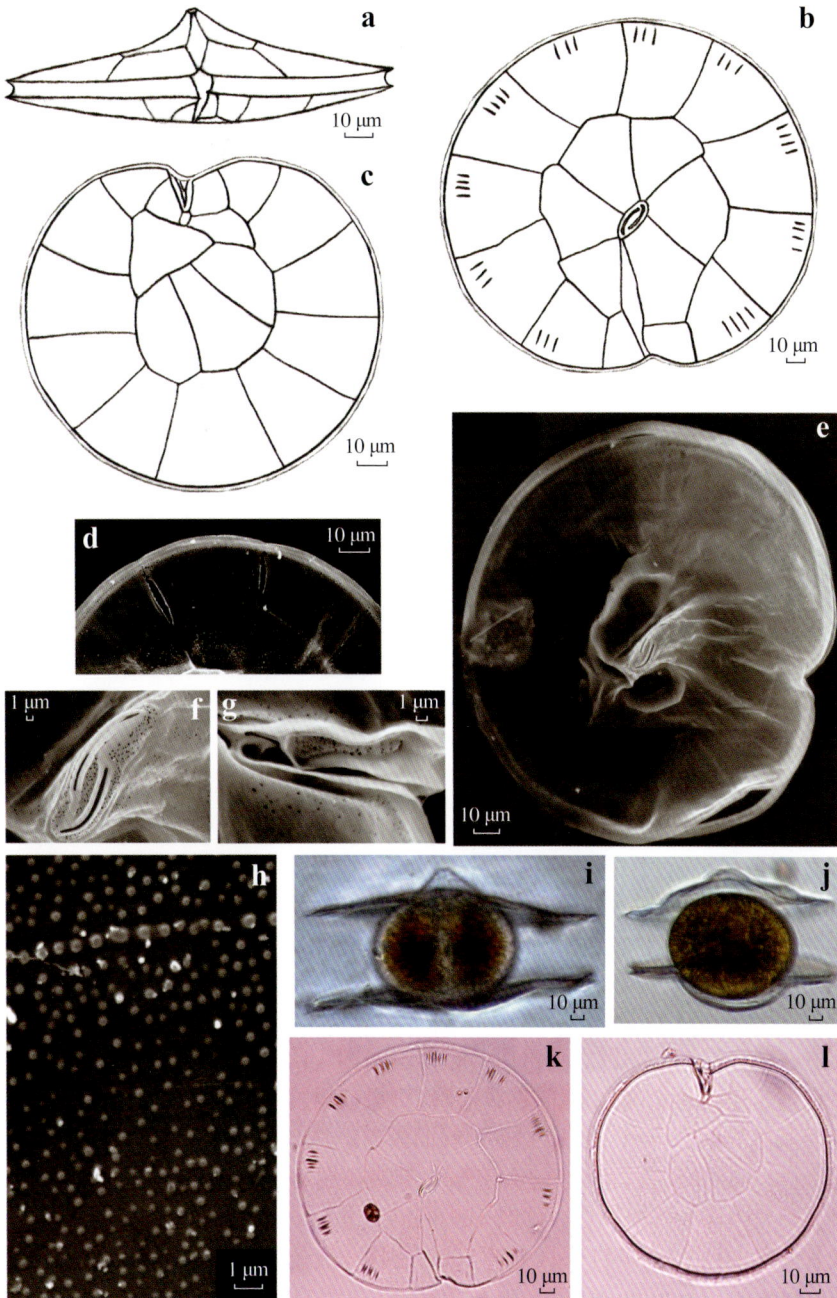

图 190

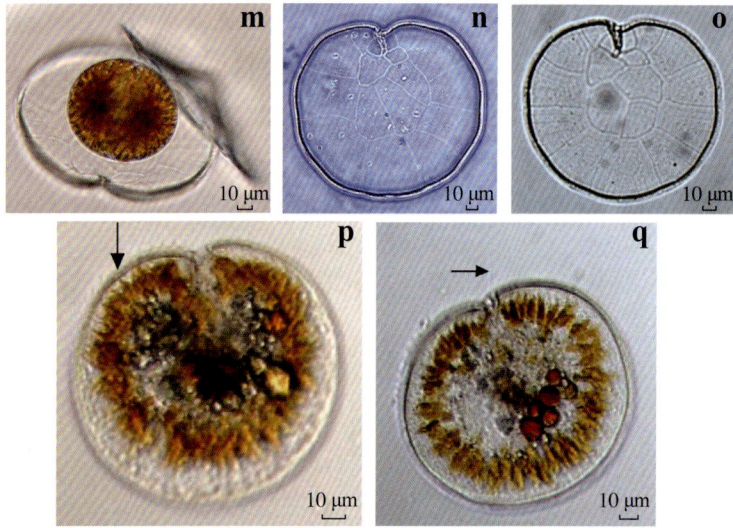

图190　斯氏扁甲藻 *Pyrophacus steinii* (Schiller) Wall & Dale, 1971
a. 腹面观；b, e, k. 顶面观；c, l, n, o. 底面观；d. 示上壳面边缘；f. 示顶孔；g. 示纵沟；h. 示壳面颗粒状小凸起；
i, j. 侧面观；m. 示上、下壳面分离；p. 示横鞭毛；q. 示纵鞭毛；p, q. 活体；d–h. SEM

Wall & Dale 1971, 234, fig. 1b, 26–30; Taylor 1976, 183, fig. 384–386, 389; Balech 1979c, 33, lam. 1, fig. 2, 19–21, lam. 2, fig. 1–5; Balech 1988, 183, lam. 88, fig. 6–9; Tomas 1997, 523, t. 46; Faust 1998, 173, fig. 1–17; Pholpunthin et al. 1999, 189, fig. 1–40; Al–Kandari et al. 2009, 171, t. 19a–f; Omura et al. 2012, 109.

同种异名: *Pyrophacus horologicum* var. *steinii* Schiller, 1935: Schiller 1935, 87, fig. 74a–b (non 74c–d); Rampi 1950, 243, fig. 8; Wood 1954, 221, fig. 84b–c; Silva 1956, 59, t. 10, fig. 2–3; Steidinger & Davis 1967, 4, fig. 6–9; Steidinger & Williams 1970, 62, t. 40, fig. 147.

藻体细胞扁圆盘状，长 35～47 μm，左右宽 113～211 μm，背腹宽 106～192 μm，顶面观近椭圆形。上壳侧面观呈扁圆锥形，长于下壳，两侧边直或稍凹，具顶角。横沟很窄，轻微左旋；纵沟位于腹面中部，窄而短。下壳平坦或广圆状，无底角。并非所有个体的顶端和底端都与细胞纵轴重合，有的个体底端会向腹面偏移（Steidinger & Davis, 1967）。壳面散布颗粒状小凸起，其间具孔。色素体橄榄形，棕黄色，多数。

本种上、下壳面的甲板数目较多，甲板公式为：Po, 6～8′, 0a, 11～13″, 12～13c, 8s, 11～14‴, 2～5p, 3⁗。最常见细胞个体的甲板公式为：Po, 7′, 0a, 12″, 12c, 8s, 12‴, 3p, 3⁗。

本种的样本采上来后，细胞质会在很短的时间内（通常不超过 30 min）收缩成球状，从而将上、下壳顶开，有时甚至会将上、下壳顶变形（如图190j），因此，在固定保存的样品中很难找到完整的细胞个体，通常只能找到其上壳或下壳。

本种与钟扁甲藻 *P. horologium* 主要区别是壳面甲板数目较后者多，且上壳边缘处前沟板具多簇短条纹，而后者没有（Taylor, 1976）。

中国各海域均有分布，常见但数量不多。样品采自青岛沿海、东海、南海。

暖水性种。广泛分布于世界热带、亚热带、暖温带海域。

范氏扁甲藻 *Pyrophacus vancampoae* (Rossignol) Wall & Dale, 1971

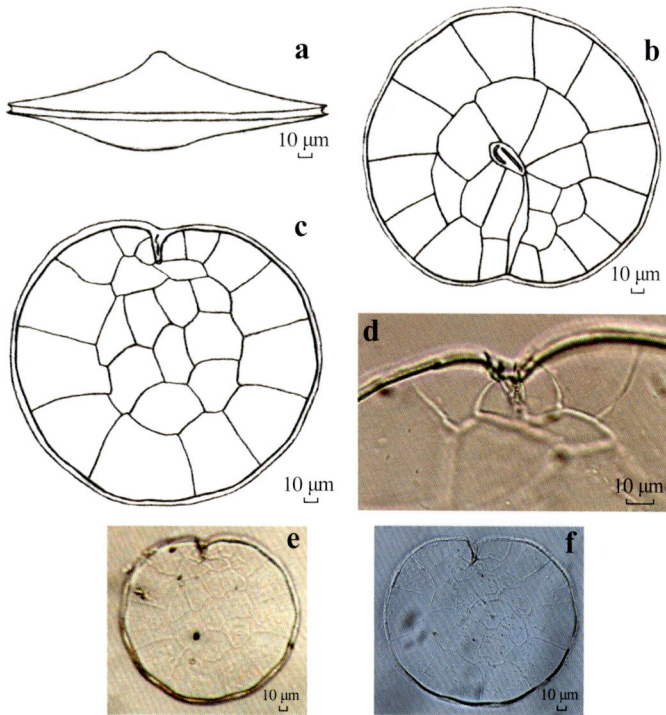

图 191　范氏扁甲藻 *Pyrophacus vancampoae* (Rossignol) Wall & Dale, 1971
a.背面观；b.顶面观；c,e,f.底面观；d.示纵沟

Wall & Dale 1971, 234, fig. 1c, e, 2a–e, 3, 4a–c, 6–8, 10–25; Taylor 1976, 183, fig. 391; Balech 1979c, 34, lam. 1, fig. 3, lam. 2, fig. 6–13; Balech 1988, 184, lam. 88, fig. 10–14.

同种异名：*Pyrophacus* Form B$_1$ Steidinger & Davis, 1967: Steidinger & Davis 1967, 5, fig. 10–15, 16c–d; Steidinger & Williams 1970, 62, t. 40, fig. 148.

藻体细胞扁圆盘状，左右宽 207～212 μm，背腹宽 186～191 μm，底面观近椭圆形。上壳大体呈扁圆锥形，稍长于下壳，两侧边直或稍凹，越接近横沟的区域越平缓，顶角明显。横沟窄，轻微左旋，具边翅。纵沟窄而短。下壳底端广圆形，在接近横沟的区域平缓且稍凹。顶端和底端时常与细胞纵轴不重合，有时底端会向腹面偏移（Steidinger & Davis, 1967）。

本种上、下壳面的甲板数目多，甲板公式为：Po, 7～9′, 0～9a, 13～15″, 12～16c, 8s, 12～17‴, 7～11p, 3⁗。最常见细胞个体的甲板公式为：Po, 8′, 0a, 14″, 14c, 8s, 14‴, 8～10p, 3⁗。

东海有记录。样品 2009 年 3 月采自台湾东南部海域、2011 年 7 月采自中沙群岛北部海域，数量稀少。

从河口至大洋均有分布。大西洋、印度洋、加勒比海、墨西哥湾、孟加拉湾有记录。

参考文献

陈国蔚.1981.西沙群岛附近海域甲藻的研究：I.角甲藻属甲板形态及种的描述.海洋与湖沼,12(1):91-99.

陈国蔚.1989.西沙群岛甲藻的研究：III.几种罕见的热带大洋性甲藻.海洋与湖沼,20(3):230-237.

郭浩.2004.中国近海赤潮生物图谱.北京：海洋出版社：1-107.

郭玉洁,叶嘉松,周汉秋.1983.西沙、中沙群岛海域的角藻.海洋科学集刊,20:69-108.

李瑞香,毛兴华.1985.东海陆架区的甲藻.东海海洋,3(1):41-55.

李瑞香,夏滨.1996.胶州湾的有毒甲藻——塔马亚历山大藻和链状亚历山大藻.中国赤潮研究(SCOR-IOC赤潮工作组中国委员会第二次论文选).青岛：青岛出版社：36-41.

李瑞香,俞建銮.1992.东海黑潮区甲藻的分布及其对水系的指示作用.黑潮调查研究论文选(四).北京：海洋出版社：182-190.

林金美.1984.中太平洋西部水域甲藻(Pyrrophyta)的分类.西太平洋热带水域浮游生物论文集.北京：海洋出版社：22-46,pls.1-5.

林金美.1994.东海浮游甲藻类的分布.海洋学报,16(2):110-115.

林金美,林加涵.1997.南黄海浮游甲藻的生态研究.生态学报,17(3):252-257.

林永水.2009.中国海藻志(第六卷,甲藻门,第一册,甲藻纲 角藻科).北京：科学出版社：1-393,pls.1-18.

林永水,周近明.1993.南海甲藻(一).北京：科学出版社：1-115.

林元烧.1996.亚历山大藻(Alexandrium)分类研究进展.中国赤潮研究(SCOR-IOC赤潮工作组中国委员会第二次论文选).青岛：青岛出版社：31-35.

刘东艳,孙军,钱树本.2000.琉球群岛及其临近海域的浮游甲藻—1997年夏季的种类组成和丰度分布.中国海洋学文集,12.北京：海洋出版社：170-182.

陆斗定.1991.东海黑潮指示性甲藻的分布特征.黑潮调查研究论文选(三).北京：海洋出版社：287-296.

陆斗定,蒋加伦,徐芝敏.1990.1986年春季东海黑潮区浮游甲藻种类组成及其分布特征的初步分析.黑潮调查研究论文选(一).北京：海洋出版社：229-238.

齐雨藻,钱峰.1994.大鹏湾几种赤潮甲藻的分类学研究.海洋与湖沼,25(2):206-210.

齐雨藻,邹景忠,梁松 等.2004.中国沿海赤潮.北京：科学出版社：1-348.

钱树本,刘东艳,孙军.2005.海藻学.青岛：中国海洋大学出版社：1-529.

宋星宇,黄良民,钱树本 等.2002.南沙群岛邻近海区春夏季浮游植物多样性研究.生物多样性,10(3):258-268.

杨世民,李瑞香.2014.中国海域甲藻扫描电镜图谱.北京：海洋出版社：1-213.

郑重,李少菁,许振祖.1984.海洋浮游生物学.北京：海洋出版社：1-653.

福代康夫,高野秀昭,千原光雄等.1990.日本の赤潮生物（写真と解说）.东京：内田老鹤圃：1-407.

山路勇.1977.日本プランクトン図鑑.保育社：65-108,pls.31-51.

Abé T H. 1927. Report of the biological survey of Mutsu Bay. 3. Notes on the protozoan fauna of Mutsu Bay. I. Peridiniales. Science Reports of the Tohoku Imperial University, Biology, Sendai, Japan, Ser. 4, Biol., 2(4): 383-438.

Al-Kandari M, Al-Yamani D F Y, Al-Rifaie K. 2009. Marine phytoplankton atlas of Kuwait's waters. Kuwait Institute for Scientific Research: 1–350.

Álvarez G, Uribe E, Díaz R, et al. 2011. Bloom of the Yessotoxin producing dinoflagellate *Protoceratium reticulatum* (Dinophyceae) in Northern Chile. Journal of Sea Research, 65: 427–434.

Andreis C, Ciapi M D, Rodondi G. 1982. The thecal surface of some Dinophyceae : A comparative SEM approach. Botanica Marina, 25: 225–236.

Baek S H, Shimode S, Han M S, et al. 2008. Growth of dinoflagellates, *Ceratium furca* and *Ceratium fusus* in Sagami Bay, Japan: The role of nutrients. Harmful Algae, 7(6): 729–739.

Balech E. 1949. Estudio de "*Ceratocorys horrida*" Stein var. "*extensa*" Pavillard. Physis B. Aires, 20(57): 165–173.

Balech E. 1959. Operacion Ocenaografica Merluza. V. Cruzero. Plancton. Republica Argentina, Secretaria de Marina, Servico de Hidrografia Naval, 618: 1–43.

Balech E. 1962. Tintinnoidea y Dinoflagellata del Pacífico según material de las expediciones Norpac y Downwind del Instituto Scripps de Oceanografía. Rev. Mus. Argent. Cienc. Nat. "B. Rivadavia". Cienc. Zool., 7: 1–253.

Balech E. 1963. La familia Podolampacea (Dinoflagellata). Boletimo del Instituto Marina Mar del Plata, 2: 3–27, pls. 1–26.

Balech E. 1964. El genero *Cladopyxis* (Dinoflagellata). Comun. Mus. Argent. Ci. Nat. Bernardino Rivadavia, Hidrobiol., 1(4): 27–39.

Balech E. 1967a. Dinoflagelados nuevos o interesantes del Golfo de Mexico y Caribe. Revista del Museo Argentino de Ciencias naturales 《Bernardino Rivadavia》, Hidrobiologia, 2(3): 77–126, pls. 1–9.

Balech E. 1967b. Dinoflagellates and Tintinnids in the Northeastern Gulf of Mexico. Bulletin of Marine Science, 17(2): 280–298.

Balech E. 1971. Microplancton del Atlántico Ecuatorial Oeste (Equalant I). Armada Argentina, Servicio Hidrográfico Naval, 654: 1–103, pls. 1–12.

Balech E. 1977. Cuatro especies de *Gonyaulax* sensu lato, y consideraciones sobre el genero (Dinoflagellata). Revista del Museo Argentino de Ciencias naturales 《Bernardino Rivadavia》, Hidrobiologia, 5(6): 115–136, pls. 1–3.

Balech E. 1979a. Tres dinoflagelados nuevos o interesantes de Aguas Brasieñas. Bolm Inst. Oceanogr., S. Paulo, 28(2): 55–64.

Balech E. 1979b. El genero *Goniodoma* Stein (Dinoflagellata). Lilloa, 35(2): 97–109.

Balech E. 1979c. El genero *Pyrophacus* Stein (Dinoflagellata). Physis Sec. A., 38(94): 27–38.

Balech E. 1980. On thecal morphology of the dinoflagellates with special emphasis on cingular and sulcal plates. An.Centro Cienc. del Mar y Limnol. Univ. Nac. Autón. México, 7(1): 57–68.

Balech E. 1985. The genus *Alexandrium* or *Gonyaulax* of the *tamarense* group // Anderson D M, White A W, Baden D G. Toxic Dinoflagellates. North Holland: Elsevier: 33–38.

Balech E. 1988. Los dinoflagellados del Atlantico sudoccidental. Publicaciones Especiales Instituto Espanol de Oceanografia, 1: 1–310.

Balech E. 1989. Redescription of *Alexandrium minutum* Halim (Dinophyceae) type species of the genus *Alexandrium*. Phycologia, 28(2): 206–211.

Balech E. 1990. Four new dinoflagellates. Helgoländer Meeresuntersuchungen, 44: 387–396.

Balech E. 1994. Three new species of the genus *Alexandrium* (Dinoflagellata). Transactions of the American Microscopical Society, 113(2): 216–220.

Balech E. 1995. The Genus *Alexandrium* Halim (Dinoflagellata). Sherkin Island, Co. Cork, Ireland: Sherkin Island Marine Station: 1–151.

Balech E, Akselman R, Benavides H R, et al. 1984. Suplemento a《Los dinoflagelados del Atlántico Sudoccidental》. Rev. Invest. Des. Pesq., INIDEP, Mar del Plata, 4: 5–20.

Balech E, Tangen K. 1985. Morphology and taxonomy of toxic species in the tamarensis group (Dinophyceae): *Alexandrium excavatum* (Braarud) comb. nov. and *Alexandrium ostenfeldii* (Paulsen) comb. nov.. Sarsia, 70: 333–343.

Balkis N. 2005. Contributions to the knowledge of marine phytoplankton of Turkey. Pak. J. Bot., 37(4): 807–814.

Bennouna A, Berland B, El Attar J, et al. 2002. *Lingulodinium polyedrum* (Stein) Dodge red tide in shellfish areas along Doukkala coast (Moroccan Atlantic). Oceanologica Acta, 25: 159–170.

Biecheler B. 1952. Recherches sur les Péridiniens. Bulletin Biologique de France et de Belgique, Supplement, 36: 1–149.

Böhm A. 1931a. Peridineen aus dem Persichen Golf und dem Golf von Oman. Archiv für Protistenkunde, 74(1): 188–197.

Böhm A. 1931b. Distribution and variability of *Ceratium* in the northern and western Pacific. Bull. Bernice P. Bishop Mus., 87: 1–46, pls. 1–39.

Böhm A. 1936. Dinoflagellates of the coastal waters of the western Pacific. Bull. Bernice P. Bishop. Mus. Honolulu, 137: 1–54.

Borgese M B. 1987. Two armored dinoflagellates from the southwestern Atlantic Ocean: A new species of *Protoperidinium* and a first record and redescription of *Gonyaulax alaskensis* Kofoid. Journal of Protozoology, 34(3): 332–337.

Braarud T, Gaarder K R, Gröntved J. 1953. The phytoplankton of the North sea and adjacent waters in May 1948. Rapp. Proc.–verb. Cons. perm. int. Explor. Mer, 133: 1–87, pls. 1–2.

Burns D A, Mitchell J S. 1980. Some dinoflagellates of the genus *Ceratium* from around New Zealand. New Zealand Journal of Marine & Freshwater Research, 14(2): 149–153.

Burns D A, Mitchell J S. 1982. Further examples of the dinoflagellate genus *Ceratium* from New Zealand coastal waters. New Zealand Journal of Marine & Freshwater Research, 16: 57–67.

Bursa A. 1962. Some morphogenetic factors in taxonomy of Dinoflagellates. Grana Palyn., 3(3): 54–66.

Carbonell–Moore M C. 1996a. *Ceratocorys anacantha*, sp. nov., a new member of the family Ceratocoryaceae Lindemann (Dinophyceae). Botanica Marina, 39: 1–10.

Carbonell–Moore M C. 1996b. On *Spiraulax jollifei* (Murray et Whitting) Kofoid and *Gonyaulax fusiformis* Graham (Dinophyceae). Botanica Marina, 39: 347–370.

Cassie V. 1961. Marine phytoplankton in New Zealand waters. Botanica Marina 2 (Supplement): 1–54.

Cembella A D, Lewis N I, Quilliam M A. 2000. The marine dinoflagellate *Alexandrium ostenfeldii* (Dinophyceae) as the causative organism of spirolide shellfish toxins. Phycologia, 39(1): 67–74.

Chang F H, Anderson D M, Kulis D M, et al. 1997. Toxin production of *Alexandrium minutum* (Dinophyceae) from the Bay of Plenty, New Zealand. Toxicon, 35: 393–409.

Cleve P T. 1900. Notes on some Atlantic plankton organisms. K. Svenska Vetensk Akad. Handl., 34(1): 1–22.

Cleve P T. 1901. Plankton from the Indian Ocean and the Malay Archipelago. K. Svenska Vetensk–Akad. Handl, 35(5): 8–58, pls. 1–8.

Cleve P T. 1903. Report on plankton collected by Mr. Thoruld Wulff during a voyage to and from Bombay. Ark. Zool., 1: 329–391.

Couté A, Ììtis A. 1985. Etude au microscope électronique à balayage de quelques algues (Dinophycées et Diatomophycées) de la lagune Ebrié (Côte d'Ivoire). Nova Hedwigia, 41: 69–79, pls. 1–9.

Dodge J D. 1981. Three new names in the Dinophyceae: *Herdmania, Sclerodinium* and *Triadinium* to replace *Heteraulacus* and *Goniodoma*. British Phycological Journal, 16(3): 273–280.

Dodge J D. 1982. Marine Dinoflagellates of the British Isles. London: Her Majesty's Stationery Office: 1–303.

Dodge J D. 1985. Atlas of Dinoflagellates. London: Farrand Press: 1–119.

Dodge J D. 1988. An SEM study of thecal division in *Gonyaulax* (Dinophyceae). Phycologia 27(2): 241–247.

Dodge J D. 1989. Some revisions of the family Gonyaulacaceae (Dinophyceae) based on scanning electron microscope study. Botanica Marina, 32: 275–298.

Dodge J D. 1993. Biogeography of the planktonic dinoflagellate *Ceratium* in the western Pacific. Korean Journal of Phycology, 8: 109–119.

Dodge J D. 1995. Thecal structure, taxonomy, and distribution of the planktonic dinoflagellate *Micracanthodinium setiferum* (Gonyaulacales, Dinophyceae). Phycologia, 34(4): 307–312.

Dodge J D. 1996. Biogeography of the dinoflagellate *Ceratium* in the Indian Ocean. Nova Hedwigia, Beiheft, 112: 423–436.

Dodge J D, Saunders R D. 1985. An SEM study of *Amphidoma nucula* (Dinophyceae) and description of the thecal plates in *A. caudata*. Archiv für Protistenkunde, 129: 89–99.

Dürr G. 1979. Elektronenmikroskopische Untersuchungen am Panzer von Dinoflagellaten: I. *Gonyaulax polyedra*. Archiv für Protistenkunde, 122: 55–87.

Dürr G, Netzel H. 1974. The fine structure of the cell surface in *Gonyaulax polyedra* (Dinoflagellata). Cell Tiss. Res., 150: 21–41.

Ellegaard M, Daugbjerg N, Rochon A, et al. 2003. Morphological and LSU rDNA sequence variation within the *Gonyaulax* spinifera–spiniferites group (Dinophyceae) and proposal of *G. elongata* comb. nov. and *G. membranancea* comb. nov.. Phycologia, 42(2): 151–164.

Faust M A. 1998. Morphology and life cycle events in *Pyrophacus steinii* (Schiller) Wall et Dale (Dinophyceae). Journal of Phycology, 34: 173–179.

Faust M A. 2000. Dinoflagellate associations in a coral reef–mangrove ecosystem: Pelican and associated Cays, Belize. Atoll Research Bulletin, Smithonian Institution, Washington D.C., 473: 135–152.

Faust M A, Gulledge R A. 2002. Identifying harmful marine dinoflagellates. Smithonian Institution, Contributions from the United States National Herbarium, 42: 1–144.

Fensome R A, Taylor F J R, Norris G, et al. 1993. A classification of living and fossil dinoflagellates. Micropaleontology, Special Publication, 7: 1–351.

Fukuyo Y, Takano H, Chihara M, et al. 1990. Red tide organisms in Japan–An illustrated taxonomic guide. Tokyo: Uchida Rokakuho: 1–407.

Gaarder K R. 1954. Dinoflagellatae. Rep. Scient. Results "Michael Sars" North Atlantic Deep–Sea Expedition, 1910: 1–62.

Garate–Lizárraga I. 2009. First record of *Ceratium dens* (Dinophyceae) in the Gulf of California. CICIMAR Oceánides, 24(2): 167–173.

Gómez F. 2003. Checklist of Mediterranean free–living dinoflagellates. Bot. Mar., 46: 215–242.

Gómez F. 2005. A list of free–living dinoflagellate species in the world's oceans. Acta Bot. Croat, 64 (1): 129–212.

Gómez F. 2013. Reinstatement of the dinoflagellate genus *Tripos* to replace *Neoceratium*, marine species of *Ceratium* (Dinophyceae, Alveolata). CICIMAR Oceánides, 28(1): 1–22.

Gómez F, Claustre H, Souissi S. 2008. Rarely reported dinoflagellates of the genera *Ceratium*, *Gloeodinium*, *Histioneis*, *Oxytoxum* and *Prorocentrum* (Dinophyceae) from the open southeast Pacific Ocean. Revista de Biología Marina y Oceanografía, 43(1): 25–40.

Gómez F, López–García P, Dolan J R, et al. 2012. Molecular phylogeny of the marine dinoflagellate genus *Heterodinium* (Dinophyceae). European Journal of Phycology, 47(2): 95–104.

Gómez F, Moreira D, López–García P. 2010. *Neoceratium* gen. nov., a new genus for all marine species currently assigned to *Ceratium* (Dinophyceae). Protist, 161: 35–54.

Gourret P. 1883. Sur les péridiniens du Golf de Marseille. Musée d'histoire naturelle de Marseille, Zoologie, 1, Annales, Mémoire, 8: 5–114.

Graham H W. 1942. Studies in the morphology, taxonomy and ecology of the Peridiniales. Scientific Results of Cruise VII of the Carnegie during 1928—1929 under Command of Captain J.P. Ault. Carnegie Institution of Washington Publication 542 (Biology III): I–VII, 1–129.

Graham H W, Bronikowsky N. 1944. The genus *Ceratium* in the Pacific and North Atlantic Oceans. Carnegie Institution of Washington Publication, 565: 1–209.

Gran H H. 1915. The phytoplankton production in the North European waters in the spring of 1912. Conseil Permanent International pour l'Exploration de la Mer. Bulletin Planktonique: 1–142.

Halim Y. 1960a. Étude quantitative et qualitative du cycle écologique des Dinoflagellés dans les eaux de Villefranche–sur–Mer. Ann. Inst. Océanogr. Paris, 38: 123–232.

Halim Y. 1960b. *Alexandrium minutum* nov. g. nov. sp. Dinoflagellé provocant des 《eaux rouges》. Vie et Milieu, 11: 102–105.

Halim Y. 1963. Microplancton des Eaux Égyptiennes. Le genre *Ceratium* Schrank (Dinoflagellés). Rapport Process verbales de la Réunion de Conseil International Pour Explorarion de la Mer, 17: 495–502.

Halim Y. 1965. Microplancton des Eaux Égyptiennes: II. Chrysomonadines; Ebriedies et Dinoflagellés nouveaux ou d'interê biogéographique. Rapport Process verbales de la Réunion de Conseil International Pour Explorarion de la Mer, 18: 373–379.

Halim Y. 1967. Dinoflagellates of the South–East Carribean Sea (East Venuzela). Internationale Revue für die gesamte Hydrobiologie, 52(5): 701–755.

Hallegraeff G M, Bolch C J, Blackburn S I, et al. 1991. Species of the toxigenic dinoflagellate genus *Alexandrium* in southeastern Australian waters. Botanica Marina, 34: 575–587.

Hallegraeff G M, Jeffrey S W. 1984. Tropical phytoplankton species and pigments of continental shelf waters of north and north–west Australia. Mar. Ecol. Prog. Ser., 20: 59–74.

Hansen G, Turquet J, Quod J P. 2001. Potentially harmful microalgae of the western Indian Ocean—a guide based on a preliminary survey. Intergovernmental Oceanographic Commision Unesco, 1: 1–107.

Hasle G R. 1954. More on phototactic vertical migration in marine dinoflagellates. Nytt Mag. Bot., 2: 139–147.

Hernández–Becerril D U. 1985. Dinoflagelados en el fitoplancton del Puerto de El Sauzal, Baja California. Cienc. Mar., 11(1): 65–91.

Hernández–Becerril D U. 1987. A checklist of planctonic diatoms and dinoflagellates from the Gulf of California. Nova Hedwigia, 45(1–2): 237–261.

Hernández–Becerril D U. 1988a. Observaciones de algunos dinoflagelados (Dinophyceae) del Pacífico mexicano con microscopios fotónico y electrónico de barrido. Investigación Pesquera, 52(4): 517–531.

Hernández–Becerril D U. 1988b. Planktonic Dinoflagellates (except *Ceratium* and *Protoperidimum*) from the Gulf of California and off the coasts of Baja California. Botanica Marina, 31: 423–435.

Hernández–Becerril D U. 1988c. Especies de fitoplancton tropical del Pacífico Mexicano: II. Dinoflagelados y cianobacterias. Revista Latinoamericana de Microbiología, 30(2): 187–196.

Hernández–Becerril D U. 1989. Species of the dinoflagellate genus *Ceratium* Schrank (Dinophyceae) in the Gulf of California and coasts off Baja California, Mexico. Nova Hedwigia, 48(1–2): 33–54.

Hickel B, Pollingher U. 1986. On the morphology and ecology of *Gonyaulax apiculata* (Penard) Entz from the Selenter See (West Germany). Arch. Hydrobiol. Supplement, 72: 227–232.

Hsia M H, Morton S L, Smith L L, et al. 2006. Production of goniodomin A by the planktonic, chain–forming dinoflagellate *Alexandrium monilatum* (Howell) Balech isolated from the Gulf Coast of the United States. Harmful Algae, 5(3): 290–299.

Jacobson D M, Anderson D M. 1996. Widespread phagocytosis of ciliates and other protists by marine mixotrophic and heterotrophic thecate dinoflagellates. Journal of Phycology, 32: 279–285.

John U, Cembella A, Hummert C, et al. 2003. Discrimination of the toxigenic dinoflagellates *Alexandrium tamarense* and *Alexandrium ostenfeldii* in co–occuring natural populations from Scottish coastal waters. European Journal of Phycology, 38: 25–40.

Jörgensen E. 1911. Die Ceratien. Eine kurze Monographie der Gattung *Ceratium* Schrank. Int. Revue ges. Hydrobiol. Hydrogr. 4, Biol. Suppl. 2 Ser.: 1–124, pls. 1–10.

Jörgensen E. 1920. Mediterranean Ceratia. Report on the Danish Oceanographical Expeditions 1908–10 to the Mediterranean and adjacent Seas. II Biology J., 1: 1–110.

Karsten G. 1906. Das Phytoplankton des Atlantischen Oceans nach dem Material der deutschen Tiefsee–Expedition 1898—1899. Wiss. Ergebn. dt. Tiefsee–Exped. Valdivia, 2(2): 137–219, pls. 20–34.

Karsten G. 1907. Das indische Plytoplankton. Nach dem Material der deutschen Tiefsee–Expedition, 1898—1899. Wiss. Ergebn. dt. Tiefsee–Exped. Valdivia, 2(2): 221–548, pls. 35–54.

Kato N. 1957. On the species of "*Ceratium*" (Dinoflagellata) from Manazuru and its vicinity: I. Sci. Rep. Yokohama natn. Univ., Sect. II, 6: 11–20, pls. 3–7.

Kita T, Fukuyo Y. 1988. Description of the gonyaulacoid dinoflagellate *Alexandrium hiranoi* sp. nov. inhabiting tidepools on Japanese Pacific coast. Bulletin of Plankton Society of Japan, 35(1): 1–7.

Kita T, Fukuyo Y, Tokuda H, et al. 1985. Life Cycle, and ecology of *Goniodoma pseudogonyaulax* (Pyrrhphyta) in a rockpool. Bulletin marine Science, 37: 643–651.

Koening M L, Lira C G. 2005. Ogênero *Ceratium* Schrank (Dinophyta) na plataforma continentale águas oceânicas do Estado de Pernambuco, Brasil. Acta Bot. Bras., 19(2): 391–397.

Koening M L, Wanderley B E, Macedo S J. 2009. Microphytoplankton structure from the neritic and oceanic regions of Pernambuco State – Brazil. Braz. J. Biol., 69(4): 1037–1046.

Kofoid C A. 1906. Dinoflagellatea of the San Diego region: I. On Heterodinium, a new Genus of the Peridinidae. University of California Publications in Zoology, 2(8): 341–368.

Kofoid C A. 1907a. Dinoflagellates of the San Diego Region: III. Description of new species. University of California Publications in Zoology, 3(13): 299–340, pls. 22–33.

Kofoid C A. 1907b. Reports on the scientific results of the expedition to the eastern tropical Pacific, in charge of Alexander Aggassiz, by the U.S. Fish Commission steamer "Albatross", from October, 1904, to March, 1905, Lieut.–Commander L.M. Garrett, U.S.N., commanding. IX. New species of dinoflagellates. Bulletin of the Museum of Comparative Zoology at Harvard College, 50(6): 163–207, pls. 1–18.

Kofoid C A. 1907c. The plates of Ceratium with a note on the unity of the genus. Zoologischer Anzeiger, 32(7): 177–183.

Kofoid C A. 1908a. Exuviation, autotomy and regeneration in Ceratium. University of California Publications in Zoology, 4(6): 345–386.

Kofoid C A. 1908b. Notes on some obscure Ceratium species. University of California Publications in Zoology, 4(7): 387–393.

Kofoid C A. 1909. Reports on the scientific results of the expedition to the eastern tropical Pacific, in charge of Alexander Aggassiz, by the U.S. Fish Commission steamer "Albatross", from October, 1904, to March, 1905, Lieut.–Commander L.M. Garrett, U.S.N., commanding. XX. Mutations in Ceratium. Bulletin of the Museum of Comparative Zoology at Harvard College, 52(13): 213–257.

Kofoid C A. 1910. A revision of the genus Ceratocorys based on skeletal morphology. University of California Publications in Zoology, 6(8): 177–187.

Kofoid C A. 1911. Dinoflagellates of the San Diego region IV. The genus Gonyaulax, with notes on its skeletal morphology and a discussion of its generic and specific characters. University of California Publications in Zoology, 8(4): 187–286, pls. 9–17.

Kofoid C A, Adamson A M. 1933. The Dinoflagellata: the family Heterodiniidae of the Peridinioidae. Memoirs of the Museum of Comparative Zoology at Harvard College, 54(1): 1–136, pls. 1–22.

Kofoid C A, Michener J R. 1911. Reports on the Scientific Results of the Expedition to the Eastern Tropical Pacific, in Charge of Alexander Agassiz, by the U.S. Fish Commission Steamer "ALBATROSS", from October 1904, to March, 1906, Lieut. L.M. Garrett, U.S.N., Commanding. XXII. New genera and species of Dinoflagellates. Bulletin of the Museum of Comparative Zoology at Havard College, 54(7): 267–302.

Kofoid C A, Swezy O. 1921. The free–living unarmored Dinoflagellata. Memoirs of the University of California, 5: 1–538.

Leaw C P, Lim P T, Ng B K, et al. 2005. Phylogenetic analysis of Alexandrium species and Pyrodinium bahamense (Dinophyceae) based on theca morphology and nuclear ribosomal gene sequence. Phycologia, 44(5): 550–565.

Lebour M V, Sc D, F Z S. 1925. The Dinoflagellates of Northern Seas. Marine Biological Association of the United Kingdom: 1–250, pls. 1–35.

Léger C. 1973. Diatomées et dinoflagellés de la mer Ligure. Systématique et distribution en juillet 1963. Bull. Inst. Océanogr. Monaco, 71(1425): 11.

Lessard E J, Swift E. 1986. Dinoflagellates from the North Atlantic classified as phototrophic or heterotrophic by epiflourescence microscopy. J. Plankton Res., 8: 1209–1215.

Licea S, Zamudio M E, Luna R, et al. 2004. Free–living dinoflagellates in the southern Gulf of Mexico: report of data. Phycological Research, 52: 419–428.

Lim P T, Usup G, Leaw C P, et al. 2005. First report of *Alexandrium taylori* and *Alexandrium peruvianum* (Dinophyceae) in Malasian waters. Harmful Algae, 4: 391–400.

Lindemann E. 1928. Abteilung Peridineae (Dinoflagellatae) // Engler A, Prantl K. Die natürlichen Pflanzenfamilien nebst ihren Gattungen und wichtigeren Arten insbesondere den Nutzpflanzen. Auflage 2, Band., 2: 3–104.

Loeblich A R III, Loeblich L A. 1979. The systematics of *Gonyaulax* with special reference to the toxic species // Taylor D L, Seliger H H. Toxic Dinoflagellate Blooms. North Holland: Elsevier: 41–46.

Loeblich A R III. 1965. Dinoflagellate Nomenclature. Taxon, 14(1): 57–61.

Loeblich A R III. 1970. The amphiesma or dinoflagellate cell covering. Proceedings of the North American Paleontological Convention, Chicago, Part G: 867–929.

MacKenzie L, Salas M, Adamson J, et al. 2004. The dinoflagellate genus *Alexandrium* (Halim) in New Zealand coastal waters: comparative morphology, toxicity and molecular genetics. Harmful Algae, 3: 71–92.

MacKenzie L, Todd K. 2002. *Alexandrium camurascututlum* sp. nov. (Dinophyceae): a new dinoflagellate species from New Zealand. Harmful Algae, 1(3): 295–300.

Mangin L. 1922. Phytoplancton Antarctique. Expedition Antarctique de la 'Scotia', 1902—1904. Memoires de I Academic des Sciences, Paris, 57: 1–134.

Margalef R, Duran M. 1953. Microplancton de Vigo, de Octobre de 1951 a septiembre de 1952. Publs Inst. Biol. Apl., 13: 5–78.

Margalef R. 1961a. Hidrografía y fitoplancton de un área marina de la costa meridional de Puerto Rico. Investigaciones Pesqueras, 18: 33–96.

Margalef R. 1961b. Fitoplancton atlántico de las costas de Mauretania y Senegal. Investigaciones Pesqueras, 20: 131–143.

Margalef R. 1969. Diversidad de fitoplancton de red en dos áreas del Atlántico. Invest. Pesq, 33(1): 275–286.

Martin G W. 1929. Dinoflagellates from marine waters and brackish waters of New Jersey. University of Iowa Studies. Studies in Natural History NS, 159: 1–32.

Martin J L, Page F H, Hanke A, et al. 2005. *Alexandrium fundyense* vertical distribution patterns during 1982, 2001 and 2002 in the offshore Bay of Fundy, eastern Canada. Deep–Sea Research II, 52: 2569–2592.

Matzenauer L. 1933. Die Dinoflagellaten des Indischen Ozeans. Botanical Archives, 35: 437–510.

Medlin L K, Lange M, Wellbrock U, et al. 1998. Sequence comparisions link toxic European isolates of *Alexandrium tamarense* from the Orkney Islands to toxic North American Stocks. European Journal of Protistology, 34: 329–335.

Meunier A. 1910. Microplancton des mers de Barents & de Kara // Duc d'Orléans Campagne Arctique de 1907. Bruxelles: Bulens: 1–355, pls. 1–36.

Meunier A. 1919. Microplancton de la mer Flamande: III. Les Péridiniens. Mémoires du Musée Royal d'Histoire Naturelle de Belgique, 8(1): 1–116.

Moestrup Φ, Hansen P J. 1988. On the occurrence of the potentially toxic dinoflagellates *Alexandrium tamarense* (= *Gonyaulax excavata*) and *Alexandrium ostenfeldii* in Danish and Faroese waters. Ophelia, 28: 195–213.

Montresor M. 1995. The life history of *Alexandrium pseudogonyaulax* (Gonyaulacales, Dinophyceae). Phycologia, 34(6): 444–448.

Montresor M, John U, Beran A, et al. 2004. *Alexandrium tamutum* sp. nov. (Dinophyceae): a new nontoxic species in the genus *Alexandrium*. Journal of Phycology, 40: 398–411.

Munoz P, Avaria S P. 1983. Estudio taxonómico de los dinoflagelados tecados de la Bahia de Valparaíso: I. Género *Ceratium*. Rev. Biol. Mar., 17: 1–57.

Murray G, Whitting F. 1899. New Peridiniaceae from the Atlantic. Trans. Linn. Soc. London. Botany, 5: 321–342.

Nguyen–Ngoc L. 2004. An autecological study of the potentially toxic dinoflagellate *Alexandrium affine* isolated from Vietnamese waters. Harmful Algae, 3: 117–129.

Nie D. 1936. Dinoflagellata of the Hainan region: I. *Ceratium*. Contributions from the Biological Laboratory of the Science Society of China (Zoological Series), 12(3): 29–73.

Nie D, Wang C C. 1942. Dinoflagellata of the Hainan region: V. On the thecal morphology of the genus *Goniodoma*, with description of the species of the region. Sinensia 13(1–6): 61–68.

Nikolaidis G, Koukaras K, Aligizaki K, et al. 2005. Harmful microalgal episodes in Greek coastal waters. Journal of Biological Research, 3: 77–85.

Okolodkov Y B. 1996. Net phytoplankton from the Barents Sea and Svalbard waters (collected on the cruise of the Research Vessel 《GEOLOG FERSMAN》, in July–September 1992), with emphasis on the *Ceratium* species as indicators of the Atlantic waters. Botanical Journal, Russian Academy of Sciences, 81(10): 1–8.

Okolodkov Y B. 1998. A check–list of dinoflagellates recorded from the Russian Arctic Seas. Sarsia, 83(4): 267–292.

Okolodkov Y B. 2010. *Ceratium* Schrank (Dinophyceae) of the National Park Sistema Arrecifal Veracruzano, Gulf of Mexico, with a key for identification. Acta Botanica Mexicana, 93: 41–101.

Okolodkov Y B, Dodge J D. 1995. Redescription of the planktonic dinoflagellate *Peridiniella danica* (Paulsen) comb. nov. and its distribution in the N.E.Atlantic. European Journal of Phycology, 30(4): 299–306.

Okolodkov Y B, Gárate–Lizárraga I. 2006. An annotated checklist of Dinoflagellates (Dinophyceae) from the Mexican Pacific. Acta Botanica Mexicana, 74: 1–154.

Omura T, Lwataki M, Borja V M, et al. 2012. Marine Phytoplankton of the Western Pacific. Tokyo, Japan: Kouseisha Kouseikaku Co., Ltd.: 1–160.

Osorio–Tafall B F. 1942. Notas sobre algunos dinoflagelados marinos planctónicos marinos de México, con descripción de nuevas especies. An. Esc. Nac. Cienc. Biol. México, 2: 435–447.

Ostenfeld C H, Schmid J. 1901. Plankton fra det Röde Hav og Adenbugten. Vidensk. Medd. Naturh. Foren. Kjöbenhavn., 1901: 141–182.

Paulsen O. 1908. Peridiniales. Nordisches Plankton (Bot. Teil)., 18: 1–124.

Paulsen O. 1949. Observations on dinoflagellates. Kongelige danske Videnskabernes Selskab. Biol. Skr., 6(4): 1–67.

Pavillard J. 1905. Recherches sur la flore pélagique (Phytoplankton) de l'Étang de Thau. Travail de l'Institut de Botanique de l'Université de Montpellier et de la Station Zoologique de Cette, Série mixte, Mémoire, 2: 5–116, pls. 1–3.

Pavillard J. 1916. Recherches Sur les peridiniens du Golfe du Lion. Trav. Inst. Bot. Univ. Montpellier, ser. Mix., Mem., 4: 9–70, pls. 1–3.

Pavillard J. 1931. Phytoplankton (Diatomées, Péridiniens) provenant des campagnes scientifiques du Prince Albert Ier de Monaco. Résultats des Campagnes Scientifiques accomplies sur son Yacht par Albert 1er Prince souverain de Monaco, publiés sous sa direction avec la concours de M. Jules Richard, 82: 1–208.

Peters N. 1932. Die Bevölkerung des Südatlantischen Ozeans mit Ceratien. Wissenschaftliche Ergebnisse der Deutschen Atlantischen Expedition auf dem Forschungs–und Vermessungsschiff 《METEOR》 1925—1927. Bd. 12, Biologische Sonderuntersuchungen, 1: 1–69.

Pholpunthin P, Fukuyo Y, Matsuoka K, et al. 1999. Life history of a marine dinoflagellate *Pyrophacus steinii* (Schiller) Wall et Dale. Botanica Marina, 42: 189–197.

Pizay M–D, Lemée R, Simon N, et al. 2009. Night and day morphologies in a planktonic dinoflagellate. Protist, 160(4): 565–575.

Polat S, Koray T. 2003. New records for the genus *Heterodinium* Kofoid (Dinophyceae) from Turkish coastal waters (north–eastern Mediterranean). Turk. J. Botany, 27: 427–430.

Polat S, Koray T. 2007. Planktonic dinoflagellates of the northern Levantine Basin, northeastern Mediterranean Sea. European Journal of Protistology, 43: 193–204.

Rampi L. 1941. Ricerche sul fitoplancton del Mar Ligure, 3. Le Heterodiniaceae e le Oxytoxaceae delle acque di san Remo. Annali Mus. civ. Stor. nat. G. Doria, Genova, 61: 50–70.

Rampi L. 1942. Ricerche sul fitoplancton del mare Ligure, 4. I *Ceratium* delle acque di Sanremo. Parte II. Nuovo Giornale Botanico Italiano, n.s., 49(2): 221–236.

Rampi L. 1950. Péridiniens rares ou nouveaux pour le Pacifique Sud–Équatorial. Bull. Inst. Océanogr. Monaco, 974: 1–12.

Rampi L. 1952a. Ricerche sul Microplancton di superficie del Pacifico tropicale. Bull. Inst. Océanogr. Monaco, 1014: 1–16.

Rampi L. 1952b. Su alcune Peridinee nuove od interessanti racolte nelle acque di San Remo. Atti della Accademia Ligure di Scienze e Lettere, Annata 1951, Genova, 8: 104–114, pls. 1–2.

Ranston E R, Webber D F, Larsen J. 2007. The first description of the potentially toxic dinoflagellate, *Alexandrium minutum* in Hunts Bay, Kingston Harbour, Jamaica. Harmful Algae, 6: 29–47.

Rhodes L, McNabb P, Salas M, et al. 2006. Yessotoxin production by *Gonyaulax spinifera*. Harmful Algae, 5: 148–155.

Ricard M. 1974. Quelques dinoflagellés planctoniques marins de Tahiti étudiés en microscope à balage. Protistologica, 10: 125–135.

Riccardi M, Guerrini F, Roncarati F, et al. 2009. *Gonyaulax spinifera* from the Adriatic Sea: Toxin production and phylogenetic analysis. Harmful Algae, 8(2): 279–290.

Rochon A, Lewis J, Ellegaard M, et al. 2009. The *Gonyaulax spinifera* (Dinophyceae) "complex": Perpetuating the paradox. Review of Palaeobotany and Palynology, 155: 52–60.

Schiller J. 1935. Dinoflagellatae (Peridineae) in monographischer Behandlung // Dr. L.Rabenhorst's Kryptogamen–Flora von Deutschland, Österreich und der Schweiz. Bd., 10(3). Teil, 2(2): 161–320.

Schiller J. 1937. Dinoflagellatae (Peridineae) in monographischer Behandlung // Dr. L.Rabenhorst's Kryptogamen–Flora von Deutschland, Österreich und der Schweiz. Bd., 10(3). Teil, 2(3): 321–480.

Schmidt J. 1901. Flora of Koh Chang. Contributions to the knowledge of the vegetation in the Gulf of Siam. Peridiniales. Botanisk Tidskrift, 24: 212–221.

Schröder B. 1900. Phytoplankton des Golfes von Neapel. Mitt. Zool. Stat. Neapel., 14: 1–38, pls. 1.

Schröder B. 1906. Beiträge zur Kenntnis der phytoplankton warmer Meere. Vierteljaha Naturf. Ges. Zürich, 51: 319–377.

Schütt F. 1895. Die Peridineen der Plankton Expedition: Ⅰ. Theil. Studien über die Zellen der Peridineen. Ergebnisse der Plankton–Expedition der Humboldt–Stiftung, 4: 1–170.

Silva A, Bazzichelli G. 1988. Dinoflagellates from the coastal lakes of Latium, Italy. Nova Hedwigia, 46: 357–368.

Silva E S. 1956. Contribucáo para o estudo do microplâncton marinho de Mocambique. Est. Docum., Minist. Ultramar Jta Invest. Ultram. Lisboa, 28: 1–97, pls. 1–14.

Skoczylas O. 1958. Über die Mitose von *Ceratium* cornutum und einigen anderen Peridineen. Archiv für Protistenkunde, 103(1/2): 193–228, pls. 3–7.

Smayda T J. 2010. Adaptations and selection of harmful and other dinoflagellate species in upwelling systems 1. Morphology and adaptive polymorphism. Progress in Oceanography, 85: 53–70.

Sournia A. 1967. Contribution a la connaisance des péridinies microplanctoniques du Canal de Mozambique. Bull. Mus. nat. Hist. Nat. Paris, Ser., 2, 39(2): 417–438.

Sournia A. 1968. Le genre *Ceratium* (Péridiniens planctonique) dans le Canal de Mozambique. Contribution a une révision mondiale. Vie et Milieu Série A, 18《1967》(2–3): 375–499.

Sournia A. 1970. A checklist of planktonic diatoms and dinoflagellates from the Mozambique Channel. Bull. Mar. Sci., 20: 678–696.

Sournia A. 1973. Catalogue des especes et taxons infraspecifiques de Dinoflagelles marins actuels: Ⅰ. Dinoflagelles libres. Beih. Nova Hedwigia, 48: 1–92.

Sournia A. 1984. Classification et nomenclature de divers dinoflagellés marins (Dinophyceae). Phycologia, 23: 345–355.

Sournia A. 1986. Atlas du Phytoplancton Marin. Introduction, Cyanophycées, Dictyochophycées, Dinophycées et Raphidophycées. Paris, France: CNRS: 1–219.

Steemann Nielsen E. 1934. Untersuchungen über die Verbreitung, Biologie und Variation der Ceratien im südlichen Stillen Ozean. Dana–Report, 4: 1–67.

Steidinger K A, Davies J T. 1967a. The genus *Pyrophacus*, with a description of a new form. Florida Board of Conservation, Division of Salt water Fisheries, Marine Laboratory St. Petersburg, Florida, Leaflet Series: 1–Phytoplankton, 1(3): 1–8.

Steidinger K A, Davis J T, Williams J. 1967b. A key to the marine Dinoflagellate genera of the west coast of Florida. St. Petersburg, 52: 1–45, pls. 1–9.

Steidinger K A, Williams J. 1970. Dinoflagellates–Memoirs of the Hourglass Cruises. Mar. Res. Lab., Fla Dept. nat. Resources, St. Peterburg, 2: 1–251, pls. 1–45.

Stein F R von. 1883. Der Organisms der Infusionsthiere. Wilhelm Engelmann, Leipzig, Germany: 1–31.

Stosch H A von. 1969. Dinoflagellaten aus der Nordsee I. Über Cachonina niei Loeblich (1968), *Gonyaulax grindleyi* Reinecke (1967) und eine Methode zur Darstellung von Peridineenpanzern. Helgoländer Wissenschaftliche Meeresuntersuchungen, 19: 558–568.

Subrahmanyan R. 1968. The Dinophyceae of the Indian seas: Ⅰ. Genus *Ceratium* Schrank. Mar. Biol. Ass. India, Mem., 2: 1–129.

Taylor F J R. 1976. Dinoflagellates from the International Indian Ocean1976. Expedition. Bibliotheca Botanica, 132: 1–234, pls. 1–46.

Taylor F J R. 1979. The toxigenic gonyaulacoid dinoflagellates // Taylor D L, Seliger H H. Toxic Dinoflagellate Blooms. New York, Amsterdam, Oxford: Elsevier North Holland Inc.: 47–56.

Taylor F J R. 1980. On dinoflagellate evolution. BioSystems, 13: 65–108.

Tillmann U, Salas R, Gottschling M, et al. 2012. *Amphidoma languida* sp. nov. (Dinophyceae) reveals a close relationship between *Amphidoma* and *Azadinium*. Protist, 163(5): 701–719.

Tomas C R.1997. Identifying Marine Phytoplankton. San Diego: Academic Press: 1–858.

Tomas C R, Wagoner R, Tatters A O, et al. 2012. *Alexandrium peruvianum* (Balech and Mendiola) Balech and Tangen a new toxic species for coastal North Carolina. Harmful Algae, 17: 54–63.

Tu H K, Chiang Y M. 1972. Dinoflagellates collected from the north–eastern part of the South China Sea. Acta Oceanogr. Taiwanica Science Reports of the National Taiwan University, 2: 134–136.

Usup G, Pin L C, Ahmat A, et al. 2002. Phylogenetic relationship of *Alexandrium tamiyavanichii* (Dinophyceae) to other *Alexandrium* species based on ribosomal RNA gene sequences. Harmful Algae, 1(1): 59–68.

Vargas–Montero M, Freer E. 2004. Presencia de los dinoflagelados *Ceratium* dens, *C. fusus* y *C. furca* (Gonyaulacales: Ceratiaceae) en el Golfo de Nicoya, Costa Rica. Rev. Biol. Trop., 52(Suppl. 1): 115–120.

Wall D, Dale B. 1968. Modern dinoflagellate cysts and evolution of the Peridiniales. Micropaleontology, 14(3): 265–304, pls. 1–4.

Wall D, Dale B. 1971. A reconsideration of living and fossil *Pyrophacus* Stein, 1883 (Dinophyceae). Journal of Phycology, 7: 221–235.

Wang C C. 1936. Dinoflagellata of the Gulf of Pe–Hai. Sinensia, Nanking, 7(2): 128–171.

Wang C C, Nie D. 1932. A survey of the marine protozoa of amoy. Contributions from the Biological Laboratory of the Science Society of China (Zoological Series), 8(9): 284–385.

Whedon W F, Kofoid C A. 1936. Dinoflagellata of the San Diego region: Ⅰ. On the skeletal morphology of two new species, *Gonyaulax catenella* and *G. acatenella*. University of California Publications in Zoology, 41(4): 25–34.

Wood E J F. 1954. Dinoflagellates in the Australian region. Australian Journal of Marine and Freshwater Research, 5(2): 171–351.

Wood E J F. 1963a. Dinoflagellates in the Australian region: Ⅱ. Recent Collections. Techn. Pap. Div. Fish. Oceanogr. C.S.I.R.O. Austr., 14: 1–55.

Wood E J F. 1963b. Dinoflagellates in the Australian region: Ⅲ. Further Collections. Techn. Pap. Div. Fish. Oceanogr. C.S.I.R.O. Austr., 17: 1–20.

Wood E J F. 1963c. Check–list of dinoflagellates recorded from the Indian Ocean. Rep. Div. Fish. Oceanogr. C.S.I.R.O. Austr., 28: 1–57.

Wood E J F. 1968. Dinoflagellates of the Caribbean Sea and adjacent areas. Univ. Miami, Coral Gables, Florida, USA: 1–143.

Yuki K, Fukuyo Y. 1992. *Alexandrium satoanum* sp. nov. (Dinophyceae) from Matoya Bay, Central Japan. Journal of Phycology, 28(3): 395–399.

Zirbel M J, Veron F, Latz M I. 2000. The reversible effect of flow on the morphology of *Ceratocorys horrida* (Peridiniales, Dinophyta). J. Phycol., 36: 46–58.

学名索引

拉丁种名	中文名	页码
Alexandrium affine (Inoue & Fukuyo) Balech	细纹亚历山大藻	157
Alexandrium catenella (Whedon & Kofoid) Balech	链状亚历山大藻	158
Alexandrium cohorticula (Balech) Balech	定组亚历山大藻	159
Alexandrium compressum (Fukuyo, Yoshida & Inoue) Balech	扁形亚历山大藻	160
Alexandrium concavum (Gaarder) Balech	凹形亚历山大藻	161
Alexandrium insuetum Balech	异常亚历山大藻	162
Alexandrium minutum Halim	微小亚历山大藻	163
Alexandrium pseudogonyaulax (Biecheler) Horiguchi ex Kita & Fukuyo	拟膝沟亚历山大藻	164
Alexandrium tamarense (Lebour) Balech	塔马亚历山大藻	165
Alexandrium tamiyavanichii Balech	塔氏亚历山大藻	166
Amphidoma nucula Stein	坚果双顶藻	3
Amylax triacantha (Jörgensen) Sournia	三刺淀粉藻	168
Ceratocorys armata (Schütt) Kofoid	装甲角甲藻	134
Ceratocorys bipes (Cleve) Kofoid	双足角甲藻	135
Ceratocorys gourretii Paulsen	戈氏角甲藻	136
Ceratocorys horrida Stein	多刺角甲藻	137
Ceratocorys magna Kofoid	大角甲藻	139
Ceratocorys reticulata Graham	网纹角甲藻	140
Cladopyxis brachiolata Stein	短柄刺板藻	142
Dolichodinium lineatum (Kofoid & Michener) Kofoid & Adamson	线纹长甲藻	226
Goniodoma orientale (Lindemann) Balech	东方屋甲藻	152
Goniodoma polyedricum (Pouchet) Jörgensen	多边屋甲藻	153
Goniodoma sphaericum Murray & Whitting	球形屋甲藻	155
Gonyaulax areolata Kofoid & Michener	小窝膝沟藻	172
Gonyaulax birostris Stein	井脊膝沟藻	195
Gonyaulax brevisulcata Dangeard	短纵沟膝沟藻	170
Gonyaulax bruunii Taylor	布鲁尼膝沟藻	173
Gonyaulax ceratocoroides Kofoid	角突膝沟藻	200
Gonyaulax cochlea Meunier	螺状膝沟藻	174
Gonyaulax diegensis Kofoid	双刺膝沟藻	175
Gonyaulax digitale (Pouchet) Kofoid	具指膝沟藻	176
Gonyaulax fragilis (Schütt) Kofoid	脆弱膝沟藻	198
Gonyaulax fusiformis Graham	纺锤膝沟藻	196

拉丁种名	中文名	页码
Gonyaulax grabrielae Schiller	加布里埃莱膝沟藻	177
Gonyaulax hyalina Ostenfeld & Schmidt	透明膝沟藻	199
Gonyaulax kofoidii Pavillard	科氏膝沟藻	183
Gonyaulax macroporus Mangin	大孔膝沟藻	178
Gonyaulax milneri (Murray & Whitting) Kofoid	米尔纳膝沟藻	201
Gonyaulax minuta Kofoid & Michener	小型膝沟藻	184
Gonyaulax monacantha Pavillard	单脊膝沟藻	179
Gonyaulax monospina Rampi	单刺膝沟藻	180
Gonyaulax ovalis Schiller	椭圆膝沟藻	185
Gonyaulax pacifica Kofoid	太平洋膝沟藻	186
Gonyaulax pavillardii Kofoid & Michener	巴氏膝沟藻	188
Gonyaulax polygramma Stein	多纹膝沟藻	189
Gonyaulax reticulata Kofoid & Michener	网状膝沟藻	191
Gonyaulax scrippsae Kofoid	斯克里普膝沟藻	192
Gonyaulax sphaeroidea Kofoid	球状膝沟藻	171
Gonyaulax spinifera (Claparede & Lachmann) Diesing	具刺膝沟藻	181
Gonyaulax striata Mangin	条纹膝沟藻	193
Gonyaulax subulata Kofoid & Michener	钻形膝沟藻	197
Gonyaulax turbynei Murray & Whitting	陀形膝沟藻	194
Gonyaulax verior Sournia	春膝沟藻	182
Heterodinium agassizii Kofoid	阿格异甲藻	220
Heterodinium blackmanii (Murray & Whitting) Kofoid	勃氏异甲藻	215
Heterodinium dispar Kofoid & Adamson	不等异甲藻	216
Heterodinium doma (Murray & Whitting) Kofoid	巢形异甲藻	209
Heterodinium elongatum Kofoid & Michener	延长异甲藻	217
Heterodinium extremum (Kofoid) Kofoid & Adamson	最外异甲藻	223
Heterodinium globosum Kofoid	球状异甲藻	210
Heterodinium mediterraneum Pavillard	内陆异甲藻	211
Heterodinium milneri (Murray & Whitting) Kofoid	米尔纳异甲藻	212
Heterodinium minutum Kofoid & Michener	小型异甲藻	213
Heterodinium murrayi Kofoid	穆雷异甲藻	214
Heterodinium pavillardii Kofoid & Adamson	巴氏异甲藻	221
Heterodinium rigdeniae Kofoid	坚硬异甲藻	218
Heterodinium scrippsii Kofoid	斯克里普异甲藻	219
Heterodinium whittingiae Kofoid	灰白异甲藻	222
Lingulodinium polyedrum (Stein) Dodge	多边舌甲藻	203
Micracanthodinium setiferum (Lohmann) Deflandre	刚毛小棘藻	144

拉丁种名	中文名	页码
Neoceratium arietinum (Cleve) Gómez, Moreira & López–Garcia	羊头新角藻	94
Neoceratium axiale (Kofoid) Gómez, Moreira & López–Garcia	细轴新角藻	95
Neoceratium azoricum (Cleve) Gómez, Moreira & López–Garcia	亚速尔新角藻	96
Neoceratium belone (Cleve) Gómez, Moreira & López–Garcia	披针新角藻	13
Neoceratium biceps (Claparède & Lachmann) Gómez, Moreira & López–Garcia	二裂新角藻	34
Neoceratium bigelowii (Kofoid) Gómez, Moreira & López–Garcia	毕氏新角藻	35
Neoceratium boehmii (Graham et Bronikovsky)	波氏新角藻	15
Neoceratium breve (Ostenfeld & Schmidt) Gómez, Moreira & López–Garcia	短角新角藻	97
Neoceratium breve var. *parallelum* (Schmidt) Yang & Li	短角新角藻平行变种	99
Neoceratium candelabrum (Ehrenberg) Gómez, Moreira & López–Garcia	蜡台新角藻	16
Neoceratium candelabrum var. *depressum* (Pouchet) Yang & Li	蜡台新角藻宽扁变种	18
Neoceratium carriense (Gourret) Gómez, Moreira & López–Garcia	歧分新角藻	50
Neoceratium carriense var. *volans* (Cleve)	歧分新角藻飞姿变种	52
Neoceratium cephalotum (Lemmermann) Gómez, Moreira & López–Garcia	脑形新角藻	6
Neoceratium claviger (Kofoid)	棒槌新角藻	63
Neoceratium contortum (Gourret) Gómez, Moreira & López–Garcia	扭状新角藻	100
Neoceratium contrarium (Gourret) Gómez, Moreira & López–Garcia	反转新角藻	54
Neoceratium declinatum (Karsten) Gómez, Moreira & López–Garcia	偏斜新角藻	104
Neoceratium declinatum var. *angusticornum* (Peters)	偏斜新角藻窄角变种	106
Neoceratium declinatum var. *brachiatum* (Jörgensen)	偏斜新角藻具臂变种	107
Neoceratium declinatum var. *majus* (Jörgensen)	偏斜新角藻龙草变种	108
Neoceratium deflexum (Kofoid) Gómez, Moreira & López–Garcia	偏转新角藻	56
Neoceratium dens (Ostenfeld & Schmidt) Gómez, Moreira & López–Garcia	臼齿新角藻	48
Neoceratium denticulatum (Jörgensen)	细齿新角藻	64
Neoceratium digitatum (Schütt) Gómez, Moreira & López–Garcia	趾状新角藻	7
Neoceratium ehrenbergii (Kofoid)	埃氏新角藻	19
Neoceratium euarcuatum (Jörgensen) Gómez, Moreira & López–Garcia	弓形新角藻	109
Neoceratium extensum (Gourret) Gómez, Moreira & López–Garcia	奇长新角藻	36
Neoceratium falcatiforme (Jörgensen) Gómez, Moreira & Lopez–Garcia	拟镰新角藻	37
Neoceratium falcatum (Kofoid) Gómez, Moreira & López–Garcia	镰状新角藻	38
Neoceratium furca (Ehrenberg) Gómez, Moreira & López–Garcia	叉状新角藻	20
Neoceratium furca var. *eugrammum* (Ehrenberg) Yang & Li	叉状新角藻矮胖变种	22
Neoceratium furca var. *nannofurca* (Jörgensen)	叉状新角藻细小变种	23
Neoceratium fusus (Ehrenberg) Gómez, Moreira & López–Garcia	梭状新角藻	39